"十三五"国家重点出版物出版规划项目

普林斯顿分析译丛

世界名校名家基础教育系列
Textbooks of Base Disciplines from World's Top Universities and Experts

实 分 析

［美］ 伊莱亚斯 M. 斯坦恩 （Elias M. Stein） 著
拉米·沙卡什 （Rami Shakarchi）

叶培新　魏秀杰　译

机 械 工 业 出 版 社

本书为普林斯顿分析译丛中的第三册实分析, 内容分为测度论、积分以及希尔伯特空间三部分. 第 1 章测度论: 给出勒贝格测度的构造, 进而定义了可测函数. 第 2 章积分理论: 给出勒贝格积分的定义、性质以及一些收敛定理, 解决了引言中关于连续函数的极限的问题. 第 3 章微分与积分: 通过引入极大函数、有界变差函数以及绝对连续函数等概念对微分与积分的对应关系做了系统的阐述. 第 4 章希尔伯特空间简介: 在引入正交、投影等基本概念之后, 讲解了希尔伯特空间与傅里叶级数以及复分析的联系. 第 5 章希尔伯特空间: 对几个重要的希尔伯特空间进行了深入的探讨. 第 6 章抽象测度和积分理论: 在一般的测度空间上建立积分理论, 这使得实分析的理论变得清晰简明. 第 7 章豪斯多夫测度和分形: 介绍豪斯多夫测度与豪斯多夫维数, 之后研究了填满空间的曲线.

本书可作为数学专业高年级本科生或研究生的实分析教材, 同时也可作为相关科研人员的参考书.

本书简体中文版由普林斯顿大学出版社授权机械工业出版社仅限在中国大陆地区 (不包括香港、澳门特别行政区及台湾地区) 销售. 未经许可之出口, 视为违反著作权法, 将受法律之制裁.

北京市版权局著作权合同登记 图字: 01-2013-3817 号.

图书在版编目 (CIP) 数据

实分析/ (美) 伊莱亚斯 M. 斯坦恩 (Elias M. Stein), (美) 拉米·沙卡什 (Rami Shakarchi) 著; 叶培新, 魏秀杰译. —北京: 机械工业出版社, 2005.4 (2024.11 重印)

书名原文: Real Analysis: Measure Theory, Integration, and Hilbert Spaces

"十三五" 国家重点出版物出版规划项目. 世界名校名家基础教育系列

ISBN 978-7-111-55296-3

Ⅰ.①实… Ⅱ.①伊… ②拉… ③叶… ④魏… Ⅲ.①实分析-高等学校-教材 Ⅳ.①O174.1

中国版本图书馆 CIP 数据核字 (2016) 第 264133 号

机械工业出版社 (北京市百万庄大街 22 号 邮政编码 100037)
策划编辑: 汤 嘉 责任编辑: 汤 嘉 李 乐
责任校对: 陈延翔 封面设计: 张 静
责任印制: 张 博
河北京平诚乾印刷有限公司印刷
2024 年 11 月第 1 版第 7 次印刷
169mm×239mm · 19.25 印张 · 2 插页 · 388 千字
标准书号: ISBN 978-7-111-55296-3
定价: 78.00 元

凡购本书, 如有缺页、倒页、脱页, 由本社发行部调换
电话服务 网络服务
服务咨询热线: 010-88379833 机工官网: www.cmpbook.com
读者购书热线: 010-88379649 机工官博: weibo.com/cmp1952
教育服务网: www.cmpedu.com
封面无防伪标均为盗版 金 书 网: www.golden-book.com

译　者　序

　　本书的英文版是普林斯顿大学的分析学系列教材中的第三部. 本书的第一作者是国际上享有盛誉的调和分析的领袖人物之一的伊莱亚斯 M. 斯坦恩教授，他由于在实分析上的杰出成就，特别是多个实变元的哈代空间理论的建立，于 1999 年获得沃尔夫数学奖. 除了研究工作之外，斯坦恩在人才培养上也有卓越的成就. 其中他的两个学生 Charles Fefferman、陶哲轩分别于 1978 年和 2006 年获数学界的最高奖——菲尔兹奖. 相信由这样一位分析大师主导撰写的这部教材一定能引领读者进入博大、精美的实分析世界.

　　本书内容丰富，几乎涵盖了实分析的所有基本的重要题材，并且强调了分析学中的各个领域的统一与联系，在叙述方面语言也非常生动、流畅，注重循序渐进，对基本概念和基本方法的来龙去脉、后续应用、主要思想的阐述非常详尽、透彻. 此外，本书还配备了大量不同层次的习题，使读者能更好地理解书中的内容，同时也培养了探索精神与创新能力.

　　本书是一本不可多得的实分析方面的优秀教材. 译者在力求保持原著风格的基础上翻译本书，并且希望该书中文译本的出版能对我国相关专业的人才培养以及广大科学技术工作者有很好的帮助. 但限于译者的水平，译文中的不妥与错误之处在所难免，恳请广大读者指正.

　　感谢江辉有老师对译稿的意见，同时本书的翻译得到了国家自然科学基金 (项目号 11271199) 的资助.

叶培新

南开大学

前　　言

从 2000 年春季开始，四个学期的系列课程在普林斯顿大学讲授，其目的是用统一的方法去展现分析学的核心内容．我们的目的不仅是为了生动说明存在于分析学的各个部分之间的有机统一，还是为了阐述这门学科的方法在数学其他领域和自然科学的广泛应用．本系列丛书是对讲稿的一个详细阐述．

虽然有许多优秀教材涉及我们覆盖的单个部分，但是我们的目标不同：不是以单个学科，而是以高度的互相联系来展示分析学的各种不同的子领域．总的来说，我们的观点是观察到的这些联系以及所产生的协同效应将激发读者更好地理解这门学科．记住这点，我们专注于形成该学科的主要方法和定理（有时会忽略掉更为系统的方法），并严格按照该学科发展的逻辑顺序进行．

我们将内容分成四册，每一册反映一个学期所包含的内容，这四册的书名如下：

Ⅰ．傅里叶分析．

Ⅱ．复分析．

Ⅲ．实分析．

Ⅳ．泛函分析．

但是这个列表既没有完全给出分析学所展现的许多内部联系，也没有完全呈现出分析学在其他数学分支中的显著应用．下面给出几个例子：第一册中所研究的初等（有限的）Fourier 级数引出了 Dirichlet 特征，并由此得到等差数列中有无穷多个素数；X-射线和 Radon 变换出现在第一册的许多问题中，并且在第三册中对理解二维和三维的 Besicovitch 型集合起着重要作用；Fatou 定理断言单位圆盘上的有界解析函数的边界值存在，并且其证明依赖于前三册书中所形成的方法；在第一册中，θ 函数首次出现在热方程的解中，接着第二册使用 θ 函数找到一个整数能表示成两个或四个数的平方和的个数，并且考虑 ζ 函数的解析延拓．

对于这些书以及这门课程还有几句额外的话．一学期使用 48 个课时，在很紧凑的时间内结束这些课程．每周习题具有不可或缺的作用，因此，练习和问题在我们的书中有同样重要的作用．每个章节后面都有一系列"练习"，有些习题简单，而有些则可能需要更多的努力才能完成．为此，我们给出了大量有用的提示来帮助读者完成大多数的习题．此外，也有许多更复杂和富于挑战的"问题"，特别是用星号 * 标记的问题是最难的或者超出了正文的内容范围．

尽管不同的卷之间存在大量的联系，但是我们还是提供了足够的重复内容，以便只需要前三本书的极少的预备知识：只需要熟悉分析学中初等知识，例如极限、级数、可微函数和 Riemann 积分，还需要一些有关线性代数的知识. 这使得对不同学科（如数学、物理、工程和金融）感兴趣的本科生和研究生都易于理解这套书.

我们怀着无比喜悦的心情对所有帮助本套书出版的人员表示感激. 我们特别感谢参与这四门课程的学生. 他们持续的兴趣、热情和奉献精神所带来的鼓励促使我们有可能完成这项工作. 我们也要感谢 Adrian Banner 和 José Luis Rodrigo，因为他们在讲授这套书时给予了特殊帮助并且努力查看每个班级的学生的学习情况. 此外，Adrian Banner 也对正文提出了宝贵的建议.

我们还希望特别感谢以下几个人：Charles Fefferman，他讲授第一周的课程（成功地开启了这项工作的大门）；Paul Hagelstein，他除了阅读一门课程的部分手稿，还接管了本套书的第二轮的教学工作；Daniel Levine，他在校对过程中提供了有价值的帮助. 最后，我们同样感谢 Gerree Pecht，因为她很熟练地进行排版并且花了时间和精力为这些课程做准备工作，诸如幻灯片、笔记和手稿.

我们也感谢普林斯顿大学的 250 周年纪念基金和美国国家科学基金会的 VIGRE 项目的资金支持.

伊莱亚斯 M. 斯坦恩
拉米·沙卡什
于普林斯顿
2002 年 8 月

在实分析这卷中，我们建立了关于测度论与积分的基本事实，这使我们重新审视和进一步发展前面几卷的几个重要的主题，进而介绍了分析学的一些相当引人入胜的其他分支. 为了帮有兴趣的读者，书中还附有包含更前沿的材料，以星号 * 标注这些内容在第一次读的时候可以略去.

2004 年 11 月

目　　录

引　言

> 我怀着惊恐的心情转身离开并对没有导数的函数这个令人痛惜的祸害感到厌恶.
>
> C. Hermite，1893

　　1870 年分析学概念框架的革命性变革开始成型，这最终导致了对那些诸如函数等的基本对象，以及对诸如连续性、可微性和可积性的那些概念的理解的重大变革和推广.

　　早先的观点认为分析学中的相关函数由公式或其他"解析"表达式给出，这些函数具有连续性（或接近于连续），并且在大多数点有导数，此外它们用被接受的积分方法可积. 所有这些思想开始让位于这个学科所产生的多个例子与问题的重压之下，这些例子与问题不容忽视且理解它们需要有新的概念. 与这些发展相平行的是更几何化的或更抽象的，从而新的认识立即产生了：更为清晰地了解曲线的性质，它们的可求长性与延拓；始于直线、平面的子集等，以及赋予每个子集的测度的集合论的兴起.

　　这并不是说这些进展所要求的观念的改变没有受到相当的抵制. 矛盾的是，一些那个时代的领袖数学家，即那些最有可能理解新的方法与理念的人却是最持怀疑态度的. 到现在许多问题被解决了，我们才知道新思想最终胜出了. 我们将在这里从某种程度上来说不严格地描述几个最有意义的问题.

1　傅里叶级数：完备化

　　只要 f 是 $[-\pi,\pi]$ 上的 [黎曼（Riemann）] 可积函数，就能定义它的傅里叶（Fourier）级数为 $f \sim \sum a_n e^{inx}$，这里

$$a_n = \frac{1}{2\pi}\int_{-\pi}^{\pi} f(x)\,e^{-inx}\mathrm{d}x, \tag{1}$$

且有帕塞瓦（Parseval）等式

$$\sum_{n=-\infty}^{\infty} |a_n|^2 = \frac{1}{2\pi}\int_{-\pi}^{\pi} |f(x)|^2\mathrm{d}x.$$

然而当限制在黎曼可积函数时以上的函数与它们的傅里叶系数之间的关系不是

完全对应的. 因此, 若我们考虑具有平方范数的这样的函数所构成空间 $\mathbf{R}$, 以及平方范数的空间 $l^2(\mathbf{Z})$[⊖], 对 $\mathbf{R}$ 中的每个元素 f 赋予 $l^2(\mathbf{Z})$ 的一个对应元素 $\{a_n\}$, 两个范数是相同的. 然而, 容易构造出 $l^2(\mathbf{Z})$ 的元素在 $\mathbf{R}$ 中没有对应的函数[⊖]. 注意到空间 $l^2(\mathbf{Z})$ 是完备的, 而 $\mathbf{R}$ 不是. 因此我们有如下两个问题:

（ⅰ）当我们完备化 $\mathbf{R}$ 时, 这些假定存在的"函数" f 是什么? 换句话说: 给定任意序列 $\{a_n\} \in l^2(\mathbf{Z})$ 对应于这些系数的（假定的）函数 f 的性质是什么?

（ⅱ）如何对这样的函数 f 积分（特别地, 如何证明式（1））?

2 连续函数的极限

假定 $\{f_n\}$ 是 $[0,1]$ 上的连续函数列. 假设对每个 x, $\lim\limits_{n \to \infty} f_n(x) = f(x)$ 存在, 且探求极限函数 f 的性质.

若我们假定收敛是一致的, 则显然 f 处处连续. 然而一旦去掉一致收敛的假设, 事情可能就会急剧变化且一些十分微妙的问题就产生了. 人们可以构造一个连续函数序列 $\{f_n\}$ 处处收敛于 f 使得

（a）对所有 x, $0 \leqslant f_n(x) \leqslant 1$.

（b）当 $n \to \infty$ 时, 序列 $f_n(x)$ 单调递减.

（c）极限函数 f[⊖] 不是黎曼可积的.

然而, 根据（a）和（b）, 序列 $\int_0^1 f_n(x) \mathrm{d}x$ 收敛于一个极限. 那么人们自然要问: 使用何种积分能够使得对 f 积分后得到

$$\int_0^1 f(x) \mathrm{d}x = \lim_{n \to \infty} \int_0^1 f_n(x) \mathrm{d}x ?$$

使用勒贝格（Lebesgue）积分我们能够解决这个问题以及前一个问题.

3 曲线的长度

当人们学习微积分时, 首先要处理的问题是平面上曲线的长度的计算. 假定我们考虑平面上的一条连续曲线 Γ, 该曲线由参数形式 $\Gamma = (x(t), y(t))$, $a \leqslant t \leqslant b$ 给出, 其中 x 和 y 是 t 的连续函数. 按通常的方法定义 Γ 的长度: 按 t 递增的顺序依次连接 Γ 上有限多个点的折线长度的上确界. 若曲线 Γ 的长度 L 有限, 则称该曲线为可求长的. 当 $x(t)$ 和 $y(t)$ 连续可微时, 我们有熟知的公式

$$L = \int_a^b ((x'(t))^2 + (y'(t))^2)^{1/2} \mathrm{d}t. \tag{2}$$

当我们考虑一般的曲线时, 问题就产生了. 更具体地, 我们有以下问题:

⊖ 我们用书 I 第 3 章的记号.

⊜ 见书 I 第 3 章的第 1 节 围绕定理 1.1 的讨论.

⊝ 极限 f 可能高度不连续. 例如, 见第 1 章习题 10.

（ⅰ）为保证 Γ 的可求长对函数 $x(t)$ 和 $y(t)$ 必须施加什么条件？

（ⅱ）当这些条件满足时，式（2）是否成立？

第一个问题用"有界变差"函数的概念可以完全回答．关于第二个问题，当 x 和 y 都是有界变差函数，积分式（2）总是有意义的；然而，在一般情形下等式不成立，但适当地重新参数化曲线 Γ 可以重新建立该等式．

进一步的问题产生了．对于可求长曲线，因为它们被赋予长度，本质上是一维的，是否有二维的（不可求长）曲线？我们将看到确实存在填满正方形的平面连续曲线．更一般的，若适当地定义分数维数的概念，则我们有一维到二维之间的任何维数的曲线．

4 微分与积分

"微积分学的基本定理"表明了微分和积分是互逆运算这一事实．它可用两种方式叙述．我们简述如下：

$$F(b) - F(a) = \int_a^b F'(x)\,\mathrm{d}x, \qquad (3)$$

$$\frac{\mathrm{d}}{\mathrm{d}x}\int_0^x f(y)\,\mathrm{d}y = f(x). \qquad (4)$$

对于第一个断言，存在无处可微的连续函数 F，或者对每个 x，$F'(x)$ 存在，但 F' 不可积，导致了找到 F 所属的广泛的函数类使得式（3）正确的问题．关于式（4），问题是如何适当地对产生于以上考虑的前两个问题的解的可积函数 f 所成的广泛类叙述与建立这个断言．这些问题在借助于某些"覆盖"论证以及绝对连续的概念后可获得解答．

5 测度问题

为使得事情更为明朗，也为了尽量回答以上所有的问题，就必须理解一个基本问题，即测度问题．这个问题的二维情形可（不太严格地）叙述如下：赋予 $\mathbf{R}^2$ 的每个子集 E 一个二维测度 $m_2(E)$，即它的"面积"，推广定义在基本集上的标准概念．让我们在一维情形更为准确地叙述类似的问题，构造一维测度 $m_1 = m$，将 $\mathbf{R}$ 中长度的概念推广．

我们寻找定义在 $\mathbf{R}$ 上的子集 E 所成的族的非负函数 m，并允许这个函数取扩充值，即取到 $+\infty$ 值．我们要求：

（a）若 E 是长度为 $b-a$ 的区间 $[a,b]$，则 $m(E) = b-a$．

（b）只要 $E = \bigcup_{n=1}^{\infty} E_n$ 且集合 E_n 不相交，就有 $m(E) = \sum_{n=1}^{\infty} m(E_n)$．

条件（b）是测度 m 的"可数可加性"．它蕴含特殊情形：

（b′）若 E_1 和 E_2 不相交，则 $m(E_1 \bigcup E_2) = m(E_1) + m(E_2)$.

4

然而，为运用在理论中产生的许多极限论证，一般情形（b）是不可或缺的，仅有（b′）本身肯定是不够的.

为使（a）和（b）公理化，人们增加了 m 的平移不变性，即

（c）对每个 $h \in \mathbf{R}$，$m(E + h) = m(E)$.

该理论的一个基本结果是，当人们限定在考虑一类"可测"的合理的集合时，这个集合类在可数并、交和补运算下封闭且包含开集、闭集等时，这样的测度是存在且唯一的，它就是勒贝格⊖测度.

有了这个测度的构造我们就可以开始继续研究. 自此积分的一般理论相继产生，特别地，以上讨论的问题就得到了解决.

年表

我们列出这一学科早期发展中的一些标志性事件以结束引言部分.

1872，魏尔斯特拉斯（Weierstrass）关于无处可微函数的构造.

1881，若尔当（Jordan）引入有界变差函数且在稍后 1887 年给出与可求长性的联系.

1883，康托尔（Cantor）提出三分集.

1890，佩亚诺（Peano）关于填满空间的曲线的构造.

1898，博雷尔（Borel）提出可测集.

1902，勒贝格的测度与积分理论.

1905，Vitali 的不可测集的构造.

1906，法图（Fatou）将勒贝格理论应用于复分析.

⊖ 由于不可测集的存在性，故不存在定义在所有子集形成的集类上的这样的测度. 不可测集的构造见第 1 章第 3 节的末尾.

第1章　测　度　论

本章的内容是关于 $\mathbf{R}^d$ 中的勒贝格测度的构造以及相应可测函数类的研究. 在给出一些预备知识之后我们转向第一个重要定义，$\mathbf{R}^d$ 的任意子集 E 的外测度. 这可以通过覆盖 E 的方体的逼近给出. 有了这一概念我们就能够定义可测性，并且能够将所研究的范围限定在那些可测的集合上. 接着我们得到基本结果：可测集簇对补和可数并运算是封闭的，并且若并中的子集是不相交的，则测度是可加的.

可测函数的概念是伴随可测集的思想产生的. 它与可测集的关系如同连续函数与开（或闭）集的关系一样. 但它有一个重要的优越性，即可测函数类在逐点极限下是封闭的.

1　预备知识

我们首先讨论一些基本概念，这些概念是下面建立的理论的基础.

计算 $\mathbf{R}^d$ 的一个子集的"体积"或"测度"的主要思想是用其他的形状简单且体积已知的并集逼近该集. 当指的是 $\mathbf{R}^d$ 中的集合时也可说成"体积"是方便的. 但实际上在 $d=2$ 的情形指的是"面积"而 $d=1$ 的情形指的是"长度". 在这里，我们使用矩形或方体作为该理论的基石：在 $\mathbf{R}$ 上我们用区间，在 $\mathbf{R}^d$ 上取区间的乘积. 所有维数的矩形容易处理且用所有边长的乘积给出标准的体积的概念.

接着我们证明两个突出这些矩形在开集的几何性质的研究中的重要性的简单定理：在 $\mathbf{R}$ 上每个开集是可数个不相交开区间的并，在 $\mathbf{R}^d$ 上，$d \geqslant 2$，每个开集是"几乎"不相交的闭方体的并，即这些方体只有边界可以重叠. 这两个定理引发了稍后给出的外测度的定义.

我们采用以下标准记号. 点 $\boldsymbol{x} \in \mathbf{R}^d$ 由 d 元实数组构成

$$\boldsymbol{x} = (x_1, x_2, \cdots, x_d), x_i \in \mathbf{R}, i = 1, 2, \cdots, d.$$

点的相加是分量式的，数乘也如此. $\boldsymbol{x}$ 的范数记为 $|\boldsymbol{x}|$，它有如下的标准欧氏范数定义：

$$|\boldsymbol{x}| = (x_1^2 + x_2^2 + \cdots + x_d^2)^{1/2}.$$

两点 $\boldsymbol{x}$ 和 $\boldsymbol{y}$ 之间的距离因此可简单记为 $|\boldsymbol{x} - \boldsymbol{y}|$.

$\mathbf{R}^d$ 中的集合 E 的补集记为 E^c，它定义为

$$E^c = \{\boldsymbol{x} \in \mathbf{R}^d : \boldsymbol{x} \notin E\}.$$

若 E 和 F 是 $\mathbf{R}^d$ 的两个子集，我们记 F 在 E 中的补集为

$$E - F = \{\boldsymbol{x} \in \mathbf{R}^d : \boldsymbol{x} \in E \text{ 且 } \boldsymbol{x} \notin F\}.$$

两个集合 E 和 F 的距离定义为

$$d(E, F) = \inf |\boldsymbol{x} - \boldsymbol{y}|.$$

其中下确界对所有 $\boldsymbol{x} \in E$ 与 $\boldsymbol{y} \in F$ 取值.

开集、闭集和紧集

$\mathbf{R}^d$ 中的以 $\boldsymbol{x}$ 为中心、r 为半径的开球定义为

$$B_r(\boldsymbol{x}) = \{\boldsymbol{y} \in \mathbf{R}^d : |\boldsymbol{y} - \boldsymbol{x}| < r\}.$$

对于 $\mathbf{R}^d$ 的子集 E，若对每个 $\boldsymbol{x} \in E$ 存在 $r > 0$ 使得 $B_r(\boldsymbol{x}) \subset E$，则称 E 为开集. 根据该定义，对于一个集合，若它的补集是开集，则它是闭集.

我们注意到任意（不必可数）开集的并是开集. 然而一般仅是有限个开集的交是开集. 若我们互换并与交的角色，类似的陈述对闭集类也成立.

对一个集合 E，若它包含于某个半径有限的球，则称它有界. 有界闭集称为紧集. 紧集具有 Heine-Borel 覆盖性质：

• 假设 E 是紧集，$E \subset \bigcup_\alpha O_\alpha$，且每个 O_α 是开集，则存在有限多个开集，O_{α_1}, $O_{\alpha_2}, \cdots, O_{\alpha_N}$ 使得 $E \subset \bigcup_{j=1}^{N} O_{\alpha_j}$.

用文字叙述为，紧集的任何一个用开集的覆盖包含一个有限子覆盖.

E 是一个集合，$\boldsymbol{x}$ 是 $\mathbf{R}^d$ 的点，若对每个 $r > 0$，球 $B_r(\boldsymbol{x})$ 包含 E 的点，则称 $\boldsymbol{x}$ 是 E 的极限点. 这意味着 E 中存在任意靠近 $\boldsymbol{x}$ 的点. 对于属于 E 的点 $\boldsymbol{x}$，若存在 $r > 0$ 使得 $B_r(\boldsymbol{x}) \cap E = \{\boldsymbol{x}\}$，则称 $\boldsymbol{x}$ 是 E 的孤立点.

对于属于 E 的点 $\boldsymbol{x}$，若存在 $r > 0$ 使得 $B_r(\boldsymbol{x}) \subset E$，则称 $\boldsymbol{x}$ 是 E 的内点. 所有内点的集合称为 E 的内部. E 的闭包 $\overline{E}$ 由 E 和它的极限点组成. E 的边界，记为 ∂E，是由在 E 的闭包但不在 E 的内部的点组成的集合.

注意到一个集合的闭包是一个闭集；E 的每一个点是 E 的极限点；一个集合是闭集当且仅当它包含它的所有极限点. 最后，对于一个闭集 E，若它没有任何孤立点，则称它是完美的.

矩形和方体

$\mathbf{R}^d$ 中的一个（闭）矩形 $\mathbf{R}$ 由 d 个一维的闭有界区间的乘积给出

$$R = [a_1, b_1] \times [a_2, b_2] \times \cdots \times [a_d, b_d],$$

其中 $a_j \leqslant b_j$ 是实数，$j = 1, 2, \cdots, d$.
换句话说，我们有

$$R = \{(x_1, x_2, \cdots, x_d) \in \mathbf{R}^d :$$

$$a_j \leqslant x_j \leqslant b_j, \text{对所有} j = 1, 2, \cdots\}.$$

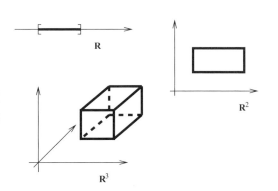

图 1　$\mathbf{R}^d$ 中的矩形，$d = 1, 2, 3$

在此说明一下，根据定义，一个矩形是闭的且边平行于坐标轴. 在 $\mathbf{R}$ 上，矩形就退化成了有界闭区间，而在 $\mathbf{R}^2$ 上它们通常是矩形. 在 $\mathbf{R}^3$ 上，它们是闭的平行六面体. 如图 1 所示. 我们说矩形 R 的边长为 $b_1 - a_1, b_2 - a_2, \cdots, b_d - a_d$. 矩形 R 的体积表示为 $|R|$，且定义为

$$|R| = (b_1 - a_1) \cdots (b_d - a_d).$$

当然，当 $d = 1$ 时，"体积"等于长度；当 $d = 2$ 时，它等于面积.

开矩形是开区间的乘积，矩形 R 的内部是

$$(a_1, b_1) \times (a_2, b_2) \times \cdots \times (a_d, b_d).$$

方体是所有边 $b_1 - a_1 = b_2 - a_2 = \cdots = b_d - a_d$ 的矩形. 因此，若 $Q \subset \mathbf{R}^d$ 是一个所有边长为 l 的方体，则 $|Q| = l^d$.

对于若干个矩形的并集，若这些矩形的内部不相交，则我们称这个并集为几乎不交.

在本章中，由于矩形或方体的覆盖扮演了主要的角色，因而这里我们单独给出两个重要引理.

引理 1.1　若一个矩形 是有限多个其他几乎不相交矩形的并，比如说 $R = \bigcup\limits_{k=1}^{N} R_k$，则

$$|R| = \sum_{k=1}^{N} |R_k|.$$

证　我们考虑将所有矩形 $R_1, R_2, \cdots, R_N$ 的边无限延拓所形成的网格. 这样做会得到有限多个矩形，以及 1 到 M 之间的整数的一个分划 $J_1, J_2, \cdots, J_N$，使得并

$$R = \bigcup_{j=1}^{M} \tilde{R}_j \text{ 与 } R_k = \bigcup_{j \in J_k} \tilde{R}_j, k = 1, 2, \cdots, N$$

几乎不相交.（见图 2 的说明）

对于矩形 R，我们看到 $|R| = \sum\limits_{j=1}^{M} |\tilde{R}_j|$，这是由于这些网格实际上分割了 R 的

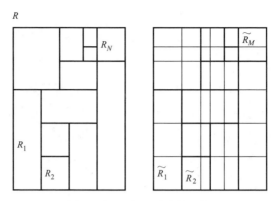

图 2 由矩形 R_k 形成的网格

边，且每个 $\tilde{R}_j$ 由这些分割所得到的区间的乘积组成．因此当把这些 $\tilde{R}_j$ 的体积相加时，我们实际上是对由此产生的区间的长度的乘积求和．由于这对其他矩形 R_1，$R_2, \cdots, R_N$ 也成立，我们得出

$$|R| = \sum_{j=1}^{M} |\tilde{R}_j| = \sum_{k=1}^{N} \sum_{j \in J_k} |\tilde{R}_j| = \sum_{k=1}^{N} |R_k|.$$

将以上论证稍做修正就可得到下面的结果：

引理 1.2 若 $R, R_1, R_2, \cdots, R_N$ 是矩形，且 $R \subset \bigcup_{k=1}^{N} R_k$，则

$$|R| \leqslant \sum_{k=1}^{N} |R_k|.$$

主要思想取延拓 $R, R_1, R_2, \cdots, R_N$ 这些矩形的边所形成的网格，且注意到对应于 J_k（以上证明中的）的集合不再需要不相交．

我们现在用方体来给出开集结构的一个描述．我们从 **R** 的情形开始．

定理 1.3 **R** 的每个开子集 O 可唯一地写为可数个不相交的开区间的并．

证 对每个 $x \in O$，令 I_x 表示包含 x 且包含于 O 的最大开区间．更确切地，由于 O 是开的，x 包含在某个（非平凡的）小区间内，所以若

$$a_x = \inf\{a < x : (a, x) \subset O\} \text{ 与 } b_x = \sup\{b > x : (x, b) \subset O\},$$

那么我们必须有 $a_x < x < b_x$（a_x 和 b_x 可能是无穷值）．现在若令 $I_x = (a_x, b_x)$，则根据构造我们有 $x \in I_x$ 且 $I_x \subset O$．因此

$$O = \bigcup_{x \in O} I_x.$$

现在假定区间 I_x 与 I_y 相交，则它们的并（也是一个开区间）包含于 O 且包含 x．由于 I_x 是最大的，我们必须有 $(I_x \bigcup I_y) \subset I_x$，类似地，$(I_x \bigcup I_y) \subset I_y$．这当且仅当 $I_x = I_y$ 成立；因此集簇 $I = \{I_x\}_{x \in O}$ 里的任何两个不同的区间必须不相交．一旦我们能证明集簇 I 里仅有可数多个不同区间，我们就完成了该定理的证明．然而，

容易看到每个开区间 I_x 都包含一个有理数. 由于不同区间不相交, 它们必须包含不同的有理数, 因此 I 是可数的, 这就是我们要的结论.

自然地, 若 O 是开的且 $O = \bigcup\limits_{j=1}^{\infty} I_j$, 其中 I_j 是不相交的开区间, O 的测度应该是 $\sum\limits_{j=1}^{\infty} |I_j|$. 由于该表示唯一, 我们可以将此作为测度的定义; 注意到只要 O_1 和 O_2 是开的且不相交, 它们的并的测度是它们测度的和. 虽然这给出了开集的测度的自然概念, 但还是不清楚如何将其推广到 $\mathbf{R}$ 中的其他集合. 不仅如此, 即使将定义开集的测度方法类似地推广到高维情形中去, 也会遇到很复杂的情况, 这是由于在这个背景下直接类推定理 1.3 是不正确的 (见习题 12). 然而, 有一个替代性的结果.

定理 1.4 $\mathbf{R}^d, d \geqslant 1$, 的每个开子集 O 可唯一地写为可数个几乎不相交的闭方体的并.

证 我们必须构造内部不相交闭方体的可数集簇 Q 使得 $O = \bigcup\limits_{Q \in \mathcal{R}} Q$.

第一步, 考虑 $\mathbf{R}^d$ 中的由边长为 1 的其顶点具有整数坐标的闭方体所形成的网格. 换句话说, 我们考虑平行于坐标轴的直线的自然网格, 即网格由格 $\mathbf{Z}^d$ 生成. 我们将用到边长为 2^{-N} 的方体所形成的网格. 这些网格通过接连地二分初始网格得到.

我们根据以下规则考虑接受或拒绝初始网格的方体作为 Q 的一部分: 若 Q 完全包含于 O, 则我们接受 Q; 若 Q 与 O 和 O^c 都相交, 则我们暂时接受它, 若 Q 完全包含于 O^c, 则我们拒绝它.

第二步, 我们将先前暂时接受的方体二分为边长为 $1/2$ 的 2^d 个方体. 我们接着重复程序, 在这些较小的方体中我们接受那些完全包含在 O 的方体, 暂时接受与 O 和 O^c 都相交的方体, 拒绝完全包含于 O^c 的方体. 图 3 对 $\mathbf{R}^2$ 的开集说明了这些步骤.

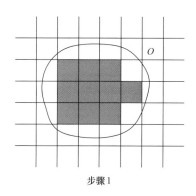
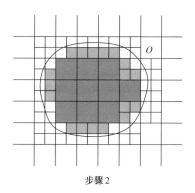

步骤1　　　　　　　　　　步骤2

图 3　分解 O 为几乎不相交的方体

该过程无限重复下去，（根据构造）那么得到的 Q 中的所有接受的方体是可数多个且由几乎不相交的方体组成. 为看到它们的并为什么是 O，我们注意到给定 $x \in O$ 存在边长为 2^{-N} 的包含 x 方体（由原始网格的继续二分得到）完全包含于 O. 或者该方体被接受或者包含于先前被接受的方体. 这表明了 Q 中的所有方体覆盖 O.

再者，若 $O = \bigcup\limits_{j=1}^{\infty} R_j$，其中矩形 R_j 几乎不相交，赋予测度 $\sum\limits_{j=1}^{\infty} |R_j|$ 是合理的. 这是自然的，因为每个矩形的边界的体积应该为 0. 然而分解不唯一，且不能马上看出和式与分解方式无关，因此在 $\mathbf{R}^d$ 中，其中 $d \geqslant 2$，即使对开集来说，体积或面积的概念也是更加微妙的.

下一节建立的一般理论实际上是一个与先前两个定理中开集分解的概念一致的体积概念，且适用于任何维数. 在这之前，我们讨论 $\mathbf{R}$ 中的一个重要例子.

康托尔集

康托尔集在集合论以及一般的分析学中扮演着重要的角色. 它和它的多种变体是许多带有启发性例子的丰富源泉.

我们从单位闭区间 $C_0 = [0,1]$ 开始. 令 C_1 为从 $[0,1]$ 去掉中间三分之一的开区间余下的部分，即

$$C_1 = [0,1/3] \bigcup [2/3,1].$$

接着，我们对 C_1 的每个子区间重复该过程，即去掉中间三分之一的开区间. 在第二阶段得到

$$C_2 = [0,1/9] \bigcup [2/9,1/3] \bigcup$$
$$[2/3,7/9] \bigcup [8/9,1].$$

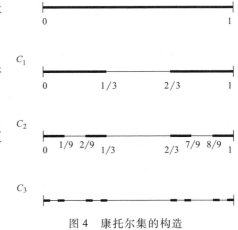

图 4 康托尔集的构造

我们对 C_2 的每个子区间重复该过程，就会得到如图 4 所示的结果

这个程序得到一个紧集序列 $C_k, k = 0,1,2,\cdots$，它满足

$$C_0 \supset C_1 \supset C_2 \supset \cdots \supset C_k \supset C_{k+1} \supset \cdots.$$

康托尔集 C 定义为所有 C_k 的交：

$$C = \bigcap_{k=0}^{\infty} C_k.$$

由于 C_k（所有 k）所有区间的端点属于集合 C，故 C 非空.

尽管构造很简单，康托尔集具有许多有趣的拓扑和分析的性质. 例如，C 是闭集且有界，因此是紧集. 它也是完全不连通的：对任意给定的 $x,y \in C$，存在 $z \notin C$ 落在 x 与 y 之间. 最后，由于它没有孤立点，因而是完美的（见习题 1）.

接着，我们将注意力转向确定 C 的"尺寸". 这是一个微妙的问题，人们可以从不同的角度得到不同的答案，这依赖于我们采用的尺寸的概念. 例如，用基数衡量康托尔集是相当大的，即它是不可数的. 由于它可被映射成[0,1]区间，故康托尔集具有连续统的基数（见习题2）.

然而，从"长度"的观点来看 C 的尺寸是小的. 粗略地说，康托尔集的长度是零，这可由下面的直观性论证得到：集合 C 被长度趋向零的集合 C_k 覆盖. 的确，C_k 是 2^k 个长度等于 3^{-k} 的不相交区间的并，使得 C_k 的全部长度等于 $(2/3)^k$. 但对所有 k，有 $C \subset C_k$，且当 k 趋向无穷时，$(2/3)^k \to 0$. 我们在下一节定义测度的概念并使这个论证严格.

2 外测度

外测度是建立测度论所需的两个重要概念之一. 我们从外测度的定义和基本性质开始进行介绍. 大致说来，外测度赋予 $\mathbf{R}^d$ 的任何一个子集一个尺寸的概念；很多例子表明这个概念与我们早期的直观想法相一致. 然而，当取不相交集的并时，外测度缺乏我们想要的性质——可加性. 我们在下一节弥补这个缺陷，在那里我们仔细探讨测度论的另一个关键概念，即可测集的概念.

外测度如同它的名字所显示的，试图从外部逼近来描述集合 E 的体积. 集合 E 被方体覆盖，且若这个覆盖变得精细，方体重叠的更少，则 E 的体积应该接近于这些方体的体积之和.

以下给出了精确定义：若 E 是 $\mathbf{R}^d$ 的任何子集，E 的外测度[⊖]是

$$m_*(E) = \inf \sum_{j=1}^{\infty} |Q_j| , \tag{1}$$

其中下确界对所有覆盖 $E \subset \bigcup_{j=1}^{\infty} Q_j$ 的可数个闭方体取值. 外测度总是非负的但可以取无穷，所以一般我们有 $0 \leqslant m_*(E) \leqslant \infty$，因此可在扩充的正数里取值.

我们对由式（1）给出的外测度的定义做一些预备性说明.

（ⅰ）重要的是注意到在 $m_*(E)$ 的定义中仅允许有限和是不够的. 若人们仅用有限个方体的并集覆盖 E 所得到的量一般比 $m_*(E)$ 大（见习题14）.

（ⅱ）然而，人们用矩形或球的覆盖代替方体，可以十分直接地看到前者得到相同的外测度.（见习题15）而与后者的等价性更为微妙（见第3章的习题26）.

我们提供一些可计算外测度的例子来开始对这个新概念的研究，且我们检验了外测度与我们关于体积的直观思想相吻合（一维中的长度，二维中的面积，等等）.

例1 单点的外测度是零. 一旦我们观察到一个点是体积为零的方体，它覆盖

⊖ 一些作者使用术语外层测度而非外（部）测度.

自身就是显然的. 当然空集的外测度也是零.

例 2　闭方体的外测度等于它的体积. 的确，假定 Q 是 $\mathbf{R}^d$ 中的一个闭方体. 由于 Q 覆盖自身，我们必须有 $m_*(Q) \leqslant |Q|$. 因此，仅需证明相反的不等式.

我们考虑任意方体的覆盖 $Q \subset \bigcup\limits_{j=1}^{\infty} Q_j$，且注意到仅需证明

$$|Q| \leqslant \sum_{j=1}^{\infty} |Q_j|. \tag{2}$$

对一个固定的 $\varepsilon > 0$，我们对每个 j 选取包含 Q_j 的开方体 S_j，使得 $|S_j| \leqslant (1+\varepsilon)|Q_j|$. 从紧集 Q 的开覆盖 $\bigcup\limits_{j=1}^{\infty} S_j$，我们可以选取一个有限子覆盖，在重新标记这些矩形后，我们可以写为 $Q \subset \bigcup\limits_{j=1}^{N} S_j$. 取方体 S_j 的闭包，我们运用引理 1.2 得出 $|Q| \leqslant \sum\limits_{j=1}^{N} |S_j|$. 因此，

$$|Q| \leqslant (1+\varepsilon) \sum_{j=1}^{N} |Q_j| \leqslant (1+\varepsilon) \sum_{j=1}^{\infty} |Q_j|.$$

由于 ε 是任意的，我们发现不等式（2）成立；因此 $|Q| \leqslant m_*(Q)$，这就是要证的结论.

例 3　若 Q 是一个开方体，则 $m_*(Q) = |Q|$ 这一结果仍然成立. 由于 Q 被它的闭包 $\overline{Q}$ 覆盖，且 $|\overline{Q}| = |Q|$，我们立刻看到 $m_*(Q) \leqslant |Q|$. 为证明相反的不等式，我们注意到若 Q_0 是一个包含于 Q 的闭方体，则 $m_*(Q_0) \leqslant m_*(Q)$，由于任何覆盖 Q 的可数个闭方体也是 Q_0 的一个覆盖（见下面的观察 1）. 因此 $|Q_0| \leqslant m_*(Q)$，且由于我们可以选取 Q_0 使得它的体积尽可能地接近 $|Q|$，故必须有 $|Q| \leqslant m_*(Q)$.

例 4　矩形 R 的外测度等于它的体积，的确，在例 2 的论证中，我们看到 $|R| \leqslant m_*(R)$. 为证明相反的不等式，考虑由边长为 $1/k$ 的方体形成的 $\mathbf{R}^d$ 的网格. 若 $\mathcal{Q}$ 由所有完全包含于 R 的（有限个）方体组成，且 $\mathcal{Q}'$ 由所有与 R 的补相交的（有限个）方体组成，则我们首先注意到 $R \subset \bigcup\limits_{Q \in (\mathcal{Q} \cup \mathcal{Q}')} Q$. 通过简单的论证就可得到

$$\sum_{Q \in \mathcal{Q}} |Q| \leqslant |R|.$$

此外，有 $O(k^{d-1})$ 个方体$^{\ominus}$ 在 $\mathcal{Q}'$ 内，这些方体的体积为 k^{-d}，因而 $\sum_{Q \in \mathcal{Q}'} |Q| = O(1/k)$. 因此

$$\sum_{Q \in (\mathcal{Q} \cup \mathcal{Q}')} |Q| \leqslant |R| + O(1/k),$$

$\ominus$　我们提醒读者记号 $f(x) = O(g(x))$ 意味着对某个常数 C 和给定范围内的所有 x，都有 $|f(x)| \leqslant C |g(x)|$. 在这个特别的例子，当 $k \to \infty$ 时，在问题中仅有少于 Ck^{d-1} 个方体.

令 k 趋向无穷得到我们所需要的 $m_*(R) \leqslant |R|$.

例5　$\mathbf{R}^d$ 的外测度是无穷大. 这可从 $\mathbf{R}^d$ 的覆盖也是任何方体 $Q \subset \mathbf{R}^d$ 的一个覆盖, 因此 $|Q| \leqslant m_*(\mathbf{R}^d)$ 这一事实得出. 由于 Q 可以有任意大的体积, 我们必须有 $m_*(\mathbf{R}^d) = \infty$.

例6　康托尔集的外测度等于 0. 由 C 的构造, 我们知道 $C \subset C_k$, 这里每个 C_k 是 2^k 个不相交闭区间的并集, 每个长度为 3^{-k}. 所以, 对所有 $k, m_*(C) \leqslant (2/3)^k$, 因此 $m_*(C) = 0$.

外测度的性质

先前的例子和评注提供了在外测度定义下的一些直观认识. 这里, 我们转向对 m_* 的深入研究并且证明以后要用到的外测度的五个性质.

首先, 我们从 m_* 的定义立即可得下面的注记:

- 对每个 $\varepsilon > 0$, 存在覆盖 $E \subset \bigcup_{j=1}^{\infty} Q_j$ 满足

$$\sum_{j=1}^{\infty} m_*(Q_j) \leqslant m_*(E) + \varepsilon.$$

外测度的相关性质通过一系列的观察罗列如下.

观察1　(单调性) 若 $E_1 \subset E_2$, 则 $m_*(E_1) \leqslant m_*(E_2)$.

一旦我们观察到任何覆盖 E_2 的可数个方体簇也覆盖 E_1, 单调性立刻得出.

特别地, 单调性意味着 $\mathbf{R}^d$ 的每个有界子集具有有限的外测度.

观察2　(可数次可加性) 若 $E = \bigcup_{j=1}^{\infty} E_j$, 则

$$m_*(E) \leqslant \sum_{j=1}^{\infty} m_*(E_j).$$

首先, 我们可以假设每个 $m_*(E_j) < \infty$, 否则不等式显然成立. 对任意 $\varepsilon > 0$, 由外测度的定义得到对每个 j 有闭方体覆盖 $E_j \subset \bigcup_{k=1}^{\infty} Q_{k,j}$, 且满足

$$\sum_{k=1}^{\infty} |Q_{k,j}| \leqslant m_*(E_j) + \frac{\varepsilon}{2^j}.$$

则 $E \subset \bigcup_{j,k=1}^{\infty} Q_{k,j}$ 是覆盖 E 的闭方体簇, 因此

$$m_*(E) \leqslant \sum_{j,k} |Q_{k,j}| = \sum_{j=1}^{\infty} \sum_{k=1}^{\infty} |Q_{k,j}|$$

$$\leqslant \sum_{j=1}^{\infty} \left(m_*(E_j) + \frac{\varepsilon}{2^j} \right)$$

$$= \sum_{j=1}^{\infty} m_*(E_j) + \varepsilon.$$

由于这对每个 $\varepsilon > 0$ 都成立, 从而就证明了观察 2.

观察 3　若 $E \subset \mathbf{R}^d$, 则 $m_*(E) = \inf m_*(O)$, 这里下确界对所有包含 E 的开集 O 取值.

根据单调性, 显然不等式 $m_*(E) \leqslant \inf m_*(O)$ 成立. 关于相反的不等式, 令 $\varepsilon > 0$ 选取方体 Q_j 使得 $E \subset \bigcup\limits_{j=1}^{\infty} Q_j$, 且

$$\sum_{j=1}^{\infty} |Q_j| \leqslant m_*(E) + \frac{\varepsilon}{2}.$$

令 Q_j^0 表示包含 Q_j 的开方体, 使得 $|Q_j^0| \leqslant |Q_j| + \varepsilon/2^{j+1}$. 则 $O = \bigcup\limits_{j=1}^{\infty} Q_j^0$ 是开集, 且由观察 2 可得

$$\begin{aligned}
m_*(O) &\leqslant \sum_{j=1}^{\infty} m_*(Q_j^0) = \sum_{j=1}^{\infty} |Q_j^0| \\
&\leqslant \sum_{j=1}^{\infty} \left(|Q_j| + \frac{\varepsilon}{2^{j+1}} \right) \\
&\leqslant \sum_{j=1}^{\infty} |Q_j| + \frac{\varepsilon}{2} \\
&\leqslant m_*(E) + \varepsilon.
\end{aligned}$$

因此 $m_*(O) \leqslant m_*(E)$, 即得到我们要证明的结论.

观察 4　若 $E = E_1 \bigcup E_2$, 且 $d(E_1, E_2) > 0$, 则

$$m_*(E) = m_*(E_1) + m_*(E_2).$$

由观察 2, 我们已经知道 $m_*(E) \leqslant m_*(E_1) + m_*(E_2)$, 因此仅需证明相反的不等式. 为此, 我们首先选取 δ 使得 $d(E_1, E_2) > \delta > 0$. 接着我们选取闭方体覆盖 $E \subset \bigcup\limits_{j=1}^{\infty} Q_j$, 满足 $\sum\limits_{j=1}^{\infty} |Q_j| \leqslant m_*(E) + \varepsilon$. 通过再次分割方体 Q_j, 可以假设每个 Q_j 的直径小于 δ. 在这种情形下, 每个方体 Q_j 至多与集合 E_1 和 E_2 中的一个相交. 若将那些与 E_1, E_2 相交的 Q_j 的指标 j 所成的集合分别记为 J_1 和 J_2, 则 $J_1 \bigcap J_2$ 是空的, 且有

$$E_1 \subset \bigcup_{j \in J_1} Q_j \text{ 以及 } E_2 \subset \bigcup_{j \in J_2} Q_j.$$

因此

$$\begin{aligned}
m_*(E_1) + m_*(E_2) &\leqslant \sum_{j \in J_1} |Q_j| + \sum_{j \in J_2} |Q_j| \\
&\leqslant \sum_{j=1}^{\infty} |Q_j| \\
&\leqslant m_*(E) + \varepsilon.
\end{aligned}$$

由于 ε 是任意的, 于是观察 4 的证明完成了.

观察5 若集合 E 是可数个几乎不相交方体的并，即 $E = \bigcup\limits_{j=1}^{\infty} Q_j$，则

$$m_*(E) = \sum_{j=1}^{\infty} |Q_j|.$$

令 $\tilde{Q}_j$ 表示严格包含于 Q_j 的方体且满足 $|Q_j| \leqslant |\tilde{Q}_j| + \varepsilon/2^j$，这里 ε 是任意给定的值. 则对每个 N，方体 $\tilde{Q}_1, \tilde{Q}_2, \cdots, \tilde{Q}_N$ 不相交，因此它们之间有有限的距离，反复运用观察4得出

$$m_*(\bigcup_{j=1}^{N} \tilde{Q}_j) = \sum_{j=1}^{N} |\tilde{Q}_j| \geqslant \sum_{j=1}^{N} (|Q_j| - \varepsilon/2^j).$$

由于 $\bigcup\limits_{j=1}^{N} \tilde{Q}_j \subset E$，于是得出对每个整数 N，有

$$m_*(E) \geqslant \sum_{j=1}^{N} |Q_j| - \varepsilon.$$

当 N 趋向无穷取极限时，可导出对每个 $\varepsilon > 0$，有 $\sum\limits_{j=1}^{\infty} |Q_j| \leqslant m_*(E) + \varepsilon$，因此 $\sum\limits_{j=1}^{\infty} |Q_j| \leqslant m_*(E)$. 与观察2相结合我们证明了等式.

最后这个性质表明若一个集合可被分解为几乎不相交的方体，它的外测度等于这些方体的体积之和. 特别地，由定理1.4我们看到一个开集的外测度等于分解它的方体的体积之和. 这与我们最初的猜测一致. 此外，这也证明了和式与分解无关.

从这里可以看出由初等的微积分算出的简单集合的体积与它们的外测度一致. 一旦我们建立积分理论所必需的工具，就很容易证明这个断言（见第2章）. 特别地，我们能证明一个球（开或闭）的外测度等于它的体积.

尽管有观察4和观察5，人们一般不能得出以下结论：若 $E_1 \bigcup E_2$ 是 $\mathbf{R}^d$ 的不相交子集的并集，则

$$m_*(E_1 \bigcup E_2) = m_*(E_1) + m_*(E_2). \tag{3}$$

事实上，式（3）仅当我们考虑的集合不是高度不规则的或"病态"的但在下面描述的意义下是可测的时候成立.

3 可测集与勒贝格测度

可测性的概念把满足所有我们想要的四个性质包括对不相交并集的可加性（事实上是可数可加性）的 $\mathbf{R}^d$ 的子集簇分离出来.

有几个不同的方法定义可测性，但可以证明这些方法都是等价的. 可能最简单且最直观的是下面的定义：对于 $\mathbf{R}^d$ 的子集 E，若对任意 $\varepsilon > 0$ 存在开集 O 满足 $E \subset O$，且

$$m_*(O - E) \leqslant \varepsilon.$$

我们说它是勒贝格可测的（或简单地称为可测的），应把它与对所有集合 E 都成立的观察 3 作一比较.

　　若 E 可测，我们定义它的勒贝格测度（或测度）$m(E)$ 为

$$m(E) = m_*(E).$$

显然，勒贝格测度具有外测度包含在观察 1～5 中的所有特性.

　　从定义中我们立刻发现：

　　性质 1　$\mathbf{R}^d$ 中的每个开集是可测的.

　　我们现在的目标是搜集可测集的多个进一步性质. 特别地，我们将证明可测集簇在集合论中的多种运算：可数并、可数交与补下有良好的表现.

　　性质 2　若 $m_*(E) = 0$，则 E 是可测的. 特别地，若 F 是一个外测度为零的集合的子集，则 F 可测.

　　根据外测度的观察 3，对每个 $\varepsilon > 0$ 存在开集 O 满足 $E \subset O$ 且 $m_*(O) \leqslant \varepsilon$. 由于 $(O - E) \subset O$，外测度的单调性蕴含了 $m_*(O - E) \leqslant \varepsilon$，这正是我们想要的结果.

　　作为这个性质的推论，我们导出例 6 的康托尔集 C 是可测的且其测度为零.

　　性质 3　可数个可测集的并集是可测的.

　　假定 $E = \bigcup\limits_{j=1}^{\infty} E_j$，其中每个 E_j 是可测的. 给定 $\varepsilon > 0$，对每个 j 我们可以选取一个开集 O_j 使得 $E_j \subset O_j$ 且 $m_*(O_j - E_j) \leqslant \varepsilon/2^j$. 则并集 $O = \bigcup\limits_{j=1}^{\infty} O_j$ 是开集，$E \subset O$，且 $(O - E) \subset \bigcup\limits_{j=1}^{\infty}(O_j - E_j)$，外测度的单调性和次可加性蕴含了

$$m_*(O - E) \leqslant \sum_{j=1}^{\infty} m_*(O_j - E_j) \leqslant \varepsilon.$$

　　性质 4　闭集是可测的.

　　首先，我们观察到仅需证明紧集是可测的. 的确，任何闭集 F 都可写为紧集的并，比如说 $F = \bigcup\limits_{k=1}^{\infty} F \bigcap B_k$，这里 B_k 表示中心在原点、半径为 k 的闭球；因而性质 3 适用.

　　因此，假定 F 是紧集（特别地，$m_*(F) < \infty$），且令 $\varepsilon > 0$. 根据观察 3 我们能选一个开集 O 满足 $E \subset O$ 且 $m_*(O) \leqslant m_*(F) + \varepsilon$. 由于 F 是闭集，差 $O - F$ 是开集，由定理 1.4 我们可以把这个差写为可数个几乎不相交方体的并：

$$O - F = \bigcup_{j=1}^{\infty} Q_j.$$

　　对一个固定的 N，有限并 $K = \bigcup\limits_{j=1}^{N} Q_j$ 是紧集；因此 $d(K, F) > 0$（我们将这个小的事实抽出放在下面的引理中）. 由于 $(K \bigcup F) \subset O$，外测度的观察 1，4 与 5 蕴含了

$$m_*(O) \geqslant m_*(F) + m_*(K)$$

$$= m_*(F) + \sum_{j=1}^{N} m_*(Q_j).$$

因此 $\sum\limits_{j=1}^{N} m_*(Q_j) \leqslant m_*(O) - m_*(F) \leqslant \varepsilon$，且这对当 N 趋向无穷的极限情形也成立. 援引外测度的次可加性最后得到我们想要的结果，即

$$m_*(O - F) \leqslant \sum_{j=1}^{\infty} m_*(Q_j) \leqslant \varepsilon.$$

现在我们先证明以下引理以完成上面的论证.

引理 3.1 若 F 是闭集，K 是紧集，且这些集合是不相交的，则 $d(K, F) > 0$.

证 由于 F 是闭集，对每个点 $x \in K$ 存在 $\delta_x > 0$ 使得 $d(x, F) > 3\delta_x$. 由于 $\bigcup\limits_{x \in K} B_{2\delta_x}(x)$ 覆盖 K，且 K 是紧集，我们可以找到一个子覆盖，记为 $\bigcup\limits_{j=1}^{N} B_{2\delta_j}(x_j)$. 若令 $\delta = \min(\delta_1, \delta_2, \cdots, \delta_N)$，则必有 $d(K, F) \geqslant \delta > 0$. 事实上，若 $x \in K$ 且 $y \in F$，则对某个 j 我们有 $|x_j - x| \leqslant 2\delta_j$，且根据构造 $|y - x_j| \geqslant 3\delta_j$. 因此

$$|y - x| \geqslant |y - x_j| - |x_j - x| \geqslant 3\delta_j - 2\delta_j \geqslant \delta,$$

引理得证.

性质 5 可测集的补集是可测的.

若 E 是可测的，则对每个正整数 n 我们可以选取一个开集 O_n 满足 $E \subset O_n$，且 $m_*(O_n - E) \leqslant 1/n$. 补集 O_n^c 是闭的，因此它可测，由性质 3 可知并集 $S = \bigcup\limits_{n=1}^{\infty} O_n^c$ 也是可测的. 现在我们注意到 $S \subset E^c$，且

$$(E^c - S) \subset (O_n - E),$$

使得对所有 n，有 $m_*(E^c - S) \leqslant 1/n$. 因此，$m_*(E^c - S) = 0$，且根据性质 2 知 $E^c - S$ 是可测的. 由于 E^c 是两个可测集 S 和 $E^c - S$ 的并集，因此 E^c 可测.

性质 6 可数个可测集的交集是可测的.

由于

$$\bigcap_{j=1}^{\infty} E_j = \left(\bigcup_{j=1}^{\infty} E_j^c \right)^c,$$

该性质可从性质 3 和 5 得到.

总之，可测集簇在集合论熟知的运算下封闭. 前面已经阐述了比关于有限并与交封闭更多的结论：我们也证明了可测集簇对可数并与交封闭. 由有限运算过渡到无限运算在分析学的背景下是至关重要的. 然而，需要强调的是，当处理可测集时，不可数并或者交的运算是不允许的！

定理 3.2 若 $E_1, E_2, \cdots$ 是不相交的可测集，且 $E = \bigcup\limits_{j=1}^{\infty} E_j$，则

$$m(E) = \sum_{j=1}^{\infty} m(E_j).$$

证 首先，我们假定每个 E_j 有界. 对每个 j，将可测性的定义应用于 E_j^c，我们

选取 E_j 的闭子集 F_j 使得 $m_*(E_j - F_j) \leqslant \varepsilon/2^j$. 对每个固定的 N, 集合 $F_1, F_2, \cdots, F_N$ 是紧集且不相交, 因此 $m(\bigcup_{j=1}^{N} F_j) = \sum_{j=1}^{N} m(F_j)$. 由于 $\bigcup_{j=1}^{N} F_j \subset E$, 我们必须有

$$m(E) \geqslant \sum_{j=1}^{N} m(F_j) \geqslant \sum_{j=1}^{N} m(E_j) - \varepsilon.$$

令 N 趋向无穷, 由于 ε 是任意的, 我们发现

$$m(E) \geqslant \sum_{j=1}^{\infty} m(E_j).$$

由于相反的不等式总是成立的 (观察 2 中的次可加性), 当每个 E_j 有界时, 我们就证明了该结论.

一般情形下, 我们选取任何递增的趋向于 $\mathbf{R}^d$ 的方体序列 $\{Q_k\}_{k=1}^{\infty}$ (在对所有 $k \geqslant 1$, $Q_k \subset Q_{k+1}$ 且 $\bigcup_{k=1}^{\infty} Q_k = \mathbf{R}^d$ 的意义下). 令 $S_1 = Q_1$ 且 $S_k = Q_k - Q_{k-1}$ $(k \geqslant 2)$. 若定义可测集 $E_{j,k} = E_j \bigcap S_k$, 则

$$E = \bigcup_{j,k} E_{j,k}.$$

以上的并是不相交的且每个 $E_{j,k}$ 是有界的. 此外 $E_j = \bigcup_{k=1}^{\infty} E_{j,k}$, 这个并也是不相交的. 将这些事实放在一起, 且利用已经证明的结论, 我们得到所断言的

$$m(E) = \sum_{j,k} m(E_{j,k}) = \sum_{j} \sum_{k} m(E_{j,k}) = \sum_{j} m(E_j).$$

有了这个定理, 勒贝格测度在可测集上的可数可加性就建立起来了. 这个结果提供了以下对象之间的必要联系:

- 我们最初通过外测度给出的体积的概念;
- 可测集的更为精炼的思想;
- 允许在这些集上进行的可数无限运算.

为了简洁地叙述一些进一步的结果, 我们给出如下两个定义.

若 $E_1, E_2, \cdots$ 是 $\mathbf{R}^d$ 的可数子集簇, 在对所有 k, $E_k \subset E_{k+1}$ 且 $E = \bigcup_{k=1}^{\infty} E_k$ 的意义下递增趋向 E, 则记为 $E_k \uparrow E$.

类似地, 若 $E_1, E_2, \cdots$ 在对所有 k, $E_k \supset E_{k+1}$ 且 $E = \bigcap_{k=1}^{\infty} E_k$ 的意义下递减趋向 E, 则记为 $E_k \downarrow E$.

系 3.3　假定 $E_1, E_2, \cdots$ 是 $\mathbf{R}^d$ 的可测子集.

（i）若 $E_k \uparrow E$, 则 $m(E) = \lim\limits_{N \to \infty} m(E_N)$;

（ii）若 $E_k \downarrow E$ 且对某个 k, $m(E_k) < \infty$, 则

$$m(E) = \lim\limits_{N \to \infty} m(E_N).$$

证 对于第一部分，令 $G_1 = E_1, G_2 = E_2 - E_1$，一般的，对于 $k \geq 2, G_k = E_k - E_{k-1}$. 根据它们的构造，这些集合 G_k 可测、不相交且 $E = \bigcup\limits_{k=1}^{\infty} G_k$. 因此

$$m(E) = \sum_{k=1}^{\infty} m(G_k) = \lim_{N \to \infty} \sum_{k=1}^{N} m(G_k) = \lim_{N \to \infty} m\left(\bigcup_{k=1}^{N} G_k\right),$$

且由于 $\bigcup\limits_{k=1}^{N} G_k = E_N$，从而我们得到所要的极限.

对于第二部分，我们可以假定 $m(E_1) < \infty$. 对每个 k，令 $G_k = E_k - E_{k+1}$，使得

$$E_1 = E \bigcup \bigcup_{k=1}^{\infty} G_k$$

是不相交的可测集的并. 作为一个结果，我们发现

$$m(E_1) = m(E) + \lim_{N \to \infty} \sum_{k=1}^{N-1} (m(E_k) - m(E_{k+1}))$$

$$= m(E) + m(E_1) - \lim_{N \to \infty} m(E_N).$$

因此，由于 $m(E_1) < \infty$，我们得到 $m(E) = \lim\limits_{N \to \infty} m(E_N)$，这就完成了证明.

读者应该注意到若没有假设对某个 $k, m(E_k) < \infty$，第二个结论可能不成立. 这可从简单的例子即对所有 $n, E_n = (n, \infty) \subset \mathbf{R}$ 看出.

以下通过可测集与开集和闭集的关系，从几何与分析的角度提供了对开集的性质的洞察它的主旨在于，事实上，任意的可测集可以被包含它的开集以及它所包含的闭集很好地逼近.

定理 3.4 假定 E 是 $\mathbf{R}^d$ 的可测子集，则对每个 $\varepsilon > 0$：

（ⅰ）存在一个开集 O 满足 $E \subset O$ 且 $m(O - E) \leq \varepsilon$；

（ⅱ）存在一个闭集 F 满足 $F \subset E$ 且 $m(E - F) \leq \varepsilon$；

（ⅲ）若 $m(E)$ 有限，存在一个紧集 K 满足 $K \subset E$ 且 $m(E - K) \leq \varepsilon$；

（ⅳ）若 $m(E)$ 有限，存在一个有限闭方体的并集 $F = \bigcup\limits_{j=1}^{N} Q_j$ 满足

$$m(E \triangle F) \leq \varepsilon.$$

记号 $E \triangle F$ 表示集合 E 和 F 的对称差，它定义为 $E \triangle F = (E - F) \bigcup (F - E)$，它由那些仅属于集合 E 或 F 中的点组成.

证 （ⅰ）部分仅是可测性的定义. 对于第二部分，我们知道 E^c 可测，因此存在一个开集 O 满足 $E^c \subset O$ 且 $m(O - E^c) \leq \varepsilon$. 若令 $F = O^c$，则 F 是闭的，$F \subset E$，且 $E - F = O - E^c$. 因此得到所要的 $m(E - F) \leq \varepsilon$.

关于（ⅲ），我们可以选取一个闭集 F 使得 $F \subset E$ 且 $m(E - F) \leq \varepsilon/2$. 对每个 n，令 B_n 表示中心在原点、半径为 n 的球，且定义紧集 $K_n = F \bigcap B_n$. 则 $E - K_n$ 是递减地趋向于 $E - F$ 的可测集序列，且由于 $m(E) < \infty$，我们得出对所有大的 n，有 $m(E - K_n) \leq \varepsilon$.

最后一部分，选取一个闭方体簇 $\{Q_j\}_{j=1}^{\infty}$ 使得

$$E \subset \bigcup_{j=1}^{\infty} Q_j \text{ 且 } \sum_{j=1}^{\infty} |Q_j| \leqslant m(E) + \varepsilon/2.$$

由于 $m(E) < \infty$，该级数收敛，从而存在 $N > 0$ 使得 $\sum_{j=N+1}^{\infty} |Q_j| < \varepsilon/2$．若 $F = \bigcup_{j=1}^{N} Q_j$，则

$$m(E \triangle F) = m(F - F) + m(F - E)$$

$$\leqslant m\left(\bigcup_{j=N+1}^{\infty} Q_j\right) + m\left(\bigcup_{j=1}^{\infty} Q_j - E\right)$$

$$\leqslant \sum_{j=N+1}^{\infty} |Q_j| + \sum_{j=1}^{\infty} |Q_j| - m(E)$$

$$\leqslant \varepsilon$$

勒贝格测度的不变性质

$\mathbf{R}^d$ 中的勒贝格测度的一个关键性质是平移不变性．该性质可叙述如下：若 E 是可测集且 $h \in \mathbf{R}^d$，则集合 $E_h = E + h = \{x + h : x \in E\}$ 也是可测的，且 $m(E + h) = m(E)$．观察到这对于 E 是方体的特殊情形成立，人们可以过渡到任意集合 E 的外测度，且从第 2 节给出的 m_* 的定义，看到 $m_*(E_h) = m_*(E)$．为证明在 E 可测的假设下 E_h 的可测性，我们注意到若 O 是开的，$O \supset E$，且 $m_*(O - E) < \varepsilon$，则 O_h 是开的，$O_h \supset E_h$ 且 $m_*(O_h - E_h) < \varepsilon$．

用同样方法能够证明勒贝格测度的相对伸缩不变性．假定 $\delta > 0$，用 δE 表示集合 $\{\delta x : x \in E\}$．我们能够断言只要 E 可测 δE 就可测，且 $m(\delta E) = \delta^d m(E)$．人们也容易看到勒贝格测度反射不变．即，只要 E 可测．$-E = \{-x : x \in E\}$ 就可测且 $m(-E) = m(E)$．

习题 7 和习题 8 以及第 2 章的问题 4 给出勒贝格测度的其他不变性质．

σ-代数与博雷尔集

$\mathbf{R}^d$ 的集合的 σ-代数是一个可数并、可数交、补封闭的子集集簇．

$\mathbf{R}^d$ 的所有子集的集簇当然是一个 σ-代数．一个更为有趣的例子是 $\mathbf{R}^d$ 的所有可测子集．我们可以证明该集簇构成一个 σ-代数．

另一个在分析学中扮演重要角色的 σ-代数是 $\mathbf{R}^d$ 的 Borel σ-代数，记为 $B_{\mathbf{R}^d}$．根据定义它是包含所有开集的最小 σ-代数．该 σ-代数的元素称为 Borel 集．

一旦我们定义术语"最小"，Borel σ-代数的定义就有意义，且这样的 σ-代数存在且唯一．"最小"这个术语指的是若 S 是任何包含 $\mathbf{R}^d$ 的所有开集的 σ-代数，则必然有 $B_{\mathbf{R}^d} \subset S$，由于我们观察到任何（不必可数）$\sigma$-代数的交仍然是一个 σ-代数，我们可以定义 $B_{\mathbf{R}^d}$ 为包含开集的所有 σ-代数的交．这表明了 Borel σ-代数的存在性与唯一性．

由于开集可测，我们得出 Borel σ-代数包含于可测集的 σ-代数．自然地，我们

或许会问这个包含是否严格：是否存在不是 Borel 集的勒贝格可测集？答案是"存在"（见习题 35）.

从 Borel 集的观点来看，勒贝格集产生于 Borel 集的 σ-代数的完备化，即附加上测度为零的 Borel 集的子集. 这是下面的系 3.5 的直接推论.

从开集与闭集这两种最简单的 Borel 集出发，人们能够尝试着根据其复杂性（递增）依次列出所有 Borel 集. 依此顺序接下来是开集的可数交；这样的集合称为 G_δ 集. 同样的，人们可以考虑它们的补集，即闭集的可数并，称为 F_σ 集⊖.

系 3.5 $\mathbf{R}^d$ 的一个子集 E 可测，

（ⅰ）当且仅当 E 与 G_δ 相差一个零测度集，

（ⅱ）当且仅当 E 与 F_σ 相差一个零测度集.

证 显然集合 E 只要满足（ⅰ）或（ⅱ）就可测，这是由于 F_σ，G_δ 以及测度为零的集合是可测的.

反过来，若 E 可测，则对每个整数 $n \geqslant 1$ 我们可以选取包含 E 的开集 O_n，使得 $m(O_n - E) \leqslant 1/n$. 则 $S = \bigcap\limits_{n=1}^{\infty} O_n$ 是一个包含 E 的 G_δ，且对所有 n，$(S - E) \subset (O_n - E)$，因此对所有 n，$m(S - E) \leqslant 1/n$；因此 $S - E$ 的外测度为零，因而可测.

对于第二个蕴含关系，我们简单应用定理 3.4 的（ⅱ）部分且取 $\varepsilon = 1/n$，以及取所得到的闭集的并即可得证.

不可测集的构造

是否 $\mathbf{R}^d$ 的所有子集可测？本节当 $d = 1$ 时我们通过构造 $\mathbf{R}$ 的不可测子集回答这个问题⊖. 这使我们有理由得出这么一个结论：一个令人满意的测度论不可能包含 $\mathbf{R}$ 的所有子集.

不可测集 N 的构造用到选择公理，且依赖于 $[0,1]$ 中的实数间的一个简单的等价关系.

只要 $x - y$ 是有理数，就写为 $x \sim y$，注意到这是一个等价关系，因为下面的性质成立：

- 对每个 $x \in [0,1]$，$x \sim x$；
- 若 $x \sim y$，则 $y \sim x$；
- 若 $x \sim y$ 且 $y \sim z$，则 $x \sim z$.

两等价类或者不相交或者重合，且 $[0,1]$ 是所有等价类的不交并，我们将它写为

$$[0,1] = \bigcup_{\alpha} \varepsilon_\alpha.$$

现在我们从每个 ε_α 中恰好选取一个元素 x_α 以构造集合 N，且设 $N = \{x_\alpha\}$. 这

⊖ 术语 G_δ 来自德语 "Gebiete" 与 "Durschnitt"；F_σ 来自法语 "fermé" 与 "somme".

⊖ 作为下一章命题 3.4 的推论，$\mathbf{R}$ 中存在这样的集合蕴含对每个 d，$\mathbf{R}^d$ 存在相应的不可测子集.

个（表面上明显）步骤要求进一步的评论，我们将它推迟到下面定理的证明之后．

定理 3.6　集合 N 不可测．

用反证法证明，因此我们假设 N 可测．令 $\{r_k\}_{k=1}^{\infty}$ 为 $[-1,1]$ 中的所有有理数的列举，考虑平移

$$N_k = N + r_k.$$

我们断定 N_k 不相交，且

$$[0,1] \subset \bigcup_{k=1}^{\infty} N_k \subset [-1,2]. \tag{4}$$

为看到为什么这些集合不相交，假定交集 $N_k \bigcap N_{k'}$ 非空．则存在有理数 $r_k \neq r_{k'}$ 和 α 以及 β 使得 $x_\alpha + r_k = x_\beta + r_{k'}$；因此

$$x_\alpha - x_\beta = r_{k'} - r_k.$$

因此 $\alpha \neq \beta$ 且 $x_\alpha - x_\beta$ 是有理数；故 $x_\alpha \sim x_\beta$，这与 N 仅包含每个等价类的一个代表这一事实矛盾．

第二个包含关系是直接的，这是由于根据构造每个 N_k 包含于 $[-1,2]$．最后，若 $x \in [0,1]$，则对某个 α，$x \sim x_\alpha$，故对某个 k 有，$x - x_\alpha = r_k$．因此 $x \in N_k$，从而第一个包含关系成立．

现在我们可以完成该定理的证明．若 N 可测，则对所有 k, N_k 也可测．由于并 $\bigcup_{k=1}^{\infty} N_k$ 不相交，并根据式（4）中的包含关系得到

$$1 \leqslant \sum_{k=1}^{\infty} m(N_k) \leqslant 3.$$

由于 N_k 是 N 的一个平移，对所有 k 我们必须有 $m(N_k) = m(N)$．因此

$$1 \leqslant \sum_{k=1}^{\infty} m(N) \leqslant 3.$$

由于无论 $m(N) = 0$ 还是 $m(N) > 0$，上式都不可能成立，这就是我们想要的矛盾．

选择公理

集合 N 的构造之所以可能，是因为有下面的一般命题．

● 假定 E 是一个集而 $\{E_\alpha\}$ 是 E 的非空子集簇（所有指标 α 所成的集不一定可数），则存在函数 $\alpha \mapsto x_\alpha$（"选择函数"）使得对所有 $\alpha, x_\alpha \in E_\alpha$．

该断言的一般形式即熟知的选择公理．该公理出现（至少是隐含的出现）在许多数学的证明中，但是由于它直观上明显的自明性，它的意义没有马上被理解．最早认识到该公理的重要性是用它来证明康托尔的一个著名断言，良序原理．该命题（有时称为"超限归纳法"）可表述如下．

集合 E 称为线性序的，若存在二元关系 "$\leqslant$" 使得：

（a）对所有 $x \in E, x \leqslant x$；

（b）若 $x,y \in E$ 不同，则或者 $x \leqslant y$ 或者 $y \leqslant x$（但不都成立）；

（c）若 $x \leqslant y$ 且 $y \leqslant z$，则 $x \leqslant z$.

对于集合 E 若每个非空子集 $A \subset E$ 有一个最小元（即，元素 $x_0 \in A$ 使得对其他 $x \in A, x_0 \leqslant x$），则我们说可被良序化.

良序集的一个简单例子是具有通常的序的正整数集 $\mathbf{Z}+$. $\mathbf{Z}+$ 是良序这一事实是通常的（有限）归纳原理的本质部分. 更一般的，良序原理说的是：

• 任何集合 E 可良序化.

良序原理蕴含选择公理事实上几乎是显然的：若良序化 E，则可以选取 x_α 为 E_α 中的最小元素，用这个方法我们可以构造出所要求的选择函数. 反过来的蕴含关系即选择公理蕴含良序原理也是对的，但不容易证明（选择公理的另一个等价叙述见问题6）.

我们将遵从通常的实践，假设选择公理的正确性（因此良序原理的正确性）$^{\ominus}$. 然而，我们必须指出虽然选择公理看起来是自明的，但良序原理很快会导致一些令人困惑的结论：人们需要花一点时间试图想象一下一个良序的实数集看起来像什么！

4　可测函数

有了可测集的概念，我们现在将注意力转向积分理论核心的研究对象：可测函数.

我们的出发点是集合 E 的特征函数的概念，它定义如下：

$$\chi_E(x) = \begin{cases} 1, x \in E, \\ 0, x \notin E. \end{cases}$$

下一步过渡到作为积分理论的奠基石的函数. 对于黎曼积分它实际上是阶梯函数类，每个作为一个有限和给出

$$f = \sum_{k=1}^N a_k \chi_{R_k}, \tag{5}$$

其中每个 R_k 是矩形，而 a_k 是常数.

然而，对于勒贝格积分我们需要更一般的概念，如同我们在下一章将看到的. 简单函数是有限和

$$f = \sum_{k=1}^N a_k \chi_{E_k} \tag{6}$$

其中每个 E_k 是具有有限测度的可测集，而 a_k 是常数.

$\ominus$　可以证明在一个叙述适当的集论的公理中，选择公理独立于其他公理；因此我们可自由决定是否接受它的正确性.

4.1　定义与基本性质

我们首先考虑 $\mathbf{R}^d$ 上的实值函数 f，由于我们允许 f 取无穷值：$+\infty$ 与 $-\infty$，因此 $f(x)$ 属于扩充的实数：

$$-\infty \leqslant f(x) \leqslant +\infty.$$

若对所有 x 都有 $-\infty < f(x) < +\infty$，我们说 f 是有限值的。在以下理论以及它的许多应用，我们总是发现所遇到的函数至多在一个测度为零的集合取无穷值的情况。

对一个定义在 $\mathbf{R}^d$ 的可测集 E 上的函数 f，若对所有 $a \in \mathbf{R}$，集合

$$f^{-1}([-\infty, a)) = \{x \in E : f(x) < a\}$$

可测，则称 f 可测。为简化记号，在不至于混淆的情况下，我们将集合 $\{x \in E : f(x) < a\}$ 简单地记为 $\{f < a\}$。

首先，我们注意到可测函数有许多等价定义。例如，我们可以要求闭区间的原像是可测的。的确，为证明 f 可测当且仅当对每个 a，$\{x : f(x) \leqslant a\} = \{f \leqslant a\}$ 可测。我们注意到在一个方向（a 的右方），

$$\{f \leqslant a\} = \bigcap_{k=1}^{\infty} \{f < a + 1/k\},$$

且可数个可测集的交集是可测的。在另一个方向（a 的左方），我们观察到

$$\{f < a\} = \bigcup_{k=1}^{\infty} \{f \leqslant a - 1/k\}.$$

类似地，f 可测当且仅当对每个 a，$\{f \geqslant a\}$（或 $\{f > a\}$）可测。第一种情形从定义和 $\{f \geqslant a\}$ 是 $\{f < a\}$ 的补集的事实可立即得到。第二种情形从我们刚证明的结论和事实 $\{f \leqslant a\} = \{f > a\}^c$ 得到。一个简单推论是：只要 f 可测，则 $-f$ 也可测。

用同样方式，我们可以证明若 f 是有限值的，则它是可测的当且仅当对每对 a，$b \in \mathbf{R}$，集合 $\{a < f < b\}$ 可测。类似结论对人们所选的任何一种强或弱的不等式的组合均成立。例如，若 f 是有限值的，则它是可测的当且仅当对所有 $a, b \in \mathbf{R}$，$\{a \leqslant f < b\}$ 可测。用相同的论证方法会得到：

性质 1　有限值函数 f 是可测的，当且仅当对每个开集 O，$f^{-1}(O)$ 是可测的，且对每个闭集 F，$f^{-1}(F)$ 是可测的。

注意到，若我们附加假设 $f^{-1}(+\infty)$ 与 $f^{-1}(-\infty)$ 都是可测集，则这个性质也适用于扩充值函数。

性质 2　若 f 在 $\mathbf{R}^d$ 上连续，则 f 是可测的。若 f 是可测与有限值的，且 Φ 连续，则 $\Phi \circ f$ 是可测的。

事实上，Φ 连续，因此 $\Phi^{-1}((-\infty, a))$ 是一个开集 O，因此 $(\Phi \circ f)^{-1}((-\infty, a)) = f^{-1}(O)$ 可测。

不过应该注意到，只要 f 可测且 Φ 连续，就认定 $f \circ \Phi$ 可测一般来说是不对的（见习题 35）。

性质 3 假定 $\{f_n\}_{n=1}^\infty$ 是可测函数序列. 则 $\sup_n f_n(x), \inf_n f_n(x), \ \limsup_{n\to\infty} f_n(x)$ 以及 $\liminf_{n\to\infty} f_n(x)$ 可测.

证 $\sup_n f_n$ 是可测的, 需满足 $\{\sup_n f_n > a\} = \bigcup_n \{f_n > a\}$. 这也得到对 $\inf_n f_n(x)$ 的结果, 这是由于该量等于 $-\sup_n(-f_n(x))$.

关于 limsup 和 liminf 的结果可从两个等式

$$\limsup_{n\to\infty} f_n(x) = \inf_k \{\sup_{n\geqslant k} f_n\} \quad \text{与} \quad \liminf_{n\to\infty} f_n(x) = \sup_k \{\inf_{n\geqslant k} f_n\}$$

得到.

性质 4 若 $\{f_n\}_{n=1}^\infty$ 是一个可测函数簇, 且

$$\lim_{n\to\infty} f_n(x) = f(x),$$

则 f 是可测的.

由于 $f(x) = \limsup_{n\to\infty} f_n(x) = \liminf_{n\to\infty} f_n(x)$, 这个性质是性质 3 的推论.

性质 5 若 f 和 g 是可测的, 则

（ⅰ）整数次幂 $f^k, k \geqslant 1$ 是可测的.

（ⅱ）若 f 和 g 都是有限值的, 则 $f+g$ 和 fg 是可测的.

对于（ⅰ）, 我们简单地注意到若 k 是奇数, 则 $\{f^k > a\} = \{f > a^{1/k}\}$; 若 k 是偶数且 $a \geqslant 0$, 则 $\{f^k > a\} = \{f > a^{1/k}\} \bigcup \{f < -a^{1/k}\}$.

对于（ⅱ）, 我们首先看到 $f+g$ 是可测的, 这是因为

$$\{f+g > a\} = \bigcup_{r\in\mathbf{Q}} (\{f > a - r\} \bigcap \{g > r\}),$$

其中 $\mathbf{Q}$ 表示有理数集.

最后, 因为有先前的结果以及事实

$$fg = \frac{1}{4}\big[(f+g)^2 - (f-g)^2\big],$$

故 fg 是可测的.

对定义在集合 E 上的两个函数 f 和 g, 若集合 $\{x\in E : f(x) \neq g(x)\}$ 的测度为零, 就称 f 与 g 几乎处处相等, 且记为

$$f(x) = g(x) \quad \text{a. e. } x\in E,$$

我们有时将此简写为 $f = g$ a. e.. 更一般的, 一个性质或陈述在除去一个测度为零的集合外成立, 我们称该性质或陈述为几乎处处成立（a. e.）.

人们容易看到若 f 是可测的且 $f = g$ a. e., 则 g 是可测的. 这从 $\{f < a\}$ 与 $\{g < a\}$ 仅在一个零测度集不同这一事实立即得出. 此外, 上述所有性质成立的条件可减弱为几乎处处成立. 例如, 若 $\{f_n\}_{n=1}^\infty$ 是一个可测函数簇, 且

$$\lim_{n\to\infty} f_n(x) = f(x) \quad \text{a. e.},$$

则 f 是可测的.

注意到若 f 和 g 是几乎处处定义在 $E \subset \mathbf{R}^d$ 上, 则函数 $f+g$ 和 fg 仅可以定义在

f 和 g 的定义域的交集上. 由于两个零测度集的并集测度仍然为零, $f + g$ 几乎处处定义在 E 上. 我们将该讨论概括如下.

性质 6　假定 f 是可测的, 且 $f(x) = g(x)$ a. e. x, 则 g 是可测的.

有了性质 6, 当 f 和 g 是几乎处处有限值的时, 性质 5 中的 (ii) 也成立.

4.2　用简单函数或阶梯函数逼近

本节的所有定理都有相同的性质, 都对可测函数的结构给出了进一步的说明. 我们从用简单函数逐点逼近非负可测函数开始.

定理 4.1　假定 f 是 $\mathbf{R}^d$ 上的非负可测函数, 则存在逐点收敛于 f 的递增非负简单函数列 $\{\varphi_k\}_{k=1}^{\infty}$, 即

$$\varphi_k(x) \leqslant \varphi_{k+1}(x), \text{且对所有 } x, \lim_{k \to \infty} \varphi_k(x) = f(x).$$

证　我们先从 f 的截断函数开始. 对于 $N \geqslant 1$, 令 Q_N 表示中心在原点、边长为 N 的方体, 接着我们定义

$$F_N(x) = \begin{cases} f(x), & x \in Q_N \text{ 且 } f(x) \leqslant N, \\ N, & x \in Q_N \text{ 且 } f(x) > N, \\ 0, & \text{其他}. \end{cases}$$

则当 N 趋向无穷时, 对所有 x, $F_N(x) \to f(x)$. 现在我们对 F_N 的值域, 即 $[0, N]$, 做如下剖分. 对固定的 $N, M \geqslant 1$, 定义

$$E_{l,M} = \left\{ x \in Q_N : \frac{l}{M} < F_N(x) \leqslant \frac{l+1}{M} \right\}, \quad 0 \leqslant l < NM.$$

则可以构造

$$F_{N,M}(x) = \sum_l \frac{l}{M} \chi_{E_{l,M}}(x).$$

每个 $F_{N,M}$ 是对所有 x 满足 $0 \leqslant F_N(x) - F_{N,M}(x) \leqslant 1/M$ 的简单函数. 若选取 $N = M = 2^k$ 其中 $k \geqslant 1$ 是整数, 且令 $\varphi_k = F_{2^k, 2^k}$, 则对所有 x, $0 \leqslant F_M(x) - \varphi_k(x) \leqslant 1/2^k$, $\{\varphi_k\}$ 递增, 该序列满足要求的所有性质.

注意若允许极限为 $+\infty$, 该结果对扩充实值的非负函数仍成立. 我们现在去掉 f 非负的假设, 也允许扩充极限 $-\infty$.

定理 4.2　假定 f 是 $\mathbf{R}^d$ 上的可测函数, 则存在简单函数列 $\{\varphi_k\}_{k=1}^{\infty}$ 满足

$$|\varphi_k(x)| \leqslant |\varphi_{k+1}(x)|, \text{且对所有 } x, \lim_{k \to \infty} \varphi_k(x) = f(x).$$

特别地, 对所有 x 和 k 我们有 $|\varphi_k(x)| \leqslant |f(x)|$.

证　我们运用函数 f 的如下分解: $f(x) = f^+(x) - f^-(x)$, 其中

$$f^+(x) = \max(f(x), 0), \quad f^-(x) = \max(-f(x), 0).$$

由于 f^+ 和 f^- 非负, 由先前的定理可知, 存在递增非负简单函数列 $\{\varphi_k^{(1)}(x)\}_{k=1}^{\infty}$ 和 $\{\varphi_k^{(2)}(x)\}_{k=1}^{\infty}$ 分别逐点收敛于 f^+ 和 f^-. 若令

$$\varphi_k(x) = \varphi_k^{(1)}(x) - \varphi_k^{(2)}(x),$$

则对所有 $x, \varphi_k(x)$ 收敛于 $f(x)$. 最后, 序列 $\{|\varphi_k(x)|\}$ 递增, 这是因为 f^+ 和 f^- 的定义以及 $\varphi_k^{(1)}$ 和 $\varphi_k^{(2)}$ 的性质蕴含了

$$|\varphi_k(x)| = \varphi_k^{(1)}(x) + \varphi_k^{(2)}(x).$$

我们现在可以更进一步地用阶梯函数逼近. 一般的, 这里收敛性仅几乎处处成立.

定理 4.3 假定 f 在 $\mathbf{R}^d$ 上可测. 则存在阶梯函数列 $\{\psi_k\}_{k=1}^{\infty}$ 对几乎每个 x 逐点收敛于 $f(x)$.

证 根据前面的结果, 存在简单函数 $\{\varphi_k\}$ 使得对所有 x, $\lim\limits_{k \to \infty} \varphi_k(x) = f(x)$. 为了用阶梯函数逼近每个 φ_k, 为此我们回顾定理 3.4 的 (iv) 部分, 它说的是若 E 是一个具有有限测度的可测集, 对每个 ε 存在方体 $Q_1, Q_2 \cdots, Q_N$ 使得 $m(E \triangle \bigcup\limits_{j=1}^{N} Q_j) \leqslant \varepsilon$, 考虑由这些方体的边延长所形成的网格, 我们看到存在几乎不相交矩形 $\tilde{R}_1, \tilde{R}_2, \cdots,$ $\tilde{R}_M$ 使得 $\bigcup\limits_{j=1}^{N} Q_j = \bigcup\limits_{j=1}^{M} \tilde{R}_j$. 取包含于 $\tilde{R}_j$ 的尺寸稍小的闭矩形 R_j, 我们找到一个满足 $m(E \triangle \bigcup\limits_{j=1}^{M} R_j) \leqslant 2\varepsilon$ 的不相交的闭矩形簇. 因此从这个观察和简单函数的定义, 我们得到对每个 k, 存在一个阶梯函数 ψ_k 和一个可测集 F_k 使得 $m(F_k) < 2^{-k}$ 且对所有 $x \notin F_k, \varphi_k(x) = \psi_k(x)$.

若我们定义 $F = \bigcap\limits_{l=1}^{\infty} \bigcup\limits_{k>l}^{\infty} F_k$, 则 $m(F) = 0$, 这是因为 $m(\bigcup\limits_{k>l}^{\infty} F_k) \leqslant \sum\limits_{k>l} m(F_k) \leqslant 2^{-l}$. 对于 $x \notin F$, 存在 k_0 使得 $x \in \bigcap\limits_{k>k_0} F_k^c$, 因此对所有 $k > k_0$, 有

$$|f(x) - \psi_k(x)| \leqslant |f(x) - \varphi_k(x)| + |\varphi_k(x) - \psi_k(x)| = |f(x) - \varphi_k(x)|,$$

又由于 $\lim\limits_{k \to \infty} \varphi_k(x) = f(x)$, 可得对所有 $x \notin F$, $\lim\limits_{k \to \infty} \psi_k(x) = f(x)$, 这即是我们想要的结果.

4.3 李特尔伍德三大原理

尽管可测集和可测函数的概念代表了新的工具, 我们也不应忽视它们与被它们所替代的更老的概念的关系. 李特尔伍德 (Littlewood) 以三大原理的形式总结了这些联系, 这些原理在测度论的早期研究中提供了有用的直观上的引导.

(i) 每个集合接近于区间的有限并.

(ii) 每个函数接近于连续函数.

(iii) 每个收敛序列接近于一致收敛序列.

以上所指的集合和函数当然认为是可测的. 需要把握的是 "接近" 这个词, 它在每个背景下必须被适当地理解. 定理 3.4 的 (iv) 部分是第一原理的一个精确版本. 下面的重要结果给出了第三原理的确切形式.

定理 4.4 (Egorov 定理) 假定 $\{f_k\}_{k=1}^{\infty}$ 是一个定义在满足 $m(E) < \infty$ 的可测集 E 上的可测函数序列, 且假设在 E 上 $f_k \to f$ a.e.. 给定 $\varepsilon > 0$, 我们能找到一个闭集

$A_\varepsilon \subseteq E$ 使得 $m(E - A_\varepsilon) \leqslant \varepsilon$ 且在 A_ε 上 $f_k \xrightarrow{\text{一致}} f$.

证　不失一般性我们可以假定对每个 $x \in E, f_k(x) \to f(x)$. 对于每对非负整数 n 和 k，令

$$E_k^n = \{x \in E : |f_j(x) - f(x)| < 1/n, \text{对所有} j > k\}.$$

现在固定 n 且注意到 $E_k^n \subseteq E_{k+1}^n$，且当 k 趋向无穷时 $E_k^n \uparrow E$. 根据系 3.3，可知存在 k_n 使得 $m(E - E_{k_n}^n) < 1/2^n$. 根据构造，有

只要 $j > k_n$ 且 $x \in E_{k_n}^n$，则 $|f_j(x) - f(x)| < 1/n$.

选取 N 使得 $\displaystyle\sum_{n=N}^\infty 2^{-n} < \varepsilon/2$，且令

$$\tilde{A}_\varepsilon = \bigcap_{n \geqslant N} E_{k_n}^n.$$

首先注意到

$$m(E - \tilde{A}_\varepsilon) \leqslant \sum_{n=N}^\infty m(E - E_{k_n}^n) < \varepsilon/2.$$

接着，若 $\delta > 0$，选取 $n \geqslant N$ 使得 $1/n < \delta$，且注意到 $x \in \tilde{A}_\varepsilon$ 意味着 $x \in E_{k_n}^n$. 因而有 只要 $j > k_n$，则 $|f_j(x) - f(x)| < \delta$. 因此在 $\tilde{A}_\varepsilon$ 上 f_k 一致收敛于 f.

最后，利用定理 3.4 选取一个闭子集 $A_\varepsilon \subseteq \tilde{A}_\varepsilon$ 满足 $m(\tilde{A}_\varepsilon - A_\varepsilon) < \varepsilon/2$. 作为一个结果，我们有 $m(E - A_\varepsilon) < \varepsilon$，从而定理得证.

下一个定理验证了李特尔伍德第二原理的正确性.

定理 4.5（Lusin 定理）　假定 f 在具有有限测度的集合 E 上可测且在 E 上取有限值. 则对每个 $\varepsilon > 0$ 存在闭集 F_ε，满足 $F_\varepsilon \subseteq E$ 且 $m(E - F_\varepsilon) \leqslant \varepsilon$，并且使得 $f|_{F_\varepsilon}$ 连续.

$f|_{F_\varepsilon}$ 表示 f 限制于集合 F_ε. 该定理的结论说的是，若视 f 为一个仅定义在 F_ε 的函数，则 f 是连续的. 然而，该定理并未给出更强的断言：即定义在 E 上的函数 f 在 F_ε 的点处连续.

证　令 f_n 为简单函数序列使得 $f_n \to f$ a.e.. 我们可以找到集合 E_n 使得 $m(E_n) < 1/2^n$ 且 f_n 在 E_n 外部连续. 由 Egorov 定理，我们可以找到一个集合 $A_{\varepsilon/3}$ 使得在其上 $f_n \xrightarrow{\text{一致}} f$ 且 $m(E - A_{\varepsilon/3}) \leqslant \varepsilon/3$. 接着对于使得 $\displaystyle\sum_{n \geqslant N} 1/2^n < \varepsilon/3$ 的充分大的 N，我们考虑

$$F' = A_{\varepsilon/3} - \bigcup_{n \geqslant N} E_n.$$

现在对每个 $n \geqslant N$ 函数 f_n 在 F' 上连续；因此 f（作为 $\{f_n\}$ 的一致极限）也在 F' 上连续. 为完成证明，我们仅需用闭集 $F_\varepsilon \subseteq F'$ 逼近 F'，使得 $m(F' - F_\varepsilon) < \varepsilon/3$.

5* Brunn-Minkowski 不等式

由于加法与数乘是向量空间的基本运算，这些运算的性质以一种基本的方式出

现在 $\mathbf{R}^d$ 上的勒贝格测度理论中也不足为奇. 我们已经讨论了勒贝格测度的平移不变以及相对伸缩不变之间的联系. 这里我们研究两个可测集 A 和 B 的和, 它定义为

$$A + B = \{x \in \mathbf{R}^d : x = x' + x'', \text{ 其中 } x' \in A \text{ 而 } x'' \in B\}.$$

这个概念在许多问题中具有重要性, 尤其是在凸集理论中; 在第 3 章我们要把它用到等周问题中.

基于这种考虑我们能够提出的第一个 (诚然是模糊的) 问题是人们是否能由 A 和 B 的测度给出 $A + B$ 的测度的一般性估计 (假定这三个集合可测). 我们容易看到不可能用 $m(A)$ 和 $m(B)$ 得到 $m(A + B)$ 的一个上界. 的确, 简单的例子表明我们可以有 $m(A) = m(B) = 0$, 然而 $m(A + B) > 0$ (见习题 20).

在相反的方向人们或许寻求形如

$$m(A + B)^\alpha \geqslant c_\alpha (m(A)^\alpha + m(B)^\alpha),$$

的一般估计, 其中 α 是正数, 而常数 c_α 与 A 和 B 无关. 显然, 人们有望得到的最好情况是 $c_\alpha = 1$. 通过考虑凸集可以看到指数 α 所起的作用. 凸集 A 指的是满足性质: 只要 x 和 y 属于 A, 则连接它们的线段 $\{xt + y(1 - t) : 0 \leqslant t \leqslant 1\}$ 也在集合 A 内. 若我们回顾定义 $\lambda A = \{\lambda x : x \in A\}$, $\lambda > 0$, 我们注意到只要 A 是凸的, 则 $A + \lambda A = (1 + \lambda) A$. 然而, $m((1 + \lambda) A) = (1 + \lambda)^d m(A)$, 因此仅当对所有 $\lambda > 0$, $(1 + \lambda)^{d\alpha} \geqslant 1 + \lambda^{d\alpha}$ 假定的不等式才成立. 现在,

$$\text{若 } \gamma \geqslant 1 \text{ 且 } a, b \geqslant 0, \text{则} (a + b)^\gamma \geqslant a^\gamma + b^\gamma, \tag{7}$$

而当 $0 \leqslant \gamma \leqslant 1$ 时, 相反的不等式成立 (见习题 38), 由此可得 $\alpha \geqslant 1/d$. 此外, 式 (7) 表明了具有指数 $1/d$ 的不等式蕴含了 $\alpha \geqslant 1/d$ 的相应的不等式, 因而我们自然转向不等式

$$m(A + B)^{1/d} \geqslant m(A)^{1/d} + m(B)^{1/d} \tag{8}$$

的研究. 在证明式 (8) 之前, 我们必须提到它所引发的一个技术性障碍. 我们可以假定 A 和 B 可测, 但这得不出 $A + B$ 可测 (见下一章的习题 13). 然而容易看到当 A 和 B 是闭集, 或它们其中一个是开集 (见习题 19) 时, 这个困难不会出现.

有了以上的考虑我们可以叙述下面的主要结果.

定理 5.1 假设 A 和 B 是 $\mathbf{R}^d$ 的可测子集且它们的和 $A + B$ 也是可测的, 则不等式 (8) 成立.

让我们首先就 A 和 B 分别为边长是 $\{a_j\}_{j=1}^d$ 和 $\{b_j\}_{j=1}^d$ 的矩形进行论证, 则式 (8) 成为

$$\left(\prod_{j=1}^d (a_j + b_j)\right)^{1/d} \geqslant \left(\prod_{j=1}^d a_j\right)^{1/d} + \left(\prod_{j=1}^d b_j\right)^{1/d}. \tag{9}$$

根据齐次性可简化为特殊情形, 即对每个 j, $a_j + b_j = 1$. 事实上, 若用 $\lambda_j a_j$, $\lambda_j b_j$ 分别替代 a_j, b_j, 其中 $\lambda_j > 0$, 则等同于将式 (9) 的两边同乘以 $(\lambda_1 \lambda_2 \cdots \lambda_d)^{1/d}$. 仅需选取

$\lambda_j = (a_j + b_j)^{-1}$. 有了这个简化, 不等式 (9) 是算术-几何不等式 (见习题 39)

$$\text{对所有 } x_j \geqslant 0, \ \frac{1}{d}\sum_{j=1}^{d} x_j \geqslant \left(\prod_{j=1}^{d} x_j\right)^{1/d},$$

的直接推论: 设 $x_j = a_j$ 且 $x_j = b_j$, 将得到的不等式相加即可.

接着转向每个 A 和 B 是有限个内部不相交矩形的并. 这种情形可通过对 A 和 B 中的矩形数量的归纳进行证明. 我们将这个数记为 n. 这里重要的是要认识到当我们独立地平移 A 和 B 所需要的不等式是不变的. 事实上, 用 $A + h$ 替代 A 且用 $B + h'$ 替代 B, 以及用 $A + B + h + h'$ 替代 $A + B$, 相应的测度不变. 我们在构成 A 的这些矩形中选取一对不相交的矩形 R_1 和 R_2, 且注意到它们可被某个坐标平面分离. 因此可以假定对某个 j, 适当平移 h, R_1 落在 $A_- = A\bigcap\{x_j \leqslant 0\}$, 而 R_2 落在 $A_+ = A\bigcap\{0 \leqslant x_j\}$. 观察到 A_+ 和 A_- 包含的矩形至少比 A 少一个, 且 $A = A_- \bigcup A_+$.

接着平移 B 使得 $B_- = B\bigcap\{x_j \leqslant 0\}$ 以及 $B_+ = B\bigcap\{x_j \geqslant 0\}$ 满足

$$\frac{m(B_\pm)}{m(B)} = \frac{m(A_\pm)}{m(A)}.$$

然而, $A + B \supset (A_+ + B_+)\bigcup(A_- + B_-)$, 右边的并本质上不相交, 这是由于这两部分落在不同的半空间中. 此外, A_+ 和 B_+ 或者 A_- 和 B_- 中的矩形的总数也都小于 n. 因此归纳假设适用, 且

$$m(A + B) \geqslant m(A_+ + B_+) + m(A_- + B_-)$$
$$\geqslant \left(m(A_+)^{1/d} + m(B_+)^{1/d}\right)^d + \left(m(A_-)^{1/d} + m(B_-)^{1/d}\right)^d$$
$$= m(A_+)\left[1 + \left(\frac{m(B)}{m(A)}\right)^{1/d}\right]^d + m(A_-)\left[1 + \left(\frac{m(B)}{m(A)}\right)^{1/d}\right]^d$$
$$= \left(m(A)^{1/d} + m(B)^{1/d}\right)^d,$$

这就给出了当 A 和 B 都是有限个内部不相交的矩形的并时所对应的不等式 (8).

接着, 这很快蕴含 A 和 B 是有限测度的开集的结果. 事实上, 由定理 1.4, 对任意 $\varepsilon > 0$, 我们能找到几乎不相交的矩形 A_ε 和 B_ε 的并, 使得 $A_\varepsilon \subset A$, $B_\varepsilon \subset B$ 满足 $m(A) \leqslant m(A_\varepsilon) + \varepsilon$ 且 $m(B) \leqslant m(B_\varepsilon) + \varepsilon$. 由于 $A + B \supset A_\varepsilon + B_\varepsilon$, 不等式 (8) 对 A_ε 和 B_ε 成立, 取极限给出所要的结果. 自此, 我们能够转到 A 和 B 是任意紧集的情形. 首先注意到 $A + B$ 是紧集, 若定义 $A^\varepsilon = \{x : d(x, A) < \varepsilon\}$, 则 A^ε 是开集, 且当 $\varepsilon \to 0$ 时, $A^\varepsilon \downarrow A$. 类似地, 可定义 B^ε 和 $(A + B)^\varepsilon$, 我们也观察到 $A + B \subset A^\varepsilon + B^\varepsilon \subset (A + B)^{2\varepsilon}$. 因此, 令 $\varepsilon \to 0$, 我们看到对 A^ε 和 B^ε 成立的结果式 (8) 蕴含对 A 和 B 所要的结果. 一般情形下, 我们假定 A, B 和 $A + B$ 是可测的, 如同定理 3.4 的 (iii) 用紧集从内部逼近 A 和 B 得到最终所期望的结果.

6 习题

1. 证明正文中构造的康托尔集 C 是完全不连通的而且是完美的. 换句话说,

给定两个不同点 $x,y \in C$，存在 x 与 y 之间的点 $z \notin C$，且 C 没有孤立点.

【提示：若 x，$y \in C$ 且 $|x-y| > 1/3^k$，则 x 和 y 属于 C_k 中的两个不同的区间. 任意给定 $x \in C$，存在 C_k 中的某个区间的端点 y_k 满足 $x \neq y_k$ 且 $|x-y_k| \leqslant 1/3^k$.】

2. 康托尔集 C 也可以用三进制展开来描述.

（a）$[0,1]$ 的每个数具有三进制展开，

$$x = \sum_{k=1}^{\infty} a_k 3^{-k}，这里 a_k = 0,1 或 2.$$

注意到这个分解不唯一，例如，$1/3 = \sum_{k=2}^{\infty} 2/3^k$. 证明 $x \in C$ 当且仅当 x 具有上述表示其中每个 a_k 是 0 或者 2.

（b）C 上的**康托尔-勒贝格**函数定义为：

若 $x = \sum_{k=1}^{\infty} a_k 3^{-k}$，则 $F(x) = \sum_{k=1}^{\infty} \frac{b_k}{2^k}$，其中 $b_k = a_k/2$.

在这个定义中，我们可以选取 x 的展开式使得 $a_k = 0$ 或 2.

证明 F 是合理定义的且在 C 上连续，此外 $F(0) = 0$ 而 $F(1) = 1$.

（c）证明 $F: C \to [0,1]$ 是满射，即对每个 $y \in [0,1]$ 存在 $x \in C$ 使得 $F(x) = y$.

（d）人们可以用以下方式将 F 延拓为 $[0,1]$ 上的连续函数. 注意到若 (a,b) 是 C 的补的开区间，则 $F(a) = F(b)$. 因此我们可以定义 F 在该区间具有常数值 $F(a)$.

第 3 章描述了 F 的几何构造.

3. **常数切割的康托尔集**

考虑单位区间 $[0,1]$，且令 ξ 为固定实数，并满足 $0 < \xi < 1$（$\xi = 1/3$ 的情形对应于文中的康托尔集 C）.

构造的第一步是去掉长度为 ξ 位于 $[0,1]$ 中心适当的开区间. 第二步是去掉两个中心区间，它们中的每一个位于第一步遗留下的区间且相对长度为 ξ，以此类推.

令 C_ξ 表示经过无穷次运用以上步骤后剩下的集合⊖.

（a）证明 C_ξ 在 $[0,1]$ 的补集是全长等于 1 的开区间的并.

（b）直接证明 $m_*(C_\xi) = 0$.

【提示：在第 k 步后，证明余集的全长 $= (1-\xi)^k$.】

4. **康托尔型集**

构造闭集 $\hat{C}$ 使得人们在第 k 步去掉位于中央的 2^{k-1} 个开区间，每个开区间的长度 l_k 满足

$$l_1 + 2l_2 + \cdots + 2^{k-1} l_k < 1.$$

⊖　我们所称的集合 C_ξ 有时记为 $C_{\frac{1-\xi}{2}}$.

（a）若选取 l_j 充分小，则 $\sum\limits_{k=1}^{\infty} 2^{k-1} l_k < 1$．在这种情形下，证明 $m(\hat{C}) > 0$，且事实上，$m(\hat{C}) = 1 - \sum\limits_{k=1}^{\infty} 2^{k-1} l_k$．

（b）证明若 $x \in \hat{C}$，则存在点列 $\{x_n\}_{n=1}^{\infty}$ 使得 $x_n \notin \hat{C}$，仍然有 $x_n \to x$ 且 $x_n \in I_n$，其中 I_n 是 $\hat{C}$ 的补的一个子区间，并满足 $|I_n| \to 0$．

（c）作为一个推论证明 $\hat{C}$ 是完美的，且不包含开区间．

（d）证明 $\hat{C}$ 是不可数的．

5. 假定 E 是给定的集合，而 O_n 为开集：
$$O_n = \{x : d(x, E) < 1/n\}.$$
证明：

（a）若 E 是紧集，则 $m(E) = \lim\limits_{n \to \infty} m(O_n)$．

（b）然而，对于 E 是闭集且无界；或 E 是开集且有界，（a）的结论可能不成立．

6. 利用平移与伸缩性质证明：令 B 为 $\mathbf{R}^d$ 中半径为 r 的球，则 $m(B) = v_d r^d$，其中 $v_d = m(B_1)$，而 B_1 是单位球，$B_1 = \{x \in \mathbf{R}^d : |x| < 1\}$．

常数 v_d 的计算在下一章的习题 14 中介绍．

7. 若 $\boldsymbol{\delta} = (\delta_1, \delta_2, \cdots, \delta_d)$ 是一个 d 元正数组，$\delta_i > 0$，且 E 是 $\mathbf{R}^d$ 的一个子集，我们定义 δE 为
$$\delta E = \{(\delta_1 x_1, \delta_2 x_2, \cdots, \delta_d x_d) : \text{其中} (x_1, x_2, \cdots, x_d) \in E\},$$
证明只要 E 可测，δE 就可测，且
$$m(\delta E) = \delta_1, \delta_2 \cdots \delta_d m(E).$$

8. 假定 L 是 $\mathbf{R}^d$ 上的线性变换. 用下面的步骤证明若 E 是 $\mathbf{R}^d$ 的可测子集，则 $L(E)$ 也是．

（a）注意到若 E 是紧集，则 $L(E)$ 也是. 因此，若 E 是 F_σ 集，则 $L(E)$ 也是．

（b）因为 L 自动满足对某个 M 成立的不等式
$$|L(x) - L(x')| \leqslant M|x - x'|,$$
我们看到 L 将任何边长为 l 的方体映射为边长为 $c_d M l$ 的方体，其中 $c_d = 2\sqrt{d}$. 现在若 $m(E) = 0$，存在一个方体簇 $\{Q_j\}$ 使得 $E \subset \bigcup\limits_j Q_j$，且 $\sum\limits_j m(Q_j) < \varepsilon$. 因此 $m_*(L(E)) \leqslant c' \varepsilon$，从而 $m(L(E)) = 0$. 最后，用系 3.5 可以证明 $m(L(E)) = |\det L| m(E)$；见下一章的问题 4．

9. 给出满足下面性质的开集 O 的例子：O 的闭包的边界有正的勒贝格测度．

【提示：考虑在康托尔型集的构造中的奇数步去掉的开区间的并集．】

10. 这个习题给出了在区间$[0,1]$上递减的、逐点极限不是黎曼可积的正连续函数列的构造.

令$\hat{C}$表示康托尔型集合，其构造细节由习题4得到，使得$m(\hat{C})>0$. 令F_1表示$[0,1]$上的分段线性连续函数，其中在$\hat{C}$首先去掉的区间的补集上构造$F_1=1$，在该区间的中心$F_1=0$，因而对所有x，$0\leqslant F_1(x)\leqslant 1$. 类似地，在$\hat{C}$的第二阶段的区间的补集构造$F_2=1$，在这些区间的中心$F_2=0$，因而$0\leqslant F_2(x)\leqslant 1$，以这种方式继续，令$f_n=F_1\cdot F_2\cdots F_n$（见图5）.

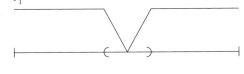

图5 习题10中$\{F_n\}$的构造

证明：

（a）对所有$n\geqslant 1$和$x\in[0,1]$，有$0\leqslant f_n(x)\leqslant 1$以及$f_n(x)\geqslant f_{n+1}(x)$. 因此当$n\to\infty$时，$f_n(x)$收敛于$f(x)$.

（b）函数f在$\hat{C}$上的每一个点处不连续.

【提示：注意到若$x\in\hat{C}$，$f(x)=1$，找到一个点列$\{x_n\}$使得$x_n\to x$且$f(x_n)=0$.】

现在$\int f_n(x)\mathrm{d}x$是递减的，因此$f_n(x)$收敛. 然而，一个有界函数是黎曼可积当且仅当它的不连续点的集合测度为零（对该事实的证明，问题4给出了证明概要）. 由于f在一个正测度集上不连续，我们发现f不是黎曼可积.

11. 令A为$[0,1]$的那些十进制展开中没有数字4的数所构成的子集. 找到$m(A)$.

12. 定理1.3说的是$\mathbf{R}$的每个开集是开区间的不交并. 在$\mathbf{R}^d,d\geqslant 2$上，其类推式一般不成立.

证明：

（a）$\mathbf{R}^2$的开圆盘不是开矩形的不交并.

【提示：这些矩形的边界会发生什么？】

（b）开连通集合Ω是开矩形的不相交并当且仅当Ω自身是一个开矩形.

13. 以下是有关G_δ集和F_σ集的讨论.

（a）证明一个闭集是一个G_δ而开集是一个F_σ.

【提示：若F是闭的，考虑$O_n=\{x:d(x,F)<1/n\}$.】

（b）给出一个不是G_δ的F_σ例子.

【提示：这更为困难；令F为稠密的可数集.】

（c）给出一个既非G_δ也非F_σ的博雷尔集.

14. 本习题的目的是阐明有限多个区间的覆盖不足以定义外测度 m_*.

$\mathbf{R}$ 中集合 E 的外若尔当容量 $J_*(E)$ 定义为

$$J_*(E) = \inf \sum_{j=1}^{N} |I_j|,$$

其中 inf 对 E 的所有由有限个区间 I_j 组成的覆盖 $E \subset \bigcup_{j=1}^{N} I_j$ 取值.

(a) 证明对每个集合 E，$J_*(E) = J_*(\overline{E})$（这里 $\overline{E}$ 表示 E 的闭包）.

(b) 给出可数子集 $E \subset [0,1]$ 使得 $J_*(E) = 1$ 而 $m_*(E) = 0$.

15. 在理论的初始阶段，人们取矩形而非方体的覆盖定义. 更确切地，我们定义

$$m_*^{\mathcal{R}}(E) = \inf \sum_{j=1}^{\infty} |R_j|,$$

其中 inf 对 E 的所有由（闭）矩形组成的可数覆盖 $E \subset \bigcup_{j=1}^{\infty} R_j$ 取值.

通过证明对 $\mathbf{R}^d$ 的每个子集 E，$m_*(E) = m_*^{\mathcal{R}}(E)$ 表明通过此途径给出的测度理论与文中所建立的相同.

【提示：用引理 1.1.】

16. Borel-Cantelli 引理. 假定 $\{E_k\}_{k=1}^{\infty}$ 是由 $\mathbf{R}^d$ 的可测子集组成的可数簇且

$$\sum_{k=1}^{\infty} m(E_k) < \infty.$$

令

$$E = \{x \in \mathbf{R}^d : \text{对无穷多个 } k, x \in E_k\}$$
$$= \limsup_{k \to \infty} (E_k).$$

(a) 证明 E 是可测的.

(b) 证明 $m(E) = 0$.

【提示：记 $E = \bigcap_{n=1}^{\infty} \bigcup_{k \geqslant n} E_k.$】

17. 令 $\{f_n\}$ 为 $[0,1]$ 上的满足 $|f_n(x)| < \infty$, a.e. x 的可测函数序列. 证明存在正实数序列 c_n 使得

$$\frac{f_n(x)}{c_n} \to 0 \quad \text{a.e. } x.$$

【提示：选取 c_n 使得 $m(\{x : |f_n(x)/c_n| > 1/n\}) < 2^{-n}$，运用 Borel-Cantelli 引理.】

18. 证明以下命题：每个可测函数几乎处处是某个连续函数序列的极限.

19. 这里是关于集合运算 $A + B$ 的一些结论.

(a) 证明若 A 和 B 都是开集，则 $A + B$ 是开集.

(b) 证明若 A 和 B 是闭集，则 $A+B$ 是可测的.

(c) 证明，即使 A 和 B 是闭集，$A+B$ 也可能不是闭集.

【提示：对于（b），证明 $A+B$ 是 F_σ 集.】

20. 证明存在闭集 A 和 B 满足 $m(A)=m(B)=0$，但 $m(A+B)>0$：

（a）在 $\mathbf{R}$ 上，令 $A=C$（康托尔集），$B=C/2$. 注意到 $A+B\supseteq[0,1]$.

（b）在 $\mathbf{R}^2$ 上，若 $A=I\times\{0\}$ 且 $B=\{0\}\times I$（其中 $I=[0,1]$），则 $A+B=I\times I$.

21. 证明存在一个连续函数将一个勒贝格可测集映射为不可测集.

【提示：考虑 $[0,1]$ 上的不可测子集，以及它关于习题 2 中的函数 F 的原象在 C 内的那部分.】

22. 令 $\chi_{[0,1]}$ 为 $[0,1]$ 上的特征函数. 证明存在 $\mathbf{R}$ 上的无处连续的函数 f 使得

$$f(x)\overset{\text{几乎处处}}{=\!=\!=\!=\!=}\chi_{[0,1]}(x).$$

23. 假定 $\mathbf{R}^2$ 上的函数 $f(x,y)$ 分别连续：对每个固定变量，f 关于其他变量连续. 证明 f 在 $\mathbf{R}^2$ 上可测.

【提示：视 f 为变量 x 的函数，用分段线性函数 f_n 逼近 f 使得逐点有 $f_n\to f$.】

24. 是否存在有理数的数列 $\{r_n\}_{n=1}^{\infty}$，使得集合

$$\bigcup_{n=1}^{\infty}\left(r_n-\frac{1}{n},r_n+\frac{1}{n}\right)$$

在 $\mathbf{R}$ 上的补非空？

【提示：找到一个数列其中仅在一个固定的有界区间外的有理数取 r_n 的形式，其中 $n=m^2$，m 是某个整数.】

25. 以下是可测性的另一种定义：若对于每个 $\varepsilon>0$ 存在包含于 E 的闭集 F 满足 $m_*(E-F)<\varepsilon$，则 E 是可测的. 证明该定义等价于文中给出的定义.

26. 假定 $A\subseteq E\subseteq B$，其中 A 和 B 是具有有限测度的可测集. 证明：若 $m(A)=m(B)$，则 E 可测.

27. 假定 E_1 和 E_2 是 $\mathbf{R}^d$ 上的一对紧集，且满足 $E_1\subseteq E_2$，令 $a=m(E_1)$ 以及 $b=m(E_2)$，证明对任何满足 $a<c<b$ 的 c，存在紧集 E 满足 $E_1\subseteq E\subseteq E_2$ 且 $m(E)=c$.

【提示：作为一个例子，若 $d=1$ 且 E 是 $[0,1]$ 上的可测子集，考虑作为 t 的函数 $m(E\cap[0,t])$.】

28. 令 E 为 $\mathbf{R}$ 的子集，且满足 $m_*(E)>0$. 证明对每个 $0<\alpha<1$，存在一个开区间 I 使得

$$m_*(E\cap I)\geqslant\alpha m_*(I).$$

大致说来，该估计说明 E 几乎包含整个区间.

【提示：选取包含 E 的开集 O，使得 $m_*(E)\geqslant\alpha m_*(O)$. 将 O 写为不相交开区间的可数并，且证明这些区间中的一个必须满足所要求的性质.】

29. 假定 E 是 R 的可测子集，且满足 $m(E) > 0$．证明如下定义的 E 的差集

$$\{z \in \mathbf{R} : z = x - y \text{ 对某个 } x, y \in E\}$$

包含中心在原点的开区间．

若 E 包含一个区间，结论是直截了当的．一般情形的结论，人们可以依赖于习题 28 进行证明．

【提示：在习题 28 中，的确存在一个开区间 I 使得 $m(E \bigcap I) \geqslant (9/10) m(I)$．若我们将 $E \bigcap I$ 记为 E_0，且假定 E_0 的差集不包含围绕原点的开区间，则对任意小的 a，集合 E_0 与 $E_0 + a$ 不相交．从 $(E_0 \bigcup E_0 + a) \subset (I \bigcup (I + a))$ 这一事实我们得到一个矛盾，这是由于左边测度为 $2m(E_0)$，而右边测度却比 $m(I)$ 稍大．】

该结果的更一般叙述如下．

30. 若 E 和 F 可测，且 $m(E) > 0, m(F) > 0$，证明

$$E + F = \{x + y : x \in E, y \in F\}$$

包含一个区间．

31. 习题 29 的结果给出文中研究的集合 N 的不可测性的另一种证法．事实上，我们也可以证明 $\mathbf{R}$ 中的集合的不可测性与 N 密切相关．

给定两个实数 x 和 y，如同前面的处理办法，只要差 $x - y$ 是有理数，就写作 $x \sim y$．令 N^* 表示由 $\sim$ 的每个等价类中的一个元素组成的集合，用习题 29 的结果证明 N^* 不可测．

【提示：若 N^* 可测，则它的平移 $N_n^* = N^* + r_n$ 也可测，其中 $\{r_n\}_{n=1}^{\infty}$ 是 $\mathbf{Q}$ 的一个数列．该如何推出 $m(N^*) > 0$？N^* 的差集可否包含一个中心在原点的开区间？】

32. 令 N 表示 1.3 节末尾构造的 $I = [0, 1]$ 的不可测子集．

（a）证明：若 E 是 N 的可测子集，则 $m(E) = 0$．

（b）若 G 是 $\mathbf{R}$ 的满足 $m_*(G) > 0$ 的子集，证明：G 的一个子集不可测．

【提示：对于（a），用 E 的有理数平移．】

33. 令 N 表示文中构造的不可测集．从上面的习题回忆 N 的可测子集测度为零．

证明：集合 $N^c = I - N$ 满足 $m_*(N^c) = 1$，且若 $E_1 = N$ 和 $E_2 = N^c$，虽然 E_1 和 E_2 不相交，但是仍有

$$m_*(E_1) + m_*(E_2) \neq m_*(E_1 \bigcup E_2).$$

【提示：为证明 $m_*(N^c) = 1$，用反证法选取一个可测集 U 使得 $U \subset I, N^c \subset U$ 且 $m_*(U) < 1 - \varepsilon$．】

34. 令 C_1 和 C_2 为任意两个康托尔集（习题 3 中构造的）．证明存在函数 F：$[0, 1] \to [0, 1]$ 满足以下性质：

（ⅰ）F 连续且为双射．

（ⅱ）F 单调递增．

（ⅲ） F 将 C_1 满射到 C_2 上.

【提示：借鉴标准的康托尔-勒贝格函数的构造.】

35. 给出一个可测函数 f 和一个连续函数 Φ 使得 $f \circ \Phi$ 为不可测的例子.

【提示：如同习题34，令 $\Phi:C_1 \rightarrow C_2$，其中 $m(C_1)>0$ 而 $m(C_2)=0$. 令 $N \subset C_1$ 不可测，且取 $f = \chi_{\Phi(N)}$.】

用提示中所构造的函数证明存在不是博雷尔集的勒贝格可测集.

36. 这个习题给出了 $[0,1]$ 上的可测函数 f 的例子，使得每个等价于 f 的函数 g（f 和 g 仅在一个零测度集上不同）在每一点处不连续.

（a）构造一个可测集 $E \subset [0,1]$ 使得对于 $[0,1]$ 的每个非空开子区间 I，集合 $E \cap I$ 与 $E^c \cap I$ 都具有正测度.

（b）证明 $f = \chi_E$ 具有性质：只要 $g(x)=f(x)$ a.e. x，则 g 在 $[0,1]$ 的每个点处不连续.

【提示：对于第一部分，考虑具有正测度的康托尔型集，在它的构造的第一阶段略去的每个区间加上另一个康托尔型集，无穷次重复此过程.】

37. 假定 Γ 是 $\mathbf{R}^2$ 中的曲线 $y=f(x)$，其中 f 连续，证明 $m(\Gamma)=0$.

【提示：用矩形覆盖 Γ，利用 f 的一致连续性.】

38. 证明只要 $\gamma \geqslant 1, a,b \geqslant 0$，就有 $(a+b)^\gamma \geqslant a^\gamma + b^\gamma$. 证明：当 $0 \leqslant \gamma \leqslant 1$ 时，相反的不等式不成立.

【提示：从 0 到 b 积分，比较 $(a+t)^{\gamma-1}$ 与 $t^{\gamma-1}$ 的大小.】

39. 用以下的倒向归纳法建立不等式：

$$\frac{x_1 + x_2 \cdots + x_d}{d} \geqslant (x_1 x_2 \cdots x_d)^{1/d}, \quad x_j \geqslant 0, j=1,2,\cdots,d. \tag{10}$$

（a）只要 d 是 2 的幂（$d=2^k, k \geqslant 1$），不等式就成立.

（b）若式（10）对某个整数 $d \geqslant 2$ 成立，则它必须对 $d-1$ 成立，即，$(y_1 + y_2 + \cdots + y_{d-1})/(d-1) \geqslant (y_1 y_2 \cdots y_{d-1})^{1/(d-1)}$ 对所有 $y_j \geqslant 0, j=1,2,\cdots,d-1$ 成立.

【提示：对于（a），若 $k \geqslant 2$，将 $(x_1 + \cdots + x_{2^k})/2^k$ 写为 $(A+B)/2$，其中 $A=(x_1 + \cdots + x_{2^{k-1}})/2^{k-1}$，且运用 $d=2$ 时的不等式. 对于（b），运用不等式 $x_1 = y_1, \cdots, x_{d-1}=y_{d-1}$ 以及 $x_d =(y_1 + y_2 + \cdots + y_{d-1})/(d-1)$.】

7 问题

1. 给定一个无理数 x，人们能够证明（如用鸽巢原理）存在无穷多个分数 p/q，其中整数 p 和 q 互素使得

$$\left| x - \frac{p}{q} \right| \leqslant \frac{1}{q^2}.$$

然而，证明那些使得存在无穷多个分数 p/q，（其中整数 p 和 q 互素）满足

$$\left| x - \frac{p}{q} \right| \leqslant \frac{1}{q^3} \ (\text{或} \leqslant 1/q^{2+\varepsilon}),$$

的 $x \in \mathbf{R}$ 的集合测度为零.

【提示：应用 Borel-Cantelli 引理.】

2. 任何开集 Ω 可写为闭方体的并，使得 $\Omega = \bigcup Q_j$ 满足以下性质：

（ⅰ）这些 Q_j 内部不相交.

（ⅱ）$d(Q_j, \Omega^c) \approx Q_j$ 的边长，这意味着存在正常数 c 和 C 使得 $c \leqslant d(Q_j, \Omega^c)/ l(Q_j) \leqslant C$，其中 $l(Q_j)$ 表示 Q_j 的边长.

3. 找到一个 $[0,1]$ 的不可测子集 C 的例子使得 $m(C) = 0$，C 的差集包含一个中心在原点的非平凡区间. 将此结果与习题 29 对比.

【提示：选取康托尔集 $C = \mathcal{C}$. 对一个固定的 $a \in [-1,1]$，考虑平面上的直线 $y = x + a$，在方体 $Q = [0,1] \times [0,1]$ 内重复康托尔集的构造. 首先，去掉除了落在四个角上的边长为 $\frac{1}{3}$ 的闭方体以外的所有点；接着在每个剩下的方体重复该过程（见图 6）. 所得到的集合有时称为康托尔尘. 用嵌套的紧集的性质证明此直线与这个康托尔尘相交.】

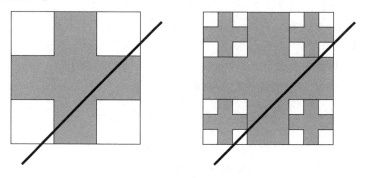

图 6　康托尔尘的构造

4. 下面是"区间 $[a,b]$ 上的有界函数是黎曼可积的当且仅当它的不连续点的集合的测度为零"这一结论的证明概要，请将其补充为一个完整的证明. 书 Ⅰ 的附录给出这种论证方法的细节.

令 f 为紧区间 J 上的有界函数，且令 $I(c,r)$ 表示中心在 c、半径为 $r > 0$ 的开区间. 令 $\mathrm{osc}(f,c,r) = \sup |f(x) - f(y)|$，其中上确界对所有 x, $y \in J \bigcap I(c,r)$ 取，定义 f 在 c 的振幅为 $\mathrm{osc}(f,c) = \lim\limits_{r \to 0} \mathrm{osc}(f,c,r)$，显然 f 在 $c \in J$ 连续当且仅当 $\mathrm{osc}(f,c) = 0$.

证明：

（a）对每个 $\varepsilon > 0$，J 中使得 $\mathrm{osc}(f,c) \geqslant \varepsilon$ 的点 c 的集合是紧集.

（b）若 f 的不连续点的测度为零，则 f 是黎曼可积的.

【提示：给定 $\varepsilon > 0$，令 $A_\varepsilon = \{c \in J : \mathrm{osc}(f,c) \geqslant \varepsilon\}$. 用全长小于 ε 的有限个开

区间覆盖 A_ε. 选取 J 的一个适当的划分且估计 f 在这个划分的上和与下和之差.】

(c) 反过来,若 f 在 J 上是黎曼可积的,则它的不连续点的测度为零.

【提示:f 的不连续点集包含于 $\bigcup_n A_{1/n}$. 选取一个适当的划分 P 使得 $U(f,P) - L(f,P) < \varepsilon/n$. 证明 P 中内部与 $A_{1/n}$ 相交的区间的全长不大于 ε.】

5. 假定 E 可测,满足 $m(E) < \infty$,且

$$E = E_1 \bigcup E_2, E_1 \bigcap E_2 = \varnothing.$$

若 $m(E) = m_*(E_1) + m_*(E_2)$,则 E_1 和 E_2 可测.

特别地,若 $E \subset Q$,其中 Q 是有限方体,则 E 可测当且仅当 $m(Q) = m_*(E) + m_*(Q - E)$.

6. 选择公理与良序原理等价这一事实是下面内容的一个推论.

人们首先在集合 E 上通过二元关系 $\leqslant$ 定义满足下列性质的偏序:

(ⅰ) 对所有 $x \in E$,$x \leqslant x$.

(ⅱ) 若 $x \leqslant y$ 且 $y \leqslant x$,则 $x = y$.

(ⅲ) 若 $x \leqslant y$,且 $y \leqslant z$,则 $x \leqslant z$.

若附加只要 $x,y \in E$ 就有 $x \leqslant y$ 或 $y \leqslant x$,则 $\leqslant$ 是 E 的线性序.

选择公理和良序原理逻辑上等价于豪斯多夫极大原理:

每个非空偏序集有一个(非空)极大线性序子集.

换句话说,若 E 是由 $\leqslant$ 定义的偏序,则 E 包含一个非空的以 $\leqslant$ 为线性序的子集 F 且使得若 F 包含于一个也以 $\leqslant$ 为线性序的集合 G,则 $F = G$.

将豪斯多夫极大原理运用于 E 的所有良序子集组成的集簇可推出关于 E 的良序原理. 然而,证明选择公理蕴含豪斯多夫极大原理更为复杂.

7*. 考虑 $\mathbf{R}^2$ 上的曲线 $\Gamma = \{y = f(x)\}$,$0 \leqslant x \leqslant 1$. 假设 f 在 $0 \leqslant x \leqslant 1$ 上二次连续可微,证明 $m(\Gamma + \Gamma) > 0$ 当且仅当 $\Gamma + \Gamma$ 包含一个开集,当且仅当 f 不是线性的.

8*. 假定 A 和 B 是有限正测度的开集,则在 Brunn-Minkowski 不等式 (8) 中,等号成立当且仅当 A 和 B 是凸的,并且是相似的,即存在 $\delta > 0$ 和 $h \in \mathbf{R}^d$ 使得

$$A = \delta B + h.$$

第2章 积分理论

1 勒贝格积分：基本性质与收敛定理

$\mathbf{R}^d$ 上的勒贝格积分的一般性概念将以按部就班的方式定义，先对较特殊的函数类定义然后依次对更一般的函数类进行定义. 在每个阶段我们将看到积分满足诸如线性性和单调性这样的基本性质，收敛定理的证明意味着需要交换积分与极限. 在这过程结束后我们可以归纳一个一般性的积分理论. 这一理论对问题的进一步研究起决定作用.

我们分四个阶段进行，逐步进展地对

1. 简单函数
2. 支撑在一个有限测度集上的有界函数
3. 非负函数
4. 可积函数（一般情形）.

积分我们强调所有函数假定是可测的. 首先考虑取实值的有限值函数，稍后考虑扩充值函数，乃至复值函数.

第一阶段：简单函数

回顾先前的章节，简单函数 φ 是有限和

$$\varphi(x) = \sum_{k=1}^{N} a_k \chi_{E_k}(x), \tag{1}$$

其中 E_k 是具有有限测度的可测集，而 a_k 是常数. 从定义引发的一个困扰是一个简单函数可以有多种方式写成这样的有限线性组合；例如，对任何有限测度的可测集 E，$0 = \chi_E - \chi_E$. 幸运的是，存在一个不会引起歧义的选择简单函数的表示，它是自然的且在应用中是有用的.

φ 的**典范形式**是形如式（1）的唯一分解，其中 a_k 不同且非零，而集合 E_k 是不相交的.

找到 φ 的典范形式是直接的：由于 φ 仅取有限个不同的非零值，比如说 $c_1, c_2, \cdots,$ c_M，我们可以设 $F_k = \{x : \varphi(x) = c_k\}$，注意到集合 F_k 不相交. 因此 $\varphi = \sum_{k=1}^{M} c_k \chi_{F_k}$ 就是我们想要的 φ 的典范形式.

若 φ 是具有典范形式 $\varphi(x) = \sum_{k=1}^{M} c_k \chi_{F_k}$ 的简单函数，那么定义 φ 的**勒贝格积分**为

$$\int_{\mathbf{R}^d} \varphi(x) \, dx = \sum_{k=1}^{M} c_k m(F_k).$$

若 E 是 R^d 的一个具有有限测度的可测子集，则 $\varphi(x)\chi_E(x)$ 也是一个简单函数，且我们定义

$$\int_E \varphi(x) \, dx = \int \varphi(x) \chi_E(x) \, dx.$$

为强调在积分的定义中我们选择勒贝格测度 m，人们有时把 φ 的勒贝格积分写为

$$\int_{\mathbf{R}^d} \varphi(x) \, dm(x).$$

事实上，为方便起见，我们将 φ 在 $\mathbf{R}^d$ 上的积分写为 $\int \varphi(x) \, dx$ 或简单地记为 $\int \varphi$.

命题 1.1 以上定义的简单函数的积分满足以下性质：

（ⅰ）与表示的无关性 若 $\varphi = \sum_{k=1}^{N} a_k \chi_{E_k}$ 是 φ 的任何一个表示，则

$$\int \varphi = \sum_{k=1}^{N} a_k m(E_k).$$

（ⅱ）线性性. 若 φ 和 ψ 是简单函数，且 $a, b \in \mathbf{R}$，则

$$\int (a\varphi + b\psi) = a \int \varphi + b \int \psi.$$

（ⅲ）可加性. 若 E 和 F 是 $\mathbf{R}^d$ 的具有有限测度的不相交子集，则

$$\int_{E \cup F} \varphi = \int_E \varphi + \int_F \varphi.$$

（ⅳ）单调性. 若 $\varphi \leqslant \psi$ 都是简单函数，则

41

$$\int \varphi \leqslant \int \psi.$$

（v）三角不等式若 φ 是一个简单函数，则 $|\varphi|$ 也是，且

$$\left| \int \varphi \right| \leqslant \int |\varphi|.$$

证　这些结论中仅有第一个需要一点小技巧，它断言一个简单函数的积分可以用它的任何特征函数的线性组合的分解来计算.

假定 $\varphi = \sum\limits_{k=1}^{N} a_k \chi_{E_k}$，其中集合 E_k 不相交，但我们不假定数 a_k 不同且非零. 对 $\{a_k\}$ 中的每个不同且非零的值 a 定义 $E'_a = \bigcup E_k$，其中并对那些使得 $a_k = a$ 的下标 k 取. 注意到集合 E'_a 不相交，且 $m(E'_a) = \sum m(E_k)$，其中求和对同样的那些 k 的集合进行的. 则显然 $\varphi = \sum a \chi_{E'_a}$，其中求和是对 $\{a_k\}$ 的不同的非零值取. 因此

$$\int \varphi = \sum a m(E'_a) = \sum_{k=1}^{N} a_k m(E_k).$$

接着，假定 $\varphi = \sum\limits_{k=1}^{N} a_k \chi_{E_k}$，这里不再假定 E_k 不相交. 我们通过找到具有性质 $\bigcup\limits_{k=1}^{N} E_k = \bigcup\limits_{j=1}^{n} E_j^*$ 的 $E_1^*, E_2^*, \cdots, E_n^*$ "改进" 分解 $\bigcup\limits_{k=1}^{N} E_k$；集合 E_j^*（$j=1,2,\cdots,n$）不相交；且对每个 k，$E_k = \bigcup E_j^*$，其中对那些包含于 E_k 的 E_j^* 取并（这一基本事实的证明可在习题 1 中找到）. 现在对每个 j，令 $a_j^* = \sum a_k$，其中和式是对所有那些包含 E_j^* 的 E_k 的下标 k 取. 则显然 $\varphi = \sum\limits_{j=1}^{n} a_j^* \chi_{E_j^*}$，然而，因为 E_j^* 不相交这是上面已经处理过的分解. 因此

$$\int \varphi = \sum a_j^* m(E_j^*) = \sum_{E_k \supset E_j^*} \sum a_k m(E_j^*) = \sum a_k m(E_k),$$

结论（i）得证.

结论（ii）可利用 φ 和 ψ 的任何表示，以及结论（i）明显的线性性质得到.

对于在集合上的可加性，必须注意到若 E 和 F 不相交，则

$$\chi_{E \cup F} = \chi_E + \chi_F,$$

我们可以利用积分的线性性得到 $\int_{E \cup F} \varphi = \int_E \varphi + \int_F \varphi$.

若 $\eta \geqslant 0$ 是一个简单函数，则它的典范形式处处非负，因此由积分的定义知 $\int \eta \geqslant 0$. 应用这个结论于 $\psi - \varphi$，即给出想要的单调性质.

最后，对于三角不等式，仅需将 φ 写为典范形式 $\varphi = \sum\limits_{k=1}^{N} a_k \chi_{E_k}$ 且观察到

$$|\varphi| = \sum_{k=1}^{N} |a_k| \chi_{E_k}(x).$$

因此，将三角不等式应用于积分的定义，得到

$$\left| \int \varphi \right| = \left| \sum_{k=1}^{N} a_k m(E_k) \right| \leqslant \sum_{k=1}^{N} |a_k| m(E_k) = \int |\varphi|.$$

顺便指出以下简单事实：只要 f 和 g 是一对几乎处处相等的简单函数，则 $\int f = \int g$. 两个几乎处处相等的函数的积分相等这一关系在接下来定义的积分中仍然成立.

第二阶段：支撑在一个有限测度集上的有界函数

一个可测函数 f 的**支撑**定义为所有 f 不消失的点的集合

$$\mathrm{supp}(f) = \{x : f(x) \neq 0\}.$$

若只要 $x \notin E, f(x) = 0$，就称 f **支撑**在集合 E 上.

由于 f 是可测的，因而集合 $\mathrm{supp}(f)$ 也是可测的. 我们对那些满足 $m(\mathrm{supp}(f)) < \infty$ 的有界可测函数感兴趣.

前一章的一个重要结果（定理 4.2）说的是：若 f 是以 M 为界且支撑在集合 E 上的有界可测函数，则存在简单函数序列 $\{\varphi_n\}$，每个 φ_n 以 M 为界且支撑在集合 E 上，使得对所有 x，$\varphi_n(x) \to f(x)$.

以下关键性引理允许我们对支撑在一个有限测度集上的有界函数类定义积分.

引理 1.2　令 f 为支撑在一个有限测度集 E 上的有界函数. 若 $\{\varphi_n\}_{n=1}^{\infty}$ 是任何以 M 为界的简单函数序列，支撑在 E 上，且满足对 a.e. x，$\varphi_n(x) \to f(x)$，则

（ⅰ）极限 $\lim\limits_{n \to \infty} \int \varphi_n$ 存在.

（ⅱ）若 $f = 0$ a.e.，则极限 $\lim\limits_{n \to \infty} \int \varphi_n = 0$.

证　若在 E 上 φ_n 一致收敛于 f，则该引理的结论几乎显然是成立的. 否则，回顾李特尔伍德的一个原理，它说的是可测函数序列的收敛"接近于"一致收敛. 这个原理背后的精确叙述是第 1 章证明过的 Egorov 定理，这里我们将运用这一定理.

由于 E 的测度有限，给定 $\varepsilon > 0$，Egorov 定理保证了存在 E 的一个（闭）可测子集 A_ε 使得 $m(E - A_\varepsilon) \leqslant \varepsilon$，且在 A_ε 上 $\varphi_n \xrightarrow{\text{一致地}} f$. 因此，设 $I_n = \int \varphi_n$，则有

$$|I_n - I_m| \leqslant \int_E |\varphi_n(x) - \varphi_m(x)| \, \mathrm{d}x$$

$$= \int_{A_\varepsilon} |\varphi_n(x) - \varphi_m(x)| \, \mathrm{d}x + \int_{E - A_\varepsilon} |\varphi_n(x) - \varphi_m(x)| \, \mathrm{d}x$$

$$\leqslant \int_{A_\varepsilon} |\varphi_n(x) - \varphi_m(x)| \, \mathrm{d}x + 2M m(E - A_\varepsilon)$$

$$\leqslant \int_{A_\varepsilon} |\varphi_n(x) - \varphi_m(x)| \, \mathrm{d}x + 2M\varepsilon.$$

由一致收敛性，我们导出对所有 $x \in A_\varepsilon$ 和所有大的 n 与 m，估计 $|\varphi_n(x) - \varphi_m(x)| < \varepsilon$

43

成立，因而对所有大的 n 与 m，

$$|I_n - I_m| \leqslant m(E)\varepsilon + 2M\varepsilon.$$

由于 ε 任意且 $m(E) < \infty$，这证明了 $\{I_n\}$ 是一个柯西序列，因此收敛，这正是我们所设想的.

关于第二部分，我们注意到若 $f = 0$，通过重复以上的论证发现 $|I_n| \leqslant m(E)\varepsilon + M\varepsilon$，这就得到我们要证明的 $\lim\limits_{n \to \infty} I_n = 0$.

利用引理 1.2 我们现在能转向支撑在一个有限测度集上的有界函数的积分. 对这样的一个函数 f 我们定义它的勒贝格积分为

$$\int f(x)\,\mathrm{d}x = \lim_{n \to \infty} \int \varphi_n(x)\,\mathrm{d}x,$$

其中 $\{\varphi_n\}$ 是任何满足 $|\varphi_n| \leqslant M$ 的简单函数序列，每个 φ_n 支撑在 f 的支撑上，且对几乎处处的 x，当 n 趋向无穷时，$\varphi_n(x) \to f(x)$. 根据先前的引理，我们知道这个极限存在.

接着，为证明积分的定义是合理的，我们必须首先证明 $\int f$ 与所使用的极限序列 $\{\varphi_n\}$ 无关. 因此假定 $\{\psi_n\}$ 是另一个简单函数序列，它以 M 为界，支撑在 supp (f) 上，使得对 a.e. x，当 n 趋向无穷时，$\psi_n(x) \to f(x)$. 若 $\eta_n = \varphi_n - \psi_n$，序列 $\{\eta_n\}$ 由以 $2M$ 为界，支撑在一个有限测度集，当 n 趋向无穷时，$\eta_n \to 0$ a.e. 的简单函数组成. 根据引理的第二部分，我们可以得出这么一个结论：当 n 趋向无穷时，$\int \eta_n \to 0$. 因此，两个极限

$$\lim_{n \to \infty} \int \varphi_n(x)\,\mathrm{d}x \quad \text{与} \quad \lim_{n \to \infty} \int \psi_n(x)\,\mathrm{d}x$$

（存在性由引理保证）确实相等.

若 E 是 $\mathbf{R}^d$ 的具有有限测度的子集，f 有界且 $m(\text{supp}(f)) < \infty$，则自然定义

$$\int_E f(x)\,\mathrm{d}x = \int f(x)\chi_E(x)\,\mathrm{d}x.$$

显然，若 f 本身是简单的，则以上定义的 $\int f$ 与我们早期研究的简单函数的积分一致. 这个推广的积分的定义也满足简单函数的积分的所有基本性质.

命题 1.3 假定 f 和 g 是支撑在一个有限测度集上的有界函数，则以下性质成立.

（ⅰ）线性性. 若 $a, b \in \mathbf{R}$，则

$$\int (af + bg) = a\int f + b\int g.$$

（ⅱ）可加性. 若 E 和 F 是 $\mathbf{R}^d$ 的不交子集，则

$$\int_{E \cup F} f = \int_E f + \int_F f.$$

（ⅲ）单调性. 若 $f \leqslant g$，则

$$\int f \leqslant \int g .$$

（iv）三角不等式. $|f|$ 也是有界的，支撑在一个有限测度集上，且

$$\left| \int f \right| \leqslant \int |f| .$$

所有这些性质都可以用简单函数的逼近以及命题 1.1 给出的简单函数的积分的性质得到.

我们现在可以证明第一个重要的收敛定理.

定理 1.4 （**有界收敛定理**）假定 $\{f_n\}$ 是一个以 M 为界的可测函数序列，支撑在一个有限测度集 E 上，且当 $n \to \infty$ 时，$f_n(x) \to f(x) \, \text{a. e.} \, x$，则对 a. e. x，$f$ 可测、有界、支撑在 E 上，且当 $n \to \infty$ 时，

$$\int |f_n - f| \to 0 ,$$

因此，当 $n \to \infty$ 时，

$$\int f_n \to \int f.$$

证 从假设我们马上看到除去一个可能的测度为零的集合外，f 几乎处处以 M 为界且在 E 外消失，显然，关于积分的三角不等式意味着仅需证明当 n 趋向无穷时，$\int |f_n - f| \to 0$.

该证明是对引理 1.2 证明的重复. 给定 $\varepsilon > 0$，由 Egorov 定理，我们可以找到 E 的一个可测子集 A_ε 使得 $m(E - A_\varepsilon) \leqslant \varepsilon$ 在 A_ε 上 $f_n \xrightarrow{\text{一致地}} f$，则我们知道对充分大的 n，满足对所有 $x \in A_\varepsilon$，$|f_n(x) - f(x)| \leqslant \varepsilon$. 将这些事实放在一起得到对所有大的 n，

$$\int |f_n(x) - f(x)| \, \mathrm{d}x \leqslant \int_{A_\varepsilon} |f_n(x) - f(x)| \, \mathrm{d}x + \int_{E - A_\varepsilon} |f_n(x) - f(x)| \, \mathrm{d}x$$

$$\leqslant \varepsilon m(E) + 2Mm(E - A_\varepsilon).$$

由于 ε 是任意的，该定理得证.

我们注意到上面的收敛定理说的是积分与极限的交换顺序，因为它的结论简单地说就是

$$\lim_{n \to \infty} \int f_n = \int \lim_{n \to \infty} f_n.$$

在这里我们做一个有用的观察：若 $f \geqslant 0$ 有界且支撑在一个有限测度集 E 上，且 $\int f = 0$，则几乎处处 $f = 0$. 事实上，若对每个整数 $k \geqslant 1$ 设 $E_k = \{x \in E : f(x) \geqslant 1/k\}$，则根据积分的单调性 $k^{-1} \chi_{E_k}(x) \leqslant f(x)$ 这一事实蕴含有

$$k^{-1} m(E_k) \leqslant \int f.$$

因此对所有 k，$m(E_k) = 0$，且由于 $\{x : f(x) > 0\} = \bigcup_{k=1}^{\infty} E_k$，我们看到几乎处处 $f = 0$.

回到黎曼可积函数

我们现在证明黎曼可积函数也是勒贝格可积的. 当将它与刚证明的有界收敛定理相结合时, 我们看到勒贝格积分解决了引言中的第二个问题.

定理 1.5　假定 f 在闭区间 $[a,b]$ 上是黎曼可积的, 则 f 可测, 且

$$\int_{[a,b]}^{\mathcal{R}} f(x)\,\mathrm{d}x = \int_{[a,b]}^{\mathcal{L}} f(x)\,\mathrm{d}x,$$

这里, 左边的积分是标准的黎曼积分, 而右边的是勒贝格积分.

证　根据定义, 一个黎曼可积函数是有界的, 比如说 $|f(x)| \leqslant M$, 因此我们需要证明 f 可测, 进而建立积分的等式.

再者, 根据黎曼可积的定义$^{\ominus}$, 我们可以构造两个阶梯函数序列 $\{\varphi_k\}$ 和 $\{\psi_k\}$ 满足以下性质: 对所有 $x \in [a,b]$ 与 $k \geqslant 1$,

$$|\varphi_k(x)| \leqslant M, \quad |\psi_k(x)| \leqslant M,$$

$$\varphi_1(x) \leqslant \varphi_2(x) \leqslant \cdots \leqslant f \leqslant \cdots \leqslant \psi_2(x) \leqslant \psi_1(x),$$

且

$$\lim_{k\to\infty} \int_{[a,b]}^{\mathcal{R}} \varphi_k(x)\,\mathrm{d}x = \lim_{k\to\infty} \int_{[a,b]}^{\mathcal{R}} \psi_k(x)\,\mathrm{d}x = \int_{[a,b]}^{\mathcal{R}} f(x)\,\mathrm{d}x. \tag{2}$$

依次给出几个观察. 首先, 从它们的定义马上得出对于阶梯函数黎曼积分与勒贝格积分相等; 因此对所有 $k \geqslant 1$,

$$\int_{[a,b]}^{\mathcal{R}} \varphi_k(x)\,\mathrm{d}x = \int_{[a,b]}^{\mathcal{L}} \varphi_k(x)\,\mathrm{d}x, \quad \int_{[a,b]}^{\mathcal{R}} \psi_k(x)\,\mathrm{d}x = \int_{[a,b]}^{\mathcal{L}} \psi_k(x)\,\mathrm{d}x. \tag{3}$$

接下来, 若令

$$\tilde{\varphi}(x) = \lim_{k\to\infty} \varphi_k(x), \quad \tilde{\psi}(x) = \lim_{k\to\infty} \psi_k(x),$$

则有 $\tilde{\varphi} \leqslant f \leqslant \tilde{\psi}$. 此外, $\tilde{\varphi}$ 和 $\tilde{\psi}$ 都可测 (它们是阶梯函数的极限), 由有界收敛定理得

$$\lim_{k\to\infty} \int_{[a,b]}^{\mathcal{L}} \varphi_k(x)\,\mathrm{d}x = \int_{[a,b]}^{\mathcal{L}} \tilde{\varphi}(x)\,\mathrm{d}x$$

与

$$\lim_{k\to\infty} \int_{[a,b]}^{\mathcal{L}} \psi_k(x)\,\mathrm{d}x = \int_{[a,b]}^{\mathcal{L}} \tilde{\psi}(x)\,\mathrm{d}x.$$

联立式 (2) 和式 (3) 得

$$\int_{[a,b]}^{\mathcal{L}} (\tilde{\psi}(x) - \tilde{\varphi}(x))\,\mathrm{d}x = 0,$$

且由于 $\psi_k - \varphi_k \geqslant 0$, 故有 $\tilde{\psi} - \tilde{\varphi} \geqslant 0$. 根据对有界收敛定理的证明的观察, 我们得出 $\tilde{\psi} - \tilde{\varphi} = 0\,\mathrm{a.e.}$, 因此 $\tilde{\psi} = \tilde{\varphi} = f\ \mathrm{a.e.}$, 这证明了 f 可测. 最后, 由于几乎处处 $\varphi_k \to f$, (根据定义) 我们有

$\ominus$　见《傅里叶分析》第 1 节的附录.

$$\lim_{k\to\infty}\int_{[a,b]}^{\mathcal{L}}\varphi_k(x)\,\mathrm{d}x=\int_{[a,b]}^{\mathcal{L}}f(x)\,\mathrm{d}x,$$

且由式（2）和式（3）即得所要证的 $\displaystyle\int_{[a,b]}^{\mathcal{R}}f(x)\,\mathrm{d}x=\int_{[a,b]}^{\mathcal{L}}f(x)\,\mathrm{d}x$．

第三阶段：非负函数

下面我们定义可测且非负但不必有界的函数的积分．重要的是允许这些函数取扩充值，即这些函数（在一个可测集上）可以取 $+\infty$ 值．与此相关的，我们回忆起对于一个无界正数集我们约定它的上确界为 $+\infty$．

对这样的一个函数 f 我们定义它的（扩充的）勒贝格积分为

$$\int f(x)\,\mathrm{d}x=\sup_g\int g(x)\,\mathrm{d}x,$$

其中上确界对所有满足 $0\leqslant g\leqslant f$ 的可测函数 g 取，并且这里的 g 是有界的且支撑在一个有限测度集上．

以上定义的积分仅有两种情形：上确界有限或者上确界无限．第一种情形，当 $\displaystyle\int f(x)\,\mathrm{d}x<\infty$ 时，我们说 f **勒贝格可积**或简单地**可积**．

显然，若 E 是 $\mathbf{R}^d$ 的任何可测子集，且 $f\geqslant 0$，则 $f\chi_E$ 也是正的，且我们定义

$$\int_E f(x)\,\mathrm{d}x=\int f(x)\chi_E(x)\,\mathrm{d}x.$$

以下给出 $\mathbf{R}^d$ 上的可积（或不可积）函数的简单例子：

$$f_a(x)=\begin{cases}|x|^{-a}, & |x|\leqslant 1\\ 0, & |x|>1.\end{cases}$$

$$F_a(x)=\frac{1}{1+|x|^a},\quad x\in\mathbf{R}^d,$$

则 f_a 恰好当 $a<d$ 时可积，而 F_a 恰好当 $a>d$ 时可积．见以下系 1.10 以及习题 10 的讨论．

命题 1.6 非负可测函数的积分具有下列性质：

（ⅰ）线性性．若 f，$g\geqslant 0$，且 a，b 是正实数，则

$$\int(af+bg)=a\int f+b\int g.$$

（ⅱ）可加性．若 E 和 F 是 $\mathbf{R}^d$ 的不交子集，且 $f\geqslant 0$，则

$$\int_{E\cup F}f=\int_E f+\int_F f.$$

（ⅲ）单调性．若 $0\leqslant f\leqslant g$，则

$$\int f\leqslant\int g.$$

（ⅳ）若 g 可积且 $0\leqslant f\leqslant g$，则 f 可积．

（ⅴ）若 f 可积，则对几乎每个 x，$f(x)<\infty$．

（ⅵ）若 $\int f = 0$，则对几乎每个 x，$f(x)=0$.

证 前四个结论中，仅有（i）不是定义的直接推论，我们用以下方法证明它. 取 $a=b=1$ 并注意到若 $\varphi \leqslant f$ 且 $\psi \leqslant g$，其中 φ 和 ψ 都是有界的且支撑在一个有限测度集上，则 $\varphi + \psi \leqslant f + g$，$\varphi + \psi$ 也是有界的且支撑在一个有限测度集上. 因此

$$\int f + \int g \leqslant \int (f+g).$$

为证明相反的不等式，假定 η 是有界的且支撑在一个有限测度集上，且 $\eta \leqslant f+g$. 若定义 $\eta_1(x) = \min(f(x),\eta(x))$ 以及 $\eta_2 = \eta - \eta_1$，那么

$$\eta_1 \leqslant f \quad \text{且} \quad \eta_2 \leqslant g.$$

此外，η_1 与 η_2 都是有界的且支撑在一个有限测度集上. 因此

$$\int \eta = \int (\eta_1 + \eta_2) = \int \eta_1 + \int \eta_2 \leqslant \int f + \int g.$$

对 η 取上确界就得到所要的不等式.

为证明结论（Ⅴ）我们论证如下. 假定 $E_k = \{x : f(x) \geqslant k\}$，以及 $E_\infty = \{x : f(x) = \infty\}$，则

$$\int f \geqslant \int \chi_{E_k} f \geqslant km(E_k).$$

因此当 $k \to \infty$ 时，$m(E_k) \to 0$. 由于 $E_k \downarrow E_\infty$，第 1 章的系 3.3 蕴含了 $m(E_\infty)=0$.

（ⅵ）的证明与定理 1.4 后的观察相同.

我们现在把注意力转向关于非负可测函数类的一些重要的收敛定理. 为引发以下结果，我们会问：假定 $f_n \geqslant 0$ 且对几乎每个 x，$f_n(x) \to f(x)$，$\int f_n \mathrm{d}x \to \int f \mathrm{d}x$ 是否成立？遗憾的是，下面的例子给出了否定的回答，这表明了我们必须改变问题的提法以得到正面的收敛结果.

令

$$f_n(x) = \begin{cases} n, & 0 < x < 1/n, \\ 0, & \text{其他}, \end{cases}$$

则对所有 x，$f_n(x) \to 0$，对所有 n 仍然有 $\int f_n(x) \mathrm{d}x = 1$. 在这个特定的例子中，积分的极限比极限函数的积分大. 结果证明这实际上是一般情形，正如我们现在要看到的引理.

引理 1.7 （法图引理）假定 $\{f_n\}$ 是一个满足 $f_n \geqslant 0$ 的可测函数序列. 若对 a.e. x，$\lim\limits_{n \to \infty} f_n(x) = f(x)$，则

$$\int f \leqslant \lim_{n \to \infty} \inf \int f_n.$$

证 假定 $0 \leqslant g \leqslant f$，其中 g 有界且支撑在一个有限测度集 E 上. 若设 $g_n = \min(g(x), f_n(x))$，则 g_n 可测，支撑在 E 上，且 $g_n(x) \to g(x)$ a.e.，因而根据有界收敛定理，

$$\int g_n \to \int g.$$

由构造，我们也有 $g_n \leqslant f_n$，因而 $\int g_n \leqslant \int f_n$，故

$$\int g \leqslant \lim_{n \to \infty} \inf \int f_n.$$

对所有 g 取上确界就得到所要的不等式.

特别地，我们不排除 $\int f = \infty$ 或 $\liminf_{n \to \infty} f_n = \infty$ 的情形.

我们现在可以立即导出以下一系列的系.

系 1.8 假定 f 是一个非负可测函数，$\{f_n\}$ 是一个满足 $f_n(x) \leqslant f(x)$ 的非负可测函数序列且对几乎每个 x，$f_n(x) \to f(x)$，则

$$\lim_{n \to \infty} \int f_n = \int f.$$

证 由于 $f_n(x) \leqslant f(x)$ a. e. x，对所有 n 有 $\int f_n \leqslant \int f$；因此

$$\lim_{n \to \infty} \sup \int f_n \leqslant \int f.$$

这个不等式与法图引理结合证明了所要的极限.

特别地，我们现在能够得到关于非负可测函数类的一个基本收敛定理. 它的叙述要用到下面的记号.

类似于符号 ↑ 和 ↓ 用来描述集合序列的递增与递减，只要 $\{f_n\}_{n=1}^{\infty}$ 是满足对所有 $n \geqslant 1$，$f_n(x) \leqslant f_{n+1}(x)$ a. e. x 且 $\lim_{n \to \infty} f_n(x) \to f(x)$ a. e. x 的可测函数序列，则写作

$$f_n \uparrow f,$$

类似地，只要对所有 $n \geqslant 1$，$f_n(x) \geqslant f_{n+1}(x)$ a. e. x 且 $\lim_{n \to \infty} f_n(x) \to f(x)$ a. e. x，则写作

$$f_n \downarrow f.$$

系 1.9 （单调收敛定理） 假定 $\{f_n\}$ 是一个满足 $f_n \uparrow f$ 的非负可测函数序列，则

$$\lim_{n \to \infty} \int f_n = \int f.$$

单调收敛定理有下面的有用推论：

系 1.10 考虑级数 $\sum_{k=1}^{\infty} a_k(x)$，其中对每个 $k \geqslant 1, a_k(x) \geqslant 0$ 可测，则

$$\int \sum_{k=1}^{\infty} a_k(x) \mathrm{d}x = \sum_{k=1}^{\infty} \int a_k(x) \mathrm{d}x.$$

若 $\sum_{k=1}^{n} \int a_k(x) \mathrm{d}x$ 有限，则级数 $\sum_{k=1}^{\infty} a_k(x)$ 对 a. e. x 收敛.

证 令 $f_n(x) = \sum_{k=1}^{n} a_k(x)$ 与 $f(x) = \sum_{k=1}^{\infty} a_k(x)$. 函数 f_n 可测，$f_n(x) \leqslant f_{n+1}(x)$，且当 n 趋向无穷时，$f_n(x) \to f(x)$. 由于

$$\int f_n = \sum_{k=1}^{n} \int a_k(x) \mathrm{d}x,$$

单调收敛定理蕴含

$$\sum_{k=1}^{\infty} \int a_k(x)\,dx = \int \sum_{k=1}^{\infty} a_k(x)\,dx.$$

若 $\sum \int a_k < \infty$，则以上内容意味着 $\sum_{k=1}^{\infty} a_k(x)$ 可积，根据我们原先的观察，得出 $\sum_{k=1}^{\infty} a_k(x)$ 几乎处处有限的结论.

我们给出系 1.10 的两个很好的说明.

系的意义的第一个说明是它在 Borel-Cantelli 引理（见第 1 章，习题 16）的另一个证明中的应用，它说的是若 $E_1, E_2, \cdots$ 是满足 $\sum m(E_k) < \infty$ 的可测子集簇，则属于无限多个 E_k 的点集的测度是零. 为证明这个事实，令

$$a_k(x) = \chi_{E_k}(x),$$

且注意到点 x 属于无限多个 E_k 当且仅当 $\sum_{k=1}^{\infty} a_k(x) = \infty$. 我们在 $\sum m(E_k)$ 上的假设恰好说的是 $\sum_{k=1}^{\infty} \int a_k(x)\,dx < \infty$，且系蕴含了 $\sum_{k=1}^{\infty} a_k(x)$ 除一个可能的零测度集外有限，因此 Borel-Cantelli 引理得证.

第二个说明将在第 3 章我们对恒同逼近的讨论中用到. 考虑函数

$$f(x) = \begin{cases} \dfrac{1}{|x|^{d+1}}, & x \neq 0 \\ 0, & \text{其他.} \end{cases}$$

我们证明 f 在任何球外，$|x| \geqslant \varepsilon$，可积，此外对某个常数 $C > 0$，

$$\int_{|x| \geqslant \varepsilon} f(x)\,dx \leqslant \frac{C}{\varepsilon}.$$

的确，若令 $A_k = \{x \in \mathbf{R}^d : 2^k \varepsilon < |x| \leqslant 2^{k+1} \varepsilon\}$，且定义

$$g(x) = \sum_{k=0}^{\infty} a_k(x), \quad \text{其中} \quad a_k(x) = \frac{1}{(2^k \varepsilon)^{d+1}} \chi_{A_k}(x),$$

则有 $f(x) \leqslant g(x)$，因此 $\int f \leqslant \int g$. 由于集合 A_k 是 $A = \{1 < |x| < 2\}$ 以因子 $2^k \varepsilon$ 扩张得到的，根据勒贝格测度的相对扩张不变性，有 $m(A_k) = (2^k \varepsilon)^d m(A)$，根据系 1.10，我们看到

$$\int g = \sum_{k=0}^{\infty} \frac{m(A_k)}{(2^k \varepsilon)^{d+1}} = m(A) \sum_{k=0}^{\infty} \frac{(2^k \varepsilon)^d}{(2^k \varepsilon)^{d+1}} = \frac{C}{\varepsilon},$$

其中 $C = 2m(A)$. 注意到伸缩不变性，事实上表明

$$\int_{|x| \geqslant \varepsilon} \frac{dx}{|x|^{d+1}} = \frac{1}{\varepsilon} \int_{|x| \geqslant 1} \frac{dx}{|x|^{d+1}}.$$

也参见下面的等式（7）.

第四阶段：一般情形

若 f 是任意定义在 $\mathbf{R}^d$ 上的实值可测函数，若非负可测函数 $|f|$ 在前一节的意义下是可积的，则我们说 f 勒贝格可积（或仅说可积）.

若 f 是勒贝格可积的，则能够给出它的积分的意义. 首先，可以定义

$$f^+(x)=\max(f(x),0)\quad \text{与}\quad f^-(x)=\max(-f(x),0),$$

因而 f^+ 和 f^- 非负且 $f^+-f^-=f$. 由于 $f^{\pm}\leqslant|f|$，只要 f 可积，则 f^+ 和 f^- 都可积. 接着定义 f 的**勒贝格积分**为

$$\int f=\int f^+-\int f^-.$$

在实践中人们遇到许多形如 $f=f_1-f_2$ 的分解，其中 f_1,f_2 都是非负可积函数，且我们希望不管 f 如何分解，总是有

$$\int f=\int f_1-\int f_2.$$

换句话说，积分的定义应该与分解 $f=f_1-f_2$ 无关. 为得到为什么是这样，假定 $f=g_1-g_2$ 是其他的另一个分解，其中 g_1 和 g_2 是非负且可积的. 由于 $f_1-f_2=g_1-g_2$，我们有 $f_1+g_2=g_1+f_2$；但最后等式的两边都是由正可测函数组成的，在这种情形下由积分的线性得到

$$\int f_1+\int g_2=\int g_1+\int f_2.$$

由于所有涉及的积分都是有限的，即得我们所要的结果：

$$\int f_1-\int f_2=\int g_1-\int g_2.$$

在考虑上面积分的定义时，记住下面小的观察是有用的：若我们在测度为零的集合上任意修改 f，则 f 的可积性以及它的积分值不变. 因此在积分的背景下我们采用允许函数在测度为零的集合上没有定义的约定是有用的. 此外，若 f 可积，则根据命题 1.6 的（v）它几乎处处是有限值的. 因此，得益于以上的便利条件，我们总是可以对两个可积函数 f 和 g 相加，这是因为当 f 和 g 都取扩充值而使得 $f+g$ 产生歧义的那些 x 所成的集合测度为零. 此外，注意到当谈到一个函数 f 时，我们实际上说的是所有与 f 几乎处处相等的函数所成的集合.

简单应用定义和前面所证明的性质得到该积分的基本性质：

命题 1.11　勒贝格可积函数的积分是线性的、可加的、单调的且满足三角不等式. 我们现在收集两个结果，它们自身很有教育意义，下一个定理的证明也要用到.

命题 1.12　假定 f 在 $\mathbf{R}^d$ 上可积，则对每个 $\varepsilon>0$：

（i）存在有限测度集 B（如球）使得

$$\int_{B^c}|f|<\varepsilon.$$

（ii）存在 $\delta>0$ 使得只要 $m(E)<\delta$，就有

$$\int_E |f| < \varepsilon.$$

最后这个条件即熟知的绝对连续性.

证 不失一般性,我们可以假设 $f \geqslant 0$,否则,用 $|f|$ 代替 f.

对于第一部分,令 B_N 表示中心在原点、半径为 N 的球,注意到若 $f_N(x) = f(x)\chi_{B_N}(x)$,则 $f_N \geqslant 0$ 可测,$f_N(x) \leqslant f_{N+1}(x)$,且 $\lim\limits_{N \to \infty} f_N(x) = f(x)$. 根据单调收敛定理,有

$$\lim_{N \to \infty} \int f_N = \int f.$$

特别地,对某个大的 N,

$$0 \leqslant \int f - \int f\chi_{B_N} < \varepsilon,$$

且由于 $1 - \chi_{B_N} = \chi_{B_N^c}$,这意味着 $\displaystyle\int_{B_N^c} f < \varepsilon$,这就是我们着手要证的结论.

对于第二部分,同样假定 $f \geqslant 0$,令 $f_N(x) = f(x)\chi_{E_N}$,其中

$$E_N = \{x : f(x) \leqslant N\}.$$

又有,$f_N \geqslant 0$ 可测,$f_N(x) \leqslant f_{N+1}(x)$,且给定 $\varepsilon > 0$,存在(根据单调收敛定理)一个整数 $N > 0$ 使得

$$\int (f - f_N) < \frac{\varepsilon}{2}.$$

我们现在选取 $\delta > 0$ 使得 $N\delta < \varepsilon/2$. 若 $m(E) < \delta$,则

$$
\begin{aligned}
\int_E f &= \int_E (f - f_N) + \int_E f_N \\
&\leqslant \int (f - f_N) + \int_E f_N \\
&\leqslant \int (f - f_N) + Nm(E) \\
&\leqslant \frac{\varepsilon}{2} + \frac{\varepsilon}{2} = \varepsilon.
\end{aligned}
$$

这就完成了命题的证明.

直观上,可积函数在某种意义上说应该在无穷远处消失这是由于它们的积分有限. 命题的第一部分给出了这个直觉的准确含义. 然而,人们应该观察到,可积性不能保证更为原始的当 $|x|$ 变大时的逐点趋向于零(见习题6).

我们现在准备证明勒贝格积分理论的一个基石,即控制收敛定理. 它可视为我们努力的顶峰,它是关于极限与积分的交互作用的一般叙述.

定理 1.13 假定可测函数序列 $\{f_n\}$ 使得当 n 趋向无穷时,$f_n(x) \to f(x)$ a.e. x. 若 $|f_n(x)| \leqslant g(x)$,其中 g 是可积的,则

当 $n \to \infty$ 时,$\displaystyle\int |f_n - f| \to 0$,

因此，

当 $n \to \infty$ 时，$\int f_n \to \int f$.

证 对每个 $N \geqslant 0$，令 $E_N = \{x : |x| \leqslant N, g(x) \leqslant N\}$. 给定 $\varepsilon > 0$，如同我们先前对引理的第一部分的论证，看到存在 N 使得 $\int_{E_N^c} g < \varepsilon$，则函数 $f_n \chi_{E_N}$ 有界（界为 N）且支撑在一个有限测度集上，因此根据有界收敛定理，对所有大的 n，有

$$\int_{E_N} |f_n - f| < \varepsilon.$$

因此，对所有大的 n 我们得到估计

$$\int |f_n - f| = \int_{E_N} |f_n - f| + \int_{E_N^c} |f_n - f|$$

$$\leqslant \int_{E_N} |f_n - f| + 2 \int_{E_N^c} g$$

$$\leqslant \varepsilon + 2\varepsilon = 3\varepsilon.$$

这就证明了上述定理.

复值函数

若 f 是定义在 $\mathbf{R}^d$ 上的复值函数，我们可以把它写为

$$f(x) = u(x) + iv(x),$$

其中 u 和 v 是实值函数，分别称为 f 的实部与虚部. 函数 f 可测当且仅当 u 和 v 都可测. 若函数 $|f(x)| = (u(x)^2 + v(x)^2)^{1/2}$（它是非负的）在先前定义的意义下是勒贝格可积的，则我们说 f **勒贝格可积**.

显然

$$|u(x)| \leqslant f(x) \quad \text{且} \quad |v(x)| \leqslant f(x).$$

若 $a, b \geqslant 0$，则有 $(a + b)^{1/2} \leqslant a^{1/2} + b^{1/2}$，因此

$$|f(x)| \leqslant |u(x)| + |v(x)|.$$

作为这些简单不等式的结果，我们导出一个复值函数可积当且仅当它的实部与虚部都可积. 接着我们定义 f 的勒贝格积分为

$$\int f(x) \, dx = \int u(x) \, dx + i \int v(x) \, dx.$$

最后，若 E 是 $\mathbf{R}^d$ 的可测子集，且 f 是 E 上的复值可测函数，若 $f \chi_E$ 在 $\mathbf{R}^d$ 上可积，则我们说 f 在 E 上勒贝格可积，且定义 $\int_E f = \int f \chi_E$.

定义在可测子集 $E \subset \mathbf{R}^d$ 上的复值可测函数全体构成一个 $\mathbf{C}$ 上的向量空间. 的确，若 f 和 g 可积，则 $f + g$ 也可积，由三角不等式给出 $|(f + g)(x)| \leqslant |f(x)| + |g(x)|$，以及积分的单调性得到

$$\int_E |f + g| \leqslant \int_E |f| + \int_E |g| < \infty.$$

53

显然若 $a \in \mathbf{C}$ 且 f 可积，则 af 也可积. 最后，在 $\mathbf{C}$ 上积分仍然是线性的.

2　可积函数空间 L^1

以下事实是关于可积函数的代数性质的一个重要结论：可积函数构成一个向量空间. 一个基本的分析事实是在适当的范数下该向量空间是完备的.

对任何 $\mathbf{R}^d$ 上的可积函数 f，我们定义 f 的**范数**为[⊖]

$$\| f \| = \| f \|_{L^1} = \| f \|_{L^1(\mathbf{R}^d)} = \int_{\mathbf{R}^d} | f(x) | \, \mathrm{d}x.$$

具有以上范数的所有可积函数给出 $L^1(\mathbf{R}^d)$ 空间（稍微不严格）的定义. 我们也注意到 $\| f \| = 0$ 当且仅当几乎处处 $f = 0$（见命题 1.6），范数的这个简单性质反映了在实践中已经采用的不区分两个几乎处处相等的函数. 记住这一点，我们取 $L^1(\mathbf{R}^d)$ 的严格的定义为可积函数的等价类的空间，这里当两个函数几乎处处相等时我们定义它们等价. 然而保留（不严格）术语：称一个元素 $f \in L^1(\mathbf{R}^d)$ 是一个可积函数常常是方便的，虽然它仅仅是一个这样的函数的等价类. 注意到根据以上的讨论，对于元素 $f \in L^1(\mathbf{R}^d)$，可以选取它的等价类里的任何可积函数来合理地定义它的范数 $\| f \|$. 此外，$L^1(\mathbf{R}^d)$ 继承了向量空间的性质. 下面的命题概括了这个事实以及其他可以直接得到的事实.

命题 2.1　假定 f 和 g 是 $L^1(\mathbf{R}^d)$ 中的两个函数，

（ⅰ）对所有 $a \in \mathbf{C}$，$\| af \|_{L^1(\mathbf{R}^d)} = | a | \cdot \| f \|_{L^1(\mathbf{R}^d)}$.

（ⅱ）$\| f+g \|_{L^1(\mathbf{R}^d)} \leqslant \| f \|_{L^1(\mathbf{R}^d)} + \| g \|_{L^1(\mathbf{R}^d)}$.

（ⅲ）$\| f \|_{L^1(\mathbf{R}^d)} = 0$ 当且仅当 $f = 0$ a.e..

（ⅳ）$d(f,g) = \| f-g \|_{L^1(\mathbf{R}^d)}$ 定义了 $L^1(\mathbf{R}^d)$ 上的一个度量.

在（ⅳ）中，我们指的是 d 满足以下条件. 首先，对所有可积函数 f 和 g，$d(f,g) \geqslant 0$，且 $d(f,g) = 0$ 当且仅当 $f = g$ a.e.. 其次，$d(f,g) = d(g,f)$，最后，d 满足三角不等式

对所有 $f,g,h \in L^1(\mathbf{R}^d)$，$d(f,g) \leqslant d(f,h) + d(h,g)$.

具有度量 d 的空间 V 称为**完备的**，若对 V 中的每个柯西（Cauchy）列 $\{x_k\}$（即，当 $k,l \to \infty$，$d(x_k,x_l) \to 0$）都存在 $x \in V$ 使得 当 $k \to \infty$ 时，在 $d(x_k,x) \to 0$ 的意义下有 $\lim\limits_{k \to \infty} x_k = x$.

一旦我们建立了下面这个重要的定理，我们将黎曼可积函数空间完备化的这一主要目标就实现了.

定理 2.2　（Riesz-Fischer）向量空间 L^1 在它的度量下是完备的.

证　假定 $\{f_n\}$ 是该范数的柯西列，因此当 $n,m \to \infty$ 时，$\| f_n - f_m \| \to 0$. 证明

⊖　本章我们考虑的范数只是 L^1-范数，因此我们常常将 $\| f \|_{L^1}$ 写为 $\| f \|$. 在后面我们有时会考虑其他范数，相应地我们会修改记号.

的计划是抽出 $\{f_n\}$ 的一个逐点以及依据这个范数收敛到 f 的子列.

在理想的情况下我们有 $\{f_n\}$ 几乎处处收敛到一个极限 f, 且我们将接着证明该序列在该范数下也收敛到 f. 遗憾的是, 对一般的柯西列几乎处处收敛不成立 (见习题 12). 然而, 要点是若在该范数下的收敛足够快, 则几乎处处收敛是一个必然结果, 而这可通过处理原来序列的一个适当的子序列来实现.

的确, 考虑 $\{f_n\}$ 满足以下性质的子序列 $\{f_{n_k}\}_{k=1}^{\infty}$:

$$\text{对所有 } k \geqslant 1, \|f_{n_{k+1}} - f_{n_k}\| \leqslant 2^{-k},$$

这样的子序列的存在性由只要 $n, m \geqslant N(\varepsilon)$ 就有 $\|f_n - f_m\| \leqslant \varepsilon$ 这一事实保证, 因此仅需取 $n_k = N(2^{-k})$.

我们现在考虑级数

$$f(x) = f_{n_1}(x) + \sum_{k=1}^{\infty} (f_{n_{k+1}}(x) - f_{n_k}(x))$$

与

$$g(x) = |f_{n_1}(x)| + \sum_{k=1}^{\infty} |f_{n_{k+1}}(x) - f_{n_k}(x)|,$$

注意到

$$\int |f_{n_1}| + \sum_{k=1}^{\infty} \int |f_{n_{k+1}} - f_{n_k}| \leqslant \int |f_{n_1}| + \sum_{k=1}^{\infty} 2^{-k} < \infty.$$

由于单调收敛定理蕴含 g 可积, 且由于 $|f| \leqslant g$, 因此 f 也可积. 特别地, 用于定义 f 的级数几乎处处收敛, 且由于这个级数的部分和恰好是 f_{n_k} (根据叠缩级数的构造), 我们发现

$$f_{n_k}(x) \rightarrow f(x) \quad \text{a. e. } x.$$

为证明在 L^1 上也有 $f_{n_k} \rightarrow f$, 我们简单观察到对所有 k, $|f - f_{n_k}| \leqslant g$. 运用控制收敛定理得到当 k 趋向无穷时, $\|f_{n_k} - f\|_{L^1} \rightarrow 0$.

最后, 证明的最后一步的关键在于 $\{f_n\}$ 是柯西列这一事实. 给定 $\varepsilon > 0$, 存在 N 使得对所有 $n, m \geqslant N$ 有 $\|f_n - f_m\| \leqslant \varepsilon/2$, 若选取 n_k 使得 $n_k > N$, 且 $\|f_{n_k} - f\| < \varepsilon/2$, 则三角不等式蕴含只要 $n > N$

$$\|f_n - f\| \leqslant \|f_n - f_{n_k}\| + \|f_{n_k} - f\| < \varepsilon.$$

因此 $\{f_n\}$ 在 L^1 中有极限 f, 而定理的证明就完成了.

由于每个依范数收敛的序列是该范数下的柯西列, 从上述定理的证明中得到下面的系.

系 2.3 若 $\{f_n\}_{n=1}^{\infty}$ 在 L^1 收敛到 f, 则存在一个子序列 $\{f_{n_k}\}_{k=1}^{\infty}$ 使得

$$f_{n_k}(x) \rightarrow f(x) \quad \text{a. e. } x.$$

对于可积函数簇 G, 若对任何 $f \in L^1$ 和 $\varepsilon > 0$, 存在 $g \in G$ 使得 $\|f - g\|_{L^1} < \varepsilon$, 则说 G 在 L^1 中稠密. 幸运的是, 许多我们熟悉的函数簇在 L^1 中稠密, 我们在下面

的定理中描述一些这样的簇. 这些簇在人们面对证明涉及可积函数的某个事实或等式的问题时是有用的. 在这种情况下一个普遍性的原则适用：对于一些作了限制的函数类（如出现在下面定理的那些函数类），我们想要的结果常常较容易先被证明，在此基础上用稠密性（或极限）的论证方法得到一般性的结果.

定理 2.4　以下函数簇在 $L^1(\mathbf{R}^d)$ 中稠密：

（ⅰ）简单函数.

（ⅱ）阶梯函数.

（ⅲ）紧支撑的连续函数.

证　令 f 为 $\mathbf{R}^d$ 上的可积函数. 首先，可以假设 f 是实值的，因为我们能够独立地逼近它的实部与虚部. 若是这种情况，可把 f 写为 $f=f^+-f^-$，其中 f^+，$f^-\geqslant 0$，现在仅需对 $f\geqslant 0$ 的情况进行证明.

关于（ⅰ），第 1 章的定理 4.1 保证了递增地逐点趋向于 f 的非负简单函数序列 $\{\varphi_k\}$ 的存在性. 根据控制收敛定理（或甚至简单的单调收敛定理）有

$$\text{当 } k\to\infty \text{ 时}, \|f-\varphi_k\|_{L^1}\to 0.$$

因此存在在 L^1 范数下任意接近 f 的简单函数.

对于（ⅱ），我们首先注意到根据（ⅰ）仅需用阶梯函数逼近简单函数. 前已述及简单函数是有限测度集的特征函数的有限线性组合，因此仅需证明若 E 是这样的集，则存在阶梯函数 ψ 使得 $\|\chi_E-\psi\|_{L^1}$ 小. 然而，该论证方法已经在第 1 章的定理 4.3 的证明中实施. 的确，存在几乎不相交的矩形簇 $\{R_j\}$ 满足 $m\left(E \triangle \bigcup\limits_{j=1}^{M} R_j\right)\leqslant 2\varepsilon$. 因此 χ_E 与 $\psi=\sum\limits_{j}\chi_{R_j}$ 至多在一个测度为 2ε 的集合上不同，作为一个结果我们发现 $\|\chi_E-\psi\|_{L^1}<2\varepsilon$.

根据（ⅱ），仅需在当 f 是矩形的特征函数时建立（ⅲ）. 在一维情形时，f 是区间 $[a,b]$ 的特征函数，我们可以选取线性的分段连续函数 g：

$$g(x)=\begin{cases}1, a\leqslant x\leqslant b, \\ 0, x\leqslant a-\varepsilon \text{ 或 } x\geqslant b+\varepsilon\end{cases}$$

由于 g 在 $[a-\varepsilon,a]$ 以及 $[b,b+\varepsilon]$ 上线性，于是 $\|f-g\|_{L^1}<2\varepsilon$. 在 d 维情形时，仅需注意到矩形的特征函数是区间的特征函数的乘积，则所需要的紧支撑的连续函数仅是如同以上定义的函数 g 的乘积.

以上对 $L^1(\mathbf{R}^d)$ 成立的结果可直接推广到 $\mathbf{R}^d$ 被任何正测度的固定子集 E 代替的情形. 事实上，若 E 是这样的子集，我们能够定义 $L^1(E)$ 且对它实施类似于 $L^1(\mathbf{R}^d)$ 的论证. 然而更好的是，我们将 E 上的函数 f 通过下面方式延拓：在 E 上设 $\tilde{f}=f$ 而在 E^c 上设 $\tilde{f}=0$，且定义 $\|f\|_{L^1(E)}=\|\tilde{f}\|_{L^1(\mathbf{R}^d)}$，则类似于命题 2.1 与定理 2.2 的结果对空间 $L^1(E)$ 也成立.

不变性质

令 f 为定义在 $\mathbf{R}^d$ 上的可积函数，f 通过向量 $\boldsymbol{h}\in\mathbf{R}^d$ 的平移是函数 f_h. 它定义

为 $f_h(x) = f(x - h)$. 这里我们要考察可积函数的平移的一些基本性质.

首先是积分的平移不变性. 它可以用如下的方式叙述: 若 f 是可积函数, 则 f_h 也是, 且

$$\int_{\mathbf{R}^d} f(x - h) \, dx = \int_{\mathbf{R}^d} f(x) \, dx. \tag{4}$$

我们首先对 $f = \chi_E$, 即可测集 E 的特征函数, 检验这个断言. 显然 $f_h = \chi_{E_h}$, 其中 $E_h = \{x + h : x \in E\}$, 因为 $m(E_h) = m(E)$ (见第 1 章第 3 节) 这个断言成立. 作为线性的结果, 式 (4) 对所有简单函数成立. 现在若 f 非负, 且 $\{\varphi_n\}$ 是递增逐点 a. e. 趋向于 f 的简单函数序列, (前一章的定理 4.1 保证了这样的序列的存在性) 则 $\{(\varphi_n)_h\}$ 是一个递增逐点趋向于 f_h 的简单函数序列, 且单调收敛定理蕴含式 (4) 作为它的特殊情形. 因此, 若 f 是复值且可积, 则有 $\int_{\mathbf{R}^d} |f(x - h)| \, dx = \int_{\mathbf{R}^d} |f(x)| \, dx$, 这表明 $f_h \in L^1(\mathbf{R}^d)$, 也有 $\|f_h\| = \|f\|$. 从这些定义, 我们得出结论: 只要 $f \in L^1$, 式 (4) 就成立.

顺便指出, 利用勒贝格测度在扩张与平移下的相对不变性 (见第 1 章第 3 节) 人们用同样方法可以证明: 若 f 可积, 则 $f(\delta x)$, $\delta > 0$ 与 $f(-x)$ 也是可积的, 且

$$\delta^d \int_{\mathbf{R}^d} f(\delta x) \, dx = \int_{\mathbf{R}^d} f(x) \, dx \text{ 而 } \int_{\mathbf{R}^d} f(-x) \, dx = \int_{\mathbf{R}^d} f(x) \, dx. \tag{5}$$

为应用方便起见, 下面我们介绍以上不变性质的两个有用的推论:

(i) 假定 f 和 g 是一对 $\mathbf{R}^d$ 上的可测函数, 使得对某个固定的 $x \in \mathbf{R}^d$, 函数 $y \mapsto f(y) g(x - y)$ 是可积的. 作为一个结果, 函数 $y \mapsto f(y) g(x - y)$ 也是可积的且有

$$\int_{\mathbf{R}^d} f(x - y) g(y) \, dy = \int_{\mathbf{R}^d} f(y) g(x - y) \, dy. \tag{6}$$

这个等式可从式 (4) 和式 (5) 通过用 $x - y$ 代替 y 的变量替换得到, 注意到这种替换是平移与反射的组合.

左边的积分记为 $(f * g)(x)$, 它定义为 f 和 g 的卷积. 因此式 (6) 表明了卷积的交换性.

(ii) 利用式 (5) 对所有 $\varepsilon > 0$ 有

只要 $a > d$, 就有 $\int_{|x| \geqslant \varepsilon} \dfrac{dx}{|x|^a} = \varepsilon^{-a+d} \int_{|x| \geqslant 1} \dfrac{dx}{|x|^a}$, \hfill (7)

只要 $a < d$, 就有 $\int_{|x| \leqslant \varepsilon} \dfrac{dx}{|x|^a} = \varepsilon^{-a+d} \int_{|x| \leqslant 1} \dfrac{dx}{|x|^a}$. \hfill (8)

根据出现在系 1.10 后的论述人们也可以看到积分 $\int_{|x| \geqslant 1} \dfrac{dx}{|x|^a}$ 与 $\int_{|x| \leqslant 1} \dfrac{dx}{|x|^a}$

（分别当 $a>d$ 与 $a<d$ 时）有限.

平移与连续性

我们接着考察 f 的连续性质如何与 f_h 随 h 变化的方式发生联系. 注意到对任意给定的 $x\in\mathbf{R}^d$，当 $h\to 0$ 时，$f_h(x)\to f(x)$ 这一叙述等同于 f 在 x 处的连续性.

然而对一般的可积函数 f，即便在一个零测度集上修改它的值，也可能在每个 x 处都不连续（见习题 15）. 虽然如此，还是有一个在该范数意义下对每个 $f\in L^1(\mathbf{R}^d)$ 都成立的总体连续性.

命题 2.5 假定 $f\in L^1(\mathbf{R}^d)$，则

$$当\ h\to 0\ 时，\|f_h-f\|_{L^1}\to 0.$$

该命题的证明是定理 2.4 给出的用紧支撑的连续函数逼近可积函数的简单推论. 事实上，对任何 $\varepsilon>0$，我们能够找到一个函数 g 满足 $\|f-g\|<\varepsilon$. 现在

$$f_h-f=(g_h-g)+(f_h-g_h)-(f-g).$$

然而，$\|f_h-g_h\|=\|f-g\|<\varepsilon$，由于 g 是连续的且具有紧支撑，显然有

$$当\ h\to 0\ 时，\|g_h-g\|=\int_{\mathbf{R}^d}|g(x-h)-g(x)|\,\mathrm{d}x\to 0.$$

因此若 $|h|<\delta$，其中，δ 充分小，则 $\|g_h-g\|<\varepsilon$，作为一个结果，只要 $|h|<\delta$，就有 $\|f_h-f\|<3\varepsilon$.

3 Fubini 定理

在初等微积分中多变量连续函数的积分的计算常常通过累次计算一维的积分来实现. 我们现在将从 $\mathbf{R}^d$ 中的勒贝格积分的一般观点检验这个重要的分析策略，并会遇到许多有趣的问题.

一般的，可以将 $\mathbf{R}^d$ 写为乘积

$$\mathbf{R}^d=\mathbf{R}^{d_1}\times\mathbf{R}^{d_2},$$

其中 $d=d_1+d_2$，且 $d_1,\ d_2\geqslant 1$.

$\mathbf{R}^d$ 中的点取 (x,y) 的形式，其中 $x\in\mathbf{R}^{d_1}$ 而 $y\in\mathbf{R}^{d_2}$.

记住了 $\mathbf{R}^d$ 的这样一个分解，通过固定一个变量而得到的截面的一般概念（理解起来）就变得自然. 若 f 是 $\mathbf{R}^{d_1}\times\mathbf{R}^{d_2}$ 的函数，f 对应于 $y\in\mathbf{R}^{d_2}$ 的截面是变量 $x\in\mathbf{R}^{d_1}$ 的函数 f^y，它由

$$f^y(x)=f(x,y)$$

给出. 类似地，对固定的 $x\in\mathbf{R}^{d_1}$，f 的截面是 $f_x(y)=f(x,\ y)$.

在集合 $E\subset\mathbf{R}^{d_1}\times\mathbf{R}^{d_2}$ 的情形，定义它的截面为

$$E^y=\{x\in\mathbf{R}^{d_1}:(x,y)\in E\}\ 与\ E_x=\{y\in\mathbf{R}^{d_2}:(x,y)\in E\}.$$

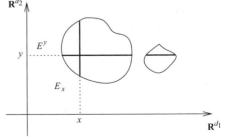

图 1　集合 E 的截面 E^y 和 E_x（对固定的 x 和 y）

见图 1 的说明.

3.1 定理的叙述与证明

显然下面的定理不是完全直截了当的，这从它的叙述中产生的第一个困难可看出，它涉及问题中的函数与集合的可测性. 事实上，即使 f 在 $\mathbf{R}^d$ 上是可测的，由假设也不能推出对每个 y 截面 f^y 在 $\mathbf{R}^{d_1}$ 上是可测的；相应的结论对可测集也不成立：对每个 y 截面 E^y 可能不可测. 一个容易理解的例子产生于 $\mathbf{R}^2$ 中. 把一个一维的不可测集放在 x 轴上；集合 E 在 $\mathbf{R}^2$ 上的测度为零，但对于 $y = 0$，E^y 不可测. 然而，幸运的是，对几乎所有截面来说可测性是成立的.

以下是主要定理. 根据定义所有可积函数都是可测的.

定理 3.1 假定 $f(x, y)$ 在 $\mathbf{R}^{d_1} \times \mathbf{R}^{d_2}$ 上可积，则对几乎每个 $y \in \mathbf{R}^{d_2}$，

（ⅰ）截面 f^y 在 $\mathbf{R}^{d_1}$ 上可积；

（ⅱ）由 $\int_{\mathbf{R}^{d_1}} f^y(x) \mathrm{d}x$ 定义的函数在 $\mathbf{R}^{d_2}$ 上可积.

此外，

（ⅲ）
$$\int_{\mathbf{R}^{d_2}} \left(\int_{\mathbf{R}^{d_1}} f(x, y) \mathrm{d}x \right) \mathrm{d}y = \int_{\mathbf{R}^d} f.$$

显然，该定理关于 x 和 y 对称. 我们也可以得出对 a. e. x，f_x 在 $\mathbf{R}^{d_2}$ 上可积. 此外，$\int_{\mathbf{R}^{d_2}} f_x(y) \mathrm{d}y$ 可积且

$$\int_{\mathbf{R}^{d_1}} \left(\int_{\mathbf{R}^{d_2}} f(x, y) \mathrm{d}y \right) \mathrm{d}x = \int_{\mathbf{R}^d} f.$$

特别地，Fubini 定理说的是 f 在 $\mathbf{R}^d$ 上的积分可以通过累次计算低维的积分来计算，而且累次积分可以以任何次序进行：

$$\int_{\mathbf{R}^{d_2}} \left(\int_{\mathbf{R}^{d_1}} f(x, y) \mathrm{d}x \right) \mathrm{d}y = \int_{\mathbf{R}^{d_1}} \left(\int_{\mathbf{R}^{d_2}} f(x, y) \mathrm{d}y \right) \mathrm{d}x = \int_{\mathbf{R}^d} f.$$

首先可以假设 f 是实值的，这是由于该定理可应用于复值函数的实部与虚部. 接下来给出的 Fubini 定理的证明是一个由六个步骤组成的系列. 令 $\mathcal{F}$ 表示满足定理的三个结论的 $\mathbf{R}^d$ 上可积函数的集合. 下面着手证明 $L^1(\mathbf{R}^d) \subset \mathcal{F}$.

我们首先表明 $\mathcal{F}$ 在诸如线性组合（第一步）和极限的运算（第二步）下封闭. 接着开始构造 $\mathcal{F}$ 中的函数簇. 由于任何可积函数是简单函数的"极限"，而简单函数是有限测度集的特征函数的线性组合. 因此目标很快就转向证明只要 E 是 $\mathbf{R}^d$ 的具有有限测度的可测子集，则 χ_E 属于 $\mathcal{F}$. 为实现这个目标，我们首先从矩形开始且逐步进行到 G_δ 型集合（第三步）、零测度集（第四步）. 最后通过极限论证表明所有可积函数属于 $\mathcal{F}$. 这就完成了 Fubini 定理的证明.

第一步，$\mathcal{F}$ 中的函数的任何有限线性组合也属于 $\mathcal{F}$.

的确，令 $\{f_k\}_{k=1}^N \subset \mathcal{F}$. 对每个 k 存在测度为零的集合 $A_k \subset \mathbf{R}^{d_2}$ 使得只要 $y \notin A_k$，f_k^y 在 $\mathbf{R}^{d_1}$ 可积. 接着，若 $A = \bigcup_{k=1}^N A_k$，集合 A 的测度为零，在 A 的补集中，对应

于这些 f_k 的任何有限线性组合的 y-截面是可测的，也是可积的．根据积分的线性性，我们得出这些 f_k 的任何有限线性组合属于 $\mathcal{F}$．

第二步，假定 $\{f_k\}$ 是 $\mathcal{F}$ 中的可测函数序列，使得 $f_k \uparrow f$ 或 $f_k \downarrow f$，其中 $f($ 在 $\mathbf{R}^d$ 上 $)$ 可积，则 $f \in F$．若需要的话用 $-f_k$ 代替 f_k，我们注意到仅需考虑递增序列的情形．用 $f_k - f_1$ 代替 f_k，也可以假定 f_k 非负．现在由单调收敛定理的一个应用（见系 1.9），得到

$$\lim_{k \to \infty} \int_{\mathbf{R}^d} f_k(x, y) \, \mathrm{d}x \mathrm{d}y = \int_{\mathbf{R}^d} f(x, y) \, \mathrm{d}x \mathrm{d}y . \tag{9}$$

根据假设，对每个 k 存在集合 $A_k \subset \mathbf{R}^{d_2}$，使得只要 $y \notin A_k$，f_k^y 在 $\mathbf{R}^{d_1}$ 上可积．

若 $A = \bigcup_{k=1}^{\infty} A_k$，则在 $\mathbf{R}^{d_2}$ 上，$m(A) = 0$，且若 $y \notin A$，则对所有 k，f_k^y 在 $\mathbf{R}^{d_1}$ 上可积，根据单调收敛定理，我们发现当 k 趋向无穷时，

$$g_k(y) = \int_{\mathbf{R}^{d_1}} f_k^y(x) \, \mathrm{d}x \text{ 递增趋向于极限 } g(y) = \int_{\mathbf{R}^{d_1}} f^y(x) \, \mathrm{d}x .$$

根据假设，每个 $g_k(y)$ 可积，因此再次应用单调收敛定理得到

$$\text{当 } k \to \infty \text{ 时，} \int_{\mathbf{R}^{d_2}} g_k(y) \, \mathrm{d}y \to \int_{\mathbf{R}^{d_2}} g(y) \, \mathrm{d}y . \tag{10}$$

根据 $f_k \in F$ 的假设，有

$$\int_{\mathbf{R}^{d_2}} g_k(y) \, \mathrm{d}y = \int_{\mathbf{R}^d} f_k(x, y) \, \mathrm{d}x \mathrm{d}y .$$

将上式与式（9）和式（10）联立，得到

$$\int_{\mathbf{R}^{d_2}} g(y) \, \mathrm{d}y = \int_{\mathbf{R}^d} f(x, y) \, \mathrm{d}x \mathrm{d}y .$$

由于 f 可积，积分的右边有限，这证明了 g 可积．因此 $g(y) < \infty$，a.e. y，因此对 a.e. y，f^y 可积，且

$$\int_{\mathbf{R}^{d_2}} \left(\int_{\mathbf{R}^{d_1}} f(x, y) \, \mathrm{d}x \right) \mathrm{d}y = \int_{\mathbf{R}^d} f(x, y) \, \mathrm{d}x \mathrm{d}y .$$

这证明了我们想要的 $f \in \mathcal{F}$．

第三步，任何有限测度的 G_δ 型集合 E 的特征函数属于 $\mathcal{F}$．

我们按结论的适用范围逐步扩大的顺序依次进行．

（a）首先假定 E 是 $\mathbf{R}^d$ 中的一个有界开方体，使得 $E = Q_1 \times Q_2$，其中 Q_1 和 Q_2 分别是 $\mathbf{R}^{d_1}$ 和 $\mathbf{R}^{d_2}$ 的开方体．则对每个 y 函数 $\chi_E(x, y)$ 关于 x 可测且可积，并有

$$g(y) = \int_{\mathbf{R}^{d_1}} \chi_E(x, y) \, \mathrm{d}x = \begin{cases} |Q_1|, & y \in Q_2, \\ 0, & \text{其他}. \end{cases}$$

因此，$g = |Q_1| \chi_{Q_2}$ 也是可测且可积，并满足

$$\int_{\mathbf{R}^{d_2}} g(y) \, \mathrm{d}y = |Q_1| |Q_2| .$$

由于已有 $\int_{\mathbf{R}^d}\chi_E(x,y)\mathrm{d}x\mathrm{d}y=|E|=|Q_1\|Q_2|$，从而导出 $\chi^E\in\mathcal{F}$.

（b）现在假定 E 是某个闭方体边界的子集，则由于 $\mathbf{R}^d$ 中一个方体的边界的测度为 0，故有 $\int_{\mathbf{R}^d}\chi_E(x,y)\mathrm{d}x\mathrm{d}y=0$.

接着，我们在考察了多种可能性以后，注意到对几乎每个 y，截面 E^y 在 $\mathbf{R}^{d_1}$ 上的测度为 0，因此若 $g(y)=\int_{\mathbf{R}^{d_1}}\chi_E(x,y)\mathrm{d}x$，则有 $g(y)=0,\mathrm{a.e.}\ y$. 作为一个结果，$\int_{\mathbf{R}^{d_2}}g(y)\mathrm{d}y=0$，因此 $\chi_E\in\mathcal{F}$.

（c）假定现在 E 是内部不相交的闭方体的有限并，$E=\bigcup\limits_{k=1}^{K}Q_k$，则若 $\tilde{Q_k}$ 表示 Q_k 的内部，我们可以将 χ_E 写为 $\chi_{\tilde{Q_k}}$ 与 χ_{A_k} 的线性组合，其中 A_k 是 Q_k 的边界的子集，$k=1,2,\cdots,K$. 根据先前的分析，我们知道对所有 k，$\chi_{\tilde{Q_k}}$ 与 χ_{A_k} 属于 $\mathcal{F}$，且由于第一步保证了 $\mathcal{F}$ 在有限线性组合下封闭，从而得出 $\chi_E\in\mathcal{F}$，这是我们想要的.

（d）接着我们证明若 E 是开集且具有有限测度，则 $\chi_E\in\mathcal{F}$，这可以从前面情形取极限得到. 的确，根据第 1 章的定理 1.4，我们可以将 E 写为几乎不相交的闭方体的可数并

$$E=\bigcup_{j=1}^{\infty}Q_j.$$

因此，若令 $f_k=\sum\limits_{j=1}^{k}\chi_{Q_j}$，则函数 f_k 递增地趋向于 $f=\chi_E$，由于 $m(E)$ 有限它是可积的. 因此，由第二步可以得出 $f\in F$.

（e）最后，若 E 是有限测度的 G_δ 型集合，则 $\chi_E\in F$. 的确，根据定义，存在开集 $\tilde{O}_1,\tilde{O}_2,\cdots$，使得

$$E=\bigcap_{k=1}^{\infty}\tilde{O}_k.$$

由于 E 具有有限测度，存在有限测度的开集 $\tilde{O}_0$ 满足 $E\subset\tilde{O}_0$. 若令

$$O_k=O_0\bigcap\bigcap_{j=1}^{k}\tilde{O}_j.$$

则会有一个递减的有限测度的开集序列 $O_1\supset O_2\supset\cdots$ 满足 $E=\bigcap\limits_{k=1}^{\infty}O_k$.

因此，函数序列 $f_k=\chi_{O_k}$ 递减趋向于 $f=\chi_E$，且根据上面的（d）对所有 k，$\chi_{O_k}\in\mathcal{F}$，由第二步，得出 χ_E 属于 $\mathcal{F}$.

第四步，若 E 的测度为零，则 χ_E 属于 F.

的确，由于 E 可测，可以选取 G_δ 型集合 G 满足 $E\subset G$ 且 $m(G)=0$（见第 1 章系 3.5）. 由于 $\chi_G\in F$（根据先前步骤），我们发现

$$\int_{\mathbf{R}^{d_2}}\left(\int_{\mathbf{R}^{d_1}}\chi_G(x,y)\mathrm{d}x\right)\mathrm{d}y=\int_{\mathbf{R}^d}\chi_G=0.$$

因此对 a. e. y,

$$\int_{\mathbf{R}^{d_1}} \chi_G(x,y)\,\mathrm{d}x = 0 .$$

从而，对 a. e. y 截面 G^y 测度为 0. $E^y \subset G^y$ 表明对 a. e. y, E^y 测度为 0，且对 a. e. y, $\int_{\mathbf{R}^{d_1}} \chi_E(x,y)\,\mathrm{d}x = 0$. 因此

$$\int_{\mathbf{R}^{d_2}} \left(\int_{\mathbf{R}^{d_1}} \chi_E(x,y)\,\mathrm{d}x \right) \mathrm{d}y = 0 = \int_{\mathbf{R}^d} \chi_E.$$

从而 $\chi_E \in \mathcal{F}$，这是我们要证的.

第五步，若 E 是 $\mathbf{R}^d$ 的有限测度的可测子集，则 χ_E 属于 $\mathcal{F}$.

为证明这一点，首先回顾存在有限测度的 G^δ 型集合 G，满足 $E \subset G$ 且 $m(G-E) = 0$. 由于

$$\chi_E = \chi_G - \chi_{G-E}.$$

且 F 在线性组合下封闭，故 $\chi_E \in \mathcal{F}$，这是我们需要的.

第六步，这是最后一步，它包含以下内容：若 f 可积，则 $f \in \mathcal{F}$.

注意到 f 有分解 $f = f^+ - f^-$，其中 f^+, f^- 都是非负且可积，因此由第一步可以假定 f 本身非负. 由前一章的定理 4.1，存在递增趋于 f 的简单函数序列 $\{\varphi_k\}$. 由于每个 φ_k 是有限测度的可测子集的特征函数的有限线性组合，根据第一步与第五步有 $\varphi_k \in \mathcal{F}$，因此根据第二步 $f \in \mathcal{F}$.

3.2　Fubini 定理的应用

定理 3.2　假定 $f(x,y)$ 是 $\mathbf{R}^{d_1} \times \mathbf{R}^{d_2}$ 上的非负可测函数，则对几乎每个 $y \in \mathbf{R}^{d_2}$:

（ⅰ）截面 f^y 在 $\mathbf{R}^{d_1}$ 上可测.

（ⅱ）由 $\int_{\mathbf{R}^{d_1}} f^y(x)\,\mathrm{d}x$ 定义的函数在 $\mathbf{R}^{d_2}$ 上可测.

（ⅲ）在扩充的意义下，$\int_{\mathbf{R}^{d_2}} \left(\int_{\mathbf{R}^{d_1}} f(x,y)\,\mathrm{d}x \right) \mathrm{d}y = \int_{\mathbf{R}^d} f(x,y)\,\mathrm{d}x\mathrm{d}y.$

在实践中，该定理常常与 Fubini 定理共同使用[○]. 的确，假定对给定的 $\mathbf{R}^d$ 上的可测函数 f 需计算 $\int_{\mathbf{R}^d} f$. 为判定使用累次积分的合理性，我们首先将当前的定理应用于 $|f|$. 运用它，我们可以自由地计算（或估计）非负函数 $|f|$ 的累次积分. 若这些是有限的，定理 3.2 保证了 f 是可积的，即 $\int |f| < \infty$. 则验证了 Fubini 定理的假设，因而在 f 的积分计算过程中我们可以用该定理.

证　考虑截断

○　定理 3.2 由 Tonelli 提出. 然而，如同定理 3.1 与系 3.3，我们简单地将它称为 Fubini 定理.

$$f_k(x,y) = \begin{cases} f(x,y), & |(x,y)| < k \text{ 且 } f(x,y) < k, \\ 0, & \text{其他}. \end{cases}$$

每个 f_k 是可积的，根据 Fubini 定理的（ⅰ）部分，存在测度为 0 的集合 $E_k \subset \mathbf{R}^{d_2}$ 使得对所有 $y \in E^c k$ 截面 $f_k^y(x)$ 可测. 若设 $E = \bigcup_k E_k$，则对所有 $y \in E^c$ 和所有 k，$f^y(x)$ 可测. 而且，$m(E) = 0$. 由于 $f_k^y \uparrow f^y$，根据单调收敛定理可知若 $y \notin E$，则

当 $k \to \infty$ 时，$\displaystyle\int_{\mathbf{R}^{d_1}} f_k(x,y) \, dx \uparrow \int_{\mathbf{R}^{d_1}} f(x,y) \, dx$.

再次根据 Fubini 定理，对所有 $y \in E^c$，$\displaystyle\int_{\mathbf{R}^{d_1}} f_k(x,y) \, dx$ 可测，因此 $\displaystyle\int_{\mathbf{R}^{d_1}} f(x,y) \, dx$ 也可测. 单调收敛定理的另一个应用给出

$$\int_{\mathbf{R}^{d_2}} \left(\int_{\mathbf{R}^{d_1}} f_k(x,y) \, dx \right) dy \to \int_{\mathbf{R}^{d_2}} \left(\int_{\mathbf{R}^{d_1}} f(x,y) \, dx \right) dy. \tag{11}$$

根据 Fubini 定理的（ⅲ）部分我们知道

$$\int_{\mathbf{R}^{d_2}} \left(\int_{\mathbf{R}^{d_1}} f_k(x,y) \, dx \right) dy = \int_{\mathbf{R}^d} f_k. \tag{12}$$

对 f_k 直接运用单调收敛定理也可得到

$$\int_{\mathbf{R}^d} f_k \to \int_{\mathbf{R}^d} f. \tag{13}$$

综合式（11）~式（13）就完成了定理 3.2 的证明.

系 3.3 若 E 是 $\mathbf{R}^{d_1} \times \mathbf{R}^{d_2}$ 的一个可测集，则对几乎每个 $y \in \mathbf{R}^{d_2}$ 截面

$$E^y = \{ x \in \mathbf{R}^{d_1} : (x,y) \in E \}$$

是 $\mathbf{R}^{d_1}$ 的一个可测子集. 进而，$m(E^y)$ 是 y 的可测函数，且

$$m(E) = \int_{\mathbf{R}^{d_2}} m(E^y) \, dy.$$

这是定理 3.2 的第一部分应用到函数 χ_E 的直接结果. 显然对称的结果对 $\mathbf{R}^{d_2}$ 的 x - 截面成立.

我们已经建立了基本事实：若 E 在 $\mathbf{R}^{d_1} \times \mathbf{R}^{d_2}$ 上可测，则对于每个 $y \in \mathbf{R}^{d_2}$ 截面 E^y 在 $\mathbf{R}^{d_1}$ 上可测（将 x 与 y 互换也得到对称的陈述）. 人们或许倾向于认为反过来的结论成立. 但事实上并非如此，若令 N 表示 $\mathbf{R}$ 的一个不可测子集，且定义

$$E = [0,1] \times N \subset \mathbf{R} \times \mathbf{R},$$

则

$$E^y = \begin{cases} [0,1], & y \in N, \\ \varnothing, & y \notin N. \end{cases}$$

因此对于每个 y，E^y 是可测的. 然而，若 E 可测，则系 3.3 蕴含了对于几乎每个 $x \in \mathbf{R}$，$E_x = \{ y \in \mathbf{R} : (x,y) \in E \}$ 是可测的，而由于对所有 $x \in [0,1]$，E_x 等于 N，这是不正确的.

一个更为震撼的例子是单位正方形 $[0,1] \times [0,1]$ 内的集合 E 不可测，然而截面 E_x 和 E^y 却是可测的，且有对于每对 $x,y \in [0,1]$，$m(E^y) = 0$ 而 $m(E_x) = 1$. E 的构造是基于实数的极为反常的序 $<$，它具有如下性质：对每个 $y \in \mathbf{R}$，$\{x : x < y\}$ 是一个可数集.（这个序的构造在问题 5 中讨论.）给定这个序，令

$$E = \{(x,y) \in [0,1] \times [0,1]，\text{其中 } x < y\}.$$

注意到对每个 $y \in [0,1]$，$E^y = \{x : x < y\}$；因此 E^y 是可数的且 $m(E^y) = 0$. 类似地，$m(E_x) = 1$，这是因为 E_x 是 $[0,1]$ 内的一个可数集的补集. 若 E 是可测的，它与系 3.3 的公式矛盾.

对于当我们将 $\mathbf{R}^d$ 考虑为乘积 $\mathbf{R}^{d_1} \times \mathbf{R}^{d_2}$ 所产生的基本的集合，将集合 E 与它的截面 E_x 和 E^y 相联系，事情就直截了当了. 这些集合是乘积集 $E = E_1 \times E_2$，其中 $E_j \subset \mathbf{R}^{d_j}$.

命题 3.4　若 $E = E_1 \times E_2$ 是 $\mathbf{R}^d$ 的一个可测子集，且 $m_*(E_2) > 0$，则 E_1 可测.

证　根据系 3.3，我们知道对 a. e. $y \in \mathbf{R}^{d_2}$，截面函数

$$(\chi_{E_1 \times E_2})^y(x) = \chi_{E_1}(x)\,\chi_{E_2}(y)$$

作为 x 的函数是可测的. 事实上，可以断定存在某个 $y \in E_2$ 使得以上的截面函数关于 x 可测；对这样的一个 y 有 $\chi_{E_1 \times E_2}(x, y) = \chi_{E_1}(x)\chi_{E_2}(y)$，这蕴含 E_1 可测.

为证明这样的 y 的存在性，我们使用假设 $m_*(E_2) > 0$. 的确，令 F 表示那些使得截面 E^y 可测的 $y \in \mathbf{R}^{d_2}$ 所成的集合，则 $m(F^c) = 0$（根据先前的系）. 然而，因为 $m_*(E_2 \bigcap F) > 0$，所以 $E_2 \bigcap F$ 是非空的. 为看到这一点，注意到 $E_2 = (E_2 \bigcap F) \bigcup (E_2 \bigcap F^c)$，因此

$$0 < m_*(E_2) \leqslant m_*(E_2 \bigcap F) + m_*(E_2 \bigcap F^c) = m_*(E_2 \bigcap F),$$

因为 $E_2 \bigcap F^c$ 是零测度集的子集.

为处理以上结果的逆，我们需要下面的引理.

引理 3.5　若 $E_1 \subset \mathbf{R}^{d_1}$ 且 $E_2 \subset \mathbf{R}^{d_2}$，则

$$m_*(E_1 \times E_2) \leqslant m_*(E_1) m_*(E_2),$$

若 E_j 当中有一个外测度等于零，则 $m_*(E_1 \times E_2) = 0$.

证　令 $\varepsilon > 0$，根据定义，我们能找到 $\mathbf{R}^{d_1}$ 中的方体 $\{Q_k\}_{k=1}^{\infty}$ 以及 $\mathbf{R}^{d_2}$ 中的方体 $\{Q_l'\}_{l=1}^{\infty}$ 使得

$$E_1 \subset \bigcup_{k=1}^{\infty} Q_k, E_2 \subset \bigcup_{l=1}^{\infty} Q_l'$$

且

$$\sum_{k=1}^{\infty} |Q_k| \leqslant m_*(E_1) + \varepsilon, \sum_{l=1}^{\infty} |Q_l'| \leqslant m_*(E_2) + \varepsilon.$$

由于 $E_1 \times E_2 \subset \bigcup_{k,l=1}^{\infty} Q_k \times Q_l'$，外测度的次可加性得到

$$m_*(E_1 \times E_2) \leqslant \sum_{k,l=1}^{\infty} |Q_k \times Q'_l|$$

$$= \left(\sum_{k=1}^{\infty} |Q_k|\right)\left(\sum_{l=1}^{\infty} |Q'_l|\right)$$

$$\leqslant (m_*(E_1) + \varepsilon)(m_*(E_2) + \varepsilon).$$

若 E_1 和 E_2 的外测度都不等于 0，则由以上内容可知

$$m_*(E_1 \times E_2) \leqslant m_*(E_1) m_*(E_2) + O(\varepsilon),$$

由于 ε 是任意的，故有 $m_*(E_1 \times E_2) \leqslant m_*(E_1) m_*(E_2)$.

若 E_1 和 E_2 至少有一个外侧度等于 0，比如说 $m_*(E_1) = 0$，对每个正整数 j 考虑集合 $E_2^j = E_2 \bigcap \{y \in \mathbf{R}^{d_2} : |y| \leqslant j\}$. 则根据上面的论证，有 $m_*(E_1 \times E_2^j) = 0$. 由于当 $j \to \infty$ 时，$(E_1 \times E_2^j) \uparrow (E_1 \times E_2)$，从而得出 $m_*(E_1 \times E_2) = 0$.

命题 3.6 假定 E_1 和 E_2 分别是 $\mathbf{R}^{d_1}$ 和 $\mathbf{R}^{d_2}$ 的可测子集，则 $E = E_1 \times E_2$ 是 $\mathbf{R}^d$ 的一个可测子集. 进而有，

$$m(E) = m(E_1) m(E_2),$$

若 E_j 当中有一个测度等于 0，则 $m(E) = 0$.

证 仅需证明 E 是可测的，因为那样的话关于 $m(E)$ 的结论可从系 3.3 得到. 由于每个集合 E_j 可测，存在 G_δ 型集合 $G_j \subset \mathbf{R}^{d_j}$ 满足 $G_j \supset E_j$ 且对每个 $j = 1, 2$，$m_*(G_j - E_j) = 0$（见第 1 章的系 3.5）. 显然，$G = G_1 \times G_2$ 在 $\mathbf{R}^{d_1} \times \mathbf{R}^{d_2}$ 可测，且

$$(G_1 \times G_2) - (E_1 \times E_2) \subset ((G_1 - E_1) \times G_2) \bigcup (G_1 \times (G_2 - E_2)).$$

根据引理我们得出 $m_*(G - E) = 0$，因此 E 是可测的.

作为这个命题的推论我们有下面的系.

系 3.7 假定 f 是 $\mathbf{R}^{d_1}$ 上的可测函数，则由 $\tilde{f}(x,y) = f(x)$ 定义的函数 $\tilde{f}$ 在 $\mathbf{R}^{d_1} \times \mathbf{R}^{d_2}$ 上可测.

证 为看到这一点，我们可以假设 f 是实值的，且首先回忆起若 $a \in \mathbf{R}$ 且 $E_1 = \{x \in \mathbf{R}^{d_1} : f(x) < a\}$，则根据定义 E_1 是可测的. 由于

$$\{(x,y) \in \mathbf{R}^{d_1} \times \mathbf{R}^{d_2} : \tilde{f}(x,y) < a\} = E_1 \times \mathbf{R}^{d_2}.$$

先前的命题表明对每个 $a \in \mathbf{R}$，$\{\tilde{f}(x,y) < a\}$ 是可测的. 因此 $\tilde{f}(x,y)$ 是 $\mathbf{R}^{d_1} \times \mathbf{R}^{d_2}$ 上的可测函数，这就是我们需要的.

最后，我们回到最初产生于微积分中的积分概念的一个解释. 需牢记记号 $\int f$ 描述的是 f 的图像下的"面积". 这里我们将此与勒贝格积分联系且表明如何将它推广到更一般的背景.

系 3.8 假定 $f(x)$ 是 $\mathbf{R}^d$ 上的非负函数，且令

$$\mathcal{A} = \{(x,y) \in \mathbf{R}^d \times \mathbf{R} : 0 \leqslant y \leqslant f(x)\},$$

则

（ⅰ）f 在 $\mathbf{R}^d$ 上可测当且仅当 A 在 $\mathbf{R}^{d+1}$ 上可测.

（ⅱ）若（ⅰ）中的条件成立，则

$$\int_{\mathbf{R}^d} f(x)\,dx = m(A).$$

证　若 f 在 $\mathbf{R}^d$ 上可测，则先前的命题保证了函数

$$F(x,y) = y - f(x)$$

在 $\mathbf{R}^{d+1}$ 上可测，因此 $A = \{y \geqslant 0\} \bigcap \{F \leqslant 0\}$ 是可测的.

反过来，假定 A 是可测的. 我们注意到对每个 $x \in \mathbf{R}^{d_1}$ 截面 $A_x = \{y \in \mathbf{R}: (x,y) \in A\}$ 是一个闭线段，即 $A_x = [0, f(x)]$. 因此由系 3.3（交换 x 和 y）得到 $m(A_x) = f(x)$ 的可测性. 此外

$$m(A) = \int \chi_A(x,y)\,dx dy = \int_{\mathbf{R}^{d_1}} m(A_x)\,dx = \int_{\mathbf{R}^{d_1}} f(x)\,dx,$$

这就是我们所要证的.

我们以一个有用的结果结束本节.

命题 3.9　若 f 是 $\mathbf{R}^d$ 上的一个可测函数，则函数 $\tilde{f}(x,y) = f(x-y)$ 在 $\mathbf{R}^d \times \mathbf{R}^d$ 上可测.

通过选取 $E = \{z \in \mathbf{R}^d : f(z) < a\}$，我们仅需证明只要 E 是 $\mathbf{R}^d$ 上的可测子集，则 $\tilde{E} = \{(x,y): x-y \in E\}$ 是 $\mathbf{R}^d \times \mathbf{R}^d$ 上的可测子集.

首先注意到若 O 是一个开集，则 $\tilde{O}$ 也是开集. 取可数交表明若 E 是一个 G_δ 集，则 $\tilde{E}$ 也是. 现在假设对每个 k，$m(\tilde{E}_k) = 0$，其中 $\tilde{E}_k = \tilde{E} \bigcap B_k$ 且 $B_k = \{|y| < k\}$；又一次，取 O 为 $\mathbf{R}^d$ 的开集，让我们计算 $m(\tilde{O} \bigcap B_k)$，则有 $\chi_{\tilde{O} \cap B_k} = \chi_O(x-y)\,\chi_{B_k}(y)$. 因此根据测度的平移不变性，有

$$m(\tilde{O} \bigcap B_k) = \int \chi_O(x-y)\,\chi_{B_k}(y)\,dy dx$$

$$= \int \left(\int \chi_O(x-y)\,dx \right) \chi_{B_k}(y)\,dy$$

$$= m(O) m(B_k).$$

现在若 $m(E) = 0$，则存在一个开集序列 O_n 使得 $E \subset O_n$ 且 $m(O_n) \to 0$. 从上面得到 $\tilde{E}_k \subset \tilde{O}_n \bigcap B_k$ 且对每个固定的 k 当 n 趋于无穷时 $m(\tilde{O}_n \bigcap B_k) \to 0$. 这表明了 $m(\tilde{E}_k) = 0$，因此 $m(\tilde{E}) = 0$. 一旦我们回忆起任何可测集 E 能够写为一个 G_δ 型集与一个零测度集的差，命题的证明就完成了.

4* 傅里叶反演公式

傅里叶（Fourier）变换的逆变换问题伴随着傅里叶分析起源和发展的整个过程. 这个问题涉及建立对一个函数 f 用它的傅里叶变换 $\hat{f}$ 建立反演公式的合理

性，即

$$\hat{f}(\xi) = \int_{\mathbf{R}^d} f(x) e^{-2\pi i x \cdot \xi} dx, \tag{14}$$

$$f(x) = \int_{\mathbf{R}^d} \hat{f}(\xi) e^{2\pi i x \cdot \xi} d\xi. \tag{15}$$

我们已经在书 I 中遇到过这个问题的基本情形：当 f 和 $\hat{f}$ 都连续且在无穷远处迅速（或平缓）下降，如何建立上述的反演公式. 在书 II 我们也在一维框架下用复分析的观点考虑了该问题. 最优美和有用的傅里叶反演的表述是通过 L^2 理论来叙述⊖，或用分布的语言给出最一般的叙述. 稍后我们将系统地处理这些事情. 然而富有启发性的是偏离一下主题，看看在这个阶段关于该问题我们现有的知识教会了我们什么. 为此我们想要通过给出反演公式的一个适合于 L^1 的变体，它在许多情况下是既简单又够用.

首先，我们需要了解一下对于 $L^1(\mathbf{R}^d)$ 中的任意函数的傅里叶变换有哪些基本性质.

命题 4.1 假定 $f \in L^1(\mathbf{R}^d)$，则由式（14）定义的 $\hat{f}$ 在 $\mathbf{R}^d$ 上连续且有界.

事实上，由于 $|f(x) e^{-2\pi i x \cdot \xi}| = |f(x)|$，对每个 ξ，表示 $\hat{f}$ 的积分收敛且 $\sup_{\xi \in \mathbf{R}^d} |\hat{f}(\xi)| \leqslant \int_{\mathbf{R}^d} |f(x)| dx = \|f\|$. 为证明连续性，注意到对每个 x，当 $\xi \to \xi_0$ 时，$f(x) e^{-2\pi i x \cdot \xi} \to f(x) e^{-2\pi i x \cdot \xi_0}$，其中 ξ_0 是 $\mathbf{R}^d$ 的任一点；因此根据控制收敛定理，$\hat{f}(\xi) \to \hat{f}(\xi_0)$.

人们能够作出比 $\hat{f}$ 的有界性更多的断言；即当 $|\xi| \to \infty$ 时，有 $\hat{f}(\xi) \to 0$，但不能对 $\hat{f}$ 在无穷远处的衰减性说得更多（见习题 22 与习题 25.）作为一个结果，对一般的 $f \in L^1(\mathbf{R}^d)$，函数 $\hat{f}$ 不一定属于 $L^1(\mathbf{R}^d)$，因而事先假定的公式（15）就有问题了. 以下定理避开了这个困难，且在许多情况下仍然是有用的.

定理 4.2 假定 $f \in L^1(\mathbf{R}^d)$，同时 $\hat{f} \in L^1(\mathbf{R}^d)$，则反演公式（15）对几乎每个 x 成立.

一个直接推论是傅里叶变换在 L^1 上的唯一性.

系 4.3 假定对所有 ξ，$\hat{f}(\xi) = 0$，则 $f = 0$ a.e..

定理的证明仅要求我们将先前在第一本书《傅里叶分析》书 I 的第 5 章中对施瓦茨（Schwartz）函数实施的论证调整以应用到当前的背景中，我们从"乘法公式"开始.

引理 4.4 假定 f 和 g 属于 $L^1(\mathbf{R}^d)$，则

$$\int_{\mathbf{R}^d} \hat{f}(\xi) g(\xi) d\xi = \int_{\mathbf{R}^d} f(y) \hat{g}(y) dy.$$

注意到根据上面的命题，两个积分都收敛. 考虑对 $(\xi, y) \in \mathbf{R}^d \times \mathbf{R}^d = \mathbf{R}^{2d}$ 定义的函数 $F(\xi, y) = g(\xi) f(y) e^{-2\pi i \xi \cdot y}$. 根据系 3.7，作为一个 $\mathbf{R}^{2d}$ 上的函数它是可测

⊖ L^2 理论将在第 5 章处理，而分布理论将在书 IV 研究.

的. 我们现在运用 Fubini 定理首先观察到

$$\int_{\mathbf{R}^d}\int_{\mathbf{R}^d}|F(\xi,y)|\,\mathrm{d}\xi\mathrm{d}y=\int_{\mathbf{R}^d}|g(\xi)|\,\mathrm{d}\xi\int_{\mathbf{R}^d}|f(y)|\,\mathrm{d}y<\infty.$$

接着，我们将 $\int_{\mathbf{R}^d}\int_{\mathbf{R}^d}F(\xi,y)\mathrm{d}\xi\mathrm{d}y$ 写为 $\int_{\mathbf{R}^d}\Big(\int_{\mathbf{R}^d}F(\xi,y)\mathrm{d}\xi\Big)\mathrm{d}y$ 来计算它，于是我们得到所要的等式的左边. 以相反的次序将上述二重积表示为累次积分（先对 y 积分）估计二重积分给出了右边的等式.

接下来我们考虑调幅的高斯（Gauss）函数，$g(\xi)=e^{-\pi\delta|\xi|^2}e^{2\pi ix\cdot\xi}$，其中 δ 和 x 暂时固定，满足 $\delta>0$ 且 $x\in\mathbf{R}^d$. 通过初等的计算给出[⊖]

$$\hat{g}(y)=\int_{\mathbf{R}^d}e^{-\pi\delta|\xi|^2}e^{2\pi i(x-y)\cdot\xi}\mathrm{d}\xi=\delta^{-d/2}e^{-\pi|x-y|^2/\delta}.$$

我们将上式最右端简单记为 $K_\delta(x-y)$. 我们认为 K_δ 是一个"好的核"，它满足

（ⅰ）
$$\int_{\mathbf{R}^d}K_\delta(y)\mathrm{d}y=1;$$

（ⅱ）对每个 $\eta>0$，当 $\delta\to0$ 时，$\displaystyle\int_{|y|>\eta}K_\delta(y)\mathrm{d}y\to0$.

由引理得

$$\int_{\mathbf{R}^d}\hat{f}(\xi)e^{-\pi\delta|\xi|^2}e^{2\pi ix\cdot\xi}\mathrm{d}\xi=\int_{\mathbf{R}^d}f(y)K_\delta(x-y)\mathrm{d}y. \tag{16}$$

注意到由于 $\hat{f}\in L^1(\mathbf{R}^d)$，控制收敛定理表明当 $\delta\to0$ 时，对每个 x 式(16) 的左边收敛到 $\int_{\mathbf{R}^d}\hat{f}(\xi)e^{2\pi ix\cdot\xi}\mathrm{d}\xi$，对于右边，相继做两个变量替换 $y\to y+x$(平移)，$y\to-y$(反射)，考虑相应的积分不变性（见式（4）和式（5）），因此，右边成为 $\int_{\mathbf{R}^d}f(x-y)K_\delta(y)\mathrm{d}y$，我们将证明当 $\delta\to0$ 时该函数在 L^1–范数下收敛到 f. 事实上，由上面的性质（ⅰ）可以将差写为

$$\Delta_\delta(x)=\int_{\mathbf{R}^d}f(x-y)K_\delta(y)\mathrm{d}y-f(x)=\int_{\mathbf{R}^d}(f(x-y)-f(x))K_\delta(y)\mathrm{d}y.$$

因此

$$|\Delta_\delta(x)|\leqslant\int_{\mathbf{R}^d}|f(x-y)-f(x)|K_\delta(y)\mathrm{d}y.$$

运用 Fubini 定理，根据系 3.7 和命题 3.9 建立的 $f(x)$ 与 $f(x-y)$ 在 $\mathbf{R}^d\times\mathbf{R}^d$ 上的可测性，结果有

$$\|\Delta_\delta\|\leqslant\int_{\mathbf{R}^d}\|f_y-f\|K_\delta(y)\mathrm{d}y,\text{其中}f_y(x)=f(x-y).$$

⊖ 见书 I 第 6 章的例子.

68

现在，对于给定的 $\varepsilon > 0$，我们能够找到（根据命题 2.5）充分小的 $\eta > 0$ 使得当 $|y| < \eta$ 时，有 $\|f_y - f\| < \varepsilon$. 因此

$$\|\Delta_\delta\| \leqslant \varepsilon + \int_{|y| > \eta} \|f_y - f\| K_\delta(y)\,\mathrm{d}y \leqslant \varepsilon + 2\|f\| \int_{|y| > \eta} K_\delta(y)\,\mathrm{d}y.$$

第一个不等式通过又一次运用（i）得到；第二个是因为 $\|f_y - f\| \leqslant \|f_y\| + \|f\| = 2\|f\|$ 成立. 因此，利用（ii），若 δ 充分小上面的组合 $\leqslant 2\varepsilon$. 概括如下：当 $\delta \to 0$ 时，式(16) 的右边在 L^1 范数下收敛于 f，因此根据系 2.3，存在一个几乎处处收敛于 $f(x)$ 的子列，定理得证.

注意从定理与命题立即可以推出：若 $\hat{f}$ 属于 L^1，则可在测度为零的集合修正 f 的值使之成为处处连续的函数. 对于一般的 $f \in L^1(\mathbf{R}^d)$ 这当然是不可能的.

69

5 习题

1. 给定一个集簇 $F_1, F_2, \cdots, F_n$，构造另一个簇 $F_1^*, F_2^*, \cdots, F_N^*$，其中 $N = 2^n - 1$ 使得 $\bigcup_{k=1}^{n} F_k = \bigcup_{j=1}^{N} F_j^*$；簇 $\{F_j^*\}$ 是不相交的；对每个 k，$F_k = \bigcup_{F_j^* \subset F_k} F_j^*$.

【提示：考虑 2^n 个集合 $F_1' \bigcap F_2' \bigcap \cdots \bigcap F_n'$，其中每个 F_k' 是 F_k 或者 F_k^c.】

2. 类似于命题 2.5，证明若 f 在 $\mathbf{R}^d$ 上可积且 $\delta > 0$，则当 $\delta \to 1$ 时，$f(\delta x)$ 在 L^1 范数下收敛于 $f(x)$.

3. 假定 f 在 $(-\pi, \pi]$ 上可积，并将它延拓为 $\mathbf{R}$ 上的周期为 2π 的函数. 证明

$$\int_{-\pi}^{\pi} f(x)\,\mathrm{d}x = \int_I f(x)\,\mathrm{d}x,$$

其中 I 是 $\mathbf{R}$ 中任何长度为 2π 的区间.

【提示：I 包含在形如 $(k\pi, (k+2)\pi)$ 的相连区间内，k 为整数.】

4. 假定 f 在 $[0, b]$ 上可积，且

$$对于 0 < x \leqslant b, g(x) = \int_x^b \frac{f(t)}{t}\,\mathrm{d}t,$$

证明：g 在 $[0, b]$ 上可积，且

$$\int_0^b g(x)\,\mathrm{d}x = \int_0^b f(t)\,\mathrm{d}t.$$

5. 假定 F 是 $\mathbf{R}$ 中的闭集，它的补集具有有限测度，且令 $\delta(x)$ 表示从 x 到 F 的距离，即

$$\delta(x) = d(x, F) = \inf\{|x - y| : y \in F\}.$$

考虑

$$I(x) = \int_{\mathbf{R}} \frac{\delta(y)}{|x - y|^2}\,\mathrm{d}y.$$

（a）通过验证 δ 满足利普希茨（Lipschitz）条件

$$|\delta(x) - \delta(y)| \leqslant |x - y|.$$

来证明 δ 是连续的.

（b）对每个 $x \notin F$，证明 $I(x) = \infty$.

（c）证明对 a.e. $x \in F$，$I(x) < \infty$. 考虑到利普希茨条件仅仅消去 I 的被积函数中 $|x - y|$ 的一次幂这一事实，这或许是令人惊奇的.

【提示：对于最后一部分，研究 $\int_F I(x)\,dx$.】

6. f 在 **R** 上的可积性并不一定意味着当 $x \to \infty$ 时，$f(x)$ 收敛到 0.

（a）存在 **R** 上的正连续函数 f 使得 f 在 **R** 上可积，但仍有 $\limsup\limits_{x \to \infty} f(x) = \infty$.

（b）然而，若假设 f 在 **R** 上一致连续且可积，则 $\lim\limits_{|x| \to \infty} f(x) = 0$.

【提示：对于（a），构造一个在 $[n, n + 1/n^3)$ 上等于 n，$n \geqslant 1$ 的连续函数.】

7. 令 $\Gamma \subset \mathbf{R}^d \times \mathbf{R}$，$\Gamma = \{(x, y) \in \mathbf{R}^d \times \mathbf{R}: y = f(x)\}$ 且假设 f 在 $\mathbf{R}^d$ 上可测. 证明 Γ 是 $\mathbf{R}^{d+1}$ 上的可测子集，且 $m(\Gamma) = 0$.

8. 若 f 在 **R** 上可积，证明 $F(x) = \int_{-\infty}^{x} f(t)\,dt$ 一致连续.

9. Tchebychev 不等式. 假定 $f \geqslant 0$，且 f 可积. 若 $\alpha > 0$ 且 $E_\alpha = \{x: f(x) > \alpha\}$，证明 $m(E_\alpha) \leqslant \dfrac{1}{\alpha} \int f$.

10. 假定 $f \geqslant 0$，且令 $E_{2^k} = \{x: f(x) > 2^k\}$ 以及 $F_k = \{x: 2^k < f(x) \leqslant 2^{k+1}\}$. 若 f 几乎处处有限，则

$$\bigcup_{k=-\infty}^{\infty} F_k = \{f(x) > 0\},$$

且集合 F_k 互不相交.

证明 f 可积当且仅当

$$\sum_{k=-\infty}^{\infty} 2^k m(F_k) < \infty, \text{当且仅当} \sum_{k=-\infty}^{\infty} 2^k m(E_{2^k}) < \infty.$$

用这个结果证明以下结论，令

$$f(x) = \begin{cases} |x|^{-a}, & |x| \leqslant 1, \\ 0, & \text{其他} \end{cases} \text{以及} g(x) = \begin{cases} |x|^{-b}, & |x| \geqslant 1, \\ 0, & \text{其他,} \end{cases}$$

则 f 在 $\mathbf{R}^d$ 上可积当且仅当 $a < d$；g 在 $\mathbf{R}^d$ 上可积当且仅当 $b > d$.

11. 证明若 f 在 $\mathbf{R}^d$ 上可积、实值，且对每个可测集 E，$\int_E f(x)\,dx \geqslant 0$，则 $f(x) \geqslant 0$ a.e.x. 作为一个结果，若对每个可测集 E，$\int_E f(x)\,dx = 0$，则 $f(x) = 0$ a.e..

12. 证明存在 $f \in L^1(\mathbf{R}^d)$ 与序列 $\{f_n\}$ 满足 $f_n \in L^1(\mathbf{R}^d)$ 使得

$$\| f - f_n \|_{L^1} \to 0,$$

但不存在 x, 使得 $f_n(x) \to f(x)$.

【提示：在 $\mathbf{R}$ 上，令 $f_n = \chi_{I_n}$，其中 I_n 是适当选取的区间序列满足 $m(I_n) \to 0$.】

13. 给出两可测集 A 和 B 使得 $A + B$ 不可测.

【提示：在 $\mathbf{R}^2$ 上取 $A = \{0\} \times [0,1]$ 与 $B = N \times \{0\}$.】

14. 在前一章的习题 6 有 $m(B) = v_d r^d$，其中 B 是 $\mathbf{R}^d$ 中半径为 r 的球而 $v_d = m(B_1)$，其中 B_1 是单位球. 这里我们估计常数 v_d 的值.

（a）对于 $d = 2$，用系 3.8 证明

$$v_2 = 2 \int_{-1}^{1} (1 - x^2)^{\frac{1}{2}} \mathrm{d}x ,$$

因此通过初等微积分，得 $v_2 = \pi$.

（b）用类似的方法，证明

$$v_d = 2 v_{d-1} \int_0^1 (1 - x^2)^{\frac{(d-1)}{2}} \mathrm{d}x .$$

（c）结果是

$$v_d = \frac{\pi^{\frac{d}{2}}}{\Gamma\left(\frac{d}{2} + 1\right)}.$$

随后第 6 章的习题 5 将给出另外一个推导方法. 关于 Γ 函数与 B 函数的相关事实可在书 II 的第 6 章中找到.

15. 考虑定义在 $\mathbf{R}$ 上的函数

$$f(x) = \begin{cases} x^{-\frac{1}{2}}, & 0 < x < 1. \\ 0, & \text{其他}. \end{cases}$$

对于有理数集 $\mathbf{Q}$ 的一个列举 $\{r_n\}_{n=1}^{\infty}$，令

$$F(x) = \sum_{n=1}^{\infty} 2^{-n} f(x - r_n) .$$

证明 F 可积，因此定义 F 的级数对几乎每个 $x \in \mathbf{R}$ 收敛. 然而，观察到在每个区间上该级数无界，且事实上，任何与 F 几乎处处相等的函数 $\tilde{F}$ 在任何区间上无界.

16. 假定 f 在 $\mathbf{R}^d$ 上可积. 若 $\boldsymbol{\delta} = (\delta_1, \delta_2, \cdots, \delta_d)$ 是一个 d 元非零实数组，且

$$f^{\boldsymbol{\delta}}(\boldsymbol{x}) = f(\boldsymbol{\delta}\boldsymbol{x}) = f(\delta_1 x_1, \cdots, \delta_d x_d) ,$$

证明 $f^{\boldsymbol{\delta}}$ 可积并满足

$$\int_{\mathbf{R}^d} f^{\boldsymbol{\delta}}(\boldsymbol{x}) \mathrm{d}\boldsymbol{x} = |\delta_1|^{-1} \cdots |\delta_d|^{-1} \int_{\mathbf{R}^d} f(\boldsymbol{x}) \mathrm{d}\boldsymbol{x} .$$

17. 假定 f 在 $\mathbf{R}^2$ 上定义如下：若 $n \leqslant x < n+1$ 且 $n \leqslant y < n+1$ $(n \geqslant 0)$，则 $f(x,y) = a_n$；若 $n \leqslant x < n+1$ 且 $n+1 \leqslant y < n+2$ $(n \geqslant 0)$，则 $f(x,y) = -a_n$；若为其他

情况, 则 $f(x,y)=0$. 这里 $a_n = \sum_{k \leqslant n} b_k$, 其中 $\{b_k\}$ 是一个正数序列使得 $\sum_{k=0}^{\infty} b_k = s < \infty$.

（a）验证每个截面 f^y 和 f_x 可积. 且对所有 x, $\int f_x(y)\mathrm{d}y = 0$, 因此 $\int \left(\int f(x,y)\mathrm{d}y \right) \mathrm{d}x = 0$.

（b）然而, 若 $0 \leqslant y < 1$, $\int f^y(x)\mathrm{d}x = a_0$ 且当 $n \leqslant y < n+1$, $n \geqslant 1$ 时, $\int f^y(x)\mathrm{d}x = a_n - a_{n-1}$. 因此 $y \mapsto \int f^y(x)\mathrm{d}x$ 在 $(0, \infty)$ 上可积, 且

$$\int \left(\int f(x,y)\mathrm{d}x \right) \mathrm{d}y = s.$$

（c）$\displaystyle\int_{\mathbf{R} \times \mathbf{R}} |f(x,y)| \, \mathrm{d}x\mathrm{d}y = \infty$.

18. 令 f 为 $[0,1]$ 上可测的有限值函数, 且假定 $|f(x)-f(y)|$ 在 $[0,1] \times [0,1]$ 上可积. 证明 $f(x)$ 在 $[0,1]$ 上可积.

19. 假定 f 在 $\mathbf{R}^d$ 上可积, 对每个 $\alpha > 0$, 令 $E_\alpha = \{x : |f(x)| > \alpha\}$. 证明

$$\int_{\mathbf{R}^d} |f(x)| \, \mathrm{d}x = \int_0^\infty m(E_\alpha) \, \mathrm{d}\alpha.$$

20. （在 Fubini 定理之前的讨论中强调的）可测集的某些截面可能存在不可测的问题通过限制在可测函数和博雷尔集上可以避免. 事实上, 可证明下面的结论:

假定 E 是 $\mathbf{R}^2$ 的博雷尔集, 则对每个 y, 截面 E^y 是 $\mathbf{R}$ 的博雷尔集.

【提示：考虑 $\mathbf{R}^2$ 的某些子集组成的集簇 C, 它具有以下性质：对 C 的每个集合 E, 截面 E^y 是 $\mathbf{R}$ 的博雷尔集. 验证 C 是包含开集的 σ-代数. 】

21. 假定 f 和 g 是 $\mathbf{R}^d$ 上的可测函数.

（a）证明 $f(x-y)g(y)$ 在 $\mathbf{R}^{2d}$ 上可测.

（b）证明若 f 和 g 在 $\mathbf{R}^d$ 上可积, 则 $f(x-y)g(y)$ 在 $\mathbf{R}^{2d}$ 上可积.

（c）f 和 g 的卷积定义为

$$(f*g)(x) = \int_{\mathbf{R}^d} f(x-y)g(y)\mathrm{d}y ,$$

证明对 a. e. x, $f*g$ 是合理定义的（即对 a. e. x, $f(x-y)g(y)$ 在 $\mathbf{R}^d$ 上可积）.

（d）证明只要 f 和 g 可积, $f*g$ 就可积, 且

$$\|f*g\|_{L^1(\mathbf{R}^d)} \leqslant \|f\|_{L^1(\mathbf{R}^d)} \|g\|_{L^1(\mathbf{R}^d)} ,$$

当 f 和 g 非负时, 等号成立.

（e）可积函数 f 的傅里叶变换定义为

$$\hat{f}(\xi) = \int_{\mathbf{R}^d} f(x)\mathrm{e}^{-2\pi i x \cdot \xi}\mathrm{d}x .$$

检验 $\hat{f}$ 有界且是 ξ 的连续函数. 证明对每个 ξ, 有

$$(\widehat{f*g})(\xi) = \hat{f}(\xi)\hat{g}(\xi).$$

22. 证明若 $f \in L^1(\mathbf{R}^d)$ 且

$$\hat{f}(\xi) = \int_{\mathbf{R}^d} f(x)\, \mathrm{e}^{-2\pi \mathrm{i} x\xi}\, \mathrm{d}x \ ,$$

则当 $|\xi| \to \infty$ 时，$\hat{f}(\xi) \to 0$. （这就是黎曼-勒贝格引理.）

【提示：$\hat{f}(\xi) = \dfrac{1}{2}\int_{\mathbf{R}^d}[f(x) - f(x - \xi')]\,\mathrm{e}^{-2\pi \mathrm{i} x\xi}\,\mathrm{d}x$，其中 $\xi' = \dfrac{1}{2}\dfrac{\xi}{|\xi|^2}$，且用命题 2.5.】

23. 作为傅里叶变换的应用，证明不存在函数 $I \in L^1(\mathbf{R}^d)$ 使得对所有 $f \in L^1(\mathbf{R}^d)$，$f * I = f$.

24. 考虑卷积

$$(f * g)(x) = \int_{\mathbf{R}^d} f(x - y)g(y)\,\mathrm{d}y\ .$$

（a）证明当 f 可积且 g 有界时，$f * g$ 一致连续.

（b）若 g 是可积的，证明当 $|x| \to \infty$ 时，$(f * g)(x) \to 0$.

25. 证明对每个 $\varepsilon > 0$，函数 $F(\xi) = \dfrac{1}{(1 + |\xi|^2)^\varepsilon}$ 是某个 L^1 函数的傅里叶变换.

【提示：令 $K_\delta(x) = \mathrm{e}^{-\pi|x|^2/\delta}\delta^{-d/2}$，考虑 $f(x) = \int_0^\infty K_\delta(x)\,\mathrm{e}^{-\pi\delta}\delta^{\varepsilon-1}\,\mathrm{d}\delta$. 用 Fubini 定理证明 $f \in L^1(\mathbf{R}^d)$，且

$$\hat{f}(\xi) = \int_0^\infty \mathrm{e}^{-\pi\delta|\xi|^2}\,\mathrm{e}^{-\pi\delta}\delta^{\varepsilon-1}\,\mathrm{d}\delta\ ,$$

算出最后这个积分的值为 $\pi^{-\varepsilon}\Gamma(\varepsilon)\dfrac{1}{(1 + |\xi|^2)^\varepsilon}$. 这里 $\Gamma(s)$ 是 Γ 函数，它定义为 $\Gamma(s) = \int_0^\infty \mathrm{e}^{-t}t^{s-1}\,\mathrm{d}t$.】

6 问题

1. 若 f 在 $[0, 2\pi]$ 上可积，则当 $|n| \to \infty$ 时，$\int_0^{2\pi} f(x)\,\mathrm{e}^{-\mathrm{i}nx}\,\mathrm{d}x \to 0$.

证明：作为一个推论，若 E 是 $[0, 2\pi]$ 的一个可测子集，则当 $n \to \infty$ 时对任何序列 $\{u_n\}$，$\int_E \cos^2(nx + u_n)\,\mathrm{d}x \to \dfrac{m(E)}{2}$.

【提示：见习题 22.】

2. 证明康托尔-勒贝格定理：若

$$\sum_{n=0}^\infty A_n(x) = \sum_{n=0}^\infty (a_n \cos nx + b_n \sin nx)$$

在一个正测度集上对 x 收敛（或特别地对所有 x），则当 $n \to \infty$ 时，$a_n \to 0$ 且 $b_n \to 0$.

【提示：注意在一个正测度集 E 上 $A_n(x)$ 一致收敛于 0.】

3. 对于 $\mathbf{R}^d$ 上的可测函数序列 $\{f_k\}$，若对每个 $\varepsilon > 0$，

$$当\ k,\ l \to \infty\ 时,\ m(\{x: |f_k(x) - f_l(x)| > \varepsilon\}) \to 0,$$

则称它为依测度的柯西列. 若对每个 $\varepsilon > 0$,

$$当\ k \to \infty\ 时,\ m(\{x: |f_k(x) - f(x)| > \varepsilon\}) \to 0,$$

则称 $\{f_k\}$ 依测度收敛到（可测）函数 f.

这一概念与概率论中的"依概率收敛"一致.

证明若一个可积函数序列 $\{f_k\}$ 在 L^1 收敛到 f, 则 $\{f_k\}$ 依测度收敛到 f, 考虑反过来是否成立?

我们指出这种模式的收敛自然地出现在 Egorov 定理的证明中.

4. 我们已经看到（第 1 章的习题 8）若 E 是 $\mathbf{R}^d$ 的可测集, 且 L 是 $\mathbf{R}^d$ 到 $\mathbf{R}^d$ 的线性变换, 则 $L(E)$ 也是可测的, 且若 E 的测度为 0, 则 $L(E)$ 的也是如此. 定量的叙述是

$$m(L(E)) = |\det(L)|\, m(E).$$

作为一个特殊情形, 注意到勒贝格测度在旋转下是不变的.（对于这个特殊情形也可参见下一章的习题 26.）

上述等式可以用 Fubini 定理证明如下:

（a）首先考虑 $d = 2$, L 是"严格"上三角变换 $x' = x + ay$, $y' = y$ 的情形, 则

$$\chi_{L(E)}(x, y) = \chi_E(L^{-1}(x, y)) = \chi_E(x - ay, y).$$

因此根据测度的平移不变性, 有

$$
\begin{aligned}
m(L(E)) &= \int_{\mathbf{R} \times \mathbf{R}} \left(\int \chi_E(x - ay, y)\, \mathrm{d}x \right) \mathrm{d}y \\
&= \int_{\mathbf{R} \times \mathbf{R}} \left(\int \chi_E(x, y)\, \mathrm{d}x \right) \mathrm{d}y \\
&= m(E).
\end{aligned}
$$

（b）类似地, 若 L 是严格下三角变换的情形, 则 $m(L(E)) = m(E)$. 一般的, 可以写作 $L = L_1 \triangle L_2$, 其中 L_j 是严格的（上或下）三角而 $\triangle$ 是对角的. 因此若用第 1 章习题 7 的结论, 则可以证明 $m(L(E)) = |\det(L)|\, m(E)$.

5. $\mathbf{R}$ 存在这样的序 $<$, 它具有性质: 对每个 $y \in \mathbf{R}$, 集合 $\{x \in \mathbf{R}: x < y\}$ 至多可数.

这个序的存在性依赖于连续统假设, 它断言: 只要 S 是 $\mathbf{R}$ 的无限子集, 则 S 可数或者 S 与 $\mathbf{R}$ 有相同的势（即 S 可被双射到 $\mathbf{R}$）$^{\ominus}$.

【提示: 令 $<$ 表示 $\mathbf{R}$ 的一个良序, 且定义集合 X 为 $X = \{y \in \mathbf{R}: 集合\{x: x < y\}$ 不可数$\}$. 若 X 是空集, 即得结论. 否则, 考虑 X 中的最小元 $\bar{y}$, 且运用连续统假设.】

$\ominus$　这个由康托尔提出的观点像良序原理一样独立于集合论的其他公理, 因而我们可以自由决定是否接受它的正确性.

第 3 章 微分与积分

    在微积分的早期研究中人们已经知道微分与积分是互逆的运算. 这里我们想要在前几章研究的一般理论的框架下重新检验这一基本思想. 我们的目标是提炼和证明微积分的基本定理, 进而建立遇到的一些概念. 下面通过回答两个问题以实现这一目标, 每个问题用一种方式表达了微分与积分之间的对应关系.

    第一个涉及的问题可陈述如下.

- 假设 f 在 $[a,b]$ 上可积且 $F(x)=\int_a^x f(y)\,\mathrm{d}y$ 是它的不定积分. 这是否蕴含 F 可微 (至少对几乎每个 x), 且 $F'=f$?

这个问题的肯定的答案依赖于一些具有广泛应用且不限于一维情形的思想.

对于第二个问题对调一下微分与积分的顺序即可.

- 对 $[a,b]$ 上的函数 F 施加什么条件才能保证 $F'(x)$ 存在 (对 a.e. x), 且这个函数是可积的, 进而有

$$F(b)-F(a)=\int_a^b F'(x)\,\mathrm{d}x ?$$

这个问题将从比第一个问题狭窄的角度去研究, 它所引发的问题是深刻的, 且留下的结果是深远的. 特别地, 这个问题与曲线的可求长问题相关联, 作为这种联系的意义的阐释, 我们将建立平面上的一般的等周不等式.

1 积分的微分

    我们从第一个问题出发, 即研究积分的微分. 若 f 定义在 $[a,b]$ 上且在该区间可积, 令

$$F(x)=\int_a^x f(y)\,\mathrm{d}y, a\leqslant x\leqslant b.$$

为求解 $F'(x)$，回忆作为当 h 趋向于 0 时，商

$$\frac{F(x+h)-F(x)}{h}$$

的极限的导数的定义.

我们注意到该商可以取以下形式（比如说 $h>0$ 的情形）

$$\frac{1}{h}\int_x^{x+h} f(y)\,\mathrm{d}y = \frac{1}{|I|}\int_I f(y)\,\mathrm{d}y\ ,$$

这里采用记号 $I=(x,\ x+h)$，且用 $|I|$ 表示区间的长度. 上述式子是 f 的值在 I 上的"平均"，而我们希望当 $|I|\to 0$ 时平均值趋向于 $f(x)$. 把问题的提法稍微修改一下. 我们可以问

$$\lim_{|I|\to 0,\ x\in I}\frac{1}{|I|}\int_I f(y)\,\mathrm{d}y = f(x)$$

是否对合适的点 x 成立. 在更高维的情形我们能提出类似的问题，其中 f 的平均值在适当的集合上取，这些集合是一维区间的推广. 首先，研究涉及的集合是包含 x 的球 B，这里它们的体积 $m(B)$ 代替 I 的长度 $|I|$. 稍后就会看到作为这种特殊情形的推论，类似的结果对那些具有有界的"反常性"的更一般的集簇成立.

记住，我们在 $\mathbf{R}^d$ 的背景下重述第一个问题，这里 d 可取大于等于 1 的任何正整数.

假定 f 在 $\mathbf{R}^d$ 上可积，对于 a.e. x，下列等式

$$\lim_{\substack{m(B)\to 0\\ x\in B}}\frac{1}{m(B)}\int_B f(y)\,\mathrm{d}y = f(x)$$

是否成立？

其中，极限对包含 x 的开球 B 当体积趋向 0 时取.

我们将上述问题称为平均问题. 若 B 是 $\mathbf{R}^d$ 中半径为 r 的任意球，则 $m(B)=v_d r^d$，这里 v_d 是单位球的测度（见前一章的习题 14）.

注意到当 f 在 x 连续的特殊情形，极限确实收敛到 $f(x)$. 事实上，给定 $\varepsilon>0$，存在 $\delta>0$ 使得只要 $|x-y|<\delta$，就有 $|f(x)-f(y)|<\varepsilon$. 由于

$$f(x)-\frac{1}{m(B)}\int_B f(y)\,\mathrm{d}y = \frac{1}{m(B)}\int_B (f(x)-f(y))\,\mathrm{d}y\ ,$$

我们发现，只要 B 是半径 $<\delta/2$ 的包含 x 的球，则正如所期望的，有

$$\left| f(x)-\frac{1}{m(B)}\int_B f(y)\,\mathrm{d}y\right| \leqslant \frac{1}{m(B)}\int_B |f(x)-f(y)|\,\mathrm{d}y<\varepsilon\ ,$$

平均问题有了肯定性的回答，但为建立这一定性的事实，我们需要做一些与 f 的平均的总体行为有关的定量估计. 这通过 $|f|$ 的极大平均来完成. 我们接着就转向该函数的讨论.

1.1 哈代-李特尔伍德极大函数

我们以下考虑的极大函数一维情形首先由哈代（Hardy）和李特尔伍德（Littlewood）处理. 他们通过考虑板球球员如何最佳地分配他的成绩以使他的满意程度最高这一带有游戏性质的问题而导致对这一函数的研究. 结果是，这一概念在分析中具有普遍的意义. 相关定义如下：

若 f 在 $\mathbf{R}^d$ 上可积，则定义它的极大函数 f^* 为

$$f^*(x) = \sup_{x \in B} \frac{1}{m(B)} \int_B |f(y)| \, \mathrm{d}y, x \in \mathbf{R}^d,$$

这里上确界对所有包含 x 的球取. 换句话说，我们用上确界代替平均问题的极限，且用 f 的绝对值代替 f.

以下定理概括了 f^* 的主要性质.

定理 1.1 假定 f 在 $\mathbf{R}^d$ 上可积，则

（ⅰ） f^* 可测.

（ⅱ） 对 a. e. x, $f^*(x) < \infty$.

（ⅲ） 对所有 $\alpha > 0$, f^* 满足

$$m(\{x \in \mathbf{R}^d : f^*(x) > \alpha\}) \leqslant \frac{A}{\alpha} \|f\|_{L^1(\mathbf{R}^d)} \tag{1}$$

其中 $A = 3^d$，且 $\|f\|_{L^1(\mathbf{R}^d)} = \displaystyle\int_{\mathbf{R}^d} |f(x)| \, \mathrm{d}x$.

在证明该定理之前，我们想澄清主要结论（ⅲ）的性质. 如同我们观察到的，对 a. e. x, 有 $f^*(x) \geqslant |f(x)|$；而（ⅲ）的实质是，大致说来，f^* 不比 $|f|$ 大很多. 从这一观点出发，我们希望通过 f 的可积性推断出 f^* 的可积性. 然而，这并不成立，而（ⅲ）是我们所能得到的最好结果（见习题 4 和习题 5）.

形如（1）的不等式称为弱型不等式，这是因为它比 L^1 范数的相应不等式弱. 的确，这可从 Tchebychev 不等式（第 2 章习题 9）得到，它说的是对任意可积函数 g, 对所有 $\alpha > 0$,

$$m(\{x : |g(x)| > \alpha\}) \leqslant \frac{1}{\alpha} \|g\|_{L^1(\mathbf{R}^d)}.$$

在此应该指出，不等式（1）中 A 的精确值对我们而言并不重要，重要的是该常数与 α 和 f 无关.

该定理的简单结论为 f^* 是可测函数. 的确，集合 $E_\alpha = \{x : f^*(x) > \alpha\}$ 是开集，因为若 $\bar{x} \in E_\alpha$, 则存在球 B 使得 $\bar{x} \in B$ 且

$$\frac{1}{m(B)} \int_B |f(y)| \, \mathrm{d}y > \alpha.$$

现在任何靠近 $\bar{x}$ 的点 x 也属于 B；因此也有 $x \in E_\alpha$.

定理 1.1 中 f^* 的其他两个性质较为深刻，（ⅱ）是（ⅲ）的一个推论. 观察到对所有 α,

$$\{x : f^*(x) = \infty\} \subset \{x : f^*(x) > \alpha\},$$

就立即理解了这一点. 当 α 趋向无穷时取极限, 就得到 $m(\{x : f^*(x) = \infty\}) = 0$.

不等式 (1) 的证明依赖于初等的 Vitali 覆盖方法[⊖].

引理 1.2 假定 $\boldsymbol{B} = \{B_1, B_2, \cdots, B_N\}$ 是 $\mathbf{R}^d$ 中的有限开球簇, 则存在 $\boldsymbol{B}$ 的不相交子簇 $B_{i_1}, B_{i_2}, \cdots, B_{i_k}$ 满足

$$m \left(\bigcup_{l=1}^{N} B_l \right) \leqslant 3^d \sum_{j=1}^{k} m(B_{i_j}).$$

大致说来, 我们可以找到由不相交的球组成的子簇, 该子簇覆盖由原来的球簇所覆盖的区域的一部分.

证 这里给出的证明是构造性的, 它依赖于以下的简单观察: 假定 B 和 B' 是一对相交的球, 其中 B' 的半径不大于 B 的半径. 则 B' 包含于中心与 B 相同但半径是 B 的三倍的球 $\tilde{B}$ 中. 如图 1 所示.

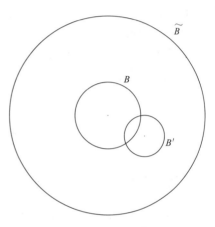

图 1 球 B 和 $\tilde{B}$

首先, 我们在 $\boldsymbol{B}$ 中挑出具有极大 (即最大的) 半径的球 B_{i_1}, 接着去掉 B_{i_1} 以及任何与 B_{i_1} 相交的球. 因此所有被去掉的球包含于球 $\tilde{B}_{i_1}$ 内. $\tilde{B}_{i_1}$ 的中心与 B_{i_1} 相同, 但半径是它的三倍.

其次, 对剩下的球所组成新的簇 $\boldsymbol{B}'$, 重复以上过程, 我们挑出具有最大半径的球 B_{i_2}, 接着去掉 B_{i_2} 以及任何与 B_{i_2} 相交的球. 以此类推, 在至多 N 步后, 我们找到 $B_{i_1}, B_{i_2}, \cdots, B_{i_k}$.

最后, 我们证明这样的不相交球簇满足引理的不等式. 我们使用证明开始时的观察. 令 $\tilde{B}_{i_j}$ 表示与 B_{i_j} 有共同中心, 但半径是它的三倍的球. 由于 $\boldsymbol{B}$ 中的任何球 B 必须与某个 B_{i_j} 相交, 且因此半径等于或小于 B_{i_j} 的半径, 故有 $B \subset \tilde{B}_{i_j}$, 因此

$$m \left(\bigcup_{l=1}^{N} B_l \right) \leqslant m \left(\bigcup_{j=1}^{k} \tilde{B}_{i_j} \right) \leqslant \sum_{j=1}^{k} m(\tilde{B}_{i_j}) = 3^d \sum_{j=1}^{k} m(B_{i_j}).$$

在最后一步, 我们用到 $\mathbf{R}^d$ 上一个集合的 δ 伸缩导致了该集合的勒贝格测度变为原来的 δ^d 倍这一事实.

定理 1.1 中 (iii) 的证明现在触手可及. 令 $E_\alpha = \{x : f^*(x) > \alpha\}$, 则对于每个 $x \in E_\alpha$ 存在包含 x 的球 B_x, 使得

$$\frac{1}{m(B_x)}\int_{B_x}|f(y)|\,\mathrm{d}y > \alpha .$$

因此，对每个球 B_x 有

$$m(B_x) < \frac{1}{\alpha}\int_{B_x}|f(y)|\,\mathrm{d}y . \tag{2}$$

固定 E_α 的一个紧子集 K. 由于 K 被 $\bigcup_{x\in E_\alpha} B_x$ 覆盖，可以选取 K 的一个有限子覆盖，比如说 $K\subset\bigcup_{l=1}^{N} B_l$. 覆盖引理保证了存在由不相交的球组成的子簇 $B_{i_1},\cdots,B_{i_k}$ 满足

$$m\left(\bigcup_{l=1}^{N} B_l\right)\leqslant 3^d\sum_{j=1}^{k} m(B_{i_j}) . \tag{3}$$

由于球 $B_{i_1},\cdots,B_{i_k}$ 是不相交的，且满足式（2）与式（3），故有

$$\begin{aligned}
m(K)\leqslant m(\bigcup_{l=1}^{N} B_l)\leqslant 3^d\sum_{j=1}^{k} m(B_{i_j}) &\leqslant \frac{3^d}{\alpha}\sum_{j=1}^{k}\int_{B_{i_j}}|f(y)|\,\mathrm{d}y \\
&= \frac{3^d}{\alpha}\int_{\bigcup_{j=1}^{k} B_{i_j}}|f(y)|\,\mathrm{d}y \\
&\leqslant \frac{3^d}{\alpha}\int_{\mathbf{R}^d}|f(y)|\,\mathrm{d}y.
\end{aligned}$$

由于该不等式对 E_α 的所有紧子集 K 均成立，所以对极大算子的弱型不等式的证明就完成了.

1.2 勒贝格微分定理

对极大函数得到的估计现在导致了平均问题的解决.

定理 1.3 若 f 在 $\mathbf{R}^d$ 上可积，则对于 a. e. x,

$$\lim_{\substack{m(B)\to 0 \\ x\in B}}\frac{1}{m(B)}\int_B f(y)\,\mathrm{d}y = f(x). \tag{4}$$

证 仅需证明对每个 $\alpha>0$，集合

$$E_\alpha=\left\{x:\limsup_{\substack{m(B)\to 0 \\ x\in B}}\left|\frac{1}{m(B)}\int_B f(y)\,\mathrm{d}y - f(x)\right|>2\alpha\right\}$$

的测度为零，因为这一结论保证了集合 $E=\bigcup_{n=1}^{\infty} E_{1/n}$ 的测度为零，因而式（4）的极限对 E^c 的所有点成立.

固定 α，回顾第 2 章的定理 2.4，它说的是对每个 $\varepsilon>0$ 我们可以选取一个紧支撑的连续函数 g 使得 $\|f-g\|_{L^1(\mathbf{R}^d)}<\varepsilon$. 根据前面的注记，$g$ 的连续性蕴含了对所有 x

$$\lim_{\substack{m(B)\to 0 \\ x\in B}}\frac{1}{m(B)}\int_B g(y)\,\mathrm{d}y = g(x).$$

由于我们可以将差 $\dfrac{1}{m(B)}\int_B f(y)\,\mathrm{d}y - f(x)$ 写为

$$\frac{1}{m(B)}\int_B (f(y)-g(y))\,\mathrm{d}y + \frac{1}{m(B)}\int_B g(y)\,\mathrm{d}y - g(x) + g(x) - f(x),$$

我们发现

$$\limsup_{\substack{m(B)\to 0 \\ x\in B}} \left| \frac{1}{m(B)}\int_B f(y)\,\mathrm{d}y - f(x) \right| \leqslant (f-g)^*(x) + |g(x)-f(x)|,$$

这里符号 $*$ 表示极大函数. 因此, 若

$$F_\alpha = \{x : (f-g)^*(x) > \alpha\} \quad \text{且} \quad G_\alpha = \{x : |f(x)-g(x)| > \alpha\},$$

则 $E_\alpha \subset (F_\alpha \bigcup G_\alpha)$, 因为若 u_1 和 u_2 是正的, 则 $u_1 + u > 2\alpha$ 仅当至少有一个 u_i 满足 $u_i > \alpha$ 成立. 一方面, 由 Tchebychev 不等式得到

$$m(G_\alpha) \leqslant \frac{1}{\alpha} \| f-g \|_{L^1(\mathbf{R}^d)},$$

而另一方面, 对极大函数的弱型估计给出

$$m(F_\alpha) \leqslant \frac{A}{\alpha} \| f-g \|_{L^1(\mathbf{R}^d)}.$$

我们选取函数 g 使得 $\| f-g \|_{L^1(\mathbf{R}^d)} < \varepsilon$. 因此得到

$$m(E_\alpha) \leqslant \frac{A}{\alpha}\varepsilon + \frac{1}{\alpha}\varepsilon.$$

由于 ε 是任意的, 故有 $m(E_\alpha) = 0$, 这就完成了定理的证明.

注意到将定理应用于 $|f|$ 所得到的一个直接结论是, 对于 a.e. x, $f^*(x) \geqslant |f(x)|$, 其中 f^* 是极大函数.

到目前为止, 一直假设 f 是可积的. 这个 "整体" 的假设放在像可微性这样的 "局部" 概念的背景下有点不太恰当. 的确, 勒贝格定理中的极限是对收缩到 x 的球取, 因此 f 远离 x 的 f 的行为是不相干的. 所以, 我们期望若仅假设 f 在每个球上的可积性其结果仍然正确.

将这一想法精确化, 我们称一个 $\mathbf{R}^d$ 上的可测函数 f 局部可积: 若对每个球 B 函数 $f(x)\chi_B(x)$ 可积. 我们将所有局部可积函数所成空间记为 $L^1_{\mathrm{loc}}(\mathbf{R}^d)$. 粗略地说, 函数在无穷远点的行为不影响它的局部可积性. 例如, 函数 $\mathrm{e}^{|x|}$ 和 $|x|^{-1/2}$ 都是局部可积的, 但在 $\mathbf{R}^d$ 上不可积.

显然, 在 f 局部可积这一较弱假设下最后这个定理的结论成立.

定理 1.4　若 $f \in L^1_{\mathrm{loc}}(\mathbf{R}^d)$, 则对于 a.e. x,

$$\lim_{\substack{m(B)\to 0 \\ x\in B}} \frac{1}{m(B)}\int_B f(y)\,\mathrm{d}y = f(x).$$

定理的第一个应用是对可测集的性质的一个有趣的洞察. 若 E 是可测集且 $x \in \mathbf{R}^d$, 且

$$\lim_{\substack{m(B)\to 0 \\ x\in B}} \frac{m(B\bigcap E)}{m(B)} = 1,$$

则称 x 是 E 的具有勒贝格密度的点.

粗略地说，这个条件说的是环绕 x 的小球几乎完全被 E 覆盖. 更精确的，对每个靠近 1 的 $\alpha < 1$ 与每个包含 x 的半径充分小的球，有

$$m(B \bigcap E) \geqslant \alpha m(B).$$

因此 E 至少覆盖 B 的 α 部分.

将定理 1.4 应用到 E 的特征函数立即得到下面的结论：

系 1.5　假定 E 是 $\mathbf{R}^d$ 的可测子集，则

（ⅰ）几乎每个 $x \in E$ 是 E 的密度点.

（ⅱ）几乎每个 $x \notin E$ 不是 E 的密度点.

我们接着考虑关于可积函数的一个概念，它是逐点连续性的一个有用替代.

若 f 在 $\mathbf{R}^d$ 上局部可积，f 的勒贝格集由所有使得 $f(\bar{x})$ 有限且

$$\lim_{\substack{m(B) \to 0 \\ \bar{x} \in B}} \frac{1}{m(B)} \int_B |f(y) - f(\bar{x})| \, dy = 0.$$

的点 $\bar{x} \in \mathbf{R}^d$ 组成. 在这个阶段，依次给出关于该定义的两个简单的观察. 首先，只要 f 在 $\bar{x}$ 连续，$\bar{x}$ 就属于 f 的勒贝格集. 其次，若 $\bar{x}$ 属于 f 的勒贝格集，则

$$\lim_{\substack{m(B) \to 0 \\ x \in B}} \frac{1}{m(B)} \int_B f(y) \, dy = f(\bar{x}).$$

81

系 1.6　若 f 在 $\mathbf{R}^d$ 上局部可积，则几乎每个点属于 f 的勒贝格集.

证　应用定理 1.4 于函数 $|f(y) - r|$，结果表明对每个有理数 r，存在测度为零的集合 E_r，使得只要 $x \notin E_r$ 就有

$$\lim_{\substack{m(B) \to 0 \\ x \in B}} \frac{1}{m(B)} \int_B |f(y) - r| \, dy = |f(x) - r|.$$

若 $E = \bigcup_{r \in Q} E_r$，则 $m(E) = 0$. 现在假定 $\bar{x} \notin E$ 且 $f(\bar{x})$ 有限. 给定 $\varepsilon > 0$，存在一个有理数 r 使得 $|f(\bar{x}) - r| < \varepsilon$. 由于

$$\frac{1}{m(B)} \int_B |f(y) - f(\bar{x})| \, dy \leqslant \frac{1}{m(B)} \int_B |f(y) - r| \, dy + |f(\bar{x}) - r|,$$

故有

$$\limsup_{\substack{m(B) \to 0 \\ \bar{x} \in B}} \frac{1}{m(B)} \int_B |f(y) - f(\bar{x})| \, dy \leqslant 2\varepsilon,$$

因此 $\bar{x}$ 在 f 的勒贝格集中. 这个系就得证了.

注　回顾第 2 章第 2 节的定义 $L^1(\mathbf{R}^d)$ 的元素实际上是等价类，若两个函数仅在零测度集上不同，则它们的等价. 一个有趣的观察是，式(4)收敛到一个极限的点集与代表 f 的选取无关，这是因为只要 f 和 g 等价，就有

$$\int_B f(y) \, dy = \int_B g(y) \, dy.$$

然而，f 的勒贝格集依赖于我们考虑的 f 的特定代表.

我们将看到一个函数的勒贝格集具有普遍性质：函数在这些点的值可被一大类（函数的）平均值恢复. 我们将在比球更广泛的集合上的平均值，以及恒同逼近的框架下证明这一点. 直到目前建立的微分理论用到的都是函数在球上的平均值，但正如我们先前提到的，人们可以考虑这样一个问题：类似的结论对其他集簇，例如方体或矩形是否成立. 该问题的答案以一种基本的方式依赖于问题中的集簇的几何性质. 例如，现在证明在方体上该问题的（具有有界的"反常性"的更一般的集簇的情形）上述结果成立. 然而，在所有的矩形簇的情形下极限的几乎处处存在性以及弱型的不等式并不成立（见问题 8）.

我们说集簇 $\{U_\alpha\}$ 正则收缩到 $\bar{x}$（或者在 $\bar{x}$ 有有界的反常性），若存在一个常数 $c > 0$ 使得对每个 U_α 存在球 B 满足

$$\bar{x} \in B,\ U_\alpha \subset B,\ \text{且}\ m(U_\alpha) \geqslant cm(B),$$

因此 U_α 包含于 B，但它的测度比得上 B 的测度. 例如，所有包含 $\bar{x}$ 的开方体正则收缩到 $\bar{x}$. 然而，在 $\mathbf{R}^d$，$d \geqslant 2$ 上所有包含 $\bar{x}$ 的开矩形簇不正则收缩到 $\bar{x}$. 若我们考虑非常狭长的矩形容易看到这一点.

系 1.7　假定 f 在 $\mathbf{R}^d$ 上局部可积. 若 $\{U_\alpha\}$ 正则收缩到 $\bar{x}$，则对 f 的勒贝格集的每一点 $\bar{x}$，

$$\lim_{\substack{m(U_\alpha) \to 0 \\ x \in U_\alpha}} \frac{1}{m(U_\alpha)} \int_{U_\alpha} f(y)\,\mathrm{d}y = f(\bar{x}).$$

一旦我们观察到若 $\bar{x} \in B$ 满足 $U_\alpha \subset B$ 且 $m(U_\alpha) \geqslant c\,m(B)$，则

$$\frac{1}{m(U_\alpha)} \int_{U_\alpha} |f(y) - f(\bar{x})|\,\mathrm{d}y \leqslant \frac{1}{cm(B)} \int_B |f(y) - f(\bar{x})|\,\mathrm{d}y.$$

这就给出定理的证明.

2　好的核与恒同逼近

我们转到由卷积给出的平均函数[⊖]，它可表示为

$$(f * K_\delta)(x) = \int_{\mathbf{R}^d} f(x - y) K_\delta(y)\,\mathrm{d}y.$$

这里 f 是一般的可积函数，我们保持 f 固定. 而 K_δ 在具体的称为核的函数簇上变化. 这种等式出现在许多问题中（例如，前一章的傅里叶反演定理），我们已经在书 I 中讨论过.

在我们最初的考虑中，称这些函数为"好的核"，若它们可积且对于 $\delta > 0$ 满足以下条件：

（ⅰ）$\displaystyle\int_{\mathbf{R}^d} K_\delta(x)\,\mathrm{d}x = 1$.

　　⊖　卷积的一些基本性质在前一章的习题 21 中叙述过.

（ ii ）$\int_{\mathbf{R}^d} | K_\delta(x) | \, dx \leqslant A$.

（ iii ）对每个 $\eta > 0$ ，当 $\delta \to 0$ 时，

$$\int_{|x| \geqslant \eta} | K_\delta(x) | \, dx \to 0,$$

这里 A 是一个与 δ 无关的常数.

这些核的主要用途是只要 f 有界，则在 f 的每个连续点处当 $\delta \to 0$ 时，$(f * K_\delta)(x) \to f(x)$. 为得到一个类似结论，即以上收敛关系在 f 的勒贝格集的所有点也成立，我们需要加强对核 K_δ 的假设. 为反映这种情况我们采用不同的术语称这些核组成的较窄的类为"恒同逼近". 我们仍然假设 K_δ 可积且满足条件（ i ），但用以下的条件替代（ ii ）和（ iii ），即

（ ii $'$ ）对所有 $\delta > 0$ ，$| K_\delta(x) | \leqslant A \delta^{-d}$.

（ iii $'$ ）对所有 $\delta > 0$ 和 $x \in \mathbf{R}^d$ ，$| K_\delta(x) | \leqslant A \delta / | x |^{d+1}$ ⊖ .

我们观察到这些要求更强了，且蕴含好核的定义中的条件. 首先证明（ ii ）. 为此，运用第 2 章系 1.10 的第二个说明，它给出对某个 $C > 0$ 和所有 $\varepsilon > 0$ ，

$$\int_{|x| \geqslant \varepsilon} \frac{dx}{| x |^{d+1}} \leqslant \frac{C}{\varepsilon}. \tag{5}$$

接着，当 $|x| < \delta$ 和 $|x| \geqslant \delta$ 时分别利用估计（ ii $'$ ）和（ iii $'$ ），得到

$$\int_{\mathbf{R}^d} | K_\delta(x) | \, dx = \int_{|x| < \delta} | K_\delta(x) | \, dx + \int_{|x| \geqslant \delta} | K_\delta(x) | \, dx$$

$$\leqslant A \int_{|x| < \delta} \frac{dx}{\delta^d} + A \delta \int_{|x| \geqslant \delta} \frac{1}{| x |^{d+1}} dx$$

$$\leqslant A' + A'' < \infty .$$

最后，好核的最后一个条件也被验证了，这是由于式（5）的另一个应用给出

$$\int_{|x| \geqslant \eta} | K_\delta(x) | \, dx \leqslant A \delta \int_{|x| \geqslant \eta} \frac{dx}{| x |^{d+1}} \leqslant \frac{A' \delta}{\eta},$$

且当 $\delta \to 0$ 时最后的表达式趋向于 0.

术语"恒同逼近"起源于当 $\delta \to 0$ 时映射 $f \mapsto f * K_\delta$ 在多种意义下收敛于恒同映射 $f \mapsto f$ 这一事实. 它与下面的启发性说明相联系. 图 2 勾画出一个典型的恒同逼近：对每个 $\delta > 0$ ，核支撑在集合 $|x| < \delta$ 上且高度为 $1/2\delta$. 当 δ 趋向于 0 时，这簇核收敛到所谓的在原点的单位质量函数或狄拉克（Dirac）δ 函数.

后者被启发式（试探性）地定义为

⊖　有时条件（ iii $'$ ）被条件对某一固定的 ε ，$K_\delta(x) \leqslant A \delta^\varepsilon / | x |^{d+\varepsilon}$ 代替. 然而，在大多情况下 $\varepsilon = 1$ 的特殊情形就够用了.

$$D(x) = \begin{cases} \infty, & x = 0 \\ 0, & x \neq 0 \end{cases} \text{且} \int D(x)\,\mathrm{d}x = 1.$$

由于每个 K_δ 积分为 1，我们可以粗略地说，

当 $\delta \to 0$ 时，$K_\delta \to D$.

若将卷积 $f * D$ 定义为 $\int f(x - y)D(y)\,\mathrm{d}y$，则乘积 $f(x-y)D(y)$ 除当 $y = 0$ 时外都等于 0，而 D 的质量集中在 $y = 0$，因此直观上我们可以期望

$$(f * D)(x) = f(x).$$

因此，$f * D = f$，而 D 对卷积来说起着单位元的作用. 应该指出以上的讨论可

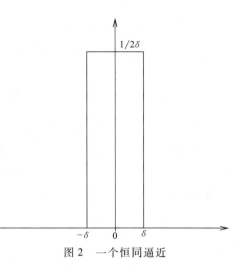

图 2 一个恒同逼近

以形式化，且 D 可以用在第 6 章处理的勒贝格-斯蒂尔切斯（Lebesgue-Stieltjes）测度，或者用"广义函数"（即分布）严格定义，后者将在书 IV 中讨论.

下面介绍有关恒同逼近的一系列例子.

例 1 假定 φ 是 $\mathbf{R}^d$ 上支撑在单位球 $|x| \leqslant 1$ 上的非负有界函数，使得

$$\int_{\mathbf{R}^d} \varphi = 1,$$

若我们设 $K_\delta(x) = \delta^{-d}\varphi(\delta^{-1}x)$，则函数簇 $\{K_\delta\}_{\delta > 0}$ 是一个恒同逼近. 这一事实的简单验证留给读者. 接下来的两个例子给出了重要的特殊情形.

例 2 上半平面的泊松（Poisson）核由

$$\mathcal{P}_y(x) = \frac{1}{\pi}\frac{y}{x^2 + y^2}, \quad x \in \mathbf{R},$$

给出，其中参数是 $\delta = y > 0$.

例 3 $\mathbf{R}^d$ 中的热核定义为

$$\mathcal{H}_t(x) = \frac{1}{(4\pi t)^{d/2}}\mathrm{e}^{-|x|^2/4t},$$

这里 $t > 0$ 且有 $\delta = t^{1/2}$. 同样的，可以设 $\delta = 4\pi t$ 以使得这里的记号与第 2 章所用的一致.

例 4 圆盘上的泊松核定义为

$$\frac{1}{2\pi}P_r(x) = \begin{cases} \dfrac{1}{2\pi}\dfrac{1 - r^2}{1 - 2r\cos x + r^2} & |x| \leqslant \pi, \\[3mm] 0, & |x| > \pi, \end{cases}$$

这里 $0 < r < 1$ 且 $\delta = 1 - r$.

例 5 费耶（Fejér）核定义为

$$\frac{1}{2\pi}F_N(x) = \begin{cases} \dfrac{1}{2\pi N} \cdot \dfrac{\sin^2(Nx/2)}{\sin^2(x/2)}, & |x| \leqslant \pi, \\ 0, & |x| > \pi, \end{cases}$$

其中 $\delta = 1/N$.

我们注意到例 2 ~ 例 5 已在书 I 中出现过.

下面介绍关于恒同逼近的一般结果以突出勒贝格集的作用.

定理 2.1 若 $\{K_\delta\}_{\delta>0}$ 是恒同逼近且 f 在 $\mathbf{R}^d$ 上可积, 则对 f 的勒贝格集的每一点 x, 当 $\delta \to 0$ 时, $(f * K_\delta)(x) \to f(x)$.

特别地, 极限对 a. e. x 成立.

由于每个核 K_δ 的积分等于 1, 可以写作

$$(f * K_\delta)(x) - f(x) = \int [f(x-y) - f(x)] K_\delta(y) \, \mathrm{d}y.$$

因此,

$$|(f * K_\delta)(x) - f(x)| \leqslant \int |f(x-y) - f(x)| |K_\delta(y)| \, \mathrm{d}y.$$

现在仅需证明当 δ 趋向于 0 时, 上式右边趋向于 0. 我们这里给出的证明依赖于一个简单事实. 这个简单事实我们把它单独放在下面的引理中.

引理 2.2 假定 f 在 $\mathbf{R}^d$ 上可积, 且 x 是 f 的勒贝格集的一个点. 只要 $r > 0$, 令

$$A(r) = \frac{1}{r^d} \int_{|y| \leqslant r} |f(x-y) - f(x)| \, \mathrm{d}y,$$

则 $A(r)$ 是 $r > 0$ 的连续函数, 且

$$\text{当 } r \to 0 \text{ 时, } A(r) \to 0.$$

此外, $A(r)$ 有界, 即对某个 $M > 0$ 和所有 $r > 0$, $A(r) \leqslant M$.

证 援引第 2 章命题 1.12 的绝对连续性可得到 $A(r)$ 的连续性.

当 r 趋向于 0 时 $A(r)$ 趋向于 0 这一事实可从由于 x 属于 f 的勒贝格集, 且半径为 r 的球的测度为 $v_d r^d$ 得出. 这一点与 $A(r)$ 对 $0 < r \leqslant 1$ 的连续性表明了当 $0 < r \leqslant 1$ 时 $A(r)$ 有界. 为证明当 $r > 1$ 时 $A(r)$ 有界, 注意到

$$A(r) \leqslant \frac{1}{r^d} \int_{|y| \leqslant r} |f(x-y)| \, \mathrm{d}y + \frac{1}{r^d} \int_{|y| \leqslant r} |f(x)| \, \mathrm{d}y$$

$$\leqslant r^{-d} \|f\|_{L^1(\mathbf{R}^d)} + v_d |f(x)|,$$

这就完成了引理的证明.

我们现在转向定理的证明. 关键点在于将 $\mathbf{R}^d$ 上的积分写为如下的环形上的积分之和:

$$\int |f(x-y) - f(x)| |K_\delta(y)| \, \mathrm{d}y = \int_{|y| \leqslant \delta} + \sum_{k=0}^{\infty} \int_{2^k \delta < |y| \leqslant 2^{k+1}\delta}$$

利用恒同逼近的性质 (ii'), 第一项的上界可有如下估计

$$\int_{|y| \leqslant \delta} |f(x-y) - f(x)| |K_\delta(y)| \, \mathrm{d}y \leqslant \frac{c}{\delta^d} \int_{|y| \leqslant \delta} |f(x-y) - f(x)| \, \mathrm{d}y \leqslant cA(\delta).$$

和式的每一项可类似估计，但这次我们利用恒同逼近的性质（ⅲ′）：

$$\int_{2^k\delta<|y|\leqslant 2^{k+1}\delta}|f(x-y)-f(x)||K_\delta(y)|\,\mathrm{d}y$$

$$\leqslant\frac{c\delta}{(2^k\delta)^{d+1}}\int_{|y|\leqslant 2^{k+1}\delta}|f(x-y)-f(x)|\,\mathrm{d}y$$

$$\leqslant\frac{c'}{2^k(2^{k+1}\delta)^d}\int_{|y|\leqslant 2^{k+1}\delta}|f(x-y)-f(x)|\,\mathrm{d}y$$

$$\leqslant c'2^{-k}A(2^{k+1}\delta).$$

综合这些估计，得到

$$|(f*K_\delta)(x)-f(x)|\leqslant cA(\delta)+c'\sum_{k=0}^{\infty}2^{-k}A(2^{k+1}\delta).$$

给定 $\varepsilon>0$，首先选取充分大的 N 使得 $\sum_{k\geqslant N}2^{-k}<\varepsilon$. 接着，通过使得 δ 充分小，由引理有只要 $k=0,1,\cdots,N-1$，就有

$$A(2^k\delta)<\varepsilon/N.$$

因此，已知 $A(r)$ 有界，对充分小的 δ

$$|(f*K_\delta)(x)-f(x)|\leqslant C\varepsilon.$$

定理得证.

除了这个逐点的结果之外，与恒同逼近的卷积也给出了 L^1 范数下的收敛结果.

定理 2.3　假定 f 在 $\mathbf{R}^d$ 上可积且 $\{K_\delta\}_{\delta>0}$ 是恒同逼近，则对每个 $\delta>0$，卷积

$$(f*K_\delta)(x)=\int_{\mathbf{R}^d}f(x-y)K_\delta(y)\,\mathrm{d}y$$

可积，且当 $\delta\to 0$ 时，

$$\|(f*K_\delta)-f\|_{L^1(\mathbf{R}^d)}\to 0.$$

该定理的证明仅仅是第 2 章第 4 节的特殊情形 $K_\delta(x)=\delta^{-d/2}\mathrm{e}^{-\pi|x|^2/\delta}$ 的论证在更一般背景下的重述，因此这里不再重复.

3　函数的可微性

我们现在着手处理本章开头提到的第二个问题，即找到函数 F 所需满足的广泛条件以保证等式

$$F(b)-F(a)=\int_a^b F'(x)\,\mathrm{d}x \tag{6}$$

成立. 有两个现象使得这个等式的一般叙述有问题. 首先，由于不可微函数的存在$^\ominus$，若只是假定 F 连续，则式（6）的右端可能没有意义. 其次，即使对每个 x，$F'(x)$ 存在，函数 F' 也不一定（勒贝格）可积（参见习题 12）.

该如何克服这些困难呢？一种方法是考虑作为（可积函数的）不定积分存在

$\ominus$　特别地，存在无处可微的连续函数. 见《傅里叶分析》的第 4 章，或者也可见下面的第 7 章.

的那些函数 F. 这导致了如何刻画这样的函数这一问题. 我们通过研究一个更为广泛的函数类, 有界变差函数来作为解决问题的途径. 这些函数与曲线的可求长问题有紧密联系, 我们从考虑这种联系开始.

3.1 有界变差函数

令 γ 为平面上由 $z(t)=(x(t),y(t))$, 其中 $a\leqslant t\leqslant b$, 给出的平面参数曲线. 这里 $x(t)$ 和 $y(t)$ 是 $[a,b]$ 上的连续实值函数. 若存在 $M<\infty$ 使得对 $[a,b]$ 的任何分割 $a=t_0<t_1<\cdots<t_N=b$,

$$\sum_{j=1}^{N}\left|z(t_j)-z(t_{j-1})\right|\leqslant M , \tag{7}$$

则称曲线 γ 是可求长的. 根据定义, 曲线 γ 的长度 $L(\gamma)$ 是左边和式对所有分割取的上确界, 即

$$L(\gamma)=\sup_{a=t_0<t_1<\cdots<t_N=b}\sum_{j=1}^{N}\left|z(t_j)-z(t_{j-1})\right| .$$

同时, $L(\gamma)$ 是所有满足式 (7) 的 M 的下确界. 从几何意义上看, $L(\gamma)$ 这个量是由折线逼近曲线且当分割越来越细时取这些折线的长度的极限得到的 (见图 3 的说明).

自然地, 我们或许会问: $x(t)$ 和 $y(t)$ 上的什么分析条件能保证曲线 γ 可求长? 特别地, $x(t)$ 和 $y(t)$ 的导数是否必须存在? 如果是这样的话, 是否有以下公式

$$L(\gamma)=\int_a^b\left(x'(t)^2+y'(t)^2\right)^{1/2}\mathrm{d}t?$$

对这个问题的回答直接导致了有界变差函数类的引入, 这个函数类在微分学理论中起着关键性的作用.

假定 $F(t)$ 是定义在 $[a,b]$ 上的复值函数, $a=t_0<t_1<\cdots<t_N=b$ 是该区间的一个分割. F 在这个分割下的变差定义为

$$\sum_{j=1}^{N}\left|F(t_j)-F(t_{j-1})\right| .$$

若存在 $M<\infty$ 使得对所有分割 $a=t_0<t_1<\cdots<t_N=b$,

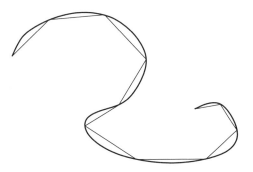

图 3　用折线逼近可求长曲线

$$\sum_{j=1}^{N}\left|F(t_j)-F(t_{j-1})\right|\leqslant M ,$$

则称函数 F 为有界变差的. 在定义中不必假定 F 连续, 然而, 当应用于曲线的情形时, 需假定 $F(t)=z(t)=x(t)+\mathrm{i}y(t)$ 是连续的.

如果由 $a=\tilde{t}_0<\tilde{t}_1<\cdots<\tilde{t}_M=b$ 给出的分割 $\tilde{P}$ 是由 $a=t_0<t_1<\cdots<t_N=b$ 给出的分割 P 的加细$^{\ominus}$, 那么 F 在 $\tilde{P}$ 上的变差大于或等于 F 在 P 上的变差.

$\ominus$　若 P 的每个点也属于 $\tilde{P}$ 的话, 则我们说 $[a,b]$ 的分割 $\tilde{P}$ 是 $[a,b]$ 的分割 P 的加细.

定理 3.1 一条由 $(x(t), y(t)), a \leqslant t \leqslant b$，参数化的曲线是可求长的，当且仅当 $x(t)$ 和 $y(t)$ 都是有界变差的.

一旦我们观察到若 $F(t) = x(t) + \mathrm{i}y(t)$，则

$$F(t_j) - F(t_{j-1}) = (x(t_j) - x(t_{j-1})) + \mathrm{i}(y(t_j) - y(t_{j-1})),$$

且若 a 和 b 是实的，则 $|a + \mathrm{i}b| \leqslant |a| + |b| \leqslant 2|a + \mathrm{i}b|$.

直观上，有界变差函数不能振荡得太频繁，振幅不能过大. 一些例子有助于理解这个结论.

我们首先规范一些术语的用法. 对定义在 $[a, b]$ 上的实值函数 F，只要 $a \leqslant t_1 \leqslant t_2 \leqslant b$ 就有 $F(t_1) \leqslant F(t_2)$，称 F 递增. 若不等式是严格的，则称 F 严格递增.

例 1 若 F 是实值的、单调且有界的，那么 F 是有界变差的. 的确，例如若 F 递增且以 M 为界，则有

$$\sum_{j=1}^{N} |F(t_j) - F(t_{j-1})| = \sum_{j=1}^{N} F(t_j) - F(t_{j-1})$$
$$= F(b) - F(a) \leqslant 2M.$$

例 2 若 F 在每个点可微，且 F' 有界，则 F 是有界变差. 的确，若 $|F'| \leqslant M$，由中值定理得

对所有 $x, y \in [a, b]$，$|F(x) - F(y)| \leqslant M|x - y|$.

因此

$$\sum_{j=1}^{N} |F(t_j) - F(t_{j-1})| \leqslant M(b - a).\ (\text{也见习题 23.})$$

例 3 令

$$F(x) = \begin{cases} x^a \sin(x^{-b}), & 0 < x \leqslant 1, \\ 0, & x = 0, \end{cases}$$

那么 F 在 $[0, 1]$ 上是有界变差当且仅当 $a > b$（习题 11）. 图 4 说明了 $a > b, a = b$ 以及 $a < b$ 三种情形.

下一个结果表明在某种意义下例 1 列举了所有有界变差函数. 关于它的证明，我们需要下列定义. F 在 $[a, x]$ 上的（其中 $a \leqslant x \leqslant b$）全变差定义为

$$T_F(a, x) = \sup \sum_{j=1}^{N} |F(t_j) - F(t_{j-1})|,$$

这里上确界对 $[a, x]$ 的所有分割取.

若 F 是复值的话先前的定义有意义. 接下来的定义要求 F 是实值的. 以第一种定义的精神，我们说 F 在 $[a, x]$ 上的正变差是

$$P_F(a, x) = \sup \sum_{(+)} F(t_j) - F(t_{j-1}),$$

这里，求和是对所有使得 $F(t_j) \geqslant F(t_{j-1})$ 的 j 取，且上确界是对 $[a, x]$ 的所有分割取. 最后，F 在 $[a, x]$ 上的非负变差定义为

$$N_F(a, x) = \sup \sum_{(-)} -[F(t_j) - F(t_{j-1})],$$

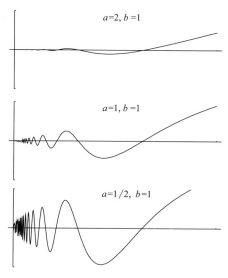

图4 不同 a 和 b 值所对应的 $x^a \sin (x^{-b})$ 的图像

这里，求和是对所有使得 $F(t_j) \leqslant F(t_{j-1})$ 的 j 取，且上确界是对 $[a,x]$ 的所有分割取.

引理3.2 假定 F 是实值的且在 $[a,b]$ 上为有界变差，那么对所有 $a \leqslant x \leqslant b$ 有

$$F(x) - F(a) = P_F(a,x) - N_F(a,x),$$

且

$$T_F(a,x) = P_F(a,x) + N_F(a,x).$$

证 给定 $\varepsilon > 0$ 存在 $[a,x]$ 的一个划分 $a = t_0 < t_1 < \cdots < t_N = x$，使得

$$\left| P_F - \sum_{(+)} F(t_j) - F(t_{j-1}) \right| < \varepsilon \quad 与 \quad \left| N_F - \sum_{(-)} - [F(t_j) - F(t_{j-1})] \right| < \varepsilon.$$

（为看到这一点，仅需运用定义对具有可能不同分割的 P_F 和 N_F 得到类似估计，接着考虑这两个分割的公共加细.）由于

$$F(x) - F(a) = \sum_{(+)} F(t_j) - F(t_{j-1}) - \sum_{(-)} - [F(t_j) - F(t_{j-1})],$$

因而有 $|F(x) - F(a) - [P_F - N_F]| < 2\varepsilon$，这就证明了第一个等式.

关于第二个等式，我们也注意到对 $[a,x]$ 的任何分割 $a = t_0 < t_1 < \cdots < t_N = x$，有

$$\sum_{j=1}^N |F(t_j) - F(t_{j-1})| = \sum_{(+)} F(t_j) - F(t_{j-1}) + \sum_{(-)} - [F(t_j) - F(t_{j-1})],$$

因此 $T_F \leqslant P_F + N_F$. 上式也蕴含

$$\sum_{(+)} F(t_j) - F(t_{j-1}) + \sum_{(-)} - [F(t_j) - F(t_{j-1})] \leqslant T_F.$$

又一次，我们用定义 P_F 和 N_F 的分割的公共细分导出不等式 $P_F + N_F \leqslant T_F$，引理得证.

定理 3.3 $[a,b]$ 上的实值函数 F 是有界变差的当且仅当它是两个有界递增函数之差.

证 显然，若 $F = F_1 - F_2$，其中每个 F_j 有界且递增，则 F 是有界变差.

反过来，假定 F 是有界变差的，则令 $F_1(x) = P_F(a,x) + F(a)$ 以及 $F_2(x) = N_F(a,x)$. 显然，F_1 与 F_2 都是递增的，且都为有界变差，根据引理有 $F(x) = F_1(x) - F_2(x)$.

作为一个推论，一个复值有界变差函数是四个递增的函数的（复）线性组合.

回到由连续函数 $z(t) = x(t) + iy(t)$ 参数化的曲线 γ，我们想要对它相应的长度函数作些评论. 假设曲线是可求长的，定义 $L(A,B)$ 为 γ 在 $A \leqslant t \leqslant B$，其中 $a \leqslant A \leqslant B \leqslant b$，部分的长度. 注意到 $L(A,B) = T_F(A,B)$，其中 $F(t) = z(t)$. 则有

$$\text{若 } A \leqslant C \leqslant B, L(A,C) + L(C,B) = L(A,B). \tag{8}$$

我们也观察到 $L(A,B)$ 是 B 的连续函数（也是 A 的）. 由于它是一个递增函数，要证明它在 B 的左连续性，仅需对每个 B 和 $\varepsilon > 0$，能找到 $B_1 < B$ 使得 $L(A, B_1) \geqslant L(A,B) - \varepsilon$ 即可. 为此，首先找到一个分割 $A = t_0 < t_1 < \cdots < t_N = B$ 使得相应的折线长度 $\geqslant L(A,B) - \varepsilon/2$. 根据函数 $z(t)$ 的连续性，能找到 B_1 满足 $t_{N-1} < B_1 < B$，使得 $|z(B) - z(B_1)| < \varepsilon/2$. 现在对于加细的分割 $t_0 < t_1 < \cdots < t_{N-1} < B_1 < B$，折线长度仍然 $\geqslant L(A, B) - \varepsilon/2$. 因此，对应于分割 $t_0 < t_1 < \cdots < t_{N-1} = B_1$ 的长度 $\geqslant L(A,B) - \varepsilon$，且因此 $L(A,B_1) \geqslant L(A,B) - \varepsilon$.

为证明在 B 的右连续性，令 $\varepsilon > 0$，取任何 $C > B$，且选取分割 $B = t_0 < t_1 < \cdots < t_N = C$ 使得 $L(B, C) - \varepsilon/2 < \sum_{j=0}^{N-1} |z(t_{j+1}) - z(t_j)|$. 若需要的话考虑这个分割的细分，由于 z 是连续的，可以假设 z 是连续的，因此 $|z(t_1) - z(t_0)| < \varepsilon/2$. 若记 $B_1 = z(t_1)$，则有

$$L(B,C) - \varepsilon/2 < \varepsilon/2 + L(B_1, C).$$

由于 $L(B,B_1) + L(B_1,C) = L(B,C)$，故有 $L(B,B_1) < \varepsilon$，因此 $L(A,B_1) - L(A,B) < \varepsilon$.

注意到我们所观察到的上述结果可重述如下：若一个有界变差函数是连续的，则它的全变差也是连续的.

下一个结果是微分理论的核心定理.

定理 3.4 若 F 在 $[a,b]$ 上是有界变差的，则 F 几乎处处可微.

换句话说，对几乎每个 $x \in [a,b]$，商

$$\lim_{h \to 0} \frac{F(x+h) - F(x)}{h}$$

存在. 根据先前的结果，仅需考虑 F 递增的情形，事实上，可首先假定 F 连

续. 这使得论证简单些. 关于一般情形, 我们留到后面（见 3.3 节.）研究一个有界变差函数可能的不连续性的本质, 且将其归结为"跳跃函数"的情形是有教益的.

现从里斯（Riesz）得到的一个漂亮的技术性引理开始, 它具有覆盖论证的效果.

引理 3.5 假设 G 是 **R** 上的连续实值函数, 令 E 为使得对某个 $h = h_x > 0$,

$$G(x+h) > G(x)$$

成立的点 x 的集合. 若 E 是非空的, 则它必定是开集, 因此可以写成可数个不相交开区间的并 $E = \bigcup(a_k, b_k)$. 若 (a_k, b_k) 是在这些并中的一个有限区间, 则

$$G(b_k) - G(a_k) = 0.$$

证 由于 G 是连续的, 显然只要 E 是非空的, 则它必须是开集, 且因此可以写成可数个不相交的开区间的并（第 1 章的定理 1.3）. 若 (a_k, b_k) 表示在这个分解中的一个有限区间, 则 $a_k \notin E$; 因此我们不能有 $G(b_k) > G(a_k)$. 现在假定 $G(b_k) < G(a_k)$. 由连续性, 存在 $a_k < c < b_k$ 使得

$$G(c) = \frac{G(a_k) + G(b_k)}{2},$$

且事实上我们可以选取 c 离区间 (a_k, b_k) 右边最远. 由于 $c \in E$, 存在 $d > c$ 使得 $G(d) > G(c)$. 由于 $b_k \notin E$, 对所有 $x \geqslant b_k$ 有 $G(x) \leqslant G(b_k)$; 因此 $d < b_k$. 由于 $G(d) > G(c)$,（根据连续性）存在满足 $c' > d, c' < b_k$ 且 $G(c') = G(c)$, 这与 c 离区间 (a_k, b_k) 右边最远这一事实矛盾. 这表明必须有 $G(a_k) = G(b_k)$, 引理得证.

注 基于以下的理由这个结果有时称为"旭日升引理". 若我们想象太阳从东方（在右边）升起而光线平行于 x 轴, 则 G 图像上的点 $(x, G(x))$, $x \in E$ 恰好是阴影中的点; 这些点出现在图 5 的黑体部分.

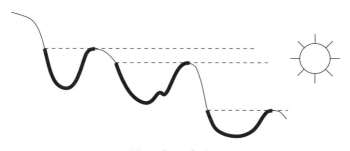

图 5　旭日升引理

对引理 3.5 的证明做小的修改后给出:

系 3.6 假定 G 是闭区间 $[a, b]$ 上的实值连续函数. 若 E 表示 (a, b) 中使得对某个 $h > 0$, $G(x+h) > G(x)$ 的点 x 的集合, 则 E 或者是空集或者是开集. 若是后

一种情形，则除去 $a = a_k$ 外它是不相交的可数多个区间 (a_k, b_k) 之并且 $G(a_k) = G(b_k)$. 在 $a = a_k$ 的情形，仅有 $G(a_k) \leqslant G(b_k)$.

为证明该定理，需定义量

$$\Delta_h(F)(x) = \frac{F(x+h) - F(x)}{h}.$$

也需考虑如下定义的在 x 处的四个迪尼（Dini）数：

$$D^+(F)(x) = \limsup_{\substack{h \to 0 \\ h > 0}} \Delta_h(F)(x),$$

$$D_+(F)(x) = \liminf_{\substack{h \to 0 \\ h > 0}} \Delta_h(F)(x),$$

$$D^-(F)(x) = \limsup_{\substack{h \to 0 \\ h < 0}} \Delta_h(F)(x),$$

$$D_-(F)(x) = \liminf_{\substack{h \to 0 \\ h < 0}} \Delta_h(F)(x).$$

显然，有 $D_+ \leqslant D^+$ 以及 $D_- \leqslant D^-$. 为此仅需证明

(i) 对于 a.e. x，$D^+(F)(x) < \infty$；

(ii) 对于 a.e. x，$D^+(F)(x) \leqslant D_-(F)(x)$.

的确，若这些结果成立，运用（ii）于 $-F(-x)$ 而非 $F(x)$，对于 a.e. x，得到 $D^-(F)(x) \leqslant D_+(F)(x)$. 因此对于 a.e. x，

$$D^+ \leqslant D_- \leqslant D^- \leqslant D_+ \leqslant D^+ < \infty.$$

故所有四个迪尼数有限且几乎处处相等，因此对几乎每个点 x，$F'(x)$ 存在.

假设 F 递增、有界，且在 $[a, b]$ 上连续，则对一个固定的 $\gamma > 0$，令

$$E_\gamma = \{x : D^+(F)(x) > \gamma\},$$

首先，我们断言 E_γ 可测.（习题 14 给出这一简单事实的证明概要.）接着，我们运用系 3.6 于函数 $G(x) = F(x) - \gamma x$，且有 $E_\gamma \subseteq \bigcup_k (a_k, b_k)$，其中 $F(b_k) - F(a_k) \geqslant \gamma(b_k - a_k)$. 因此，

$$m(E_\gamma) \leqslant \sum_k m((a_k, b_k))$$

$$\leqslant \frac{1}{\gamma} \sum_k F(b_k) - F(a_k)$$

$$\leqslant \frac{1}{\gamma} (F(b) - F(a)).$$

所以，当 γ 趋向无穷时，$m(E_\gamma) \to 0$，且由于对所有 γ，$\{D^+(F)(x) < \infty\} \subseteq E_\gamma$，这证明了几乎处处 $D^+(F)(x) < \infty$.

对于固定的实数 r 和 R 使得 $R > r$，令

$$E = \{x \in [a, b] : D^+(F)(x) > R, r > D_-(F)(x)\},$$

一旦证明了 $m(E) = 0$，就证明了几乎处处 $D^+(F)(x) \leqslant D_-(F)(x)$，仅需让 R 和 r

在有理数范围内变化且满足 $R > r$.

为证明 $m(E) = 0$，我们可以假定 $m(E) > 0$，从而得到一个矛盾. 因为 $R/r > 1$，所以能够找到一个开集 O 使得 $E \subset O \subset (a, b)$，仍然有 $m(O) < m(E) \cdot R/r$.

现在 O 可写为 $\bigcup I_n, I_n$ 是不相交开区间. 固定 n 运用系 3.6 于区间 $-I_n$ 上的函数 $G(x) = -F(-x) + rx$. 再次通过原点反射得到包含于 I_n 的开集 $\bigcup_k (a_k, b_k)$，其中区间 (a_k, b_k) 不相交，满足

$$F(b_k) - F(a_k) \leqslant r(b_k - a_k).$$

然而，这次在每个区间 (a_k, b_k) 上，运用系 3.6 于 $G(x) = F(x) - Rx$. 从而得到一个由不相交的开区间 $(a_{k,j}, b_{k,j})$（对每个 j，$(a_{k,j}, b_{k,j}) \subset (a_k, b_k)$）的并组成的开集 $O_n = \bigcup_{k,j} (a_{k,j}, b_{k,j})$，且

$$F(b_{k,j}) - F(a_{k,j}) \geqslant R(b_{k,j} - a_{k,j}).$$

接着，利用 F 递增这一事实我们发现

$$m(O_n) = \sum_{k,j} (b_{k,j} - a_{k,j}) \leqslant \frac{1}{R} \sum_{k,j} F(b_{k,j}) - F(a_{k,j})$$

$$\leqslant \frac{1}{R} \sum_k F(b_k) - F(a_k) \leqslant \frac{r}{R} \sum_k (b_k - a_k)$$

$$\leqslant \frac{r}{R} m(I_n).$$

注意到 $O_n \supset E \bigcap I_n$. 由于对每个 $x \in E$，$D^+(F)(x) > R$ 且 $r > D_-(F)(x)$；当然，$I_n \supset O_n$，现在对 n 求和，因此

$$m(E) = \sum_n m(E \bigcap I_n) \leqslant \sum_n m(O_n) \leqslant \frac{r}{R} \sum m(I_n) = \frac{r}{R} m(O) < m(E).$$

严格的不等式给出一个矛盾，从而至少当 F 连续时定理 3.4 得证.

若 F 是单调函数，让我们看看所能得到的最接近于（6）的结果是什么.

系 3.7 若 F 递增且连续，则 F' 几乎处处存在. 进而 F' 可测，非负，且

$$\int_a^b F'(x) \mathrm{d}x \leqslant F(b) - F(a).$$

特别地，若 F 在 $\mathbf{R}$ 上有界，则 F' 在 $\mathbf{R}$ 上可积.

证 对 $n \geqslant 1$，我们考虑商

$$G_n(x) = \frac{F(x + 1/n) - F(x)}{1/n}.$$

根据先前的定理，对 a.e. x 有 $G_n(x) \to F'(x)$，这尤其表明 F' 可测且非负.

我们现在将 F 延拓为整个 $\mathbf{R}$ 上的连续函数. 根据法图引理（第 2 章引理 1.7）我们知道

$$\int_a^b F'(x) \mathrm{d}x \leqslant \liminf_{n \to \infty} \int_a^b G_n(x) \mathrm{d}x.$$

为完成证明，仅需注意到

$$\int_a^b G_n(x)\,\mathrm{d}x = \frac{1}{1/n}\int_a^b F(x+1/n)\,\mathrm{d}x - \frac{1}{1/n}\int_a^b F(x)\,\mathrm{d}x$$

$$= \frac{1}{1/n}\int_{a+1/n}^{b+1/n} F(y)\,\mathrm{d}y - \frac{1}{1/n}\int_a^b F(x)\,\mathrm{d}x$$

$$= \frac{1}{1/n}\int_b^{b+1/n} F(x)\,\mathrm{d}x - \frac{1}{1/n}\int_a^{a+1/n} F(x)\,\mathrm{d}x.$$

由于 F 连续，当 n 趋向无穷时，第一与第二项分别收敛于 $F(b)$ 和 $F(a)$，系 3.7 得证.

若我们允许 F 在所有的连续递增函数里取，系的不等式不能再有任何改进，下面重要例子表明了这一点.

康托尔-勒贝格函数

以下简单的构造得到一个连续函数 $F:[0,1]\to[0,1]$，它是递增的满足 $F(0)=0$ 以及 $F(1)=1$，但几乎处处 $F'(x)=0$！因此 F 是有界变差，但

$$\int_a^b F'(x)\,\mathrm{d}x \neq F(b)-F(a).$$

回顾第 1 章第 1 节末尾描述的标准康托尔三分集 $C \subset [0,1]$，有

$$C = \bigcap_{k=0}^{\infty} C_k,$$

其中每个 C_k 是 2^k 个不相交闭区间的并集. 例如，$C_1=[0,1/3]\bigcup[2/3,1]$. 令 $F_1(x)$ 为 $[0,1]$ 上递增的连续函数，满足 $F_1(0)=0,F_1(x)=1/2(1/3\leqslant x\leqslant 2/3)$，$F_1(1)=1$，且 F_1 在 C_1 上具有线性. 类似地，令 $F_2(x)$ 满足连续与递增，且使得

$$F_2(x)=\begin{cases}0, & x=0,\\ 1/4, & 1/9\leqslant x\leqslant 2/9,\\ 1/2, & 1/3\leqslant x\leqslant 2/3,\\ 3/4, & 7/9\leqslant x\leqslant 8/9,\\ 1, & x=1,\end{cases}$$

且 F_2 在 C_2 上具有线性（见图 6）.

继续这个过程得到一个连续递增的函数列 $\{F_n\}_{n=1}^{\infty}$，它显然满足

$$|F_{n+1}(x)-F_n(x)|\leqslant 2^{-n-1}.$$

因此 $\{F_n\}_{n=1}^{\infty}$ 一致收敛到连续极限 F，它称为康托尔-勒贝格函数（图 7）[⊖]. 根据构造，F 递增，$F(0)=0$ 以及 $F(1)=1$，且在康托尔集的补集的每个区间上 F 是常数. 由于 $m(C)=0$，所以几乎处处 $F'(x)=0$，这正是我们想要的.

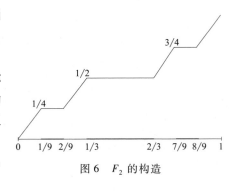

图 6　F_2 的构造

本节内容表明了有界变差的假设保证了导数的几乎处处存在性，但不能保证公式

$$\int_a^b F'(x)\,\mathrm{d}x = F(b) - F(a)$$

的正确性. 在下一节，我们将给出以上等式成立时函数应该满足的条件，它将完全解决建立上述等式的问题.

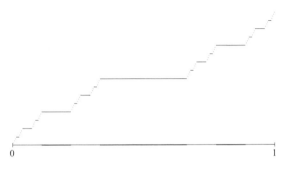

图 7   康托尔-勒贝格函数

3.2   绝对连续函数

对于定义在 $[a,b]$ 上的函数 F，若对任意 $\varepsilon > 0$，存在 $\delta > 0$ 使得只要 $\sum_{k=1}^{N}(b_k - a_k) < \delta$ 且区间 (a_k, b_k)，$k = 1, 2, \cdots, N$ 不相交，就有

$$\sum_{k=1}^{N} |F(b_k) - F(a_k)| < \varepsilon,$$

则称 F 为绝对连续. 下面依次给出一些一般注释.

● 从该定义可知，绝对连续函数显然是连续的，且事实上是一致连续.

● 若 F 在一个有界区间上绝对连续，则它在该区间上也是有界变差. 此外，容易看到，它的全变差是连续的（事实上绝对连续）. 作为一个推论，由 3.1 节可知，这样的函数 F 可分解为两个连续的单调函数.

● 若 $F(x) = \int_a^x f(y)\,\mathrm{d}y$，其中 f 可积，则 F 绝对连续. 这可从第 2 章的命题 1.12 的（ii）立即得到.

事实上，最后的注释表明，若我们希望证明 $\int_a^b F'(x)\,\mathrm{d}x = F(b) - F(a)$，则绝对连续性是施加于 F 的一个必要条件.

定理 3.8   若 F 在 $[a,b]$ 上绝对连续，则 $F'(x)$ 几乎处处存在. 进而，若几乎处处有 $F'(x) = 0$，则 F 为常数.

如同我们上面看到的，由于一个绝对连续函数是两个连续单调函数之差，对 a. e. $xF'(x)$ 的存在性从我们已经证明的可得到. 为证明 $F'(x) = 0$ a. e. 蕴涵 F 是常数这个结论要用到引理 1.2 中的覆盖方法. 我们暂时回到 d 维的一般情形去描述该方法.

对于由一些球 $\{B\}$ 组成的簇，若对每个 $x \in E$ 以及任意 $\eta > 0$，存在球 $B \in \boldsymbol{B}$，使得 $x \in B$ 且 $m(B) < \eta$，则称 $\boldsymbol{B}$ 是集合 E 的一个 Vitali 覆盖. 因此每个点被测度任意小的球覆盖.

引理 3.9　假定 E 是一个有限测度集，且 $\boldsymbol{B}$ 是 E 的一个 Vitali 覆盖. 对任意 $\delta > 0$，我们能够在 $\boldsymbol{B}$ 中找到有限多个不相交的球 $B_1, B_2, \cdots, B_N$ 使得

$$\sum_{i=1}^{N} m(B_i) \geqslant m(E) - \delta.$$

证　我们累次运用初等引理 1.2，目标是穷尽 E. 仅需取 δ 充分小，比如说，$\delta < m(E)$，运用刚提到的覆盖引理，我们能够在 $\boldsymbol{B}$ 内找到最初的不相交的球 B_1，$B_2, \cdots, B_{N_1}$ 使得 $\sum_{i=1}^{N_1} m(B_i) \geqslant \gamma \delta$（为记号简单起见，我们写 $\gamma = 3^{-d}$）. 的确，首先对 E 的适当的紧子集 E' 有 $m(E') \geqslant \delta$. 因为 E' 的紧性，我们可以用 $\boldsymbol{B}$ 中的有限多个球覆盖它，且先前的引理允许我们选取不相交的子球簇 $B_1, B_2, \cdots, B_{N_1}$ 使得

$$\sum_{i=1}^{N_1} m(B_i) \geqslant \gamma m(E') \geqslant \gamma \delta.$$

有了 $B_1, B_2, \cdots, B_{N_1}$ 作为初始的球序列，现考虑两种可能性：或者 $\sum_{i=1}^{N_1} m(B_i) \geqslant m(E) - \delta$，我们在 $N = N_1$ 时完成了证明；或者 $\sum_{i=1}^{N_1} m(B_i) < m(E) - \delta$. 对于第二种情形，令 $E_2 = E - \bigcup_{i=1}^{N_1} \overline{B_i}$，则有 $m(E_2) > \delta$（$m(\overline{B_i}) = m(B_i)$）. 我们接着重复先前的方法，选取 E_2 的紧子集 E'_2 满足 $m(E'_2) \geqslant \delta$，且注意到 $\boldsymbol{B}$ 内与 $\bigcup_{i=1}^{N_1} \overline{B_i}$ 不相交的球仍然覆盖 E_2 且事实上给出了 E_2 的一个 Vitali 覆盖，因此对于 E'_2 也如此. 因此我们可以选取有限个不相交的球 B_i 中，$N_1 < i \leqslant N_2$，使得 $\sum_{N_1 < i \leqslant N_2} m(B_i) \geqslant \gamma \delta$. 因此，现在 $\sum_{i=1}^{N_2} m(B_i) \geqslant 2\gamma \delta$，且球 B_i，$1 \leqslant i \leqslant N_2$，不相交.

我们再次考虑两种交替的可能性，即 $\sum_{i=1}^{N_2} m(B_i) \geqslant m(E) - \delta$ 成立与否. 对于第一种情形，我们在 $N_2 = N$ 时完成了证明. 对于第二种情形，我们像上面那样处理. 若以这种方式继续，到了第 k 步，且在此之前未停止，这时已经选取了不相交的球它们的测度总和 $\geqslant k\gamma\delta$. 在任何一种情形，若 $k \geqslant (m(E) - \delta)/\gamma\delta$，则我们在第 k 步就实现了想要的目标，这是由于在这种情形时 $\sum_{i=1}^{N_k} m(B_i) \geqslant m(\mathrm{E}) - \delta$.

下面是引理 3.9 的一个简单推论.

系 3.10 我们能够选取球使得

$$m\left(E - \bigcup_{i=1}^{N} B_i\right) < 2\delta.$$

事实上，令 O 为满足 $O \supset E$ 且 $m(O-E) < \delta$ 的开集，由于我们处理的是 E 的 Vitali 覆盖，从而可限定以上所有选择均为包含于 O 的球. 若我们这样做的话，则 $\left(E - \bigcup_{i=1}^{N} B_i\right) \bigcup \bigcup_{i=1}^{N} B_i \subset O$，这里左边的并是不相交集合的并. 因此，

$$m\left(E - \bigcup_{i=1}^{N} B_i\right) \leqslant m(O) - m\left(\bigcup_{i=1}^{N} B_i\right) \leqslant m(E) + \delta - (m(E) - \delta) = 2\delta.$$

我们现在转向实直线的情形. 为完成定理的证明仅需表明在定理的假设下有 $F(b) = F(a)$，这是由于若证明这一点，我们可将区间 $[a,b]$ 换为任何子区间. 令 E 为使得 $F'(x)$ 存在且为零的那些 $x \in (a,b)$ 的集合. 根据假设 $m(E) = b-a$. 接着，暂时固定 $\varepsilon > 0$. 由于对每个 $x \in E$ 有

$$\lim_{h \to 0} \left|\frac{F(x+h) - F(x)}{h}\right| = 0,$$

则对每个 $\eta > 0$ 有一个包含 x 的开区间 $I = (a_x, b_x) \subset [a,b]$，满足

$$|F(b_x) - F(a_x)| \leqslant \varepsilon(b_x - a_x) \text{ 且 } b_x - a_x < \eta.$$

这些区间构成了 E 的 Vitali 覆盖，因此根据引理，对于 $\delta > 0$，我们能够选取有限个 I_i，$1 \leqslant i \leqslant N$，$I_i = (a_i, b_i) \subset [a,b]$，它们不相交且使得

$$\sum_{i=1}^{N} m(I_i) \geqslant m(E) - \delta = (b-a) - \delta. \tag{9}$$

然而，$|F(b_i) - F(a_i)| \leqslant \varepsilon(b_i - a_i)$，由于区间 I_i 不相交且落在 $[a,b]$ 上，将这些不等式相加得到

$$\sum_{i=1}^{N} |F(b_i) - F(a_i)| \leqslant \varepsilon(b-a).$$

接着考虑 $\bigcup_{j=1}^{N} I_j$ 在 $[a,b]$ 上的补集. 它由全长 $\leqslant \delta$（因为式(9)）的有限多个闭区间 $\bigcup_{k=1}^{M} [\alpha_k, \beta_k]$ 组成. 因此根据 F 的绝对连续性（若 δ 根据 ε 适当选取），$\sum_{k=1}^{M} |F(\beta_k) - F(\alpha_k)| \leqslant \varepsilon$. 将这些估计放在一起，则

$$|F(b) - F(a)| \leqslant \sum_{i=1}^{N} |F(b_i) - F(a_i)| + \sum_{k=1}^{M} |F(\beta_k) - F(\alpha_k)| \leqslant \varepsilon(b-a) + \varepsilon.$$

由于 ε 是任意正数，我们得出 $F(b) - F(a) = 0$，这就是我们着手要证的.

下面的定理是我们所有努力的顶点. 特别地，它解决了我们的第二个问题：建立微分与积分之间的对应关系.

定理 3.11 假定 F 在 $[a,b]$ 上绝对连续，则 F' 几乎处处存在且是可积的. 并且，对所有 $a \leqslant x \leqslant b$，

$$F(x) - F(a) = \int_a^x F'(y)\,\mathrm{d}y.$$

令 $x = b$，可得到

$$F(b) - F(a) = \int_a^b F'(y)\,\mathrm{d}y.$$

反过来，若 f 在 $[a,b]$ 上可积，则存在绝对连续函数 F 使得几乎处处 $F'(x) = f(x)$，且事实上，我们可以取 $F(x) = \int_a^x f(y)\,\mathrm{d}y$.

证　由于一个实值绝对连续函数是两个连续递增函数的差，系 3.7 表明 F' 在 $[a,b]$ 上可积. 现在令 $G(x) = \int_a^x F'(y)\,\mathrm{d}y$，则 G 绝对连续；因此差 $G(x) - F(x)$ 也是绝对连续的. 根据勒贝格微分定理（定理 1.4），我们知道对 a.e. x，$G'(x) = F'(x)$；因此差 $F - G$ 有几乎处处为 0 的导数. 根据先前的定理可得出 $F - G$ 是常数，计算表达式在 $x = a$ 的值给出所要的结果.

反向的结论是我们早期观察的一个结果，即 $\int_a^x f(y)\,\mathrm{d}y$ 绝对连续，勒贝格微分定理给出几乎处处 $F'(x) = f(x)$.

3.3　跳跃函数的可微性

我们现在研究不一定连续的单调函数. 研究结果允许我们去掉先前在定理 3.4 的证明中所做的连续性假设.

与前面一样，我们可以假定 F 递增且有界. 特别地，这两个条件保证了极限

$$F(x^-) = \lim_{\substack{y \to x \\ y < x}} F(y) \quad \text{与} \quad F(x^+) = \lim_{\substack{y \to x \\ y > x}} F(y)$$

存在. 当然 $F(x^-) \leqslant F(x) \leqslant F(x^+)$，且若 $F(x^+) = F(x^-)$，则 F 在 x 处连续；否则，我们说它有一个跳跃的不连续性. 幸运的是，由于它们至多有可数个，这种不连续性是可以处理的.

引理 3.12　$[a,b]$ 上的一个有界递增函数 F 至多有可数多个不连续点.

证　若 F 在 x 处不连续，我们可以选取一个有理数 r_x 使得 $F(x^-) < r_x < F(x^+)$. 若 f 在 x 与 z 处不连续且 $x < z$，则有 $F(x^+) \leqslant F(z^-)$，故 $r_x < r_z$. 因此，每个有理数至多对应 F 的一个不连续点，因此 F 至多有可数多个不连续点.

现在令 $\{x_n\}_{n=1}^{\infty}$ 为 F 的不连续点集，且令 α_n 为 F 在 x_n 的跃度，即 $\alpha_n = F(x_n^+) - F(x_n^-)$. 则

$$F(x_n^+) = F(x_n^-) + \alpha_n,$$

且对某个满足 $0 \leqslant \theta_n \leqslant 1$ 的 θ_n，

$$F(x_n) = F(x_n^-) + \theta_n \alpha_n.$$

若令

$$j_n(x) = \begin{cases} 0, & x < x_n, \\ \theta_n, & x = x_n, \\ 1, & x > x_n, \end{cases}$$

则相应于 F 的**跳跃函数**定义为

$$J_F(x) = \sum_{n=1}^{\infty} \alpha_n j_n(x).$$

为简便起见，在不造成混淆的情况下，我们将 J_F 记为 J.

我们第一个观察，是若 F 有界，则有

$$\sum_{n=1}^{\infty} \alpha_n \leqslant F(b) - F(a) < \infty,$$

因此定义 J 的级数绝对且一致收敛.

引理 3.13 若 F 在 $[a,b]$ 上递增有界，则

（ⅰ）$J(x)$ 恰在点 $\{x_n\}$ 不连续，且在 x_n 与 F 有相等的跃度.

（ⅱ）差 $F(x) - J(x)$ 递增且连续.

证 若对所有 n，$x \neq x_n$，每个 j_n 在 x 处连续，由于级数一致收敛，J 必须在 x 处连续. 若对某个 N，$x = x_N$，则写作

$$J(x) = \sum_{n=1}^{N} \alpha_n j_n(x) + \sum_{n \neq N+1}^{\infty} \alpha_n j_n(x).$$

运用与上面相同的论证，可知右边的级数在 x 处连续. 显然，有限和在 x_N 有尺度为 α_N 的跳跃不连续性.

对于（ⅱ），由（ⅰ）立刻推出 $F-J$ 连续. 最后，若 $y > x$ 有

$$J(y) - J(x) \leqslant \sum_{x < x_n \leqslant y} \alpha_n \leqslant F(y) - F(x),$$

其中最后的不等式由于 F 递增而得到. 因此

$$F(x) - J(x) \leqslant F(y) - J(y),$$

因此差 $F - J$ 是递增的.

由于可将 F 写为 $F(x) = |F(x) - J(x)| + J(x)$，所以我们的主要目标是证明 J 几乎处处可微.

定理 3.14 若 J 是以上考虑的跳跃函数，则 $J'(x)$ 几乎处处存在且为 0.

证 任意给定 $\varepsilon > 0$，我们注意到那些使得

$$\limsup_{h \to 0} \frac{J(x+h) - J(x)}{h} > \varepsilon \tag{10}$$

的 x 的集合 E 是可测集.（下面的习题 14 给出这个小事实的证明概要.）假定 $\delta = m(E)$，则需要证明 $\delta = 0$. 现在由于定义 J 的级数 $\sum \alpha_n$ 收敛，则对任何 η（η 的值后面再选取），总可以找到充分大的 N 使得 $\sum_{n > N} \alpha_n < \eta$. 接着，记

$$J_0(x) = \sum_{n > N} \alpha_n j_n(x),$$

因为我们对 N 的选择有

$$J_0(b) - J_0(a) < \eta. \tag{11}$$

然而，$J - J_0$ 是有限多个形如 $\alpha_n j_n(x)$ 的项的和，因此使得式(10)成立的那些点集，其中 J 换为 J_0，至多在一个有限集上，比如说 $\{x_1, x_2, \cdots, x_N\}$，与 E 不同。因此我们可以找到紧集 K，满足 $m(K) \geqslant \delta/2$，使得对每个 $x \in K$ 满足 $\limsup\limits_{h \to 0}$
$\dfrac{J_0(x+h) - J_0(x)}{h} > \varepsilon$。因此，存在包含 x 的区间 (a_x, b_x)，$x \in K$ 使得 $J_0(b_x) - J_0(a_x) > \varepsilon(b_x - a_x)$。我们首先能找到覆盖 K 的有限区间簇，运用引理 1.2 选取不相交的区间 $I_1, I_2, \cdots, I_n$，满足 $\sum\limits_{j=1}^{n} m(I_j) \geqslant m(K)/3$。这些区间 $I_j = (a_j, b_j)$ 当然满足

$$J_0(b_j) - J_0(a_j) > \varepsilon(b_j - a_j).$$

现在，

$$J_0(b) - J_0(a) \geqslant \sum_{j=1}^{N} J_0(b_j) - J_0(a_j) > \varepsilon \sum (b_j - a_j) \geqslant \frac{\varepsilon}{3} m(K) \geqslant \frac{\varepsilon}{6} \delta.$$

因此根据式(11)，$\varepsilon\delta/6 < \eta$。由于我们可以自由地选取 η，这就得出 $\delta = 0$，因而定理得证。

4　可求长曲线与等周不等式

我们转向可求长曲线的进一步研究，首先考虑关于参数化曲线 $(x(t), y(t))$ 的弧长公式

$$L = \int_a^b (x'(t)^2 + y'(t)^2)^{1/2} \mathrm{d}t \tag{12}$$

的正确性。

可求长曲线恰好是那些 $x(t)$ 和 $y(t)$ 除连续外还是有界变差函数的那些曲线。然而一个简单例子表明在这个情形下式(12)不总是成立。的确，令 $x(t) = F(t)$ 以及 $y(t) = F(t)$，其中 F 是康托尔-勒贝格函数且 $0 \leqslant t \leqslant 1$，则该参数化曲线勾画出从 $(0, 0)$ 到 $(1, 1)$ 的直线，其长度为 $\sqrt{2}$，仍然有对 a.e. t $x'(t) = y'(t) = 0$。

若我们附加假定参数化表示的坐标函数是绝对连续的，则表示弧长 L 的积分公式事实上是正确的。

定理 4.1　假定 $(x(t), y(t))$ 是对 $a \leqslant t \leqslant b$ 定义的曲线。若 $x(t)$ 和 $y(t)$ 都是绝对连续的，则曲线是可求长的，且若 L 表示它的长度，则有

$$L = \int_a^b (x'(t)^2 + y'(t)^2)^{1/2} \mathrm{d}t.$$

注意到若 $F(t) = x(t) + iy(t)$ 是绝对连续的，则它自然是有界变差，因此曲线是可求长的。式(12)是下面命题的直接推论，它可视为关于绝对连续函数的系 3.7 的一个更为精确的叙述。

命题 4.2　假定 F 是复值函数，且在 $[a, b]$ 上绝对连续，则

$$T_F(a,b) = \int_a^b |F'(t)| \, dt.$$

事实上，因为定理 3.11，对 $[a,b]$ 的任意分割 $a = t_0 < t_1 < \cdots < t_N = b$，有

$$\sum_{j=1}^N |F(t_j) - F(t_{j-1})| = \sum_{j=1}^N \left| \int_{t_{j-1}}^{t_j} F'(t) \, dt \right|$$

$$\leqslant \sum_{j=1}^N \int_{t_{j-1}}^{t_j} |F'(t)| \, dt$$

$$= \int_a^b |F'(t)| \, dt.$$

这证明了

$$T_F(a,b) \leqslant \int_a^b |F'(t)| \, dt. \tag{13}$$

为证明相反的不等式，固定 $\varepsilon > 0$，运用第 2 章的定理 2.4 可找到 $[a,b]$ 上的一个阶梯函数 g，使得 $F' = g + h$ 且 $\int_a^b |h(t)| \, dt < \varepsilon$. 设 $G(x) = \int_a^x g(t) \, dt$，而 $H(x) = \int_a^x h(t) \, dt$，则 $F = G + H$，且容易看到

$$T_F(a,b) \geqslant T_G(a,b) - T_H(a,b).$$

然而，根据式(13)，$T_H(a,b) < \varepsilon$，因此

$$T_F(a,b) \geqslant T_G(a,b) - \varepsilon.$$

现在分割区间 $[a,b]$ 为 $a = t_0 < t_1 < \cdots < t_N = b$，使得阶梯函数 g 在每个区间 $(t_{j-1}, t_j), j = 1, 2, \cdots, N$，上是常数. 则

$$T_G(a,b) \geqslant \sum_{j=1}^N |G(t_j) - G(t_{j-1})|$$

$$= \sum_{j=1}^N \left| \int_{t_{j-1}}^{t_j} g(t) \, dt \right|$$

$$= \sum \int_{t_{j-1}}^{t_j} |g(t)| \, dt$$

$$= \int_a^b |g(t)| \, dt.$$

由于 $\int_a^b |g(t)| \, dt \geqslant \int_a^b |F'(t)| \, dt - \varepsilon$，作为一个推论我们得到

$$T_F(a,b) \geqslant \int_a^b |F'(t)| \, dt - 2\varepsilon,$$

令 $\varepsilon \to 0$，我们证明了想要的不等式，从而证明了定理.

现在，任何曲线（可视为映射 $t \mapsto z(t)$ 的像）事实上可以用许多不同的参数化实现. 然而一条可求长曲线，伴随着它有唯一的自然参数化——弧长参数化. 的

确，令 $L(A,B)$ 表示长度函数（3.1 节考虑过的），且对于 $[a,b]$ 中的变量 t 设 $s = s(t) = L(a,t)$，则弧长 $s(t)$ 是一个将 $[a,b]$ 映射为 $[0,L]$ 的连续递增函数，其中 L 是曲线的长度．曲线的**弧长参数化**现在由 $\tilde{z}(s) = \tilde{x}(s) + i\tilde{y}(s)$ 给出，其中对于 $s = s(t)$，有 $\tilde{z}(s) = z(t)$．注意用这种方式函数 $\tilde{z}(s)$ 在 $[0,L]$ 上是合理定义的．这是由于若 $s(t_1) = s(t_2)$，$t_1 < t_2$，则事实上 $z(t)$ 在区间 $[t_1,t_2]$ 上没有变化，因此 $z(t_1) = z(t_2)$．此外对所有 s_1，$s_2 \in [0,L]$，$|\tilde{z}(s_1) - \tilde{z}(s_2)| \leqslant |s_1 - s_2|$，这是由于不等式的左边是曲线上两点的距离，右边是曲线中连接这两点的部分的长度．当 t 从 a 变到 b 时，s 从 0 变到 L，$\tilde{z}(s)$ 与 $z(t)$（以同样的顺序）勾画出相同的点．

定理 4.3 假定 $(x(t),y(t))$，$a \leqslant t \leqslant b$，是可求长曲线且具有长度 L．考虑以上描述的弧长参数化 $\tilde{z}(s) = (\tilde{x}(s), \tilde{y}(s))$，则 $\tilde{x}$ 和 $\tilde{y}$ 绝对连续，对几乎每个 $s \in [0,L]$，$|\tilde{z}'(s)| = 1$，且

$$L = \int_0^L (\tilde{x}'(s)^2 + \tilde{y}'(s)^2)^{1/2} ds .$$

证 我们注意到 $|\tilde{z}(s_1) - \tilde{z}(s_2)| \leqslant |s_1 - s_2|$，立即得到 $\tilde{z}(s)$ 绝对连续，因此几乎处处可微．此外，该不等式也证明了对几乎每个 s，$|\tilde{z}(s)| \leqslant 1$．根据定义 $\tilde{z}$ 的全变差等于 L，且根据先前的定理有 $L = \int_0^L |\tilde{z}'(s)| ds$．最后，我们注意到仅当 $|\tilde{z}'(s)| = 1$ 几乎处处成立时这个等式是可能的．

4.1 * 曲线的闵可夫斯基容量

下面给出的等周不等式的证明依赖于闵可夫斯基（Minkowski）容量的概念．该容量的思想本身很有意义，它特别与我们这里讨论的问题有关．这是因为可求长曲线相当于具有（有限的）闵可夫斯基容量，且这个量与曲线的长度相同．

我们从几个定义开始对这些事情的讨论．一条参数化曲线 $z(t) = (x(t), y(t))$，$a \leqslant t \leqslant b$，称为**简单的**，若对 $t \in [a,b]$，映射 $t \mapsto z(t)$ 是单射．若对 $[a,b)$ 中的 t，映射 $t \mapsto z(t)$ 是单射，且 $z(a) = z(b)$ 称为**闭简单曲线**．更一般的，若映射在 $[a,b]$ 中的有限多个点的补集上对 t 是单射，称为**拟简单的**．如图 8 所示．

图 8 拟简单的曲线

我们发现用 Γ 表示当 t 在 $[a,b]$ 上变化所勾画出的点集是方便的，即 $\Gamma = \{z(t), a \leqslant t \leqslant b\}$．如图 9 所示，对任何紧集 $K \subset \mathbf{R}^2$（下面我们取 $K = \Gamma$），我们

用 K^{δ} 表示由到 K 的距离（严格）小于 δ 的所有点组成的开集，即

$$K^{\delta} = \{ x \in \mathbf{R}^2 : d(x,K) < \delta \}.$$

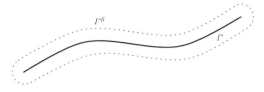

图 9　曲线 Γ 与集合 Γ^{δ}

若极限

$$\lim_{\delta \to 0} \frac{m(K^{\delta})}{2\delta}$$

存在，我们就说集合 K 有闵可夫斯基容量[○]. 当这个极限存在时，将它记为 $M(K)$.

定理 4.4　假定 $\Gamma = \{ z(t), a \le t \le b \}$ 是一条拟简单闭曲线，Γ 的闵可夫斯基容量存在当且仅当 Γ 可求长. 此时若 L 是曲线的长度，则 $M(\Gamma) = L$.

为证明该定理，对任何紧集 K 考虑

$$M^{*}(K) = \limsup_{\delta \to 0} \frac{m(K^{\delta})}{2\delta} \quad \text{和} \quad M_{*}(K) = \liminf_{\delta \to 0} \frac{m(K^{\delta})}{2\delta}$$

（都取扩充的正数）. 当然 $M_{*}(K) \le M^{*}(K)$. 我们说 K 的闵可夫斯基容量存在也就是说 $M^{*}(K) < \infty$ 且 $M_{*}(K) = M^{*}(K)$. 它们的公共值是 $M(K)$.

该定理是关于 $M_{*}(K)$ 和 $M^{*}(K)$ 的两个命题的推论. 第一个是下面的命题.

命题 4.5　假定 $\Gamma = \{ z(t), a \le t \le b \}$ 是拟简单曲线，若 $M_{*}(\Gamma) < \infty$，则曲线是可求长的，且若用 L 表示它的长度，则

$$L \le M_{*}(\Gamma).$$

这个证明依赖于下面的简单观察.

引理 4.6　若 $\Gamma = \{ z(t), a \le t \le b \}$ 是任意曲线，且 $\Delta = | z(b) - z(a) |$ 是它的两端点的距离，则 $m(\Gamma^{\delta}) \ge 2\delta\, \Delta$.

证　由于距离函数以及勒贝格测度在平移与旋转下都是不变的（见第 1 章第 3 节以及第 2 章问题 4），我们可以通过这些运动的适当复合变换曲线的位置. 因此，可以假设曲线的端点落在 x 轴上，且可以假定 $z(a) = (A,0), z(b) = (B,0)$，其中 $A < B$，且 $\Delta = B - A$（在 $A = B$ 的情形结论自然成立）.

根据函数 $x(t)$ 的连续性，对 $[A,B]$ 中的每个 x 存在 $[a,b]$ 中的 $\bar{t}$，使得 $x = x(\bar{t})$. 由于 $\bar{Q} = (x(\bar{t}), y(\bar{t})) \in \Gamma$，集合 Γ^{δ} 包含平行于 y 轴的一条线段，它位于 x 上方中心在 $\bar{Q}$ 长度为 2δ（见图 10）. 换句话说，截面 $(\Gamma^{\delta})_x$ 包含区间 $(y(\bar{t}) -$

　　[○]　这是一维的闵可夫斯基容量；它的变体在习题 28 和第 7 章中均可找到.

δ，$y(\bar{t})+\delta$），因此 $m_1((\varGamma^\delta)_x)\geqslant 2\delta$（其中 m_1 是一维勒贝格测度）. 然而由 Fubini 定理

$$m(\varGamma^\delta)=\int_{\mathbf{R}} m_1((\varGamma^\delta)_x)\,\mathrm{d}x\geqslant\int_A^B m_1((\varGamma^\delta)_x)\,\mathrm{d}x\geqslant 2\delta(B-A)=2\delta\Delta,$$

引理得证.

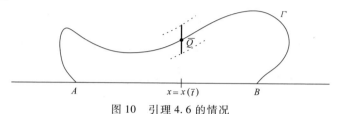

图 10 引理 4.6 的情况

我们现在转向命题的证明. 首先假定曲线是简单的. 令 P 为区间 $[a,b]$ 的任意划分 $a=t_0<t_1<\cdots<t_N=b$，令 L_P 表示相应折线的长度，即

$$L_P=\sum_{j=1}^N |z(t_j)-z(t_{j-1})|.$$

对每个 $\varepsilon>0$，$t\mapsto z(t)$ 的连续性保证了存在 N 个闭区间 $I_j=[a_j,b_j]$，它们分别是 (t_{j-1},t_j) 的真子区间，使得

$$\sum_{j=1}^N |z(b_j)-z(a_j)|\geqslant L_P-\varepsilon.$$

令 $\varGamma_j$ 表示曲线由 $\varGamma_j=\{z(t):t\in I_j\}$ 给出的部分. 由闭区间 $I_1,I_2,\cdots,I_N$ 不相交，以及曲线的简单性，得到紧集 $\varGamma_1,\varGamma_2,\cdots,\varGamma_N$ 不相交. 然而，$\varGamma\supset\bigcup_{j=1}^N\varGamma_j$ 且 $\varGamma^\delta\supset\bigcup_{j=1}^N(\varGamma_j)^\delta$. 此外，$\varGamma_j$ 的不相交性蕴含了对充分小的 δ，集合 $(\varGamma_j)^\delta$ 是不相交的. 因此对那些 δ，先前的引理应用到每个 $\varGamma_j$ 给出

$$m(\varGamma^\delta)\geqslant\sum_{j=1}^N m((\varGamma_j)^\delta)\geqslant 2\delta\sum |z(b_j)-z(a_j)|.$$

作为一个结果，$m(\varGamma^\delta)/2\delta\geqslant L_P-\varepsilon$，对 δ 取极限给出 $M_*(\varGamma)\geqslant L_P-\varepsilon$. 由于这个不等式对所有划分 P 和所有 $\varepsilon>0$ 成立，它意味着曲线可求长且长度不超过 $M_*(\varGamma)$.

当曲线仅是拟简单时证明过程是类似的，除了所考虑的划分 P 必须加细以包含那些（有限个）使得映射 $t\mapsto z(t)$ 在其（在 $[a,b]$ 的）补集是单射的点作为分点外. 这些细节可留给读者.

第二个命题是反向的.

命题 4.7 假定 $\varGamma=\{z(t),a\leqslant t\leqslant b\}$ 是具有长度 L 的可求长曲线，则
$$M^*(\varGamma)\leqslant L.$$

量 $M^*(\varGamma)$ 和 L 当然独立于所使用的参数；由于曲线是可求长的，使用弧长参数是方便的. 因此我们将曲线写为 $z(s)=(x(s),y(s)),0\leqslant s\leqslant L$，记住 $z(s)$ 绝

对连续且对 a. e. $s \in [0, L]$, $|z'(s)| = 1$.

我们首先固定任意 $0 < \varepsilon < 1$, 且找到可测集 $E_\varepsilon \subset \mathbf{R}$ 和正数 r_ε 使得 $m(E_\varepsilon) < \varepsilon$ 且对所有 $s \in [0, L] - E_\varepsilon$,

$$\sup_{0 < |h| < r_\varepsilon} \left| \frac{z(s+h) - z(s)}{h} - z'(s) \right| < \varepsilon, \tag{14}$$

的确, 对每个整数 n, 令

$$F_n(s) = \sup_{0 < |h| < 1/n} \left| \frac{z(s+h) - z(s)}{h} - z'(s) \right|$$

(其中 $z(s)$ 被延拓至 $[0, L]$ 外, 使得当 $s < 0$ 时, $z(s) = z(0)$; 当 $s > L$ 时, $z(s) = z(L)$). 因为 $z(s)$ 是连续的, F_n 的定义中 h 的上确界可被可数多个可测函数代替, 因此每个 F_n 是可测的. 然而, 当 $n \to \infty$ 时, 对于 a.e $s \in [a, b]$, $F_n(s) \to 0$. 因此根据 Egorov 定理在一个满足 $m(E_\varepsilon) < \varepsilon$ 的集合 E_ε 的外部收敛是一致的, 我们仅需要对充分大的 n 选取 $r_\varepsilon = 1/n$ 以建立式 (14). 以下为方便起见, 假设对每个 $s \notin E_\varepsilon, z'(s)$ 存在且 $|z'(s)| = 1$.

现在对任何 $0 < \rho < r_\varepsilon (\rho < 1)$, 我们将区间 $[0, L]$ 划分为相连的闭区间, 每个区间的长度为 ρ (除最后一个区间的长度或许可以小于 ρ 外), 则存在总数为 $N \leq L/\rho + 1$ 的这样的区间. 我们称这些区间分别为 $I_1, I_2, \cdots, I_N$, 且将它们分为两类. 第一类区间称为 "好的", 具有性质 $I_j \not\subset E_\varepsilon$. 第二类区间, 称为 "坏的", 具有性质 $I_j \subset E_\varepsilon$. 作为一个结果, $\bigcup_{坏的 I_j} I_j \subset E_\varepsilon$, 因此该并集的测度 $< \varepsilon$.

我们当然有 $[0, L] \subset \bigcup_{j=1}^{N} I_j$, 用 Γ_j 表示 Γ 的由 $\{z(s) : s \in I_j\}$ 给出的部分, 则 $\Gamma = \bigcup_{j=1}^{N} \Gamma_j$, 作为一个结果, $\Gamma^\delta = \bigcup_{j=1}^{N} (\Gamma_j)^\delta$ 且 $m(\Gamma^\delta) \leq \sum_{j=1}^{N} m((\Gamma_j)^\delta)$.

我们首先考虑当 I_j 是好区间时 $m((\Gamma_j)^\delta)$ 的贡献. 对这样的 $I_j = [a_j, b_j]$ 存在 $s_0 \in I_j$, 而不属于 E_ε, 因此式 (14) 对 $s = s_0$ 成立. 现在引入一个坐标系使得 $z(s_0) = 0$ 且 $z'(s_0) = 1$ (适当的旋转和平移之后可实现) 以使得 Γ_j 可视化. 对这部分变换后的曲线我们保留记号 $z(s)$ 和 Γ_j.

注意到当 h 在区间 $[a_j - s_0, b_j - s_0]$ 上变动时, $s_0 + h$ 在 $I_j = [a_j, b_j]$ 上变动. 因此 Γ_j 包含于矩形

$$[a_j - s_0 - \varepsilon\rho, b_j - s_0 + \varepsilon\rho] \times [-\varepsilon\rho, \varepsilon\rho],$$

由于 $|h| \leq \rho < r_\varepsilon$, 根据构造和式 (14) 有 $|z(s_0 + h) - h| < \varepsilon|h|$. 见图 11. 因此 $(\Gamma_j)^\delta$ 包含于矩形

$$[a_j - s_0 - \varepsilon\rho - \delta, b_j - s_0 + \varepsilon\rho + \delta] \times [-\varepsilon\rho - \delta, \varepsilon\rho + \delta].$$

该矩形的测度 $\leq (\rho + 2\varepsilon\rho + 2\delta)(2\varepsilon\rho + 2\delta)$. 因此, 由于 $\varepsilon \leq 1$, 有

$$m((\Gamma_j)^\delta) \leq 2\delta\rho + O(\varepsilon\delta\rho + \delta^2 + \varepsilon\rho^2), \tag{15}$$

其中产生于 O 的界与 ε, δ 以及 ρ 无关. 这是我们想要的对好区间的估计.

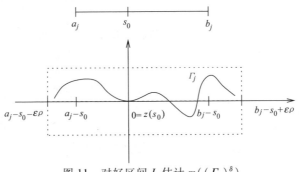

图 11　对好区间 I_j 估计 $m((\Gamma_j)^\delta)$

为过渡到剩下的区间我们利用事实：对所有 s 和 s'，$|z(s)-z(s')|\leqslant|s-s'|$．那么在每种情形 Γ_j 包含在半径为 ρ 的球（圆盘）内，并且 $(\Gamma_j)^\delta$ 包含在半径为 $\rho+\delta$ 的球内．因此我们有自然的估计

$$m((\Gamma_j)^\delta)=O(\delta^2+\rho^2)．\tag{16}$$

现在将式(15)对好区间（最多有 $L/\rho+1$ 个）求和，式(16)对坏区间求和．后一类区间最多有 $\varepsilon/\rho+1$ 个，由于它们的并包含在 E_ε 且这个集合的测度 $<\varepsilon$．将以上估计放在一起，则

$$m(\Gamma^\delta)\leqslant2\delta L+2\delta\rho+O(\varepsilon\delta+\delta^2/\rho+\varepsilon\rho)+O((\varepsilon/\rho+1)(\delta^2+\rho^2))，$$

它可简化为不等式

$$\frac{m(\Gamma^\delta)}{2\delta}\leqslant L+O\Big(\rho+\varepsilon+\frac{\delta}{\rho}+\frac{\varepsilon\rho}{\delta}+\frac{\varepsilon\delta}{\rho}+\delta+\frac{\rho^2}{\delta}\Big)$$

$$\leqslant L+O\Big(\rho+\varepsilon+\frac{\delta}{\rho}+\frac{\varepsilon\rho}{\delta}+\frac{\rho^2}{\delta}\Big)，$$

在最后一行我们用到 $\varepsilon<1$ 与 $\rho<1$ 这两个事实．当 $\delta\to0$ 时为从这里得到一个满意的估计，我们必须选取 ρ（子区间的长度）与 δ 有大致相同的尺寸．一个有效的选择是 $\rho=\delta/\varepsilon^{1/2}$．若固定这个选择且限制在满足 $0<\delta<\varepsilon^{1/2}r_\varepsilon$ 的 δ，则自然有 $\rho<r_\varepsilon$，即式(14)所要求的．将 $\rho=\delta/\varepsilon^{1/2}$ 代入以上的不等式给出

$$\frac{m(\Gamma^\delta)}{2\delta}\leqslant L+O\Big(\frac{\delta}{\varepsilon^{1/2}}+\varepsilon+\varepsilon^{1/2}+\frac{\delta}{\varepsilon}\Big)，$$

因此，

$$\limsup_{\delta\to0}\frac{m(\Gamma^\delta)}{2\delta}\leqslant L+O(\varepsilon+\varepsilon^{1/2})．$$

现在我们令 $\varepsilon\to0$ 即得到所想要的结论 $M^*(\Gamma)\leqslant L$，命题和定理的证明就完成了．

4.2　*等周不等式

平面情形的等周不等式说的是，在给定长度的所有平面曲线中圆所围成的面积最大．该定理的一个简单形式已经在《傅里叶分析》中出现．虽然那里给出的证明简洁、优美，但有几个缺陷．在这些证明的叙述中"面积"通过技术上的巧妙方法非直接定义，且因为仅考虑相对光滑曲线所以结论的范围有局限性．这里我们要弥补这些缺陷而建立一般情形的结果.

假定 Ω 是 $\mathbf{R}^2$ 的有界开子集, 且它的边界 $\overline{\Omega} - \Omega$ 是可求长曲线 Γ, 长度为 $l(\Gamma)$. 我们不要求 Γ 是简单闭曲线. 由等周定理可推断出下面的定理.

定理 4.8　$4\pi m(\Omega) \leqslant l(\Gamma)^2$.

证　对每个 $\delta > 0$ 我们考虑外部集

$$\Omega_+(\delta) = \{x \in \mathbf{R}^2 : d(x, \overline{\Omega}) < \delta\},$$

和内部集

$$\Omega_-(\delta) = \{x \in \mathbf{R}^2 : d(x, \Omega^c) \geqslant \delta\}.$$

因此 $\Omega_-(\delta) \subset \Omega \subset \Omega_+(\delta)$ （见图 12）.

注意到对于 $\Gamma^\delta = \{x : d(x, \Gamma) < \delta\}$　有

$$\Omega_+(\delta) = \Omega_-(\delta) \bigcup \Gamma^\delta, \tag{17}$$

且这个并是不相交的. 此外, 若 $D(\delta)$ 是以原点为中心、半径为 δ 的开球（圆盘）, $D(\delta) = \{x \in \mathbf{R}^2 : |x| < \delta\}$, 则显然有

$$\begin{cases} \Omega_+(\delta) & \supset & \Omega_+ D(\delta), \\ \Omega & \supset & \Omega_-(\delta) + D(\delta). \end{cases} \tag{18}$$

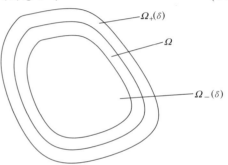

图 12　集合 Ω, $\Omega_-(\delta)$ 与 $\Omega_+(\delta)$

我们现在运用 Brunn-Minkowski 不等式（第 1 章定理 5.1）于第一个包含关系, 得到

$$m(\Omega_+(\delta)) \geqslant (m(\Omega)^{1/2} + m(D(\delta))^{1/2})^2.$$

由于 $m(D(\delta)) = \pi\delta^2$（这个标准的公式在前一章的习题 14 已经得到）, 且只要 A 和 B 是正数, 就有 $(A+B)^2 \geqslant A^2 + 2AB$, 我们发现

$$m(\Omega_+(\delta)) \geqslant (m(\Omega) + 2\pi^{1/2}\delta m(\Omega)^{1/2}.$$

类似地, $m(\Omega) \geqslant m(\Omega_-(\delta)) + 2\pi^{1/2}\delta m(\Omega_-(\delta))^{1/2}$, 用式（18）的第二个结论, 它蕴含了

$$-m(\Omega_-(\delta)) \geqslant (m(\Omega) + 2\pi^{1/2}\delta m(\Omega_-(\delta))^{1/2}.$$

现在由式（17）

$$m(\Gamma^\delta) = m(\Omega_+(\delta)) - m(\Omega_-(\delta)),$$

以及以上的不等式, 有

$$m(\Gamma^\delta) \geqslant 2\pi^{1/2}\delta(m(\Omega)^{1/2} + m(\Omega_-(\delta))^{1/2}).$$

将两边同除以 2δ, 且当 $\delta \to 0$ 时取 limsup. 由于当 $\delta \to 0$ 时, $\Omega_-(\delta) \uparrow \Omega$, 这就得到

$$M^*(\Gamma) \geqslant \pi^{1/2}(2m(\Omega)^{1/2}).$$

然而, 由命题 4.7, $l(\Gamma) \geqslant M^*(\Gamma)$, 因此

$$l(\Gamma) \geqslant 2\pi^{1/2}m(\Omega)^{1/2},$$

这就证明了定理.

注 甚至在不假设边界是（可求长）曲线时，类似的结果也成立. 事实上，以上的证明过程表明对任何以 Γ 为边界的有界开集 Ω 有

$$4\pi m(\Omega) \leqslant M^*(\Gamma)^2.$$

5 习题

1. 假定 φ 是 $\mathbf{R}^d$ 上的可积函数，满足 $\displaystyle\int_{\mathbf{R}^d}\varphi(x)\mathrm{d}x = 1$. 设 $K_\delta(x) = \delta^{-d}\varphi(x/\delta)$，$\delta > 0$.

（a）证明 $\{K_\delta\}_{\delta>0}$ 是一簇好的核.

（b）假设 φ 有界且支撑在一个有界集上，验证 $\{K_\delta\}_{\delta>0}$ 是恒同逼近.

（c）证明定理 2.3（以 L^1 范数下收敛）对好的核也成立.

2. 假设 $\{K_\delta\}$ 是一簇好的核满足：

（ⅰ）对所有 $\delta > 0$，$|K_\delta(x)| \leqslant A\delta^{-d}$.

（ⅱ）对所有 $\delta > 0$，$|K_\delta(x)| \leqslant A\delta/|x|^{d+1}$.

（ⅲ）对所有 $\delta > 0$，$\displaystyle\int_{-\infty}^{+\infty}K_\delta(x)\mathrm{d}x = 0$.

因此 K_δ 满足恒同逼近条件中的（ⅰ）和（ⅱ），但 K_δ 的平均值是 0 而不是 1. 证明若 f 在 $\mathbf{R}^d$ 上可积，则

当 $\delta \to 0$ 时，对 a.e. $x(f*K_\delta)(x) \to f(x)$.

3. 假定 0 是集合 $E \subset \mathbf{R}$ 的（勒贝格）密度点. 证明对于以下的每个条件存在无穷点列 $x_n \in E$ 满足 $x_n \neq 0$，且当 $n \to \infty$ 时 $x_n \to 0$.

（a）序列也满足对所有 n，$-x_n \in E$.

（b）此外，对所有 n，$2x_n$ 属于 E.

4. 证明若 f 在 $\mathbf{R}^d$ 上可积，且 f 不恒为零，则对某个 c 和所有 $|x| \geqslant 1$

$$f^*(x) \geqslant \frac{c}{|x|^d},$$

由此得出 f^* 在 $\mathbf{R}^d$ 上不可积. 接着，证明只要 $\int|f| = 1$，弱型估计

$$m(\{x : f^*(x) > \alpha\}) \leqslant c/\alpha$$

对所有 $\alpha > 0$ 成立，它在以下意义是最好的：若 f 支撑在单位球上满足 $\int|f| = 1$，则对某个 $c' > 0$ 和所有充分小的 α，有

$$m(\{x : f^*(x) > \alpha\}) \geqslant c'/\alpha.$$

【提示：对于第一部分，利用对某个球 B，$\displaystyle\int_B|f| > 0$ 这一事实.】

108

5. 考虑定义在 **R** 上的函数

$$f(x) = \begin{cases} \dfrac{1}{|x| \, (\log 1/|x|)^2}, & |x| \leqslant 1/2, \\ 0, & \text{其他}. \end{cases}$$

（a）验证 f 可积.

（b）对某个 $c > 0$ 和所有 $|x| \leqslant 1/2$ 建立不等式

$$f^*(x) \geqslant \frac{c}{|x| \, (\log 1/|x|)},$$

以得出极大函数 f^* 不是局部可积的.

6. 极大函数的基本不等式（1）在一维情形有一个等式的情形. 我们定义"单边"极大函数为

$$f_+^*(x) = \sup_{h > 0} \frac{1}{h} \int_x^{x+h} |f(y)| \, \mathrm{d}y.$$

若 $E_\alpha^+ = \{x \in \mathbf{R} : f_+^*(x) > \alpha\}$，则

$$m(E_\alpha^+) = \frac{1}{\alpha} \int_{E_\alpha^+} |f(y)| \, \mathrm{d}y.$$

【提示：运用引理 3.5 于 $F(x) = \displaystyle\int_0^x |f(y)| \, \mathrm{d}y - \alpha x$，则 E_α^+ 是满足 $\displaystyle\int_{a_k}^{b_k} |f(y)| \, \mathrm{d}y = \alpha(a_k - b_k)$ 的不相交区间 (a_k, b_k) 的并集.】

7. 用系 1.5，证明若 $[0,1]$ 的可测子集 E 满足对某个 $\alpha > 0$ 和所有 $[0,1]$ 内的区间 I，$m(E \cap I) \geqslant \alpha m(I)$，则 E 的测度为 1. 也见第 1 章的习题 28.

8. 假定 A 是 **R** 的一个勒贝格可测集满足 $m(A) > 0$. 是否存在序列 $\{s_n\}_{n=1}^\infty$ 使得 $\displaystyle\bigcup_{n=1}^\infty (A + s_n)$ 在 **R** 的补集上测度为零?

【提示：对每个 $\varepsilon > 0$，找到一个长度为 l_ε 的区间 I_ε 使得 $m(A \cap I_\varepsilon) \geqslant (1 - \varepsilon) m(I_\varepsilon)$. 考虑 $\displaystyle\bigcup_{k=-\infty}^\infty (A + t_k)$，其中 $t_k = k l_\varepsilon$. 接着变化 ε.】

9. 令 F 为 **R** 的一个闭子集，且 $\delta(x)$ 是 x 到 F 的距离，即

$$\delta(x) = d(x, F) = \inf\{|x - y| : y \in F\}.$$

显然，只要 $x \in F$ 就有 $\delta(x + y) \leqslant |y|$. 证明更为精细的估计

对 a.e. $x \in F, \delta(x + y) = o(|y|)$,

即对 a.e. $x \in F, \delta(x + y)/|y| \to 0$.

【提示：假定 x 是 F 的密度点.】

10. 构造一个 **R** 上的递增函数，其不连续点集恰好是 **Q**.

11. 若 a，$b > 0$，令

$$f(x) = \begin{cases} x^a \sin(x^{-b}), & 0 < x \leqslant 1, \\ 0, & x = 0. \end{cases}$$

证明 f 在 $[0,1]$ 上有界变差当且仅当 $a > b$. 接着，取 $a = b$, （对每个 $0 < \alpha < 1$）构造一个满足指数为 α 的利普希茨条件

$$|f(x) - f(y)| \leqslant A |x - y|^{\alpha},$$

但不是有界变差的函数.

【提示：注意到若 $h > 0$，根据中值定理，差 $|f(x + h) - f(x)|$ 可被 $C (x + h)^a$ 或 $C' h / x$ 控制. 接着，考虑两种情形，$x^{a+1} \geqslant h$ 或 $x^{a+1} < h$. a 与 α 的关系是什么？】

12. 考虑函数 $F(x) = x^2 \sin(1/x^2)$, $x \neq 0$, $F(0) = 0$. 证明对每个 x，$F'(x)$ 存在，但在 $[-1,1]$ 上 F' 不可积.

13. 直接从定义证明康托尔-勒贝格函数不是绝对连续的.

14. 下面的可测性问题产生于函数的不可微性的讨论中.

(a) 假定 F 在 $[a,b]$ 上连续. 证明

$$D^{+}(F)(x) = \lim_{\substack{h \to 0 \\ h > 0}} \sup \frac{F(x + h) - F(x)}{h}$$

可测.

(b) 假定 $J(x) = \sum_{n=1}^{\infty} \alpha_n j_n(x)$ 是 3.3 节中的跳跃函数. 证明

$$\lim_{h \to 0} \sup \frac{J(x + h) - J(x)}{h}$$

可测.

【提示：对于 (a)，F 的连续性允许人们限制在对可数多的 h 取 limsup. 对于 (b)，给定 $k > m$，令 $F_{k,m}^{N} = \sup_{1/k \leqslant |h| \leqslant 1/m} \left| \frac{J_N(x + h) - J_N(x)}{h} \right|$，其中 $J_N(x) = \sum_{n=1}^{N} \alpha_n j_n(x)$. 注意到每个 $F_{k,m}^{N}$ 可测. 接着，相继地，令 $N \to \infty$，$k \to \infty$，最后 $m \to \infty$. 】

15. 假定 F 有界变差且连续. 证明 $F = F_1 - F_2$，其中 F_1 和 F_2 都是单调且连续的.

16. 证明若 F 在 $[a,b]$ 上是有界变差，则

(a) $\int_a^b |F'(x)| \mathrm{d}x \leqslant T_F(a,b)$.

(b) $\int_a^b |F'(x)| \mathrm{d}x = T_F(a,b)$ 当且仅当 F 绝对连续.

作为 (b) 的一个结果，公式 $L = \int_a^b |z'(t)| \mathrm{d}t$ 对由 z 参数化的可求长曲线的长度成立当且仅当 z 绝对连续.

17. 证明若 $\{K_\varepsilon\}_{\varepsilon > 0}$ 是一簇恒同逼近，则对某个常数 $c > 0$ 和所有可积函数 f,

$$\sup_{\varepsilon>0}|(f*K_\varepsilon)(x)|\leqslant cf^*(x).$$

18. 验证第 1 章习题 2 和本章的 3.1 节给出的康托尔-勒贝格函数的两个定义是一致的.

19. 证明：若 $f:\mathbf{R}\rightarrow\mathbf{R}$ 绝对连续，则

（a）f 将测度为零的集合映射到测度为零的集合.

（b）f 将可测集映射为可测集.

20. 本习题处理在 $[a,b]$ 上绝对连续且递增的函数 F. 令 $A=F(a)$ 以及 $B=F(b)$.

（a）存在一个这样的 F 还满足严格递增，但在一个正测度集上 $F'(x)=0$.

（b）（a）中的 F 可选为存在可测子集 $E\subset[A,B]$，$m(E)=0$，使得 $F^{-1}(E)$ 不可测.

（c）证明，对任何递增的绝对连续函数 F，$[A,B]$ 的可测子集 E，集合 $F^{-1}(E)\bigcap\{F'(x)>0\}$ 可测.

【提示：（a）令 $F(x)=\int_a^x\chi_K(x)\mathrm{d}x$ ，其中 K 是具有正测度的康托尔型的集合 C 的补集. 对于（b），注意到 $F(C)$ 是一个测度为零的集合. 最后，对于（c）首先证明对任何开集 O，$m(O)=\int_{F^{-1}(O)}F'(x)\mathrm{d}x$.】

21. 令 F 在 $[a,b]$ 上绝对连续且递增，满足 $F(a)=A$ 且 $F(b)=B$ 假定 f 是 $[A,B]$ 上的任何可测函数.

（a）证明 $f(F(x))F'(x)$ 在 $[a,b]$ 上可测. 注意：根据习题 20（b）$f(F(x))$ 不必可测.

（b）证明换元公式：若 f 在 $[A,B]$ 上可积，则 $f(F(x))F'(x)$ 也可积，且

$$\int_A^B f(y)\mathrm{d}y=\int_a^b f(F(x))F'(x)\mathrm{d}x.$$

【提示：从等式 $m(O)=\int_{F^{-1}(O)}F'(x)\mathrm{d}x$ 出发用上面习题 20 的（c）.】

22. 假定 F 和 G 在 $[a,b]$ 上绝对连续，证明它们的乘积 FG 也是绝对连续. 这就有以下推论：

（a）只要 F 和 G 在 $[a,b]$ 上绝对连续，就有

$$\int_a^b F'(x)G(x)\mathrm{d}x=-\int_a^b F(x)G'(x)\mathrm{d}x+[F(x)G(x)]_a^b.$$

（b）令 F 在 $[-\pi,\pi]$ 上绝对连续且满足 $F(\pi)=F(-\pi)$. 证明若

$$a_n=\frac{1}{2\pi}\int_{-\pi}^\pi F(x)\mathrm{e}^{-inx}\mathrm{d}x,$$

使得 $F(x)\sim\sum a_n\mathrm{e}^{inx}$，则

$$F'(x)\ \sim\ \sum ina_n\mathrm{e}^{inx}.$$

（c）若 $F(-\pi)\ne F(\pi)$ 会发生什么？【提示：考虑 $F(x)=x$．】

23. 令 F 在 $[a,b]$ 上连续．证明：

（a）假定对每个 $x\in[a,b]$，$D^+(F)(x)\geqslant 0$，则 F 在 $[a,b]$ 上递增．

（b）若对每个 $x\in(a,b)$，$F'(x)$ 存在且 $|F'(x)|\leqslant M$，则 $|F(x)-F(y)|\leqslant M|x-y|$ 且 F 绝对连续．

【提示：对于（a）仅需证明 $F(b)-F(a)\geqslant 0$．假设该不等式不成立．因此 $G_\varepsilon(x)=F(x)-F(a)+\varepsilon(x-a)$，因此对充分小的 $\varepsilon>0$，有 $G_\varepsilon(a)=0$，但 $G_\varepsilon(b)<0$．现在令 $x_0\in[a,b)$ 为使得 $G_\varepsilon(x_0)\geqslant 0$ 的最大的 x_0．然而，$(D^+G_\varepsilon)(x_0)>0$．】

24. 假定 F 在 $[a,b]$ 上递增．

（a）证明 F 可写为

$$F=F_A+F_C+F_J,$$

其中 F_A，F_C 和 F_J 中的每个函数递增且：

（i）F_A 绝对连续．

（ii）F_C 连续，但对于 a.e. x，$F_C'(x)=0$．

（iii）F_J 是跳跃函数．

（b）每项 F_A，F_C，F_J 在加上一个常数的意义下唯一确定．

以上称为 F 的勒贝格分解．对任何有界变差函数 F 存在相应的分解．

25. 以下表明了在微分定理 1.4、定理 3.4 和定理 3.11 的条件中允许测度为零的一般的例外集的必要性（即去掉这一条件结论不成立）．令 E 为 $\mathbf{R}^d$ 中任何测度等于零的集合．证明：

（a）存在 $\mathbf{R}^d$ 上的非负可积函数 f，使得对每个 $x\in E$，

$$\liminf_{\substack{m(B)\to 0\\ x\in B}}\frac{1}{m(B)}\int_B f(y)\mathrm{d}y=\infty.$$

（b）当 $d=1$ 时可重述如下：存在递增的绝对连续函数 F 使得对每个 $x\in E$，

$$D_+(F)(x)=D_-(F)(x)=\infty.$$

【提示：找到开集 $O_n\supset E$，满足 $m(O_n)<2^{-n}$，且令 $f(x)=\sum\limits_{n=1}^{\infty}\chi.(x)$．】

26. 定义任意集合 E 的外测度 $m_*(E)$ 的另一个方法是在第 1 章第 2 节给出的，它把用方体覆盖 E 改为用球覆盖．即，假定我们定义 $m_*^B(E)$ 为 $\inf\sum\limits_{j=1}^{\infty}m(B_j)$，其中下确界对所有覆盖 $E\subset\bigcup\limits_{j=1}^{\infty}B_j$ 的开球取，则 $m_*(E)=m_*^B(E)$ （观察到这一结果可以用来给出勒贝格测度旋转不变性的另一个证明．）

显然 $m_*(E)\leqslant m_*^B(E)$．通过证明下面的结论来证明相反方向的不等式．对任意 $\varepsilon>0$，存在球簇 $\{B_j\}$ 使得 $E\subset\bigcup\limits_j B_j$ 而 $\sum\limits_j m(B_j)\leqslant m_*(E)+\varepsilon$．注意到对任何预

先给定的 δ，我们能够选取球的直径$<\delta$.

【提示：首先假设 E 是可测的，选取开集 O 使得 $O \supset E$ 且 $m(O-E)<\varepsilon'$. 接着，利用系 3.10，找到球 $B_1, B_2, \cdots, B_N$ 使得 $\sum_{j=1}^{N} m(B_j) \leqslant m(E)+2\varepsilon'$ 且 $m\left(E-\bigcup_{j=1}^{N} B_j\right) \leqslant 3\varepsilon'$. 最后，用测度总和 $\leqslant 4\varepsilon'$ 的方体覆盖 $E-\bigcup_{j=1}^{N} B_j$，且用包含这些方体的球代替它们. 对于一般的 E，从应用以上结论于当 E 是一个方体的时候开始.】

27. 将一条可求长曲线在曲线上的几乎所有点有切线这一陈述严格化.

28. $\mathbf{R}^d$ 中的曲线 $t \to z(t)$ 是一个从某个区间 $[a,b]$ 到 $\mathbf{R}^d$ 的连续映射.

（a）叙述定理 3.1，定理 4.1，以及定理 4.3 中处理曲线的可求长性条件以及它们的长度公式在 d 维的推广，然后证明这些结论.

（b）定义 $\mathbf{R}^d$ 中的紧集的（一维）闵可夫斯基容量 $M(K)$ 为当 $\delta \to 0$ 时
$$\frac{m(K^\delta)}{m_{d-1}(B(\delta))}$$
的极限（若它存在的话），其中 $m_{d-1}(B(\delta))$ 是球 $B(\delta)=\{x \in \mathbf{R}^d, |x|<\delta\}$（在 $\mathbf{R}^{d-1}$）的测度. 对 $\mathbf{R}^d$ 中的曲线叙述并证明命题 4.5 与命题 4.7 的类比.

29. 令 $\Gamma=\{z(t), a \leqslant t \leqslant b\}$ 为曲线，且假定它对某个指数 α，$1/2 \leqslant \alpha \leqslant 1$，满足利普希茨条件，即对所有 $t, t' \in [a,b]$，
$$|z(t)-z(t')| \leqslant A|t-t'|^\alpha$$
证明对 $0<\delta \leqslant 1$，$m(\Gamma^\delta)=O(\delta^{2-1/\alpha})$.

30. 若有界函数 F 在任何有限子区间 $[a,b]$ 上是有界变差的且 $\sup_{a,b} T_F(a,b)<\infty$，则称它在 $\mathbf{R}$ 上是有界变差的.

证明这样的 F 具有以下两个性质：

（a）对每个常数 A 和所有 $h \in \mathbf{R}$，$\int_{\mathbf{R}} |F(x+h)-F(x)| \mathrm{d}x \leqslant A|h|$.

（b）$\left|\int_{\mathbf{R}} F(x)\varphi'(x)\mathrm{d}x\right| \leqslant A$，其中 φ 在具有有界支撑且满足 $\sup_{x \in \mathbf{R}} |\varphi(x)| \leqslant 1$ 的所有 C^1 函数变动. 对于逆命题，以及在 $\mathbf{R}^d$ 的类比，见下面的问题 6*.

【提示：对于（a），记 $F=F_1-F_2$，其中 F_j 单调有界. 对于（b），可从（a）导出.】

31. 令 F 为 3.1 节描述的康托尔-勒贝格函数. 考虑作为 F 的图像，即 $x(t)=t$ 以及 $y(t)=F(t)(0 \leqslant t \leqslant 1)$ 给出的曲线. 证明曲线在 $0 \leqslant t \leqslant \bar{x}$ 部分的长度 $L(\bar{x})$ 由 $L(\bar{x})=\bar{x}+F(\bar{x})$ 给出，因此曲线的全长是 2.

32. 令 $f: \mathbf{R} \to \mathbf{R}$. 证明 f 对某个 M 和所有 $x, y \in \mathbf{R}$ 满足利普希茨条件
$$|f(x)-f(y)| \leqslant M|x-y|$$
当且仅当 f 满足下面的两个性质：

113

（ⅰ）f 绝对连续.

（ⅱ）对于 a. e. x $|f'(x)| \leqslant M$.

6　问题

1. 证明以下情形的 Vitali **覆盖引理**：若 E 在 Vitali 意义下被**球簇 B 覆盖**，且 $0 < m_*(E) < \infty$，则对每个 $\eta > 0$，存在 B 中的不相交球簇 $\{B_j\}_{j=1}^{\infty}$ 使得

$$m_*\left(E \Big/ \bigcup_{j=1}^{\infty} B_j\right) = 0 \quad 且 \quad \sum_{j=1}^{\infty} |B_j| \leqslant (1+\eta) m_*(E).$$

2. 以下简单的一维覆盖引理在许多情况下有用.

假定 $I_1, I_2, \cdots, I_N$ 是给定的由 $\mathbf{R}$ 中有限个开区间组成的簇，则存在两个有限子簇 $I_1', I_2', \cdots, I_K'$ 和 $I_1'', I_2'', \cdots, I_L''$，使得每个子簇由不相交区间组成且

$$\bigcup_{j=1}^{N} I_j = \bigcup_{k=1}^{K} I_k' \bigcup \bigcup_{l=1}^{L} I_l''.$$

注意到，与引理 1.2 形成反差的是，完全的并集被覆盖了而不仅仅是一部分.

【提示：选取 I_1' 为左端点尽可能远的区间. 舍去所有包含于 I_1' 的区间. 若剩下的区间与 I_1' 不相交，再次选取左端点尽可能远的区间，称之为 I_2'. 否则选取一个与 I_1' 相交，但尽可能地靠右的区间，称此区间为 I_1''. 重复这一过程.**】**

3. 问题 2 的结果无法直接推广到高维情形. 然而，一个完全的覆盖由 Besicovitch 覆盖引理给出. 该引理的一个版本说的是存在一个整数 N（仅依赖于维数 d）满足以下性质. 假定 E 是 $\mathbf{R}^d$ 的任何有界子集，它被球簇 B 在（强）意义下覆盖：对每个 $x \in E$，存在中心是 x 的 $B \in B$. 则存在原始簇 B 的 N 个子簇 $B_1, B_2, \cdots, B_N$，使得每个 B_j 是不相交的球簇，且有

$$E \subset \bigcup_{B \in B'} B, \text{其中 } B' = B_1 \bigcup B_2 \bigcup \cdots \bigcup B_N.$$

4. 对定义在 (a,b) 上的实值函数 φ，若它的图像上方的区域 $\{(x,y) \in \mathbf{R}^2 : y > \varphi(x), a \leqslant x \leqslant b\}$ 是一个凸集，则称它是**凸的**. 凸集的定义在第 1 章的第 5* 节给出. 类似地，若对于每对 $x_1, x_2 \in (a,b)$ 与 $0 \leqslant \theta \leqslant 1$，

$$\varphi(\theta x_1 + (1-\theta) x_2) \leqslant \theta \varphi(x_1) + (1-\theta) \varphi(x_2),$$

则 φ 是凸的. 如图 13 所示. 作为一个结果人们也能观察到只要 $x < y$，$h > 0$，且 $x + h < y$，就有下面的斜率不等式：

$$\frac{\varphi(x+h) - \varphi(x)}{h} \leqslant \frac{\varphi(y) - \varphi(x)}{y-x} \leqslant \frac{\varphi(y) - \varphi(y-h)}{h},$$

于是可以证明下列结论.

（a）φ 在 (a,b) 上连续.

（b）φ 在 (a,b) 的任何真闭子区间 $[a', b']$ 上满足一阶利普希茨条件. 因此 φ 在每个子区间上绝对连续.

（c）φ' 除至多可数个点外存在，且 $\varphi' = D^+(\varphi)$ 是一个递增函数满足

$$\varphi(y) - \varphi(x) = \int_x^y \varphi'(t)\,\mathrm{d}t.$$

（d）反过来，若 ψ 是 (a,b) 上的任何递增函数，则 $\varphi(x) = \int_c^x \psi(t)\,\mathrm{d}t$ 是 (a,b) 内的凸函数（对于 $c \in (a,b)$）。

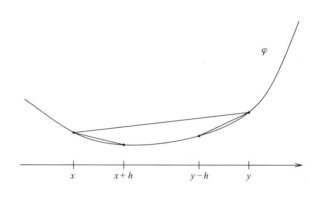

图 13　凸函数

5. 假定 F 在 $[a,b]$ 上连续，对每个 $x \in (a,b)$，$F'(x)$ 存在，且 $F'(x)$ 可积，则 F 绝对连续且

$$F(b) - F(a) = \int_a^b F'(x)\,\mathrm{d}x.$$

【提示：假设对于 a.e. x，$F'(x) \geqslant 0$. 我们想要得出 $F(b) \geqslant F(a)$. 令 E 为那些使得 $F'(x) < 0$ 的 x 组成的测度为 0 的集合，则根据习题 25，存在递增、绝对连续的函数 Φ 满足 $D^+\Phi(x) = \infty$，$x \in E$. 对每个 δ 考虑 $F + \delta\Phi$，且应用习题 23（a）的结果.】

6.[*] 以下是习题 30 的逆命题，它刻画了有界变差函数.

假定 F 是 $\mathbf{R}$ 上的有界可测函数. 若 F 满足该习题中的条件（a）或（b），则可在一个零测度集上修改 F 的值使它成为 $\mathbf{R}$ 上的有界变差函数.

此外，在 $\mathbf{R}^d$ 上我们有下面的结论. 假定 F 是 $\mathbf{R}^d$ 上的有界可测函数，则以下两个关于 F 的条件等价：

（a′）对所有 $h \in \mathbf{R}^d$，$\int_{\mathbf{R}^d} |F(x+h) - F(x)|\,\mathrm{d}x \leqslant A|h|$.

（b′）对所有 $j = 1, 2, \cdots, d$ 及具有有界支撑的，且满足 $\sup_{x \in \mathbf{R}^d} |\varphi(x)| \leqslant 1$，$\varphi \in C^1$，

$$\left| \int_{\mathbf{R}^d} F(x)\,\frac{\partial \varphi}{\partial x_j}\,\mathrm{d}x \right| \leqslant A.$$

满足（a′）或（b′）的函数类是有界变差函数类在 $\mathbf{R}^d$ 上的延拓.

7. 考虑函数

$$f_1(x) = \sum_{n=0}^{\infty} 2^{-n} e^{2\pi i 2^n x}.$$

（a）证明对每个 $0 < \alpha < 1$，f_1 满足 $|f_1(x) - f_1(y)| \leqslant A_\alpha |x - y|^\alpha$.

（b）然而，f_1 无处可微，因此不是有界变差函数.

8^*. 令 $\boldsymbol{R}$ 表示 $\mathbf{R}^2$ 中包含原点，且边平行于坐标轴的所有矩形组成的集合. 考虑与该簇相对应的极大算子，即

$$f_{\boldsymbol{R}}^*(x) = \sup_{R \in \boldsymbol{R}} \frac{1}{m(\boldsymbol{R})} \int_{\boldsymbol{R}} |f(x - y)| \, dy.$$

（a）则 $f \to f_{\boldsymbol{R}}^*$ 不满足弱型不等式，即对所有 $\alpha > 0$ 和可积的 f，以及某个常数 $A > 0$，

$$m(\{x : f_{\boldsymbol{R}}^*(x) > \alpha\}) \leqslant \frac{A}{\alpha} \|f\|_{L^1}.$$

（b）用上述结论，人们能够证明存在 $f \in L^1(\mathbf{R}^d)$ 使得对 $R \in \boldsymbol{R}$，

$$\lim_{\operatorname{diam}(R) \to 0} \sup \frac{1}{m(R)} \int_R f(x - y) \, dy = \infty$$

对几乎每个 x 成立. 这里 $\operatorname{diam}(R) = \sup_{x, y \in R} |x - y|$ 等于矩形的直径.

【提示：对于（a）部分，令 B 为单位球，考虑函数 $\varphi(x) = \chi_B(x) / m(B)$. 对 $\delta > 0$，令 $\varphi_\delta(x) = \delta^{-2} \varphi(x/\delta)$，则对满足 $x_1 x_2 \neq 0$ 的每对 (x_1, x_2) 当 $\delta \to 0$ 时，

$$(\varphi_\delta)_{\boldsymbol{R}}^*(x) \to \frac{1}{|x_1| |x_2|}.$$

若弱型不等式成立，则有

$$m(\{|x| \leqslant 1 : |x_1 x_2|^{-1} > \alpha\}) \leqslant \frac{A}{\alpha}.$$

由于当 α 趋向无穷时左边的阶是 $(\log \alpha)/\alpha$. 这是一个矛盾.】

第 4 章　希尔伯特空间简介

> 积分方程理论在从诞生日至今的仅仅 10 余年的时间里，由于内在的意义以及它在应用中的重要性，积分方程的理论引起广泛的关注. 它的几个结果已经是经典的，没有人怀疑在若干年后每个分析学的课程将用一章来叙述它.
>
> M. Plancherel, 1912

有两个理由说明希尔伯特（Hilbert）空间的重要性. 首先，它作为欧几里得（Euclid）空间的无穷维自然推广而产生，如同欧氏空间它们具有熟悉的正交性，辅之以完备的重要特征. 其次，希尔伯特空间理论也作为一个阐明基本论点的概念框架和语言服务于在更为抽象背景下的分析学.

对于我们来说，因为有勒贝格空间 $L^2(\mathbf{R}^d)$ 这个例子，希尔伯特空间理论立刻与积分理论发生联系. 相关的例子是 $L^2([-\pi, \pi])$，它将希尔伯特空间与傅里叶级数相联系. 后一希尔伯特空间也可被用来以一种优美的方式分析有界全纯函数在单位圆盘的边值行为.

希尔伯特空间理论的一个基本方向，如同熟悉的有线维情形，是研究它们的线性变换. 鉴于本章的引论性质，我们仅限于相当简短地讨论这样几类算子：酉映射、投影、线性泛函以及紧算子.

1　希尔伯特空间 L^2

希尔伯特空间的一个主要例子是 $\mathbf{R}^d$ 上的全体**平方可积函数**所成的集合，我们将之记为 $L^2(\mathbf{R}^d)$，它由所有满足

$$\int_{\mathbf{R}^d} |f(x)|^2 \mathrm{d}x < \infty$$

的复值可测函数 f 组成.

f 相应的 $L^2(\mathbf{R}^d)$ **范数**定义为

$$\|f\|_{L^2(\mathbf{R}^d)} = \left(\int_{\mathbf{R}^d} |f(x)|^2 \mathrm{d}x\right)^{1/2}.$$

　　读者应该将此范数与第 2 章第 2 节描述的可积函数所成空间 $L^1(\mathbf{R}^d)$ 的范数相比较. 这两个范数的实质性差别是 L^2 有内积, 而 L^1 没有. 习题 5 解决了这些空间相关的一些包含关系.

　　自然地赋予空间 $L^2(\mathbf{R}^d)$ 以下内积:

　　只要 $f, g \in L^2(\mathbf{R}^d)$, $(f,g) = \int_{\mathbf{R}^d} f(x) \overline{g(x)} \mathrm{d}x$.

　　由于

$$(f,f)^{1/2} = \|f\|_{L^2(\mathbf{R}^d)},$$

该内积与 L^2 范数有紧密联系. 与可积函数的情形相同, 条件 $\|f\|_{L^2(\mathbf{R}^d)} = 0$ 仅蕴含几乎处处 $f(x) = 0$. 因此, 我们事实上将几乎处处的函数相等视为等同, 且在此等同关系下将 $L^2(\mathbf{R}^d)$ 定义为等价类的空间. 然而, 在实践中将 $L^2(\mathbf{R}^d)$ 的元素视为函数, 而非函数的等价类常常是方便的.

　　为使得内积 (f,g) 的定义有意义, 我们需要知道只要 f 和 g 属于 $L^2(\mathbf{R}^d)$, 就有 $f\bar{g}$ 在 $\mathbf{R}^d$ 上可积. 接下来的命题包含了该性质以及平方可积函数空间的其他性质.

　　在本章的其余部分除非另外说明, 否则我们将 L^2 范数记为 $\| \ \|$ (去掉下标 $L^2(\mathbf{R}^d)$).

　　命题 1.1　空间 $L^2(\mathbf{R}^d)$ 具有以下性质:

　　(ⅰ) $L^2(\mathbf{R}^d)$ 是一个向量空间.

　　(ⅱ) 只要 $f, g \in L^2(\mathbf{R}^d)$, 就有 $f(x)\overline{g(x)}$ 可积, 且柯西-施瓦茨不等式 $|(f,g)| \leqslant \|f\| \|g\|$ 成立.

　　(ⅲ) 若 $g \in L^2(\mathbf{R}^d)$ 固定, 则映射 $f \to (f,g)$ 关于 f 是线性的, 且 $(f,g) = \overline{(g,f)}$.

　　(ⅳ) 三角不等式 $\|f + g\| \leqslant \|f\| + \|g\|$ 成立.

　　证　若 $f, g \in L^2(\mathbf{R}^d)$, 则由于 $|f(x) + g(x)| \leqslant 2\max(|f(x)|, |g(x)|)$, 故有

$$|f(x) + g(x)|^2 \leqslant 4(|f(x)|^2 + |g(x)|^2),$$

所以,

$$\int |f+g|^2 \leqslant 4\int |f|^2 + 4\int |g|^2 < \infty,$$

因此 $f + g \in L^2(\mathbf{R}^d)$. 若 $\lambda \in \mathbf{C}$, 则显然有 $\lambda f \in L^2(\mathbf{R}^d)$, (ⅰ) 部分得证.

　　为看到为什么只要 f 和 g 属于 $L^2(\mathbf{R}^d)$ 就有 $f\bar{g}$ 可积, 仅需回顾对所有 $A, B \geqslant 0$, 总有 $2AB \leqslant A^2 + B^2$, 因此

$$\int |f\bar{g}| \leqslant \frac{1}{2}[\|f\|^2 + \|g\|^2]. \tag{1}$$

　　为证明柯西-施瓦茨不等式, 我们首先观察到若 $\|f\| = 0$ 或 $\|g\| = 0$, 则几乎

处处 $fg=0$，因此 $(f,g)=0$，从而不等式显然成立. 接着，若假设 $\|f\|=\|g\|=1$，则得到所要的不等式 $(f,g)\leqslant 1$. 这可从 $|(f,g)|\leqslant \int|f\bar{g}|$，以及不等式 (1) 得到. 最后，当 $\|f\|$ 和 $\|g\|$ 都非零时，通过设

$$\widetilde{f}=f/\|f\| \text{ 以及 } \widetilde{g}=g/\|g\|$$

使得 $\|\widetilde{f}\|=\|\widetilde{g}\|=1$ 以规范化 f 和 g. 根据先前的观察我们发现

$$|(\widetilde{f},\widetilde{g})|\leqslant 1.$$

上式的两边同乘以 $\|f\|\|g\|$ 得到柯西-施瓦茨不等式.

（iii）部分由积分的线性性质得到.

最后，为证明三角不等式，由柯西-施瓦茨不等式得到

$$\begin{aligned}
\|f+g\|^2 &= (f+g,f+g) \\
&= \|f\|^2 + (f,g) + (g,f) + \|g\|^2 \\
&\leqslant \|f\|^2 + 2|(f,g)| + \|g\|^2 \\
&\leqslant \|f\|^2 + 2\|f\|\|g\| + \|g\|^2 \\
&= (\|f\| + \|g\|)^2,
\end{aligned}$$

将上式开方后（iv）部分得证.

我们将注意力转向 $L^2(\mathbf{R}^d)$ 空间中极限的概念. L^2 上的范数引出如下的一个度量 d：若 $f,g \in L^2(\mathbf{R}^d)$，则

$$d(f,g)=\|f-g\|_{L^2(\mathbf{R}^d)}.$$

对于 $L^2(\mathbf{R}^d)$ 中的序列 $\{f_n\}$ 若当 $n,m\to\infty$ 时，有 $d(f_n,f_m)\to 0$，则称它为柯西列. 此外，当 $n\to\infty$ 时，若 $d(f_n,f)\to 0$，则称该序列收敛到 $f \in L^2(\mathbf{R}^d)$.

定理 1.2 $L^2(\mathbf{R}^d)$ 空间在该度量下是完备的.

换句话说，每个 $L^2(\mathbf{R}^d)$ 中的柯西列收敛到 $L^2(\mathbf{R}^d)$ 中的某个函数. 该定理与黎曼可积函数形成了明显的反差，它生动地说明了勒贝格积分理论的用途. 在下面的第 3 节我们将详尽地说明这一点以及它与傅里叶级数的关系.

证 这里给出的论证接近于沿用第 2 章中 L^1 是完备空间的证明. 令 $\{f_n\}_{n=1}^\infty$ 为 L^2 中的柯西列，考虑满足下面性质的 $\{f_n\}$ 的子列 $\{f_{n_k}\}_{k=1}^\infty$：

对所有 $k\geqslant 1$，$\|f_{n_{k+1}}-f_{n_k}\|\leqslant 2^{-k}$.

现在若我们考虑级数

$$f(x)=f_{n_1}(x) + \sum_{k=1}^\infty (f_{n_{k+1}}(x) - f_{n_k}(x))$$

与

$$g(x)=|f_{n_1}(x)| + \sum_{k=1}^\infty |(f_{n_{k+1}}(x) - f_{n_k}(x))|,$$

其收敛性如下：

考虑部分和

$$S_K(f)(x) = f_{n_1}(x) + \sum_{k=1}^{K} (f_{n_{k+1}}(x) - f_{n_k}(x))$$

与

$$S_K(g)(x) = |f_{n_1}(x)| + \sum_{k=1}^{K} |f_{n_{k+1}}(x) - f_{n_k}(x)|,$$

则三角不等式蕴含

$$\|S_K(g)\| \leqslant \|f_{n_1}\| + \sum_{k=1}^{K} \|f_{n_{k+1}} - f_{n_k}\|$$

$$\leqslant \|f_{n_1}\| + \sum_{k=1}^{K} 2^{-k}.$$

令 K 趋向无穷，且运用单调收敛定理得 $\int |g|^2 < \infty$，由于 $|f| \leqslant g$，故有 $f \in L^2(\mathbf{R}^d)$.

特别地，定义 f 的级数几乎处处收敛，且由于（根据叠缩级数的构造）该级数的 $K-1$ 重部分和恰为 f_{n_K}，我们发现

$$f_{n_k(x)} \to f(x) \quad \text{a. e. } x.$$

为证明在 $L^2(\mathbf{R}^d)$ 上也有 $f_{n_k} \to f$，通过简单地观察可得对所有 K，$|f - S_K(f)|^2 \leqslant (2g)^2$，运用控制收敛定理得，当 k 趋向无穷时，$\|f_{n_k} - f\| \to 0$.

证明的最后一步的要点如下：由于 $\{f_n\}$ 是柯西列，给定 ε，存在 N 使得对所有 $n, m > N$ 有 $\|f_n - f_m\| < \varepsilon/2$. 若选取 n_k 使得 $n_k > N$，且 $\|f_{n_k} - f\| < \varepsilon/2$，则三角不等式蕴含只要 $n > N$

$$\|f_n - f\| \leqslant \|f_n - f_{n_k}\| + \|f_{n_k} - f\| < \varepsilon.$$

这就完成了定理的证明.

下面的定理包含 $L^2(\mathbf{R}^d)$ 的一个附加的有用性质.

定理 1.3 空间 $L^2(\mathbf{R}^d)$ 在以下意义下是**可分的**，存在 $L^2(\mathbf{R}^d)$ 的元素的可数簇 $\{f_k\}$ 使得它们的线性组合在 $L^2(\mathbf{R}^d)$ 上稠密.

证 考虑形如 $r \cdot \chi_R(x)$ 的函数簇，其中 r 是具有有理实部与虚部的复数，R 是 $\mathbf{R}^d$ 中具有有理坐标的矩形. 我们断言这种类型函数的有限线性组合在 $L^2(\mathbf{R}^d)$ 中稠密.

假定 $f \in L^2(\mathbf{R}^d)$ 且令 $\varepsilon > 0$. 对每个 $n \geqslant 1$ 考虑如下定义的函数 g_n：

$$g_n(x) = \begin{cases} f(x), & |x| \leqslant n \text{ 且 } |f(x)| \leqslant n, \\ 0, & \text{其他,} \end{cases}$$

则几乎处处有 $|f - g_n|^2 \leqslant 4|f|^2$ 且 $g_n(x) \to f(x)^\ominus$，控制收敛定理蕴含当 n

---

$\ominus$ 根据定义 $f \in L^2(\mathbf{R}^d)$ 蕴含 $|f|^2$ 可积，因此对 a. e. x，$f(x)$ 有限.

趋向无穷时，$\|f-g_n\|^2_{L^2(\mathbf{R}^d)}\to 0$；因此有

对某个 N，$\|f-g_N\|_{L^2(\mathbf{R}^d)}<\varepsilon/2$，

令 $g=g_N$，且注意到 g 是一个支撑在一个有界集上的有界函数，因此 $g\in L^1(\mathbf{R}^d)$．我们现在可以找到一个阶梯函数 φ 使得 $|\varphi|\leqslant N$ 且 $\int|g-\varphi|<\varepsilon^2/16N$（见第 2 章，定理 2.4）．用具有有理实部与虚部的复数以及具有有理坐标的矩形代替出现在 φ 的典范形式的系数与矩形，我们可以找到一个 ψ 满足 $|\psi|\leqslant N$ 且 $\int|g-\psi|<\varepsilon^2/8N$．最后，我们注意到

$$\int|g-\psi|^2\leqslant 2N\int|g-\psi|<\varepsilon^2/4,$$

因此 $\|g-\psi\|<\varepsilon/2$，从而 $\|f-\psi\|<\varepsilon$，这就完成了定理的证明．

$L^2(\mathbf{R}^d)$ 这个例子具备一个希尔伯特空间的所有特征性质，且引发了这一概念的抽象版本的定义．

2 希尔伯特空间

一个集合 H 若满足：

（ⅰ）H 是 $\mathbf{C}$（或 $\mathbf{R}$）[⊖] 上的向量空间．

（ⅱ）H 被赋予内积 $(\cdot,\cdot)$，使得

• 对每个固定 $g\in H$，$f\to(f,g)$ 在 H 上是线性的，

• $(f,g)=\overline{(g,f)}$，

• 对所有 $f\in H$，$(f,f)\geqslant 0$．

令 $\|f\|=(f,f)^{1/2}$．

（ⅲ）$\|f\|=0$ 当且仅当 $f=0$．

（ⅳ）柯西-施瓦茨不等式与三角不等式均成立：

对所有 $f,g\in H$，$\|(f,g)\|\leqslant\|f\|\|g\|$ 以及 $\|f+g\|\leqslant\|f\|+\|g\|$．

（Ⅴ）在度量 $d(f,g)=\|f-g\|$ 下，H 是完备的．

（ⅵ）H 是可分的．

则称它为**希尔伯特空间**．

我们对希尔伯特空间的定义做两个评论．首先，（ⅳ）中的柯西-施瓦茨不等式与三角不等式事实上是假设（ⅰ）和（ⅱ）的简单推论（见习题 1）．其次，我们之所以要求 H 是可分的是因为这种情形在大多数应用中出现．这并不是说没有不可分的有趣例子；问题 2 就描述了这样的例子．

我们也指出，在希尔伯特空间背景下 $\lim\limits_{n\to\infty}f_n=f$ 或 $f_n\to f$ 意味着 $\lim\limits_{n\to\infty}\|f_n-f\|=0$，这与 $d(f_n,f)\to 0$ 相同．

⊖ 在这个阶段数域是 $\mathbf{C}$ 或 $\mathbf{R}$ 这两种情形，我们都考虑．然而，在许多应用中，如在傅里叶分析的背景下，人们主要处理 $\mathbf{C}$ 上的希尔伯特空间．

下面给出有关希尔伯特空间的一些例子.

例 1　若 E 是 $\mathbf{R}^d$ 的一个可测子集满足 $m(E)>0$，令 $L^2(E)$ 表示支撑在 E 上的平方可积函数空间，

$$L^2(E)=\{f \text{ 支撑在 } E \text{ 上，使得 } \int_E |f(x)|^2 \mathrm{d}x < \infty \}.$$

$L^2(E)$ 上的内积与范数分别是

$$(f,g)=\int_E f(x)\,\overline{g(x)}\mathrm{d}x \text{ 与 } \|f\|=\left(\int_E |f(x)|^2\mathrm{d}x\right)^{1/2}.$$

又一次，我们考虑 $L^2(E)$ 的两个元素等价若它们仅在一个测度为零的集合上不同的话；这保证了 $\|f\|=0$ 蕴含 $f=0$. 性质（ⅰ）到性质（ⅵ）可从上面的 $L^2(\mathbf{R}^d)$ 已被证明的这些性质得到.

例 2　一个简单例子是有限维的复欧几里得空间. 的确，

$$\mathbf{C}^N=\{(a_1,\cdots,a_N):a_k\in\mathbf{C}\}$$

被赋予内积

$$\sum_{k=1}^N a_k\,\overline{b_k},$$

成为一个希尔伯特空间，其中 $\boldsymbol{a}=(a_1,a_2,\cdots,a_n)$ 与 $\boldsymbol{b}=(b_1,b_2,\cdots,b_N)$ 属于 $\mathbf{C}^N$.

它的范数为

$$\|a\|=\left(\sum_{k=1}^N |a_k|^2\right)^{1/2}.$$

用同样的办法人们可以定义实的希尔伯特空间 $\mathbf{R}^N$.

例 3　上面例子的一个无穷维类比是空间 $l^2(\mathbf{Z})$. 根据定义，

$$l^2(\mathbf{Z})=\{(\cdots,a_{-2},a_{-1},a_0,a_1,\cdots):a_i\in\mathbf{C},\sum_{n=-\infty}^{\infty}|a_n|^2<\infty\}.$$

若用 $\boldsymbol{a}$ 和 $\boldsymbol{b}$ 表示无穷序列，$l^2(\mathbf{Z})$ 上的内积与范数分别是

$$(\boldsymbol{a},\boldsymbol{b})=\sum_{k=-\infty}^{\infty}a_k\,\overline{b_k} \text{ 与 } \|\boldsymbol{a}\|=\left(\sum_{k=-\infty}^{\infty}|a_k|^2\right)^{1/2}.$$

我们把 $l^2(\mathbf{Z})$ 是一个希尔伯特空间的证明放在习题 4.

虽然这个例子非常简单，但事实上所有无穷维（可分）希尔伯特空间是伪装的 $l^2(\mathbf{Z})$.

该空间的一个小的变体是 $l^2(\mathbf{N})$，其中我们仅取单边序列，即

$$l^2(\mathbf{N})=\{(a_1,a_2,\cdots):a_i\in\mathbf{C},\sum_{n=1}^{\infty}|a_n|^2<\infty\}.$$

内积与范数用同样方法定义而求和从 $n=1$ 拓展到 ∞.

希尔伯特空间的一个本质特征是正交性. 这个特性，具有丰富的几何与分析的结果，它将希尔伯特空间区别于其他赋范向量空间. 下面介绍一些这样的性质.

2.1 正交性

具有内积 $(\,\cdot\,,\cdot\,)$ 的希尔伯特空间 H 中的两个元素 f 和 g 若满足 $(f,g)=0$，则称为**正交**或**垂直**. 记为 $f\perp g$.

第一个简单的观察是通常的勾股定理在抽象的希尔伯特空间的框架下成立：

命题 2.1 若 $f\perp g$，则 $\|f+g\|^2=\|f\|^2+\|g\|^2$.

证 仅需注意到 $(f,g)=0$ 蕴含 $(g,f)=0$，因此

$$\|f+g\|^2=(f+g,f+g)=\|f\|^2+(f,g)+(g,f)+\|g\|^2$$
$$=\|f\|^2+\|g\|^2.$$

希尔伯特空间 H 的有限或可数无穷子集 $\{e_1,e_2,\cdots\}$ 若满足

$$(e_k,e_l)=\begin{cases}1,k=l,\\0,k\neq l,\end{cases}$$

则称其为**规范正交**的.

换句话说，每个 e_k 具有单位范数，且只要 $l\neq k$，它就正交于 e_l.

命题 2.2 若 $\{e_k\}_{k=1}^{\infty}$ 是规范正交的，且 $f=\sum a_k e_k\in H$，其中求和对有限项进行，则

$$\|f\|^2=\sum|a_k|^2.$$

该命题的证明是勾股定理的简单应用.

给定 H 的一个正交子集 $\{e_1,e_2,\cdots\}=\{e_k\}_{k=1}^{\infty}$，一个自然的问题是确定这个子集是否张成整个 H，即 $\{e_1,e_2,\cdots\}$ 中的元素的有限线性组合是否在 H 中稠密. 若是这种情形，则我们说 $\{e_k\}_{k=1}^{\infty}$ 是 H 的一个**规范正交基**，若我们有了一个规范正交基，则 $f\in H$ 具有以下形式：

$$f=\sum_{K=1}^{\infty}a_k e_k,$$

其中常数 $a_k\in\mathbf{C}$. 事实上，两边对 e_j 取内积，由 $\{e_k\}$ 规范正交（形式上）得到

$$(f,e_j)=a_j.$$

这个问题由傅里叶级数所引发. 事实上，通过考虑 H 是具有内积 $(f,g)=\dfrac{1}{2\pi}\displaystyle\int_{-\pi}^{\pi}f(x)\overline{g(x)}\mathrm{d}x$ 的空间 $L^2([-\pi,\pi])$，而正交集 $\{e_k\}_{k=1}^{\infty}$ 取指数函数 $\{e^{inx}\}_{n=-\infty}^{\infty}$ 可以很好地洞察下面定理的实质.

采用在傅里叶级数中使用过的记号，有 $f\sim\displaystyle\sum_{k=1}^{\infty}a_k e_k$，其中对所有 $j,a_j=(f,e_j)$.

下面的定理给出了 $\{e_k\}$ 是 H 的规范正交基的四个等价性质.

定理 2.3 规范正交集 $\{e_k\}_{k=1}^{\infty}$ 的以下性质等价.

（i）$\{e_k\}$ 中的元素的有限线性组合在 H 中稠密.

（ⅱ）若 $f \in H$ 且对所有 j，$(f, e_j) = 0$，则 $f = 0$.

（ⅲ）若 $f \in H$，且 $S_N(f) = \sum_{k=1}^{N} a_k e_k$，其中 $a_k = (f, e_k)$，则当 $N \to \infty$ 时依范数 $S_N(f) \to f$.

（ⅳ）若 $a_k = (f, e_k)$，则 $\|f\|^2 = \sum_{k=1}^{\infty} |a_k|^2$.

证　每个性质蕴含下一个性质，而最后一个性质可推出第一个性质.

首先假设（ⅰ）成立. 给定 $f \in H$ 满足对所有 j，$(f, e_j) = 0$，需要证明 $f = 0$. 根据假设，存在 H 中的元素组成的序列 $\{g_n\}$，其中每个 g_n 是 $\{e_k\}$ 中元素的有限线性组合，使得当 n 趋向无穷时 $\|f - g_n\|$ 趋向 0. 由于对所有 j，$(f, e_j) = 0$，故必须有对所有 n，$(f, g_n) = 0$；因此应用柯西-施瓦茨不等式给出对所有 n，

$$\|f\|^2 = (f, f) = (f, f - g_n) \leqslant \|f\| \|f - g_n\|.$$

令 $n \to \infty$ 则 $\|f\|^2 = 0$；因此 $f = 0$，所以由（ⅰ）可推出（ⅱ）.

现在假定（ⅱ）已被证实. 对 $f \in H$ 定义

$$S_N(f) = \sum_{k=1}^{N} a_k e_k，其中 a_k = (f, e_k)，$$

首先证明 $S_N(f)$ 收敛到某个元素 $g \in H$. 的确，注意到从 a_k 的定义得出 $(f - S_N(f)) \perp S_N(f)$，因此由勾股定理和命题 2.2 得

$$\|f\|^2 = \|f - S_N(f)\|^2 + \|S_N(f)\|^2 = \|f - S_N(f)\|^2 + \sum_{k=1}^{N} |a_k|^2. \quad (2)$$

因此 $\|f\|^2 \geqslant \sum_{k=1}^{N} |a_k|^2$，令 N 趋向无穷得到贝塞尔（Bessel）不等式

$$\sum_{k=1}^{\infty} |a_k|^2 \leqslant \|f\|^2,$$

它蕴含级数 $\sum_{k=1}^{\infty} |a_k|^2$ 收敛. 由于

只要 $N > M$，就有 $\|S_N(f) - S_M(f)\|^2 = \sum_{k=M+1}^{N} |a_k|^2$，

因此 $\{S_N(f)\}_{N=1}^{\infty}$ 构成 H 中的柯西列. 由于 H 是完备的，存在 $g \in H$ 使得当 N 趋向无穷时 $S_N(f) \to g$.

固定 j，且注意到对所有充分大的 N，$(f - S_N(f), e_j) = a_j - a_j = 0$. 由于 $S_N(f)$ 趋向 g，从而得出对所有 j，$(f - g, e_j) = 0$.

因此根据假设（ⅱ），$f = g$，由此证明了 $f = \sum_{k=1}^{\infty} a_k e_k$.

现在假设（ⅲ）成立. 从式（2）立即得到当 N 趋向无穷时的极限

$$\|f\|^2 = \sum_{k=1}^{\infty} |a_k|^2.$$

最后，若（iv）成立，则又一次从式（2）得到 $\|f - S_N(f)\|$ 收敛于 0. 由于每个 $S_N(f)$ 是 $\{e_k\}$ 中元素的有限线性组合，我们已经完成了一整轮的推导，从而定理得证.

特别地，仔细观察证明过程发现，贝塞尔不等式对任何规范正交簇 $\{e_k\}$ 成立. 然而，等式

$$\|f\|^2 = \sum_{k=1}^{\infty} |a_k|^2, \text{其中 } a_k = (f, e_k),$$

称为**帕塞瓦尔（Parseval）恒等式**，当且仅当 $\{e_k\}_{k=1}^{\infty}$ 也是一个规范正交基时成立.

现在我们将注意力转向基的存在性.

定理 2.4 任何希尔伯特空间有一个规范正交基.

证明该定理的第一步是（根据定义）希尔伯特空间 H 是可分的. 因此我们可以选取 H 中的可数元素簇 $F = \{h_k\}$ 使得 F 中的元素的有限线性组合在 H 中稠密.

我们回顾在有限维向量空间情形已经用过的定义. 对于有限多个元素 $g_1, \cdots, g_N$，若对某些复数 a_i，$a_1 g_1 + \cdots + a_N g_N = 0$，则 $a_1 = a_2 = \cdots = a_N = 0$，故称 $g_1, \cdots, g_N$ **线性独立**. 换句话说，没有元素 g_j 是其他元素的线性组合. 特别地，每个 g_j 都不能为 0. 对于一个由可数个元素构成的簇，若该簇的所有有限子集线性独立，则称这个可数簇**线性独立**.

若我们相继忽略那些线性依赖于先前元素 $h_1, h_2, \cdots, h_{k-1}$ 的元素 h_k，则所得到的由线性独立的元素组成的簇 $h_1 = f_1, f_2, \cdots, f_k, \cdots$ 其有限线性组合与 $h_1, h_2, \cdots, h_k, \cdots$ 给出的相同，因此这些线性组合也在 H 中稠密.

定理的证明由应用熟知的**格拉姆-施密特（Gram – Schmidt）过程**构造得到. 给定一个有限元素簇 $\{f_1, \cdots, f_k\}$，我们称 $\{f_1, f_2, \cdots, f_k\}$ 中的元素的有限线性组合所成的元素全体构成的集合为该簇的**扩张**，并将 $\{f_1, f_2, \cdots, f_k\}$ 的扩张记为 Span $(\{f_1, f_2, \cdots, f_k\})$.

现在构造一个规范正交向量序列 $e_1, e_2, \cdots$ 使得对所有 $n \geq 1$，Span$(\{e_1, e_2, \cdots, e_n\}) =$ Span$\{f_1, f_2, \cdots, f_n\}$. 下面用归纳法实施.

根据线性独立的假设，$f_1 \neq 0$，因此可以取 $e_1 = f_1 / \|f_1\|$. 接着，假定已经找到正交向量 $e_1, e_2, \cdots, e_k$ 使得对给定的 k，Span$(\{e_1, e_2, \cdots, e_k\}) =$ Span$(\{f_1, f_2, \cdots, f_k\})$. 我们接着尝试将 e'_{k+1} 取为 $f_{k+1} + \sum_{j=1}^{k} a_j e_j$. 为使得 $(e'_{k+1}, e_j) = 0$ 要求 $a_j = -(f_{k+1}, e_j)$，且 $a_j (1 \leq j \leq k)$，的这个选择保证了 e'_{k+1} 正交于 $e_1, \cdots, e_k$. 此外，线性独立的假设保证了 $e'_{k+1} \neq 0$；因此我们仅需要"重新规范化"且取 $e_{k+1} = e'_{k+1} / \|e'_{k+1}\|$ 以完成归纳步骤. 用这个办法我们已经找到 H 的规范正交基.

注意到隐含假设线性独立的元素 $f_1, f_2, \cdots$ 的个数是无限的. 在仅有 N 个线性

独立向量 $f_1, f_2, \cdots, f_N$ 的情形下，则用相同的构造方法我们给出 H 的一个规范正交基 $e_1, e_2, \cdots, e_N$. 这两种情形通过以下定义区分. 若 H 是具有由有限多个元素组成的规范正交基的希尔伯特空间，则称 H 是**有限维的**. 否则，称 H 为**无穷维的**.

2.2　酉映射

对于两个希尔伯特空间保持它们结构的对应是一个酉变换. 更精确地，假定有两个希尔伯特空间 H 和 H' 分别具有内积 $(\cdot, \cdot)_H$ 与 $(\cdot, \cdot)_{H'}$，以及相应的范数 $\|\cdot\|_H$ 与 $\|\cdot\|_{H'}$. 对于这两个空间之间的映射 $U: H \to H'$，若满足：

（ⅰ）U 是线性的，即 $U(\alpha f + \beta g) = \alpha U(f) + \beta U(g)$.

（ⅱ）U 是双射.

（ⅲ）对所有 $f \in H$，$\|Uf\|_{H'} = \|f\|_H$，

则称它为酉的.

我们依次给出一些观察. 首先，由于 U 是双射，它必须有逆 $U^{-1}: H' \to H$，该逆也是酉的. 上面的（ⅲ）部分也蕴含着若 U 是酉的，则

$$对所有 f, g \in H, (Uf, Ug)_{H'} = (f, g)_H.$$

为看出这一点，仅需"极化"，即注意到对任何具有内积 $(\cdot, \cdot)$ 和范数 $\|\cdot\|$ 的（比如说 $\mathbf{C}$ 上的）向量空间，只要 F 和 G 是该空间的元素，就有

$$(F, G) = \frac{1}{4} \left[\|F + G\|^2 - \|F - G\|^2 + i\left(\left\|\frac{F}{i} + G\right\|^2 - \left\|\frac{F}{i} - G\right\|^2 \right) \right]$$

以上定义导致我们引入酉等价的概念. 对于两个希尔伯特空间 H 和 H'，若它们之间存在酉映射 $U: H \to H'$，则称这两个希尔伯特空间**酉等价**或**酉同构**. 显然，希尔伯特空间之间的酉同构是一个等价关系.

有了这个定义，我们现在可以给出先前所说的任何无穷维希尔伯特空间是相同的，且在某种意义下是 $l^2(\mathbf{Z})$ 的一个变体.

系 2.5　任何两个无穷维希尔伯特空间是酉等价的.

证　若 H 和 H' 是两个无穷维希尔伯特空间，对它们中的每一个我们可以选取一个规范正交基，比如说

$$\{e_1, e_2, \cdots\} \subset H \text{ 以及 } \{e_1', e_2', \cdots\} \subset H'.$$

接着，考虑如下定义的映射：若 $f = \sum_{k=1}^{\infty} a_k e_k$，则

$$U(f) = g, \text{其中} g = \sum_{k=1}^{\infty} a_k e_k'.$$

显然，映射 U 是线性与可逆的. 此外，根据帕塞瓦尔恒等式，必有

$$\|Uf\|_{H'}^2 = \|g\|_{H'}^2 = \sum_{k=1}^{\infty} |a_k|^2 = \|f\|_H^2,$$

这就证明了系 2.5.

因此所有无穷维希尔伯特空间酉等价于 $l^2(\mathbf{N})$，并且经过重新标记元素的下标

也等价于 $l^2(\mathbf{Z})$. 通过类似的推理我们有下面的系:

系 2.6 任何两个有限维希尔伯特空间是酉等价的当且仅当它们有相同的维数.

因此每个 $\mathbf{C}$（或 $\mathbf{R}$）上的有限维希尔伯特空间等价于某个 $\mathbf{C}^d$ 或（$\mathbf{R}^d$）.

2.3 准希尔伯特空间

虽然希尔伯特空间的产生是很自然的，但人们常常从替代它的准希尔伯特空间开始，即空间 H_0，它满足除（V）外的希尔伯特空间所有性质；换句话说，不假设 H_0 是完备的. 一个主要例子是傅里叶级数早期研究中隐约出现的具有通常内积的 $[-\pi,\pi]$ 上的黎曼可积函数空间 $H_0 = R$；下面我们回到这个例子. 其他例子出现在下一章的偏微分方程解的研究中.

幸运的是，每个准希尔伯特空间 H_0 可以完备化.

命题 2.7 假定已经有了一个具有内积 $(\,\cdot,\cdot\,)_0$ 的准希尔伯特空间 H_0，则可以找到一个具有内积 $(\,\cdot,\cdot\,)$ 的希尔伯特空间 H 使得

（ⅰ）$H_0 \subset H$.

（ⅱ）只要 $f,g \in H_0$，就有 $(f,g)_0 = (f,g)$.

（ⅲ）H_0 在 H 中稠密.

像 H 那样满足以上命题的性质的希尔伯特空间称为 H_0 的**完备化**. 我们仅仅概述 H 的构造，这是由于它接近于熟悉的康托尔通过有理数的柯西列的完备化构造实数的方法.

事实上，考虑所有柯西列 $\{f_n\}$，其中 $f_n \in H_0$，$1 \leqslant n < \infty$，所成的簇. 在该簇中定义等价关系如下：对于 $\{f_n\}$ 和 $\{f_n'\}$，若当 $n \to \infty$ 时，$f_n - f_n'$ 收敛于 0，则称它们等价. 取 H 为等价类的集合. 人们容易验证 H 承袭了向量空间的结构，其中内积 (f,g) 定义为 $\lim\limits_{n\to\infty}(f_n,g_n)$，这里 $\{f_n\}$ 和 $\{g_n\}$ 是 H_0 中的柯西列，分别表示 H 的元素 f 和 g. 接着，若 $f \in H_0$，我们取序列 $\{f_n\}$ 为对所有 n，$f_n = f$，以将 f 表示为 H 的元素，这给出了 $H_0 \subset H$. 为使 H 是完备的，令 $\{F^k\}_{k=1}^{\infty}$ 为 H 中的柯西列，每个 F^k 表示为 $\{f_n^k\}_{n=1}^{\infty}$，$f_k^n \in H_0$. 定义 $F \in H$ 为满足 $f_n = f_{N(n)}^n$ 的序列 $\{f_n\}$，其中 $N(n)$ 使得对于 $j \geqslant N(n)$，$|f_{N(n)}^n - f_j^n| \leqslant 1/n$，则在 H 中，$F^k \to F$.

人们也可以观察到 H_0 的完备化 H 在相差一个同构的意义下是唯一的（见习题 14）.

3 傅里叶级数与法图定理

我们已经看到希尔伯特空间与傅里叶级数的一些基本事实的有趣联系. 这里我们要探求这个思想且将之与复分析相联系.

当考虑傅里叶级数时，我们自然转向更广泛的 $[-\pi,\pi]$ 上的所有可积函数所成的类. 的确，注意到由于区间 $[-\pi,\pi]$ 具有有限测度，根据柯西-施瓦茨不等式，

$L^2([-\pi,\pi]) \subset L^1([-\pi,\pi])$. 因此, 若 $f \in L^1([-\pi,\pi])$ 且 $n \in \mathbf{Z}$, 我们定义 f 的 n 重**傅里叶系数**为

$$a_n = \frac{1}{2\pi}\int_{-\pi}^{\pi} f(x)\,\mathrm{e}^{-inx}\,\mathrm{d}x,$$

则 f 的**傅里叶级数**形式上是 $\displaystyle\sum_{n=-\infty}^{+\infty} a_n \mathrm{e}^{inx}$, 且写作

$$f(x) \sim \sum_{n=-\infty}^{+\infty} a_n \mathrm{e}^{inx},$$

以表明右边的和是左边函数的傅里叶级数. 该理论的长足发展给出了先前在第一本书中 (即傅里叶分析) 得到的结果的自然推广.

定理 3.1　假定 f 在 $[-\pi,\pi]$ 上可积.

（ⅰ）若对所有 n, $a_n = 0$, 则 $f(x) = 0$ a. e. x.

（ⅱ）当 $r \to 1$, $r < 1$ 时, $\displaystyle\sum_{n=-\infty}^{+\infty} a_n r^{|n|} \mathrm{e}^{inx}$ 趋向 $f(x)$ a. e. x.

第二个结论是 f 的傅里叶级数几乎处处"阿贝尔（Abel）求和"等于 f. 注意到由于 $|a_n| \leqslant \dfrac{1}{2\pi}\displaystyle\int_{-\pi}^{\pi}|f(x)|\,\mathrm{d}x$, 对每个 r, $0 \leqslant r < 1$, 级数 $\displaystyle\sum a_n r^{|n|}\mathrm{e}^{inx}$ 绝对且一致收敛.

128

证　第一个结论是第二个结论的直接推论. 为证明后者我们回顾关于泊松核的等式

$$\sum_{n=-\infty}^{+\infty} r^{|n|}\mathrm{e}^{iny} = P_r(y) = \frac{1 - r^2}{1 - 2r\cos y + r^2},$$

见书 I, 第 2 章. 从我们给定的 $f \in L^1([-\pi,\pi])$ 出发将它延拓为 $\mathbf{R}$ 上的周期为 2π 的函数[⊖]. 对每个 x,

$$\sum_{n=-\infty}^{+\infty} a_n r^{|n|}\mathrm{e}^{inx} = \frac{1}{2\pi}\int_{-\pi}^{\pi} f(x-y)P_r(y)\,\mathrm{d}y. \tag{3}$$

的确, 根据控制收敛定理上式右边等于

$$\sum r^{|n|}\frac{1}{2\pi}\int_{-\pi}^{\pi} f(x-y)\,\mathrm{e}^{iny}\,\mathrm{d}y.$$

进而, 对每个 x 和 n,

$$\int_{-\pi}^{\pi} f(x-y)\,\mathrm{e}^{iny}\,\mathrm{d}y = \int_{-\pi+x}^{\pi+x} f(y)\,\mathrm{e}^{in(x-y)}\,\mathrm{d}y$$

$$= \mathrm{e}^{inx}\int_{-\pi}^{\pi} f(y)\,\mathrm{e}^{-iny}\,\mathrm{d}y = \mathrm{e}^{inx}2\pi a_n.$$

第一个等式由平移不变性 (第 2 章第 3 节) 得到, 第二个等式由于只要 F

⊖ 注意到不失一般性我们可以假设 $f(\pi) = f(-\pi)$ 以使得周期延拓没有歧义.

是周期为 2π 且 I 是长度为 2π 的区间,就有 $\int_{-\pi}^{\pi} F(y)\mathrm{d}y = \int_I F(y)\mathrm{d}y$(第 2 章,习题 3). 有了这些观察,式(3)就建立起来了. 我们现在能够援引恒等逼近的事实(第 3 章定理 2.1 与例 4)得出(3)的左边在 f 的勒贝格集的每个点收敛于 $f(x)$,因此几乎处处收敛.(为正确起见,定理的假设要求 f 在整个 $\mathbf{R}$ 上可积. 对周期函数设 f 在 $[-2\pi, 2\pi]$ 外等于 0 就能够实现目标,则对这个修正的 f,只要 $x \in [-\pi, \pi]$ 式(3)仍然成立.)

我们回到较为具体的 L^2 空间的情形. 我们在傅里叶级数的背景下表述定理 2.3 的实质性的结论. 对 $f \in L^2([-\pi, \pi])$,与前面一样我们记 $a_n = \frac{1}{2\pi} \int_{-\pi}^{\pi} f(x)\mathrm{e}^{-inx}\mathrm{d}x$.

定理 3.2 假定 $f \in L^2([-\pi, \pi])$,则:

(ⅰ)我们有帕塞瓦尔关系式

$$\sum_{n=-\infty}^{+\infty} |a_n|^2 = \frac{1}{2\pi} \int_{-\pi}^{\pi} |f(x)|^2 \mathrm{d}x.$$

(ⅱ)映射 $f \to \{a_n\}$ 是 $L^2([-\pi, \pi])$ 与 $l^2(\mathbf{Z})$ 之间的酉对应.

(ⅲ)f 的傅里叶级数在 L^2 范数下收敛到 f,即

当 $N \to \infty$ 时,$\dfrac{1}{2\pi} \int_{-\pi}^{\pi} |f(x) - S_N(f)(x)|^2 \mathrm{d}x \to 0$,

其中 $$S_N(f) = \sum_{|n| \leqslant N} a_n \mathrm{e}^{inx}.$$

为运用前面的结果,令 $H = L^2([-\pi, \pi])$,内积 $(f, g) = \dfrac{1}{2\pi} \int_{-\pi}^{\pi} f(x) \overline{g(x)}\mathrm{d}x$,取正交集 $\{e_k\}_{k=1}^{\infty}$ 为指数函数 $\{\mathrm{e}^{inx}\}_{n=-\infty}^{+\infty}$,使得当 $n = 0$ 时,$k = 1$;当 $n > 0$ 时,$k = 2n$;当 $n < 0$ 时,$k = 2|n| - 1$.

根据先前的结果,定理 2.3 的断言(ⅱ)成立且因此其他的所有结论成立. 于是我们有帕塞瓦尔关系式,且从(ⅳ)得出当 $N \to \infty$ 时,$\|f - S_N(f)\|^2 = \sum_{|n|>N} |a_n|^2 \to 0$. 类似地,若给定 $\{a_n\} \in l^2(\mathbf{Z})$,则当 $N, M \to \infty$ 时,$\|S_N(f) - S_M(f)\|^2 \to 0$. 因此 L^2 的完备性保证了存在 $f \in L^2$ 使得 $\|f - S_N(f)\| \to 0$,人们可直接验证 f 以 $\{a_n\}$ 为它的傅里叶系数. 因此,我们导出映射 $f \to \{a_n\}$ 是映上的,因此是酉的. 这是一个关键性结论,它在 L^2 的框架下成立,但在先前的黎曼可积函数的背景下不成立. 事实上,$[-\pi, \pi]$ 上的这样的函数所成的空间 $\mathbf{R}$ 在该范数下是不完备的,它的确包含连续函数,但 $\mathbf{R}$ 本身局限于有界函数.

3.1 法图定理

法图定理是复分析中的一个引人注目的结果. 它的证明综合了希尔伯特空间、

傅里叶级数及微分理论的深刻思想，然而这些概念都不出现在它的叙述中．法图定理回答的这个问题可简述如下：

假定 $F(z)$ 在单位圆盘 $D = \{z \in \mathbf{C} : |z| < 1\}$ 上是全纯的．为保证在适当的意义下 $F(z)$ 收敛到单位圆盘上的边值 $F(e^{i\theta})$，需要对 F 施加什么条件？

一般单位圆盘内的全纯函数在接近边界的表现十分奇异．然而结果证明施加简单的有界条件足以得到一个强的结论．

若 F 是一个定义在单位圆盘 D 内的函数，且极限

$$\lim_{\substack{r \to 1 \\ r < 1}} F(re^{i\theta})$$

存在，则说 F 在圆上的点 $-\pi \leqslant \theta \leqslant \pi$ 具有**径向极限**．

定理 3.3　单位圆盘上的有界全纯函数 $F(re^{i\theta})$ 在几乎每个 θ 处具有径向极限．

证　只要 $z = re^{i\theta}$ 且 $r < 1$，$F(z)$ 在 D 内就有绝对且一致收敛的幂级数展开式 $\sum_{n=0}^{\infty} a_n z^n$．事实上，对于 $r < 1$ 级数 $\sum_{n=0}^{\infty} a_n r^n e^{in\theta}$ 是函数 $F(re^{i\theta})$ 的傅里叶级数，即

当 $n \geqslant 0$ 时，　　　$a_n r^n = \dfrac{1}{2\pi} \displaystyle\int_{-\pi}^{\pi} F(re^{i\theta}) e^{-in\theta} d\theta$，

而当 $n < 0$ 时积分不存在（见《复分析》第 3 章，第 7 节）

选取 M 使得对所有 $z \in D$，$|F(z)| \leqslant M$．根据帕塞瓦尔恒等式，对每个 $0 \leqslant r < 1$，

$$\sum_{n=0}^{\infty} |a_n|^2 r^{2n} = \frac{1}{2\pi} \int_{-\pi}^{\pi} |F(re^{i\theta})|^2 d\theta.$$

令 $r \to 1$，则有 $\sum |a_n|^2$ 收敛（且 $\leqslant M^2$）．现在令 $F(e^{i\theta})$ 为 L^2 函数，其傅里叶系数当 $n \geqslant 0$ 时是 a_n，而当 $n < 0$ 时是 0．因此根据定理 3.1 的结论（ⅱ），得

对于 a. e. θ，　　　$\displaystyle\sum_{n=0}^{\infty} a_n r^n e^{in\theta} \to F(e^{i\theta})$．

这就完成了定理的证明．

考察以上证明过程，我们看到相同的结论对更大的一类函数成立．基于这种关系，我们定义哈代空间 $H^2(D)$ 为单位圆盘 D 上的满足

$$\sup_{0 \leqslant r < 1} \frac{1}{2\pi} \int_{-\pi}^{\pi} |F(re^{i\theta})|^2 d\theta < \infty$$

的全纯函数全体．同时还定义该类中函数 F 的"范数" $\|F\|_{H^2(D)}$ 为以上量的平方根．

若 F 有界，则 $F \in H^2(D)$，此外用有界情形给出的证明方法可以证明，对任何 $F \in H^2(D)$ 径向极限几乎处处存在的结论成立 ．最后，$F \in H^2(D)$ 当且仅当

○ 问题 5* 给出一个更为一般的陈述．

$F(z) = \sum_{n=0}^{\infty} a_n z^n$ 满足 $\sum_{n=0}^{\infty} |a_n|^2 < \infty$；此外，$\sum_{n=0}^{\infty} |a_n|^2 = \| F \|_{H^2(D)}^2$．这特别说明了事实上 $H^2(D)$ 是一个希尔伯特空间．它可视为 $l^2(\mathbf{Z})$ 的"子空间" $l^2(\mathbf{Z}_+)$，它由 $l^2(\mathbf{Z})$ 中的那些满足当 $n < 0$ 时，$a_n = 0$ 的 $\{a_n\}$ 组成．

接下来处理子空间的一些一般性的性质以及它们相伴随的正交投影．

4　闭子空间与正交投影

H 的线性子空间 S（或简单地称为子空间）指的是 H 的一个满足以下性质的子集：只要 $f, g \in S$ 且 α 和 β 是数，就有 $\alpha f + \beta g \in S$．换句话说，S 也是一个向量空间．例如，在 $\mathbf{R}^3$ 上，每个过原点的直线与每个过原点的平面分别是一维和二维的子空间．

若只要 $\{f_n\} \subset S$ 收敛到某个 $f \in H$，就有 f 也属于 S，则称 S 是闭的．在有限维希尔伯特空间情形，每个子空间是闭的．然而，这个性质在无穷维希尔伯特空间的一般情形不成立．例如，如同我们已经说明的，黎曼可积函数的子空间在 $L^2([-\pi, \pi])$ 不是闭的，固定一个基且取这些基元素的有限线性组合所成子空间也不是闭的．希尔伯特空间 H 的每个闭子空间 S 也是一个希尔伯特空间，这是有用的，其中 S 上的内积承袭自 H．（关于 S 的可分性，见习题 11．）

接下来，我们证明闭子空间具有欧几里得几何的一个重要特征．

引理 4.1　假定 S 是 H 的闭子空间，且 $f \in H$，则：

（i）存在（唯一）元素 $g_0 \in S$ 离 f 最近，即
$$\| f - g_0 \| = \inf_{g \in S} \| f - g \|.$$

（ii）元素 $f - g_0$ 垂直于 S，即对所有 $g \in S$，
$$(f - g_0, g) = 0.$$

该引理的情形如图 1 所示．

证　若 $f \in S$，则我们选取 $f = g_0$，结论显然成立．否则，令 $d = \inf_{g \in S} \| f - g \|$，且必须有 $d > 0$，这是由于 $f \notin S$ 且 S 是闭的．考虑 S 中的序列 $\{g_n\}_{n=1}^{\infty}$ 使得

当 $n \to \infty$ 时，$\| f - g_n \| \to d$．

我们断言：$\{g_n\}$ 是一个柯西列，其极限就是元素 g_0．事实上，仅需证明 $\{g_n\}$ 的一个子列收敛，这在有限维情形立即成立，因为此时一个闭球是紧的．然而，如同我们将在第 6 节看到的，在一般情形该紧性不成立，在这里证明步骤极其复杂．

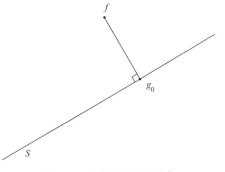

图 1　S 中离 f 最近的元素

为证明我们的论断，需运用**平行四边形法则**，它说的是在一个希尔伯特空间 H 上，

131

对所有 $A, B \in H$，$\|A+B\|^2 + \|A-B\|^2 = 2[\|A\|^2 + \|B\|^2]$. (4)

这个等式的简单验证，它主要包括将每个范数用内积表示，留给读者. 根据平行四边形法并令 $A = f - g_n$ 以及 $B = f - g_m$，得

$$\|2f - (g_n + g_m)\|^2 + \|g_m - g_n\|^2 = 2[\|f - g_n\|^2 + \|f - g_m\|^2].$$

然而 S 是一个子空间，因而量 $\frac{1}{2}(g_n + g_m)$ 属于 S，因此

$$\|2f - (g_n + g_m)\| = 2\|f - \frac{1}{2}(g_n + g_m)\| \geqslant 2d,$$

所以

$$\begin{aligned} \|g_m - g_n\|^2 &= 2[\|f - g_n\|^2 + \|f - g_m\|^2] - \|2f - (g_n + g_m)\|^2 \\ &\leqslant 2[\|f - g_n\|^2 + \|f - g_m\|^2] - 4d^2. \end{aligned}$$

根据构造，有当 $n, m \to \infty$ 时，$\|f - g_n\| \to d$ 且 $\|f - g_m\| \to d$，因此以上不等式说明了 $\{g_n\}$ 是一个柯西列. 由于 H 完备且 S 是闭的，序列 $\{g_n\}$ 在 S 中必有一个极限 g_0，它满足 $d = \|f - g_0\|$.

下面证明若 $g \in S$，则 $g \perp (f - g_0)$. 对每个 ε（正或负），考虑 g_0 的扰动，它定义为 $g_0 - \varepsilon g$. 该元素也属于 S，因此

$$\|f - (g_0 - \varepsilon g)\|^2 \geqslant \|f - g_0\|^2.$$

由于 $\|f - (g_0 - \varepsilon g)\|^2 = \|f - g_0\|^2 + \varepsilon^2 \|g\|^2 + 2\varepsilon \mathrm{Re}(f - g_0, g)$，故有

$$2\varepsilon \mathrm{Re}(f - g_0, g) + \varepsilon^2 \|g\|^2 \geqslant 0. \tag{5}$$

若 $\mathrm{Re}(f - g_0, g) < 0$，则取 ε 为小的正数，与式（5）矛盾. 若 $\mathrm{Re}(f - g_0, g) > 0$，取 ε 为小的负数也得到矛盾. 因此，$\mathrm{Re}(f - g_0, g) = 0$. 通过考虑 g_0 的另一个扰动 $g_0 - i\varepsilon g$，用类似的方法可以得到 $\mathrm{Im}(f - g_0, g) = 0$，因此 $(f - g_0, g) = 0$.

最后，g_0 的唯一性从以上关于正交性的观察得到. 假设 $\widetilde{g_0}$ 是另一个与 f 有最小距离的点，在上面证明过程中取 $g = g_0 - \widetilde{g_0}$，则有 $(f - g_0) \perp (g_0 - \widetilde{g_0})$，且勾股定理给出

$$\|f - \widetilde{g_0}\|^2 = \|f - g_0\|^2 + \|g_0 - \widetilde{g_0}\|^2.$$

由于根据假设 $\|f - \widetilde{g_0}\|^2 = \|f - g_0\|^2$，从而得出我们想要的 $\|g_0 - \widetilde{g_0}\| = 0$.

用这个引理，我们现在可以引入一个有用概念，它是正交概念的另一种表述. 若 S 是希尔伯特空间 H 的一个闭子空间，定义 S 的**正交补**为

$$S^{\perp} = \{f \in H: (f, g) = 0 \text{ 对所有 } g \in S\}.$$

显然 $S^{\perp}$ 也是 H 的一个子空间，此外有 $S \cap S^{\perp} = \{0\}$. 为看到这一点，注意到若 $f \in S \cap S^{\perp}$，则 f 必须与其自身正交；因此 $0 = (f, f) = \|f\|$，从而 $f = 0$. 此外，$S^{\perp}$ 自身是一个闭子空间. 的确，若 $f_n \to f$，则根据柯西-施瓦茨不等式，对每个 g，$(f_n, g) \to (f, g)$. 因此，若对于所有 $g \in S$ 以及所有 n，$(f_n, g) = 0$，则对所有那些 g，$(f, g) = 0$.

命题 4.2 若 S 是希尔伯特空间 H 的一个闭子空间，则

$$H = S \oplus S^{\perp}.$$

记号 $\oplus$ 意味着每个 $f \in H$ 可唯一写为 $f = g + h$，其中 $g \in S$ 而 $h \in S^{\perp}$；我们说 H 是 S 和 $S^{\perp}$ 的**直和**. 这等价于说 H 中的任何 f 是两个元素的和，一个属于 S，另一个属于 $S^{\perp}$，且 $S \bigcap S^{\perp}$ 仅包含 0.

命题 4.2 的证明依赖于先前给出的 S 中离 f 最近的元素的引理. 事实上，对任何 $f \in H$，我们如同在引理 4.1 中那样选取 g_0 且将 f 写为

$$f = g_0 + (f - g_0).$$

根据构造 $g_0 \in S$，且引理蕴含 $f - g_0 \in S^{\perp}$，而这表明 f 是 S 中的一个元素和 $S^{\perp}$ 中的一个元素的和. 为证明这个分解是唯一的，假定

$$f = g + h = \tilde{g} + \tilde{h}, \text{其中 } g, \tilde{g} \in S \text{ 而 } h, \tilde{h} \in S^{\perp},$$

则有 $g - \tilde{g} = h - \tilde{h}$. 由于左边属于 S 而右边属于 $S^{\perp}$，以及 $S \bigcap S^{\perp} = \{0\}$，所以 $g - \tilde{g} = 0$ 且 $h - \tilde{h} = 0$. 因此 $g = \tilde{g}$ 且 $h = \tilde{h}$，故唯一性建立了.

有了分解 $H = S \oplus S^{\perp}$，就可以定义在 S 上的自然投影为

$$P_S(f) = g, \text{其中 } f = g + h \text{ 且 } g \in S, h \in S^{\perp}.$$

映射 P_S 称为在 S 上的**正交投影**，它满足以下的简单性质：

（ⅰ）$f \to P_S(f)$ 是线性的；

（ⅱ）只要 $f \in S$，就有 $P_S(f) = f$；

（ⅲ）只要 $f \in S^{\perp}$，就有 $P_S(f) = 0$；

（ⅳ）对所有 $f \in H$，$\| P_S(f) \| \leqslant \| f \|$.

性质（ⅰ）意味着只要 $f_1, f_2 \in H$ 且 α 和 β 是数，就有 $P_S(\alpha f_1 + \beta f_2) = \alpha P_S(f_1) + \beta P_S(f_2)$.

下面的观察是有用的. 假定 $\{e_k\}$ 是 H 的规范正交向量（有限或无穷）集，则 $\{e_k\}$ 张成的子空间的闭包上的正交投影由 $P(f) = \sum_k (f, e_k) e_k$ 给出. 在该集是无穷的情形，和式依 H 的范数收敛.

我们用产生于傅里叶分析的两个例子说明这一点.

例 1　在 $L^2([-\pi, \pi])$ 中，若 $f(\theta) \sim \sum_{n=-\infty}^{+\infty} a_n \mathrm{e}^{in\theta}$，则傅里叶级数的部分和是

$$S_N(f)(\theta) = \sum_{n=-N}^{N} a_n \mathrm{e}^{in\theta}.$$

因此，部分和算子 S_N 是由到 $\{e_{-N}, \cdots, e_N\}$ 张成的闭子空间上的投影构成的. 部分和 S_N 可通过卷积实现：

$$S_N(f)(\theta) = \frac{1}{2\pi} \int_{-\pi}^{\pi} D_N(\theta - \varphi) f(\varphi) \,\mathrm{d}\varphi,$$

其中 $D_N(\theta) = \sin((N + 1/2)\theta) / \sin(\theta/2)$ 是**狄利克雷（Dirichlet）核**.

例 2　又一次，考虑 $L^2([-\pi, \pi])$ 且令 S 表示由所有具有以下形式

$$F(\theta) \sim \sum_{n=0}^{\infty} a_n e^{in\theta}$$

的 $F \in L^2([-\pi, \pi])$ 组成的子空间. 换句话说, S 是那些当 $n < 0$ 时傅里叶系数 $a_n = 0$ 的平方可积函数所组成的空间. 从法图定理的证明可知, S 可等同于哈代空间 $H^2(D)$, 其中 D 是单位圆盘. 因而是酉同构于 $l^2(\mathbf{Z}_+)$ 的闭子空间. 因此, 运用这个等同关系, 若 P 表示从 $L^2([-\pi, \pi])$ 到 S 的正交投影, 则也可以将 $P(f)(z)$ 写为 $H^2(D)$ 中对应的元素, 即

$$P(f)(z) = \sum_{n=0}^{\infty} a_n z^n.$$

给定 $f \in L^2([-\pi, \pi])$, 定义 f 的柯西积分为

$$C(f)(z) = \frac{1}{2\pi i} \int_{\gamma} \frac{f(\zeta)}{\zeta - z} d\zeta,$$

其中 γ 表示单位圆, 而 z 属于单位圆盘. 则对所有 $z \in D$, 有等式

$$P(f)(z) = C(f)(z).$$

的确, 由于 $f \in L^2$, 根据柯西-施瓦茨不等式知 $f \in L^1([-\pi, \pi])$, 因此在下面的计算中, 可以交换求和与积分的次序 ($|z| < 1$):

$$P(f)(z) = \sum_{n=0}^{\infty} a_n z^n = \sum_{n=0}^{\infty} \left(\frac{1}{2\pi} \int_{-\pi}^{\pi} f(e^{i\theta}) e^{-in\theta} d\theta \right) z^n$$

$$= \frac{1}{2\pi} \int_{-\pi}^{\pi} f(e^{i\theta}) \sum_{n=0}^{\infty} (e^{-i\theta} z)^n d\theta$$

$$= \frac{1}{2\pi} \int_{-\pi}^{\pi} \frac{f(e^{i\theta})}{1 - e^{-i\theta} z} d\theta$$

$$= \frac{1}{2\pi i} \int_{-\pi}^{\pi} \frac{f(e^{i\theta})}{e^{i\theta} - z} i e^{i\theta} d\theta$$

$$= C(f)(z).$$

5　线性变换

希尔伯特空间分析的焦点主要在于研究它们的线性变换. 我们已经遇到两类这样的变换: 酉映射和正交投影. 本章将详细讨论其他两类重要算子: "线性泛函" 以及 "紧算子," 特别是那些对称的.

假定 H_1 和 H_2 是两个希尔伯特空间. 映射 $T: H_1 \to H_2$ 若对所有数 a, b 和 f, $g \in H_1$, 有

$$T(af + bg) = aT(f) + bT(g),$$

则称其为**线性变换** (也称为**线性算子**或**算子**).

显然, 线性算子满足 $T(0) = 0$.

对于线性算子 $T: H_1 \to H_2$, 若存在 $M > 0$ 使得

$$\| T(f) \|_{H_2} \leqslant M \| f \|_{H_1}, \tag{6}$$

则称它为**有界**的.

T 的**范数**记为 $\| T \|_{H_1 \to H_2}$ 或简单地记为 $\| T \|$，定义为

$$\| T \| = \inf M,$$

其中下确界对所有使得式（6）成立的 M 取. 一个平凡例子是**恒同算子** I，它满足 $I(f) = f$. 它当然是一个酉算子和一个投影，其中 $\| I \| = 1$.

以下在不造成混淆的情况下我们一般去掉附着在希尔伯特空间的元素的范数记号的下标.

引理 5.1 $\| T \| = \sup\{ | (Tf,g) | : \| f \| \leqslant 1, \| g \| \leqslant 1 \}$，其中当然有 $f \in H_1$ 且 $g \in H_2$.

证 若 $\| T \| \leqslant M$，柯西-施瓦茨不等式给出：

只要 $\| f \| \leqslant 1, \| g \| \leqslant 1$，就有 $| (Tf,g) | \leqslant M$.

因此 $\sup\{ | (Tf,g) : \| f \| \leqslant 1, \| g \| \leqslant 1 \} \leqslant \| T \|$.

反过来，若 $\sup\{ | (Tf,g) : \| f \| \leqslant 1, \| g \| \leqslant 1 \} \leqslant M$，则对所有 f $\| Tf \| \leqslant M \| f \|$. 若 f 或 Tf 是零，则结论显然成立. 否则，$f' = f/\| f \|$ 与 $g' = Tf/\| Tf \|$ 的范数为 1，因此根据假设，有

$$| (Tf',g') | \leqslant M.$$

但由于 $| (Tf',g') | = \| Tf \| / \| f \|$，这给出 $\| Tf \| \leqslant M \| f \|$，引理得证.

对于线性算子 T，若只要 $f_n \to f$，就有 $T(f_n) \to T(f)$，则称它为**连续**的. 显然线性蕴含了 T 在整个 H_1 上连续当且仅当它在原点连续. 事实上，有界或连续这两个条件是等价的.

命题 5.2 一个线性算子 $T: H_1 \to H_2$ 有界当且仅当它是连续的.

证 若 T 有界，则 $\| T(f) - T(f_n) \|_{H_2} \leqslant M \| f - f_n \|_{H_1}$，因此 T 连续. 反过来，假定 T 连续但不是有界的，则对每个 n 存在元素 $f_n \neq 0$ 使得 $\| T(f_n) \| \geqslant n \| f_n \|$. 元素 $g_n = f_n/(n \| f_n \|)$ 具有范数 $1/n$，因此 $g_n \to 0$. 由于 T 在 0 处连续，所以有 $T(g_n) \to 0$，这与 $\| T(g_n) \| \geqslant 1$ 矛盾. 从而命题得证.

在本章的其余部分我们假定所有线性算子是有界的，因此是连续的. 值得一提的是有限维希尔伯特空间之间的任何线性算子必然是连续的.

5.1 线性泛函与里斯表示定理

一个**线性泛函** l 指的是从希尔伯特空间 H 到基本数域的线性变换，该数域通常假定为复数域.

$$l: H \to \mathbf{C}.$$

当然，我们将 $\mathbf{C}$ 视为赋予标准绝对值的范数希尔伯特空间.

线性泛函的一个自然例子由 H 上的内积给出. 的确，对于固定的 $g \in H$，映射

$$l(f) = (f,g)$$

是线性的，且根据柯西-施瓦茨不等式也是有界的. 的确

$$|(f,g)| \leqslant M\|f\|, \text{其中} M = \|g\|.$$

而且，$l(g) = M\|g\|$，因此有 $\|l\| = \|g\|$. 值得注意的是：这个例子在某种意义下是穷尽的，即每个希尔伯特空间上的连续线性泛函都产生于一个内积. 这就是所谓的里斯（Riesz）表示定理.

定理 5.3　令 l 为希尔伯特空间 H 上的连续线性泛函，则存在唯一的 $g \in H$ 使得

$$\text{对所有 } f \in H, l(f) = (f,g),$$

而且，$\|l\| = \|g\|$.

证　考虑 H 的如下定义的子空间

$$S = \{f \in H : l(f) = 0\}.$$

由于 l 是连续的，子空间 S 称为 l 的**零空间**，且是闭的. 若 $S = H$，则 $l = 0$ 且可以取 $g = 0$. 否则，$S^{\perp}$ 是非平凡的，且可以选取任何 $h \in S^{\perp}$ 使满足 $\|h\| = 1$. 有了 h 即可确定 g 为 $g = \overline{l(h)}h$. 于是，若令 $u = l(f)h - l(h)f$，则 $u \in S$，所以 $(u,h) = 0$. 因此

$$0 = (l(f)h - l(h)f, h) = l(f)(h,h) - (f, \overline{l(h)}h).$$

由于 $(h,h) = 1$，故得 $l(f) = (f,g)$，这正是我们所要的.

在这里我们作以下注记，这些注记将在后面用到. 令 H_0 是一个准希尔伯特空间，其完备化是 H. 假设 l_0 是 H_0 上的有界线性泛函，即对所有 $f \in H_0$，$|l_0(f)| \leqslant M\|f\|$，则 l_0 可被延拓为 H 上的有界线性泛函 l，满足对所有 $f \in H$，$|l(f)| \leqslant M\|f\|$. 该延拓也是唯一的. 为看到这一点，人们仅需注意到只要向量 $\{f_n\}$ 属于 H_0，且当 $n \to \infty$ 时在 H 上有 $f_n \to f$，则 $\{l_0(f_n)\}$ 是一个柯西列. 因此可以定义 $l(f)$ 为 $\lim_{n \to \infty} l_0(f_n)$. 所断言的 l 的性质可立即验证.（该结果是下一章的"延拓原理"——引理 1.3 的特殊情形.）

5.2　伴随

里斯表示定理的第一个应用是确定线性变换的"伴随"的存在性.

命题 5.4　令 $T: H \to H$ 为有界线性变换，则存在唯一的 H 上的有界线性变换 T^* 使得：

（ⅰ）$(Tf, g) = (f, T^*g)$,

（ⅱ）$\|T\| = \|T^*\|$,

（ⅲ）$(T^*)^* = T$,

满足以上条件的线性算子 $T^*: H \to H$ 称为 T 的**伴随**.

为证明满足上面（ⅰ）的算子的存在性，我们观察对每个固定的 $g \in H$，由

$$l(f) = (Tf, g)$$

定义的线性泛函 $l = l_g$ 有界.

的确，由于 T 有界故有 $\|Tf\| \leqslant M\|f\|$；因此柯西-施瓦茨不等式蕴含

$$|l(f)| \leqslant \|Tf\| \|g\| \leqslant B\|f\|,$$

其中 $B = M \| g \|$. 因此，里斯表现定理保证了存在唯一的 $h \in H, h = h_g$，使得

$$l(f) = (f, h).$$

于是我们定义 $T^* g = h$，且注意到伴随 T^*：$g \to h$ 是线性的且满足性质（ⅰ）.

$\| T \| = \| T^* \|$ 可由（ⅰ）与引理 5.1 得到：

$$\| T \| = \sup\{ |(Tf, g)| : \| f \| \leqslant 1, \| g \| \leqslant 1 \}$$
$$= \sup\{ |(f, T^* g)| : \| f \| \leqslant 1, \| g \| \leqslant 1 \}$$
$$= \| T^* \|.$$

为证明（ⅲ），注意到对所有 f 和 g，$(Tf, g) = (f, T^* g)$ 当且仅当对所有 f 和 g，$(T^* f, g) = (f, Tg)$，通过取复共轭以及对调 f 和 g 的位置人们可以看到这一点.

在这里我们给出若干附加注记.

（a）在 $T = T^*$ 的特殊情形（我们说 T 是**对称的**），则

$$\| T \| = \sup\{ |(Tf, f)| : \| f \| = 1 \}. \tag{7}$$

这个等式可与引理 5.1 相比较，后者对任何线性算子都成立. 为建立式（7），令 $M = \sup\{ |(Tf, f)| : \| f \| = 1 \}$. 根据引理 5.1 显然有 $M \leqslant \| T \|$. 反过来，若 f 和 g 属于 H，则人们有以下的容易验证的"极化"恒等式

$$(Tf, g) = \frac{1}{4} \big[(T(f+g), f+g) - (T(f-g), f-g) +$$
$$\mathrm{i}(T(f+\mathrm{i}g), f+\mathrm{i}g) - \mathrm{i}(T(f-\mathrm{i}g), f-\mathrm{i}g) \big].$$

对任意 $h \in H$，量 (Th, h) 是实的，因为 $T^* = T$，所以 $(Th, h) = (h, T^* h) = (h, Th) = \overline{(Th, h)}$. 于是

$$\mathrm{Re}(Tf, g) = \frac{1}{4} \big[(T(f+g), f+g) - (T(f-g), f-g) \big].$$

现在 $|(Th, h)| \leqslant M \| h \|^2$，因此 $|\mathrm{Re}(Tf, g)| \leqslant \frac{M}{4} \big[\| f+g \|^2 + \| f-g \|^2 \big]$，且根据平行四边形法则式（4）有

$$|\mathrm{Re}(Tf, g)| \leqslant \frac{M}{2} \big[\| f \|^2 + \| g \|^2 \big].$$

故若 $\| f \| \leqslant 1$ 且 $\| g \| \leqslant 1$，则 $|\mathrm{Re}(Tf, g)| \leqslant M$. 一般的，在上述不等式中可以用 $\mathrm{e}^{\mathrm{i}\theta} g$ 代替 g 可得：只要 $\| f \| \leqslant 1$ 且 $\| g \| \leqslant 1$，则 $|(Tf, g)| \leqslant M$，再由引理 5.1 得出 $\| T \| \leqslant M$.

（b）若 T 和 S 是 H 到其自身的有界线性变换，则它们的乘积 TS 定义为 $(TS)(f) = T(S(f))$. 此外，$(TS)^* = S^* T^*$；事实上，$(TSf, g) = (Sf, T^* g) = (f, S^* T^* g)$.

（c）人们可以证明希尔伯特空间上的有界线性变换与它们相伴随的双线性形式的自然联系. 首先假定 T 是 H 的一个有界算子. 定义相应的双线性形式 B 为

$$B(f, g) = (Tf, g). \tag{8}$$

137

其中 B 关于 f 线性，关于 g 共轭线性. 根据柯西-施瓦茨不等式 $|B(f,g)| \leqslant M \|f\|$ $\|g\|$，其中 $M = \|T\|$. 反过来，若 B 关于 f 线性，关于 g 共轭线性且满足 $|B(f,g)|$ $\leqslant M \|f\| \|g\|$，则存在唯一的线性变换使得式（8）成立，其中 $M = \|T\|$. 这可用命题 5.4 的论证方法证明；细节留给读者.

5.3　例子

前面已经给出希尔伯特空间的基本理论，我们现在偏离一下主题以简要描述该理论的一些早期发展的背景. 一个相当有趣的启发性问题是研究一个微分算子 L 的"特征函数展开". 一个特别的情形，即产生于 $\mathbf{R}$ 的区间 $[a,b]$ 的施图姆-刘维尔（Sturm-Liouville）算子的特征展开：

$$L = \frac{\mathrm{d}^2}{\mathrm{d}x^2} - q(x),$$

其中 q 是给定的实值函数. 问题是用特征函数 φ（即那些满足对某个 $\mu \in \mathbf{R}$，$L(\varphi) = \mu\varphi$ 的函数）来展开"任意"函数. 这个问题的经典例子是傅里叶级数，其中 $L = \mathrm{d}^2/\mathrm{d}x^2$ 定义在区间 $[-\pi,\pi]$ 上，以指数函数 e^{inx} 为 L 的特征函数而特征值 $\mu = -n^2$.

在严格的"正则"情形，通过考虑定义在 $L^2([a,b])$ 上的相应的"积分算子" T：

$$T(f)(x) = \int_a^b K(x,y)f(y)\,\mathrm{d}y,$$

它具有性质：对适当的 f，

$$LT(f) = f.$$

从而关于 L 的问题可被解决.

结果表明使得对 T 的研究可行的一个关键特征是它具有的某种紧性. 我们现在转向这些思想的定义与阐述，首先给出希尔伯特空间上的两类算子的相关说明.

无穷对角矩阵

假设 $\{\varphi_k\}_{k=1}^{\infty}$ 是 H 的一个正交基，若线性变换 $T: H \to H$ 满足 $T(\varphi_k) = \lambda_k \varphi_k$，其中对所有 k，$\lambda_k \in \mathbf{C}$，则称 T 关于 $\{\varphi_k\}$.

一般的，若 $T\varphi = \lambda\varphi$，则非零元素 φ 称为 T 的以 λ 为特征值的**特征向量**，因此上面的 φ_k 是 T 的特征向量，数 λ_k 是相应的特征值.

因此，若 $f \sim \sum_{k=1}^{\infty} a_k \varphi_k$，则 $Tf \sim \sum_{k=1}^{\infty} a_k \lambda_k \varphi_k$.

其中，序列 $\{\lambda_k\}$ 称为对应于 T 的乘子序列.

在这种情形，人们容易验证以下事实：

- $\|T\| = \sup_k |\lambda_k|$.
- T^* 对应于序列 $\{\overline{\lambda_k}\}$；因此 $T = T^*$ 当且仅当 λ_k 是实的.
- T 是酉的当且仅当对所有 k，$|\lambda_k| = 1$.

● T 是一个正交投影当且仅当对所有 k，$\lambda_k = 0$ 或 1.

作为一个特别的例子，考虑 $H = L^2([-\pi, \pi])$，且假定每个 $f \in L^2([-\pi, \pi])$ 可通过周期化延拓至 $\mathbf{R}$，使得对所有 $x \in R$，$f(x + 2\pi) = f(x)$. 对 $k \in \mathbf{Z}$，令 $\varphi_k(x) = e^{ikx}$. 对于一个固定的 $h \in \mathbf{R}$ 由

$$U_h(f)(x) = f(x + h)$$

定义的算子 U_h 是酉的，且 $\lambda_k = e^{ikh}$. 因此，

若 $f \sim \sum\limits_{k=-\infty}^{+\infty} a_k e^{ikx}$，则 $U_h(f) \sim \sum\limits_{k=-\infty}^{+\infty} a_k \lambda_k e^{ikx}$.

积分算子和希尔伯特-施密特算子

令 $H = L^2(\mathbf{R}^d)$. 若当 $f \in L^2(\mathbf{R}^d)$，可以通过公式

$$T(f)(x) = \int_{\mathbf{R}^d} K(x, y) f(y)\, \mathrm{d}y, f \in L^2(\mathbf{R}^d)$$

定义算子 $T: H \to H$，则称算子 T 是一个**积分算子**，而 K 是它相应的**核**.

事实上，正是关于这些算子的可逆性问题，更为确切地说，是对给定的 g，方程 $f - Tf = g$ 的可解性问题，激发了人们对希尔伯特空间的研究. 这些方程当时称为"积分方程".

一般有界线性变换不能表示为（绝对收敛）的积分算子. 然而，有一类具有属于 $L^2(\mathbf{R}^d \times \mathbf{R}^d)$ 的核 K 的有趣算子：**希尔伯特-施密特（Hilbert-Schmidt）算子**，该类算子具有上述性质以及其他一些有价值的性质.

命题 5.5　令 T 为 $L^2(\mathbf{R}^d)$ 上具有核 K 的希尔伯特-施密特算子.

（ⅰ）若 $f \in L^2(\mathbf{R}^d)$，则对几乎每个 x，函数 $y \to K(x, y) f(y)$ 可积.

（ⅱ）算子 T 是从 $L^2(\mathbf{R}^d)$ 到其自身的有界算子，且满足

$$\|T\| \leqslant \|K\|_{L^2(\mathbf{R}^d \times \mathbf{R}^d)},$$

其中 $\|K\|_{L^2(\mathbf{R}^d \times \mathbf{R}^d)}$ 是 K 在 $\mathbf{R}^d \times \mathbf{R}^d = \mathbf{R}^{2d}$ 上的 L^2 范数.

（ⅲ）伴随 T^* 具有核 $\overline{K(y, x)}$.

证　根据 Fubini 定理可知对几乎每个 x，函数 $y \to |K(x, y)|^2$ 可积. 则应用柯西-施瓦茨不等式可直接得到（ⅰ）.

对于（ⅱ），再根据柯西-施瓦茨不等式，有

$$\left| \int K(x, y) f(y)\, \mathrm{d}y \right| \leqslant \int |K(x, y)| |f(y)|\, \mathrm{d}y \leqslant \left(\int |K(x, y)|^2\, \mathrm{d}y \right)^{1/2} \left(\int |f(y)|^2\, \mathrm{d}y \right)^{1/2}.$$

因此，将上式平方并对 x 积分得到

$$\|Tf\|^2_{L^2(\mathbf{R}^d)} \leqslant \int \left(\int |K(x, y)|^2\, \mathrm{d}y \int |f(y)|^2\, \mathrm{d}y \right) \mathrm{d}x = \|K\|^2_{L^2(\mathbf{R}^d \times \mathbf{R}^d)} \|f\|^2_{L^2(\mathbf{R}^d)}.$$

最后，将 (Tf, g) 写为双重积分，因为 Fubini 定理允许交换积分的次序，这就得到（ⅲ）部分.

对希尔伯特空间 $L^2(E)$，其中 E 是 $\mathbf{R}^d$ 的可测子集，可类似地定义希尔伯特-施

139

密特算子. 在这种情形类似于命题 5.5 的结论也成立. 我们将它的叙述与证明留给读者.

希尔伯特-施密特算子具有另外一个重要性质：它们是紧的. 下面将更详细地讨论这一特性.

6 紧算子

我们将用到希尔伯特空间 H 中列紧的概念：对于集合 $X \subset H$，若 X 中的每个序列 $\{f_n\}$ 存在子列 $\{f_{n_k}\}$ 依范数收敛到 X 中的元素，则称 X 是紧的.

令 H 表示一个希尔伯特空间，B 表示 H 的闭单位球，
$$B = \{f \in H : \|f\| \leqslant 1\}.$$
初等实分析的一个熟知的结果是，在有限维欧几里得空间中，一个闭有界集是紧的. 然而，这个结果在无穷维情形不成立. 事实上在这种情形单位球虽然是闭的且有界，但不是紧的. 为看到这一点，考虑序列 $\{f_n\} = \{e_n\}$，其中 e_n 规范正交. 根据勾股定理，若 $n \neq m$，则 $\|e_n - e_m\|^2 = 2$，因此 $\{e_n\}$ 不存在收敛的子列.

在无穷维的情形对于线性算子 $T : H \to H$，若
$$T(B) = \{g \in H : g = Tf, \text{对某个} f \in B\}$$
的闭包是一个紧集，则称 T 是**紧**的. 等价地，一个算子 T 是紧的，若只要 $\{f_n\}$ 是 H 的有界序列，则存在子列 $\{f_{n_k}\}$ 使得 Tf_{n_k} 收敛. 注意到一个紧算子自然是有界的.

注意到我们已经说过，一个线性变换一般不是紧的（例如恒同算子！）. 然而，若 T 是**有限秩**的，这意味着它的值域是有限维的，则它自然是紧的. 研究表明对于紧算子可以得到与（有限维）线性代数中通常的定理最为接近的类似结论. 以下命题给出了紧算子的一些相关的分析性质.

命题 6.1 假定 T 是 H 上的有界线性算子.

（ⅰ）若 S 在 H 上是紧的，则 ST 和 TS 也是紧的.

（ⅱ）若 $\{T_n\}$ 是满足当 n 趋向无穷时 $\|T_n - T\| \to 0$ 的紧线性算子，则 T 是紧的.

（ⅲ）反过来，若 T 是紧的，则存在有限秩的算子列 $\{T_n\}$ 使得 $\|T_n - T\| \to 0$.

（ⅳ）T 是紧的当且仅当 T^* 是紧的.

证 （ⅰ）可立即得到. 对于（ⅱ）运用对角化方法进行证明. 假定 $\{f_k\}$ 是 H 的有界序列. 由于 T_1 是紧的，可以抽出 $\{f_k\}$ 的一个子列 $\{f_{1,k}\}_{k=1}^{\infty}$ 使得 $T_1(f_{1,k})$ 收敛. 从 $\{f_{1,k}\}$ 可以找到一个子列 $\{f_{2,k}\}_{k=1}^{\infty}$ 使得 $T_2(f_{2,k})$ 收敛，以此类推. 若令 $g_k = f_{k,k}$，则 $\{T(g_k)\}$ 是一个柯西列. 故有
$$\|T(g_k) - T(g_l)\| \leqslant \|T(g_k) - T_m(g_k)\| + \|T_m(g_k) - T_m(g_l)\| + \|T_m(g_l) - T(g_l)\|.$$

由于 $\|T - T_m\| \to 0$ 且 $\{g_k\}$ 是有界的，故对某个独立于 k 和 l 的充分大的 m，能使

140

得第一项与最后一项都 $<\varepsilon/3$. 对这个固定的 m, 我们注意到, 根据我们的构造方法, 对所有大的 k 和 l, $\|T_m(g_k) - T_m(g_l)\| < \varepsilon/3$. 因此 $\{T(g_k)\}$ 在 H 上收敛.

为证明 (iii), 令 $\{e_k\}_{k=1}^{\infty}$ 为 H 的一个基, 且令 Q_n 为在由 $e_k, k > n$ 张成的子空间上的正交投影. 则显然只要 $g \sim \sum_{k=1}^{\infty} a_k e_k$, 就有 $Q_n(g) \sim \sum_{k>n} a_k e_k$, 且当 $n \to \infty$ 时 $\|Q_n g\|^2$ 是一个趋向于 0 的递减序列. 我们断言当 $n \to \infty$ 时, $\|Q_n T\| \to 0$. 若不是这样, 存在 $c > 0$ 使得 $\|Q_n T\| \geqslant c$, 因此对每个 n 可以找到 f_n 满足 $\|f_n\| = 1$ 使得 $\|Q_n T f_n\| \geqslant c$. 现在根据 T 的紧性, 选取一个适当的子序列 $\{f_{n_k}\}$, 使得对某个 g, $T f_{n_k} \to g$. 但 $Q_{n_k}(g) = Q_{n_k} T f_{n_k} - Q_{n_k}(T f_{n_k} - g)$, 因此对大的 k 有 $\|Q_{n_k}(g)\| \geqslant c/2$. 这个矛盾表明 $\|Q_n T\| \to 0$. 因此, 若 P_n 是由 $e_1, \cdots, e_n$ 张成的有限维子空间的补投影, $I = P_n + Q_n$, 则 $\|Q_n T\| \to 0$ 意味着 $\|P_n T - T\| \to 0$. 由于每个 $P_n T$ 是有限秩的, 这就完成了对 (iii) 的证明.

最后, 若 T 是紧的, 则 $\|P_n T - T\| \to 0$, 推出 $\|T^* P_n - T^*\| \to 0$, 且显然 $T^* P_n$ 也是有限秩. 因此为证明最后结论我们仅需要借助第二个结论.

下面介绍关于紧算子的两个进一步的观察.

• 若 T 关于某个特征值 $\{\lambda_k\}$ 的特征向量的基 $\{\varphi_k\}$ 可被对角化, 则 T 是紧的当且仅当 $|\lambda_k| \to 0$. 见习题 25.

• 每个希尔伯特-施密特算子是紧的.

为证明第二点, 回顾 $L^2(\mathbf{R}^d)$ 上的希尔伯特-施密特算子, 具体如下:

$$T(f)(x) = \int_{\mathbf{R}^d} K(x, y) f(y) \, dy, \text{ 其中 } K \in L^2(\mathbf{R}^d \times \mathbf{R}^d).$$

若 $\{\varphi_k\}_{k=1}^{\infty}$ 表示 $L^2(\mathbf{R}^d)$ 的规范正交基, 则 $\{\varphi_k(x)\varphi_l(y)\}_{k, l \geqslant 1}$ 是 $L^2(\mathbf{R}^d \times \mathbf{R}^d)$ 的规范正交基; 习题 7 给出了这个简单事实的证明概要. 作为一个结果,

$$K(x, y) \sim \sum_{k, l = 1}^{\infty} a_{kl} \varphi_k(x) \varphi_l(y), \text{ 其中 } \sum_{k, l} |a_{kl}|^2 < \infty.$$

定义算子

$$T_n f(x) = \int_{\mathbf{R}^d} K_n(x, y) f(y) \, dy, \text{其中 } K_n(x, y) = \sum_{k, l=1}^{n} a_{kl} \varphi_k(x) \varphi_l(y),$$

则每个 T_n 具有有限维的值域, 因此是紧的. 此外,

当 $n \to \infty$ 时, $\|K - K_n\|_{L^2(\mathbf{R}^d \times \mathbf{R}^d)}^2 = \sum_{k \geqslant n \, \text{或} \, l \geqslant n} |a_{kl}|^2 \to 0$.

由命题 5.5, $\|T - T_n\| \leqslant \|K - K_n\|_{L^2(\mathbf{R}^d \times \mathbf{R}^d)}$, 因此借助于命题 6.1, 我们证明了 T 是紧的.

我们的努力所达到的顶峰是对紧算子建立无穷维情形的对角化定理, 该定理是线性代数中熟知的关于对称矩阵的对角化定理的推广. 使用类似的术语, 对一个有界线性算子 T 若 $T^* = T$, 则称 T 是**对称的**. [这些算子也称为自共轭算子或 "埃尔

米特（Hermitian）的".]

定理 6.2（谱定理）　假定 T 是希尔伯特空间 H 上的紧对称算子，则存在一个由 T 的特征向量组成的 H 的（规范正交）基 $\{\varphi_k\}_{k=1}^{\infty}$. 此外，若

$$T(\varphi_k) = \lambda_k \varphi_k,$$

则 $\lambda_k \in \mathbf{R}$ 且当 $k \to \infty$ 时，$\lambda_k \to 0$.

反过来，以上形式的每个算子是紧与对称的.

集合 $\{\lambda_k\}$ 称为 T 的**谱**.

引理 6.3　假定 T 是一个希尔伯特空间 H 上的有界对称线性算子.

（ⅰ）若 λ 是 T 的特征值，则 λ 是实的.

（ⅱ）若 f_1 和 f_2 是对应于两个不同特征值的特征向量，则 f_1 与 f_2 正交.

证　为证明（ⅰ），我们首先选取一个非零特征向量 f 使得 $T(f) = \lambda f$. 由于 T 是对称的（即 $T = T^*$），故有

$$\lambda(f,f) = (Tf,f) = (f,Tf) = (f,\lambda f) = \overline{\lambda}(f,f),$$

其中在最后一个等式用到内积关于第二个变量是共轭线性的事实. 由于 $f \neq 0$，则有 $\lambda = \overline{\lambda}$ 且因此 $\lambda \in \mathbf{R}$.

对于（ⅱ），假定 f_1 和 f_2 分别具有特征值 λ_1 和 λ_2. 根据先前的论证 λ_1 和 λ_2 都是实的，且

$$
\begin{aligned}
\lambda_1(f_1,f_2) &= (\lambda_1 f_1, f_2) \\
&= (Tf_1, f_2) \\
&= (f_1, Tf_2) \\
&= (f_1, \lambda_2 f_2) \\
&= \lambda_2(f_1, f_2).
\end{aligned}
$$

由于根据假设 $\lambda_1 \neq \lambda_2$，所以有 $(f_1,f_2) = 0$，这就是我们所要的.

对于下一个引理，注意到 $T - \lambda I$ 的零空间的每个非零元素是特征值 λ 的特征向量.

引理 6.4　假定 T 是紧的，且 $\lambda \neq 0$，则 $T - \lambda I$ 的零空间的维数是有限的. 此外 T 的特征值构成一个至多可数的集合 $\lambda_1, \cdots, \lambda_k, \cdots$，其中当 $k \to \infty$ 时，$\lambda_k \to 0$. 更具体地，对每个 $\mu > 0$，对应于满足 $|\lambda_k| > \mu$ 的特征值 λ_k 的特征向量张成的线性空间是有限维的.

证　令 V_λ 表示 $T - \lambda I$ 的零空间，即 T 对应于 λ 的特征空间. 若 V_λ 不是有限维的，则 V_λ 中存在可数规范正交序列 $\{\varphi_k\}$. 由于 T 是紧的，存在一个子序列 $\{\varphi_{n_k}\}$ 使得 $T(\varphi_{n_k})$ 收敛. 但由于 $T(\varphi_{n_k}) = \lambda \varphi_{n_k}$ 且 $\lambda \neq 0$，故得 φ_{n_k} 收敛，这与若 $k \neq k'$，$\|\varphi_{n_k} - \varphi_{n_{k'}}\|^2 = 2$ 矛盾.

若能证明对每个 $\mu > 0$，仅有有限个特征值其绝对值大于 μ，则引理的其余部分即可得证. 再次运用反证法. 假定有无穷个特征值其绝对值大于 μ，令 $\{\varphi_k\}$ 为相

应的特征向量序列. 由于特征值不同, 由先前的引理我们知道 $\{\varphi_k\}$ 正交, 规范化后, 我们可以假定特征向量是规范正交的. 由于 T 是紧的, 所以能找到子序列使得 $T(\varphi_{n_k})$ 收敛, 且由于

$$T(\varphi_{n_k}) = \lambda_{n_k}\varphi_{n_k},$$

事实上 $|\lambda_{n_k}| > \mu$, 从而导致了矛盾: 由于 $\{\varphi_k\}$ 是一个规范正交集, 因此

$$\|\lambda_{n_k}\varphi_{n_k} - \lambda_{n_j}\varphi_{n_j}\|^2 = \lambda_{n_k}^2 + \lambda_{n_j}^2 \geqslant 2\mu^2.$$

引理 6.5 假定 $T \neq 0$ 是紧的和对称的, 则 $\|T\|$ 或 $-\|T\|$ 是 T 的特征值.

证 根据式 (7), 或者

$$\|T\| = \sup\{(Tf, f): \|f\| = 1\} \text{ 或者 } -\|T\| = \inf\{(Tf, f): \|f\| = 1\},$$

我们假设第一种情形, 即

$$\lambda = \|T\| = \sup\{(Tf, f): \|f\| = 1\},$$

要证明 λ 是 T 的一个特征值 (其余情形的证明类似).

选取序列 $\{f_n\} \subset H$ 使得 $\|f_n\| = 1$ 且 $(Tf_n, f_n) \to \lambda$. 由于 T 是紧的, 故可以假设 $\{Tf_n\}$ (若需要的话过渡到 $\{f_n\}$ 的子序列) 收敛到一个极限 $g \in H$. 我们断言 g 是 T 的一个具有特征值 λ 的特征向量. 为看到这一点, 我们首先观察到 $Tf_n - \lambda f_n \to 0$, 这是因为

$$\|Tf_n - \lambda f_n\|^2 = \|Tf_n\|^2 - 2\lambda(Tf_n, f_n) + \lambda^2\|f_n\|^2$$
$$\leqslant \|T\|^2\|f_n\|^2 - 2\lambda(Tf_n, f_n) + \lambda^2\|f_n\|^2$$
$$\leqslant 2\lambda^2 - 2\lambda(Tf_n, f_n) \to 0.$$

由于 $Tf_n \to g$, 故有 $\lambda f_n \to g$, 且由于 T 是连续的, 这蕴含 $\lambda Tf_n \to Tg$. 这就证明了 $\lambda g = Tg$. 最后, 我们必须有 $g \neq 0$, 否则, $\|T_n f_n\| \to 0$, 因此 $(Tf_n, f_n) \to 0$, 且 $\lambda = \|T\| = 0$, 而这是一个矛盾.

我们现在配备了证明谱定理的必要的工具. 令 S 表示 T 的所有特征向量张成的线性空间的闭包. 根据引理 6.5, 空间 S 非空. 目的是证明 $S = H$. 若不然, 则由于

$$S \oplus S^{\perp} = H, \tag{9}$$

故 $S^{\perp}$ 非空. 一旦证明了 $S^{\perp}$ 包含 T 的特征向量, 就得到一个矛盾. 首先, T 遵循分解式 (9). 换言之, 根据定义, 若 $f \in S$, 则 $Tf \in S$. 同样也有若 $g \in S^{\perp}$, 则 $Tg \in S^{\perp}$. 这是因为 T 是对称的并将 S 映到其自身, 因此

只要 $g \in S^{\perp}$ 且 $f \in S$, 就有 $(Tg, f) = (g, Tf) = 0$.

现在考虑算子 T_1, 根据定义它是 T 在子空间 $S^{\perp}$ 上的限制. 闭子空间 $S^{\perp}$ 从 H 承袭了希尔伯特空间的结构. 我们立刻可以看到 T_1 也是该希尔伯特空间上的一个紧与对称的算子. 此外, 若 $S^{\perp}$ 非空, 引理蕴含 T_1 在 $S^{\perp}$ 上有一个非零的特征向量. 该特征向量显然也是 T 的一个特征向量, 因此就得到了一个矛盾. 这就完成了谱定理的证明.

143

我们依次给出定理 6.2 的一些评论. 若在它的陈述中去掉两个假设中的一个（紧性或 T 的对称性），则 T 可能没有特征向量. （见习题 32 与习题 33.）然而，若 T 是一般的有界线性变换且是对称的，则谱定理适当推广后对它成立. 这个推广的谱定理的叙述与证明需要后面第 6 章的一些深入的思想.

7　习题

1. 证明在希尔伯特空间的定义中的性质（ⅰ）和性质（ⅱ）蕴含性质（ⅳ）：柯西-施瓦茨不等式 $|(f,g)| \leqslant \|f\| \|g\|$ 与三角不等式 $\|f+g\| \leqslant \|f\| + \|g\|$.

【提示：对第一个不等式，考虑 $(f+\lambda g, f+\lambda g)$ 作为 λ 的正二次函数. 对于第二个不等式，将 $\|f+g\|^2$ 写为 $(f+g, f+g)$.】

2. 在柯西-施瓦茨不等式中等号成立的情形我们有以下的结论：若 $|(f,g)| = \|f\| \|g\|$ 且 $g \neq 0$，则对于某个数 C 使得 $f = cg$.

【提示：假设 $\|f\| = \|g\| = 1$ 且 $(f,g) = 1$，则 $f-g$ 与 g 正交，而 $f = f-g+g$. 因此 $\|f\|^2 = \|f-g\|^2 + \|g\|^2$.】

3. 注意到希尔伯特空间 H 的任何一对元素都有 $\|f+g\|^2 = \|f\|^2 + \|g\|^2 + 2\mathrm{Re}(f,g)$. 作为一个结果，验证等式 $\|f+g\|^2 + \|f-g\|^2 = 2(\|f\|^2 + \|g\|^2)$.

4. 用定义证明 $l^2(\mathbf{Z})$ 完备且可分.

5. 建立 $L^2(\mathbf{R}^d)$ 与 $L^1(\mathbf{R}^d)$ 之间的以下关系：

（a）包含关系 $L^2(\mathbf{R}^d) \subset L^1(\mathbf{R}^d)$ 与 $L^1(\mathbf{R}^d) \subset L^2(\mathbf{R}^d)$ 都不成立.

（b）若 f 支撑在有限测度的集合 E 上，且 $f \in L^2(\mathbf{R}^d)$，运用柯西-施瓦茨不等式于 $f\chi_E$ 得 $f \in L^1(\mathbf{R}^d)$，且

$$\|f\|_{L^1(\mathbf{R}^d)} \leqslant m(E)^{1/2} \|f\|_{L^2(\mathbf{R}^d)}.$$

（c）若 f 有界（$|f(x)| \leqslant M$），且 $f \in L^1(\mathbf{R}^d)$，则 $f \in L^2(\mathbf{R}^d)$ 且

$$\|f\|_{L^2(\mathbf{R}^d)} \leqslant M^{1/2} \|f\|_{L^1(\mathbf{R}^d)}^{1/2}.$$

【提示：对于（a）考虑当 $|x| \leqslant 1$ 或 $|x| > 1$ 时的函数 $f(x) = |x|^{-\alpha}$.】

6. 证明以下函数集是 $L^2(\mathbf{R}^d)$ 的稠密子空间.

（a）简单函数.

（b）紧支撑的连续函数.

7. 假定 $\{\varphi\}_{k=1}^{\infty}$ 是 $L^2(\mathbf{R}^d)$ 的一个规范正交基. 证明函数簇 $\{\varphi_{k,j}\}_{1 \leqslant k, j < \infty}$，其中 $\varphi_{k,j}(x,y) = \varphi_k(x)\varphi_j(y)$ 是 $L^2(\mathbf{R}^d \times \mathbf{R}^d)$ 的规范正交基.

【提示：首先，用 Fubini 定理验证 $\{\varphi_{k,j}\}$ 是正交的. 接着，对每个 j 考虑 $F_j(x) = \int_{\mathbf{R}^d} F(x,y)\overline{\varphi_j(y)}\mathrm{d}y$. 若假定对所有 $j (F, \varphi_{k,j}) = 0$，则 $\int F_j(x)\overline{\varphi_k(x)}\mathrm{d}x = 0$.】

8. 令 $\eta(t)$ 为 $[a,b]$ 上的固定的严格正连续函数. 定义 $H_\eta = L^2([a,b],\eta)$ 为 $[a,b]$ 上的使得

$$\int_a^b |f(t)|^2 \eta(t) \mathrm{d}t < \infty$$

的所有可测函数所成空间. 定义 H_η 上的内积为

$$(f,g)_\eta = \int_a^b f(t) \overline{g(t)} \eta(t) \mathrm{d}t.$$

（a）证明 H_η 是一个希尔伯特空间，且映射 $U: f \to \eta^{1/2} f$ 给出了 H_η 与通常的空间 $L^2([a,b])$ 的一个酉对应.

（b）将以上结论推广到 η 不必连续的情形.

9. 令 $H_1 = L^2([-\pi, \pi])$ 为单位圆上的函数 $F(\mathrm{e}^{i\theta})$ 所成的希尔伯特空间，它具有内积 $(F, G) = \dfrac{1}{2\pi} \displaystyle\int_{-\pi}^\pi F(\mathrm{e}^{i\theta}) \overline{G(\mathrm{e}^{i\theta})} \mathrm{d}\theta$. 令 H_2 为空间 $L^2(\mathbf{R}^d)$. 利用 $\mathbf{R}$ 到单位圆的映射

$$x \mapsto \frac{\mathrm{i} - x}{\mathrm{i} + x},$$

证明：

（a）对应 $U: F \to f$，若满足

$$f(x) = \frac{1}{\pi^{1/2}(\mathrm{i} + x)} F\left(\frac{\mathrm{i} - x}{\mathrm{i} + x}\right),$$

则给出了一个从 H_1 到 H_2 的酉映射.

（b）作为一个结果，

$$\left\{ \frac{1}{\pi^{1/2}} \left(\frac{\mathrm{i} - x}{\mathrm{i} + x}\right)^n \frac{1}{\mathrm{i} + x} \right\}_{n = -\infty}^\infty$$

是 $L^2(\mathbf{R}^d)$ 的一个规范正交基.

10. 令 S 表示希尔伯特空间 H 的一个子空间. 证明 $(S^\perp)^\perp$ 是 H 的包含 S 的最小闭子空间.

11. 令 P 为对应于希尔伯特空间 H 的闭子空间 S 的正交投影，即
$$\text{若 } f \in S, P(f) = f; \text{若 } f \in S^\perp, P(f) = 0.$$

（a）证明 $P^2 = P$ 且 $P^* = P$.

（b）反过来，若 P 是任何满足 $P^2 = P$ 与 $P^* = P$ 的有界算子，证明 P 是关于 H 的某个闭子空间的正交投影.

（c）利用 P，证明若 S 是可分的希尔伯特空间的闭子空间，则 S 也是一个可分的希尔伯特空间.

12. 令 E 为 $\mathbf{R}^d$ 的可测子集，且假定 S 是 $L^2(\mathbf{R}^d)$ 中的对 a.e. $x \notin E$ 都等于零的函数构成的子空间. 证明 S 上的正交投影 P 由 $P(f) = \chi_E f$ 给出，其中 χ_E 是 E 的特征函数.

13. 假定 P_1 和 P_2 分别是 S_1 上与 S_2 上的正交投影，则 $P_1 P_2$ 是正交投影当且仅当 P_1 和 P_2 可交换，即 $P_1 P_2 = P_2 P_1$. 在这种情形，$P_1 P_2$ 是 $S_1 \bigcap S_2$ 上的投影.

14. 假定 H 和 H' 是准希尔伯特空间 H_0 的两个完备化. 证明存在从 H 到 H' 的酉映射, 它在 H_0 上是恒同映射.

【提示: 若 $f \in H$, 选取 H_0 中的柯西列 $\{f_n\}$ 使它在 H 上收敛于 f. 该序列也收敛于 H' 中的元素 f'. 映射 $f \to f'$ 给出了所要的酉映射.】

15. 令 T 为从 H_1 到 H_2 的线性变换. 若假定 H_1 是有限维的, 则 T 自然有界. (若不假定 H_1 是有限维的, 则这个结论可能不成立; 见下面的问题 1.)

16. 令 $F_0(z) = 1/(1-z)^{\mathrm{i}}$.

(a) 验证在单位圆盘上 $|F_0(z)| \leqslant e^{\pi/2}$, 但 $\lim\limits_{r \to 1} F_0(r)$ 不存在.

【提示: 在 $r \to 1$ 的过程中 $F_0(r)$ 在 ± 1 之间无穷次振荡 (指的是 $F_0(r)$ 可无穷次地取到 ± 1).】

(b) 令 $\{\alpha_n\}_{n=1}^{\infty}$ 为有理数的一个列举, 且令

$$F(z) = \sum_{j=1}^{\infty} \delta^j F_0(z e^{-\mathrm{i}\alpha_j}),$$

其中 δ 充分小. 证明只要 $\theta = \alpha_j$, $\lim\limits_{r \to 1} F(re^{\mathrm{i}\theta})$ 就不存在, 因此 F 在单位圆的一个稠密点集上没有径向极限.

17. 如下所述, 法图定理可被推广到允许点趋向大区域的边界.

对于每个 $0 < s < 1$ 和单位圆上的点 z, 考虑区域 $\Gamma_s(z)$ 它定义为包含 z 和闭圆盘 $D_s(0)$ 的最小闭凸集. 换句话说, 区域 $\Gamma_s(z)$ 由连接 z 与 $D_s(0)$ 的点的所有直线组成. 在 z 附近, 区域 $\Gamma_s(z)$ 看起来像一个三角形, 如图 2 所示.

我们说定义在开单位圆盘的函数 F 有一个**非切向极限**, 若对每个 $0 < s < 1$ 极限

$$\lim_{\substack{w \to z \\ w \in \Gamma_s(z)}} F(w)$$

存在的话.

146

证明若 F 在开圆盘上全纯且有界, 则 F 在单位圆的几乎每个点有非切向极限.

【提示: 证明函数 f 的泊松积分在 f 的勒贝格集的每一点有非切向极限.】

18. 令 H 表示一个希尔伯特空间, $L(H)$ 为 H 上的所有有界线性算子组成的向量空间. 给定 $T \in L(H)$, 定义算子范数为

$$\|T\| = \inf\{B : \|Tv\| \leqslant B\|v\|\}, \text{对所有 } v \in H.$$

(a) 证明只要 $T_1, T_2 \in L(H)$, 就有 $\|T_1 + T_2\| \leqslant \|T_1\| + \|T_2\|$.

(b) 证明

$$d(T_1, T_2) = \|T_1 - T_2\|$$

定义了一个 $L(H)$ 上的度量.

(c) 证明在度量 d 下 $L(H)$ 是完备的.

19. 若 T 是希尔伯特空间上的一个线性算子, 证明

$$\| TT^* \| = \| T^* T \| = \| T \|^2 = \| T^* \|^2.$$

20. 假定 H 是无穷维希尔伯特空间. 我们已经看到了 H 中如下序列 $\{f_n\}$ 的例子: 满足对所有 n, $\| f_n \| = 1$, 但 $\{f_n\}$ 没有在 H 中收敛的子列. 然而, 对任何 H 中的满足对所有 n, $\| f_n \| = 1$ 的序列 $\{f_n\}$, 存在 $f \in H$ 和子列 $\{f_{n_k}\}$ 使得对所有 $g \in H$, 有

$$\lim_{k \to \infty} (f_{n_k}, g) = (f, g).$$

我们称 $\{f_{n_k}\}$ **弱收敛**于 f.

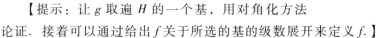
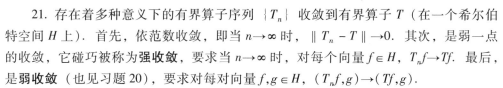

图 2 区域 $\Gamma_s(z)$

【提示: 让 g 取遍 H 的一个基, 用对角化方法论证. 接着可以通过给出 f 关于所选的基的级数展开来定义 f. 】

21. 存在着多种意义下的有界算子序列 $\{T_n\}$ 收敛到有界算子 T (在一个希尔伯特空间 H 上). 首先, 依范数收敛, 即当 $n \to \infty$ 时, $\| T_n - T \| \to 0$. 其次, 是弱一点的收敛, 它碰巧被称为**强收敛**, 要求当 $n \to \infty$ 时, 对每个向量 $f \in H$, $T_n f \to Tf$. 最后, 是**弱收敛** (也见习题20), 要求对每对向量 $f, g \in H$, $(T_n f, g) \to (Tf, g)$.

(a) 用例子证明弱收敛不能推出强收敛, 且强收敛不能推出依范数收敛.

(b) 证明对任何有界算子 T, 存在有限秩的有界算子序列 $\{T_n\}$ 使得当 $n \to \infty$ 时在强收敛意义下 $T_n \to T$.

147

22. 若对所有 $f \in H$, $\| Tf \| = \| f \|$ 则算子 T 称为**等距的**.

(a) 证明若 T 是一个等距, 则对每个 $f, g \in H$, $(Tf, Tg) = (f, g)$. 作为一个结果, 证明 $T^* T = I$.

(b) 若 T 是一个等距且 T 是满射, 则 T 是酉的且 $TT^* = I$.

(c) 给出一个等距但不是酉的例子.

(d) 证明若 $T^* T$ 是酉的, 则 T 是一个等距.

【提示: 利用事实 $(Tf, Tf) = (f, f)$, 用 $f \pm g$ 和 $f \pm ig$ 代替 f. 】

23. 假定 $\{T_k\}$ 是希尔伯特空间 H 上的有界算子的集合, 同时假定对所有 k, $\| T_k \| \leqslant 1$. 也假定对所有 $k \neq j$,

$$T_k T_j^* = T_k^* T_j = 0,$$

令

$$S_N = \sum_{k=-N}^{N} T_k ,$$

证明: 当 $N \to \infty$ 时, 对每个 $f \in H$, $S_N(f)$ 收敛. 若 $T(f)$ 表示该极限, 证明: $\| T \| \leqslant 1$.

下面的问题 8^* 给出了上述结论的一个推广.

【提示: 首先考虑仅有有限多个 T_k 非零的情形, 且注意到 T_k 的值域相互

正交.】

24. 令 $\{e_k\}_{k=1}^{\infty}$ 为希尔伯特空间 H 的规范正交集. 若 $\{c_k\}_{k=1}^{\infty}$ 是一个正实数序列使得 $\sum c_k^2 < \infty$ ，则集合

$$A = \Big\{ \sum_{k=1}^{\infty} a_k e_k : |a_k| \leqslant c_k \Big\}$$

在 H 中是紧的.

25. 假定 T 是一个有界算子关于基 $\{\varphi_k\}$ 对角，满足 $T\varphi_k = \lambda_k \varphi_k$ ，则 T 是紧的当且仅当 $\lambda_k \to 0$.

【提示：若 $\lambda_k \to 0$ ，则 $\| P_n T - T \| \to 0$ ，其中 P_n 是由 $\varphi_1, \varphi_2, \cdots, \varphi_n$ 张成的子空间上的正交投影.】

26. 假定 w 是 $\mathbf{R}^d$ 上的可测函数满足对 a.e. x , $0 < w(x) < \infty$ ，且 K 是 $\mathbf{R}^{2d}$ 上的可测函数满足：

（ⅰ）对几乎每个 $x \in \mathbf{R}^d$ ，$\int_{\mathbf{R}^d} |K(x,y)| w(y) \mathrm{d}y \leqslant Aw(x)$ ，且

（ⅱ）对几乎每个 $y \in \mathbf{R}^d$ ，$\int_{\mathbf{R}^d} |K(x,y)| w(x) \mathrm{d}x \leqslant Aw(y)$.

证明如下定义的积分算子：

$$Tf(x) = \int_{\mathbf{R}^d} K(x,y) f(y) \mathrm{d}y, x \in \mathbf{R}^d$$

在 $L^2(\mathbf{R}^d)$ 上有界并满足 $\| T \| \leqslant A$.

注意作为一个特殊情形，若对所有 x , $\int |K(x,y)| \mathrm{d}y \leqslant A$ ，且对所有 y ,

$\int |K(x,y)| \mathrm{d}x \leqslant A$ ，则 $\| T \| \leqslant A$.

【提示：证明若 $f \in L^2(\mathbf{R}^d)$ ，则

$\int |K(x,y)| |f(y)| \mathrm{d}y \leqslant A^{1/2} w(x)^{1/2} \big[\int |K(x,y)| |f(y)|^2 w(y)^{-1} \mathrm{d}y \big]^{1/2}$.】

27. 证明算子

$$Tf(x) = \frac{1}{\pi} \int_0^{\infty} \frac{f(y)}{x+y} \mathrm{d}y$$

在 $L^2(0,\infty)$ 上有界且范数 $\| T \| \leqslant 1$.

【提示：用习题 26，选取适当的 w.】

28. 假定 $H = L^2(B)$ ，其中 B 是 $\mathbf{R}^d$ 的单位球. 令 $K(x,y)$ 为 $B \times B$ 上的满足只要 $x,y \in B$ 则对某个 $\alpha > 0$, $|K(x,y)| \leqslant A|x-y|^{-d+\alpha}$ 的可测函数. 定义

$$Tf(x) = \int_B K(x,y) f(y) \mathrm{d}y .$$

（a）证明 T 是 H 上的有界算子.

（b）证明 T 是紧的.

（c）注意 T 是希尔伯特-施密特算子当且仅当 $\alpha > d/2$.

【提示：对于（b），考虑与截断核 $K_n(x,y) = \begin{cases} K(x,y), & |x-y| \geqslant 1/n, \\ 0, & \text{其他} \end{cases}$ 相应的

算子 T_n. 证明每个 T_n 是紧的，且当 $n \to \infty$ 时，$\|T_n - T\| \to 0$.】

29. 令 T 为希尔伯特空间 H 上的紧算子，且假设 $\lambda \neq 0$.

（a）证明由

$$\{g \in H : g = (\lambda I - T)f, \text{对某个} f \in H\}$$

定义的 $\lambda I - T$ 的值域是闭的.

【提示：假定 $g_j \to g$，其中 $g_j = (\lambda I - T)f_j$. 令 V_λ 表示 T 对应于 λ 的特征空间，即 $\lambda I - T$ 的核. 为什么人们可以假定 $f_j \in V_\lambda^\perp$？在此假设下证明 $\{f_j\}$ 是一个有界序列.】

（b）通过例子证明当 $\lambda = 0$ 时，上述结论不成立.

（c）证明 $\lambda I - T$ 的值域是整个 H 当且仅当 $\bar{\lambda} I - T^*$ 的零空间是平凡的.

30. 令 $H = L^2([-\pi, \pi])$，其中 $[-\pi, \pi]$ 可等同于单位圆. 固定一个有界复数序列 $\{\lambda_n\}_{n=-\infty}^{+\infty}$，且定义算子 Tf 为

当　　　　$f(x) \sim \sum_{n=-\infty}^{+\infty} a_n e^{inx}$ 时，$Tf(x) \sim \sum_{n=-\infty}^{+\infty} \lambda_n a_n e^{inx}$.

这样的算子称为**傅里叶乘子算子**，序列 $\{\lambda_n\}$ 称为**乘子序列**.

（a）证明 T 是 H 上的有界算子且 $\|T\| = \sup_n |\lambda_n|$.

（b）验证 T 与平移可交换，即若 $\tau_h(x) = f(x-h)$，则对每个 $h \in \mathbf{R}$，$T \circ \tau_h = \tau_h \circ T$.

（c）反过来，证明若 T 是任何 H 上的与平移可交换的有界算子，则 T 是傅里叶乘子算子.

【提示：考虑 $T(e^{inx})$.】

31. 考虑定义在 $[(-\pi, \pi)]$ 上的锯齿函数

$$K(x) = i(\text{sgn}(x)\pi - x)^\ominus,$$

且将之延拓为 $\mathbf{R}$ 上的周期为 2π 的函数. 假定 $f \in L^1([-\pi, \pi])$ 被延拓为 $\mathbf{R}$ 上的周期为 2π 的函数，且定义

$$Tf(x) = \frac{1}{2\pi} \int_{-\pi}^{\pi} K(x-y)f(y)\,dy$$

$$= \frac{1}{2\pi} \int_{-\pi}^{\pi} K(y)f(x-y)\,dy.$$

$\ominus$ 符号 $\text{sgn}(x)$ 表示符号函数：若 x 是正的它取 1，若 x 是负的它取 -1，若 $x = 0$ 它等于 0.

（a）证明 $F(x)=Tf(x)$ 绝对连续，且若 $\int_{-\pi}^{\pi}f(y)\mathrm{d}y=0$ ，则 $F'(x)=if(x)\mathrm{a.e.}x.$

（b）证明映射 $f \to Tf$ 在 $L^2([-\pi,\pi])$ 上是紧的和对称的.

（c）证明：$\varphi(x) \in L^2([-\pi,\pi])$ 是 T 的一个特征函数当且仅当（在相差一个常数因子的情况下）$\varphi(x)=\begin{cases} \mathrm{e}^{inx}, & \text{特征值为}\dfrac{1}{n}\ （\text{对某个整数 } n \neq 0） \\ 1, & \text{特征值为 } 0 \end{cases}$

（d）作为一个结果，证明 $\{\mathrm{e}^{inx}\}_{n \in \mathbf{Z}}$ 是 $L^2([-\pi,\pi])$ 的规范正交基.

注意：在书 I 第 2 章习题 8，已证明了 K 的傅里叶级数是

$$K(x) \sim \sum_{n \neq 0} \frac{\mathrm{e}^{inx}}{n}.$$

32. 考虑算子 $T: L^2([0,1]) \to L^2([0,1])$，它定义为
$$T(f)(t)=tf(t).$$

（a）证明 T 是一个满足 $T=T^*$ 的有界线性算子，但 T 不是紧的.

（b）证明 T 没有特征向量.

33. 令 H 为具有基 $\{\varphi_k\}_{k=1}^{\infty}$ 的希尔伯特空间. 验证如下定义的算子 T：
$$T(\varphi_k)=\frac{1}{k}\varphi_{k+1}$$

是紧的，但没有特征向量.

34. 令 K 为实对称的希尔伯特-施密特核，则如同我们看到的，以 K 为核的算子 T 是紧的且对称的. 令 $\{\varphi_k(x)\}$ 为对角化 T 的（具有特征值 λ_k）特征向量，则：

（a）$\sum_k |\lambda_k|^2 < \infty$.

（b）核 K 在基 $\{\varphi_k(x)\varphi_k(y)\}$ 的展开为 $K(x,y) \sim \sum \lambda_k \varphi_k(x)\varphi_k(y)$.

（c）假定 T 是紧的对称算子，则 T 是希尔伯特-施密特型的当且仅当 $\sum_n |\lambda_n|^2 < \infty$，其中 $\{\lambda_n\}$ 是按重数计算的 T 的特征值.

35. 令 H 为希尔伯特空间. 证明以下谱定理的变体.

（a）若 T_1 和 T_2 是 H 上的两个交换的线性对称与紧算子（即 $T_1 T_2 = T_2 T_1$），证明它们能同时被对角化. 换言之，存在着由 T_1 和 T_2 的共同的特征向量组成的 H 的规范正交基.

（b）H 上的线性算子 T 若满足 $TT^*=T^*T$，则称为**正规的**. 证明若 T 正规且是紧的，则 T 可对角化.

【提示：将 T 写为 $T=T_1+iT_2$，其中 T_1 和 T_2 是对称、紧和可交换的.】

（c）若 U 是酉的，且 $U=\lambda I-T$，其中 T 是紧的，则 U 可对角化.

8　问题

1. 令 H 为无穷维的希尔伯特空间. 存在定义在 H 上的不是有界的（因此不是

连续的）线性泛函 l.

【提示：用选择公理（或它的某个等价形式）构造 H 的代数基 $\{e_\alpha\}$；它具有性质：H 的每个元素可唯一地表示为 $\{e_\alpha\}$ 的元素的有限线性组合. 选取可数集簇 $\{e_n\}_{n=1}^\infty$，且定义 l 为满足对所有 $n \in N$，$l(e_n) = n \parallel e_n \parallel$】

2. 以下是不可分希尔伯特空间的一个例子. 考虑 $\mathbf{R}$ 上的指数函数簇 $\{e^{i\lambda x}\}$，其中 λ 取遍实数. 令 H_0 表示这些指数函数的有限线性组合所成的空间. 对于 $f, g \in H_0$，定义内积为

$$(f, g) = \lim_{T \to \infty} \frac{1}{2T} \int_{-T}^{T} f(x) \, \overline{g(x)} \, \mathrm{d}x.$$

（a）证明极限存在，且若 $f(x) = \sum_{k=1}^{N} a_{\lambda_k} e^{i\lambda_k x}, g(x) = \sum_{k=1}^{N} b_{\lambda_k} e^{i\lambda_k x}$，则

$$(f, g) = \sum_{k=1}^{N} a_{\lambda_k} \, \overline{b_{\lambda_k}}.$$

（b）有了这个内积，H_0 是一个准希尔伯特空间. 注意若 $f \in H_0$，$\parallel f \parallel \leqslant \sup_x |f(x)|$，其中 $\parallel f \parallel$ 表示范数 $\langle f, f \rangle^{1/2}$. 令 H 为 H_0 的完备化，则 H 是不可分的. 这是因为若 $\lambda \neq \lambda'$，则 $e^{i\lambda x}$ 与 $e^{i\lambda' x}$ 规范正交.

定义在 $\mathbf{R}$ 上的连续函数 F，若它是 H_0 中元素（在 $\mathbf{R}$ 上）的一致极限，则称为**几乎周期的**. 这样的函数等同于（H_0 的）完备化 H 的（某些）元素：我们有 $H_0 \subset AP \subset H$，其中 AP 表示几乎周期函数.

（c）连续函数 F 属于 AP 当且仅当对每个 $\varepsilon > 0$，都能找到长度 $L = L_\varepsilon$ 使得任何长度为 L 的区间 $I \subset \mathbf{R}$ 都包含一个"几乎周期" τ 满足

$$\sup_x |F(x + \tau) - F(x)| < \varepsilon.$$

（d）F 属于 AP 当且仅当 F 的每个平移序列 $F(x + h_n)$ 包含一个一致收敛的子列.

3. 下面是法图定理的一个直接推广：若 $u(re^{i\theta})$ 在单位圆盘上调和且有界，则对 a.e. θ）$\lim_{r \to 1} u(re^{i\theta})$ 存在.

【提示：令 $a_n(r) = \frac{1}{2\pi} \int_0^{2\pi} u(re^{i\theta}) e^{-in\theta} \mathrm{d}\theta$，则 $a_n''(r) + \frac{1}{r} a_n'(r) - \frac{n^2}{r^2} a_n(r) = 0$，

因此 $a_n(r) = A_n r^n + B_n r^{-n}, n \neq 0$，作为一个结果[⊖]，$u(re^{i\theta}) = \sum_{-\infty}^{+\infty} a_n r^{|n|} e^{in\theta}$. 从这里人们可以像在定理 3.3 的证明那样继续. 】

4*. 这个问题给出了不具备径向极限几乎处处存在的函数的一些例子.

⊖ 也见书 I 的第 2 章第 5 节.

（a）在单位圆周的几乎每一个点，函数 $\sum\limits_{n=0}^{\infty} z^{2^n}$ 没有径向极限.

（b）更一般的，假定 $F(z)=\sum\limits_{n=0}^{\infty} a_n z^{2^n}$，则若 $\sum |a_n|^2=\infty$，则在几乎每一个边界点函数 F 没有径向极限. 然而，若 $\sum |a_n|^2<\infty$，则 $F\in H^2(D)$，从定理 3.3 的证明中我们知道 F 的径向极限确实几乎处处存在.

5*. 假定 F 在单位圆盘上全纯，且

$$\sup_{0\leqslant r<1} \frac{1}{2\pi}\int_{-\pi}^{\pi} \log^+|F(re^{i\theta})|\,\mathrm{d}\theta<\infty,$$

其中若 $u\geqslant 1$，$\log^+ u=\log u$；若 $u<1$，$\log^+ u=0$. 则对几乎每个 θ 极限 $\lim\limits_{r\to 1}F(re^{i\theta})$ 存在.

只要对某个 $p>0$，

$$\sup_{0\leqslant r<1} \frac{1}{2\pi}\int_{-\pi}^{\pi} |F(re^{i\theta})|^p\mathrm{d}\theta<\infty$$

以上条件就满足（由于 $e^{pu}\geqslant pu$，$u\geqslant 0$）. 满足后面这个条件的函数称为属于哈代空间 $H^p(D)$.

6*. 若 T 是紧的，且 $\lambda>0$，证明：

（a）$\lambda I-T$ 是单射当且仅当 $\bar{\lambda}I-T^*$ 是单射.

（b）$\lambda I-T$ 是单射当且仅当 $\lambda I-T$ 是满射.

该结果，即熟知的弗雷德霍姆（Fredholm）择一定理，常常与习题 29 相结合.

7. 证明在 $L^2(\mathbf{R}^d)$ 上的恒同算子不能作为一个（绝对）收敛的积分算子给出. 更确切地，若 $K(x,y)$ 是 $\mathbf{R}^d\times\mathbf{R}^d$ 上的可测函数，并具有性质：对每个 $f\in L^2(\mathbf{R}^d)$，积分 $T(f)(x)=\int_{\mathbf{R}^d}K(x,y)f(y)\mathrm{d}y$ 对几乎每个 x 收敛，则对某个 $f,T(f)\neq f$.

【提示：证明对任何一对 $\mathbf{R}^d$ 中不相交的球 B_1 和 B_2，有 $K(x,y)=0,\mathrm{a.e.}$（x，y）$\in B_1\times B_2$.】

8*. 假定 $\{T_k\}$ 是希尔伯特空间 H 上的有界算子集. 假设对满足 $\sum\limits_{-\infty}^{+\infty} a_n=A<\infty$ 的正常数 $\{a_n\}$ 有

$$\|T_k T_j^*\|\leqslant a_{k-j} \text{且} \|T_k^* T_j\|\leqslant a_{k-j}^*,$$

则对每个 $f\in H$，当 $N\to\infty$ 时 $S_N(f)$ 收敛，其中 $S_N=\sum\limits_{-N}^{N} T_k$. 此外，$T=\lim\limits_{N\to\infty}S_N$ 满足 $\|T\|\leqslant A$.

9. 以下讨论一类正则的施图姆-刘维尔（Sturm-Liouville）算子. 其他特殊的例

子由下面的问题给出.

假定 $[a,b]$ 是一个有界区间, L 是定义在那些在 $[a,b]$ 二次连续可微的函数 f 上（记 $f \in C^2([a,b])$）的算子,

$$L(f)(x) = \frac{\mathrm{d}^2 f}{\mathrm{d}x^2} - q(x)f(x).$$

这里函数 q 在 $[a,b]$ 上连续且实值, 为简单起见我们假定 q 非负. 若 $L(\varphi) = \mu\varphi$, 则称 $\varphi \in C^2([a,b])$ 是 L 以 μ 为特征值的**特征函数**, 在 φ 满足边界条件 $\varphi(a) = \varphi(b) = 0$ 的假设下. 则人们能够证明:

（a）特征值 μ 严格非负, 对应于每个特征值的特征空间是一维的.

（b）对应于不同特征值的特征向量在 $L^2([a,b])$ 上正交.

（c）令 $K(x,y)$ 为如下定义的"格林（Green）核". 选取 $\varphi_-(x)$ 为 $L(\varphi_-) = 0$, $\varphi_-(a) = 0$ 但 $\varphi_-'(a) \neq 0$ 的一个解. 类似地, 选取 $\varphi_+(x)$ 为 $L(\varphi_+) = 0$, $\varphi_+(b) = 0$, 但 $\varphi_+'(b) \neq 0$ 的一个解. 令 $w = \varphi_+'(x)\varphi_-(x) - \varphi_-'(x)\varphi_+(x)$ 为这些解的"朗斯基（Wronskian）"行列式的值, 且注意到 w 是非零常数.

设

$$K(x,y) = \begin{cases} \dfrac{\varphi_-(x)\varphi_+(y)}{w}, & a \leqslant x \leqslant y \leqslant b, \\[2mm] \dfrac{\varphi_+(x)\varphi_-(y)}{w}, & a \leqslant y \leqslant x \leqslant b, \end{cases}$$

则如

$$T(f)(x) = \int_a^b K(x,y)f(y)\,\mathrm{d}y$$

定义的算子 T 是一个希尔伯特-施密特算子, 因此是紧的. 它也是对称的. 此外, 只要 f 在 $[a,b]$ 上连续, Tf 属于 $C^2([a,b])$ 且

$$L(Tf) = f.$$

（d）作为一个结果, T 的每个特征向量（以 λ 为特征值）是 L 的特征向量（特征值 $\mu = 1/\lambda$）. 因此定理 6.2 证明了产生于规范化 L 的特征向量的正交集的完备性.

10*. 定义 $C^2([-1,1])$ 上的算子 L 为

$$L(f)(x) = (1 - x^2)\frac{\mathrm{d}^2 f}{\mathrm{d}x^2} - 2x\frac{\mathrm{d}f}{\mathrm{d}x}.$$

若 φ_n 是

$$\varphi_n(x) = \left(\frac{\mathrm{d}}{\mathrm{d}x}\right)^n (1 - x^2)^n, \quad n = 0, 1, 2, \cdots,$$

给出的 n 次勒让德（Legendre）多项式, 则 $L\varphi_n = -n(n+1)\varphi_n$.

规范化 φ_n 构成 $L^2([-1,1])$ 的规范正交基（也见书 I 第 3 章问题 2, 其中 φ_n 记为 L_n）.

153

11*. 埃尔米特（**Hermite**）函数 $h_k(x)$ 由生成等式

$$\sum_{k=0}^{\infty} h_k(x)\,\frac{t^k}{k!} = \mathrm{e}^{-(x^2/2 - 2tx + t^2)}.$$

定义.

（a）它们满足"生"与"灭"等式，当 $k \geqslant 0$ 时，$\left(x - \dfrac{\mathrm{d}}{\mathrm{d}x}\right)h_k(x) = h_{k+1}(x)$ 与 $\left(x + \dfrac{\mathrm{d}}{\mathrm{d}x}\right)h_k(x) = h_{k-1}(x)$，其中 $h_{-1}(x) = 0$. 注意到 $h_0(x) = \mathrm{e}^{-x^2/2}$，$h_1(x) = 2x\mathrm{e}^{-x^2/2}$，更一般的，$h_k(x) = P_k(x)\mathrm{e}^{-x^2/2}$，其中 P_k 是次数为 k 的多项式.

（b）利用（a）人们可以看到 h_k 是算子 $L = -\mathrm{d}^2/\mathrm{d}x^2 + x^2$ 的特征向量，满足 $L(h_k) = \lambda_k h_k$，其中 $\lambda_k = 2k + 1$. 人们观察到这些函数相互正交. 由于

$$\int_{\mathbf{R}} \left[h_k(x)\right]^2 \mathrm{d}x = \pi^{1/2} 2^k k! = c_k,$$

我们可以规范化它们以得到规范正交序列 $\{H_k\}$，$H_k = c_k^{-1/2} h_k$. 该序列在 $L^2(\mathbf{R}^d)$ 完备，这是由于对所有 k，$\int_{\mathbf{R}} f H_k \mathrm{d}x = 0$ 蕴含对所有 $t \in \mathbf{C}$，$\int_{-\infty}^{+\infty} f(x)\mathrm{e}^{-\frac{x^2}{2} + 2tx} \mathrm{d}x = 0$.

（c）假设 $K(x,y) = \sum_{k=0}^{\infty} \dfrac{H_k(x)H_k(y)}{\lambda_k}$，且 $F(x) = T(f)(x) = \int_{\mathbf{R}} K(x,y)f(y)\mathrm{d}y$，则 T 是一个对称的希尔伯特-施密特算子，且若 $f \sim \sum_{k=0}^{\infty} a_k H_k$，则 $F \sim \sum_{k=0}^{\infty} \dfrac{a_k}{\lambda_k} H_k$.

在（a）和（b）的基础上人们可以证明只要 $f \in L^2(\mathbf{R})$，则不仅 $F \in L^2(\mathbf{R})$，而且 $x^2 F(x) \in L^2(\mathbf{R})$. 此外，可在一个测度为零的集合上修正 F 使得它连续可微，F' 绝对连续，且 $F'' \in L^2(\mathbf{R})$. 最后，算子 T 在以下意义是 L 的逆：

对每个 $f \in L^2(\mathbf{R})$，$LT(f) = LF = -F'' + x^2 F = f$.

（可参见《傅里叶分析》第 5 章问题 7*.）

第5章 希尔伯特空间：几个例子

> 一个数学家和一个物理学家的差别是什么？就是：对一个数学家而言，所有的希尔伯特空间都是相同的，然而，对一个物理学家来说，它们的不同实现才是真正重要的.
>
> 引自 E. Wigner, ca. 1960

希尔伯特空间出现在分析学的很多不同的情形中，尽管众所周知所有（无限维）希尔伯特空间都是相同的，但事实上，它们的多样化和不同实现以及单独应用使得它们在数学中如此有趣. 我们将通过几个例子来说明这一点.

首先，我们考虑帕塞瓦尔（Plancherel）公式和所导致的傅里叶变换的酉性. 这些思想与复分析的相关性由属于哈代空间 H^2 的一个半空间里的全纯函数的研究加以强调. 这个函数空间本身就是希尔伯特空间的另一个有趣实现. 这里的考虑类似于导致关于单位圆盘的法图定理的思想，但是涉及更多性质.

然后，我们看一下复分析和傅里叶变换如何结合以保证常系数线性偏微分方程解的存在性. 其证明依赖于一个基本的 L^2 估计，它一旦建立便能被简单的希尔伯特空间技巧所利用.

我们最后的例子是狄利克雷原理和它在调和函数边值问题的应用. 这里出现的希尔伯特空间由狄利克雷积分给出，并且解可借助于一个适当的正交投影算子表示.

1 L^2 上的傅里叶变换

$\mathbf{R}^d$ 上的函数 f 的傅里叶变换定义为

$$\hat{f}(\xi)=\int_{\mathbf{R}^d}f(x)\,\mathrm{e}^{-2\pi\mathrm{i}x\cdot\xi}\mathrm{d}x, \tag{1}$$

其相应的逆变换为

$$f(x)=\int_{\mathbf{R}^d}\hat{f}(\xi)\,\mathrm{e}^{2\pi\mathrm{i}x\cdot\xi}\mathrm{d}\xi. \tag{2}$$

这些公式已经多次出现在不同的情形中，我们首先考虑（见书Ⅰ）限制在施瓦兹类 $S(\mathbf{R}^d)$ 中的函数在基本框架下傅里叶变换的性质. S 类由光滑（无穷可微）函数 f 组成，且对每个多重指标 α 和 β，函数 $x^{\alpha}\left(\dfrac{\partial}{\partial x}\right)^{\beta}f$ 在 $\mathbf{R}^d$ 上有界$^{\ominus}$．我们知道在这个类上的傅里叶变换是一个双射，即反演公式（2）成立，此外我们有帕塞瓦尔恒等式

$$\int_{\mathbf{R}^d}|\hat{f}(\xi)|^2\,\mathrm{d}\xi=\int_{\mathbf{R}^d}|f(x)|^2\,\mathrm{d}x. \tag{3}$$

现在转向更一般的（特别地，不连续）函数，我们注意到使得定义 $\hat{f}(\xi)$ 的积分（绝对）收敛的最大类是 $L^1(\mathbf{R}^d)$ 空间，对此，我们在第 2 章看到一个（相关）反演公式成立．

除这些特别的事实之外，我们想要在更一般的情形下重建对 S 类成立的 f 和 $\hat{f}$ 之间的对称性．这就是希尔伯特空间 $L^2(\mathbf{R}^d)$ 的特殊作用．

$L^2(\mathbf{R}^d)$ 上的傅里叶变换的定义为其在 S 上的定义的延拓．为此，我们临时采用符号 F_0 和 F 分别表示 S 上的傅里叶变换和它到 L^2 的延拓．

我们证明的主要结果如下．

定理 1.1 最初定义在 $S(\mathbf{R}^d)$ 上的傅里叶变换 F_0，可唯一地延拓为 $L^2(\mathbf{R}^d)$ 到其自身的一个酉映射 F．特别地，

$$\|F(f)\|_{L^2(\mathbf{R}^d)}=\|f\|_{L^2(\mathbf{R}^d)}$$

对所有的 $f\in L^2(\mathbf{R}^d)$ 成立．

延拓 F 将通过一个极限过程给出：若 $\{f_n\}$ 是施瓦茨空间中收敛于 $f\in L^2(\mathbf{R}^d)$ 的函数列，则 $F_0(f_n)$ 收敛于 $L^2(\mathbf{R}^d)$ 中的一个元素，我们把该元素定义为 f 的傅里叶变换．为了运用该方法，需要证明每个 L^2 函数都能够被施瓦茨空间中的元素逼近．

引理 1.2 空间 $S(\mathbf{R}^d)$ 在 $L^2(\mathbf{R}^d)$ 中稠密，换言之，给定任何 $f\in L^2(\mathbf{R}^d)$，存在函数列 $\{f_n\}\subset S(\mathbf{R}^d)$ 使得当 $n\to\infty$ 时，$\|f-f_n\|_{L^2(\mathbf{R}^d)}\to 0$．

为证明该引理，首先固定 $f\in L^2(\mathbf{R}^d)$ 和 $\varepsilon>0$．接着，对每个 $M>0$，定义

$$g_M(x)=\begin{cases}f(x),\ \text{若}\ |x|\leqslant M\ \text{且}\ |f(x)|\leqslant M,\\ 0,\qquad\ \text{其他},\end{cases}$$

则 $|f(x)-g_M(x)|\leqslant 2|f(x)|$，从而 $|f(x)-g_M(x)|^2\leqslant 4|f(x)|^2$，由于当 $M\to\infty$ 时，$g_M(x)\to f(x)$ 对几乎每个 x 成立，控制收敛定理保证了对某个 M，有

$$\|f-g_M\|_{L^2(\mathbf{R}^d)}<\varepsilon.$$

记 $g=g_M$，注意到此函数是有界的且支撑在一个有界集上，故只需证 g 可被施

$\ominus$ 回顾 $x^{\alpha}=x_1^{\alpha_1}x_2^{\alpha_2}\cdots x_d^{\alpha_d}$ 和 $\left(\dfrac{\partial}{\partial x}\right)^{\beta}=\left(\dfrac{\partial}{\partial x_1}\right)^{\beta_1}\left(\dfrac{\partial}{\partial x_2}\right)^{\beta_2}\cdots\left(\dfrac{\partial}{\partial x_d}\right)^{\beta_d}$，其中 $\boldsymbol{\alpha}=(\alpha_1,\alpha_2,\cdots,\alpha_d)$ 和 $\boldsymbol{\beta}=(\beta_1,\beta_2,\cdots,\beta_d)$．$\alpha_j$ 和 β_j 均为正整数．$\boldsymbol{\alpha}$ 的阶记为 $|\boldsymbol{\alpha}|$，它定义为 $\alpha_1+\cdots+\alpha_d$．

瓦茨空间中的函数逼近. 为达到这一目标, 采用正则化方法, 即通过 g 与它的一个恒同逼近作卷积使 g 变得光滑. 考虑 $\mathbf{R}^d$ 上具有如下性质的函数 $\varphi(x)$:

(a) φ 是光滑的 (无穷可微).

(b) φ 支撑在单位球内.

(c) $\varphi \geqslant 0$.

(d) $\int_{\mathbf{R}^d} \varphi(x) \mathrm{d}x = 1$.

例如, 取

$$\varphi(x) = \begin{cases} ce^{-\frac{1}{1-|x|^2}}, & |x| < 1, \\ 0, & |x| \geqslant 1, \end{cases}$$

其中选取常数 c 使得 (d) 成立.

接下来, 我们考虑如下定义的恒同逼近:

$$K_\delta(x) = \delta^{-d} \varphi(x/\delta).$$

关键的观察是 $g * K_\delta$ 属于 $S(\mathbf{R}^d)$, 这个卷积事实上关于 δ 一致有界且支撑在一个固定的有界集上 (本例中假设 $\delta \leqslant 1$). 的确, 基于第 2 章的恒等式 (6) 有

$$(g * K_\delta)(x) = \int g(y) K_\delta(x - y) \mathrm{d}y = \int g(x - y) K_\delta(y) \mathrm{d}y,$$

由于 g 支撑在某个有界集上, 且 K_δ 在半径为 δ 的球之外等于零, 函数 $g * K_\delta$ 支撑在某个与 δ 无关的固定有界集上. 由 g 的构造知它是有界的, 从而

$$|(g * K_\delta)(x)| \leqslant \int |g(x - y)| K_\delta(y) \mathrm{d}y$$

$$\leqslant \sup_{z \in \mathbf{R}^d} |g(z)| \int K_\delta(y) \mathrm{d}y = \sup_{z \in \mathbf{R}^d} |g(z)|,$$

这表明 $g * K_\delta$ 关于 δ 一致有界. 此外, 由上面 $g * K_\delta$ 的第一个积分表示, 人们可以在积分号内微分以得到 $g * K_\delta$ 是光滑的, 且它的所有导数都支撑在某个固定的有界集上.

若能证明在 $L^2(\mathbf{R}^d)$ $g * K_\delta$ 收敛于 g, 则引理证毕. 由第 3 章的定理 2.1 可知, 对几乎每个 x, 当 $\delta \to 0$ 时, $|(g * K_\delta)(x) - g(x)|^2 \to 0$. 应用有界收敛定理 (见第 2 章的定理 1.4) 得到当 $\delta \to 0$ 时,

$$\|(g * K_\delta) - g\|_{L^2(\mathbf{R}^d)}^2 \to 0.$$

特别地, 对适当的 δ, $\|(g * K_\delta) - g\|_{L^2(\mathbf{R}^d)} < \varepsilon$, 从而 $\|f - g * K_\delta\|_{L^2(\mathbf{R}^d)} < 2\varepsilon$, 选择趋于 0 的 ε 序列给出所需的序列 $\{f_n\}$ 的构造.

为以后的目的, 观察到上述引理的证明对建立下列论断是有用的: 若 f 属于 $L^1(\mathbf{R}^d)$ 和 $L^2(\mathbf{R}^d)$, 则存在函数列 $\{f_n\}$, $f_n \in S(\mathbf{R}^d)$, 使得 $\{f_n\}$ 在 L^1 范数和 L^2 范数下都收敛于 f.

$L^2(\mathbf{R}^d)$ 上的傅里叶变换的定义结合了上述 S 的稠密性和一个一般的 "延拓原理".

引理 1.3　$\mathcal{H}_1$ 和 $\mathcal{H}_2$ 分别表示范数为 $\|\cdot\|_1$ 和 $\|\cdot\|_2$ 的希尔伯特空间. 假设 $\mathcal{S}$ 是 $\mathcal{H}_1$ 的一个稠密子空间，$T_0: \mathcal{S}\to\mathcal{H}_2$ 是一个线性变换，满足 $\|T_0(f)\|_2\leqslant c\|f\|_1$，其中 $f\in\mathcal{S}$，则 T_0 可以延拓成（唯一）一个线性变换 $T: \mathcal{H}_1\to\mathcal{H}_2$，且满足对所有的 $f\in\mathcal{H}_1$，$\|T(f)\|_2\leqslant c\|f\|_1$.

证　给定 $f\in\mathcal{H}_1$，令 $\{f_n\}$ 是 $\mathcal{S}$ 中收敛于 f 的函数列，定义
$$T(f)=\lim_{n\to\infty}T_0(f_n),$$
其中极限在 $\mathcal{H}_2$ 中取. 为证明 T 是合理定义的，我们必须验证该极限存在，且与用于逼近 f 的函数列 $\{f_n\}$ 无关. 事实上，关于第一点，注意到 $\{T(f_n)\}$ 是 $\mathcal{H}_2$ 中的柯西列，因为由 $\{f_n\}$ 的构造知 $\{f_n\}$ 是 $\mathcal{H}_1$ 中的柯西列，由已验证的关于 T_0 的不等式得到当 $n,m\to\infty$ 时，
$$\|T_0(f_n)-T_0(f_m)\|_2\leqslant c\|f_n-f_m\|_1\to0;$$
从而 $\{T_0(f_n)\}$ 是 $\mathcal{H}_2$ 中的柯西列，因此在 $\mathcal{H}_2$ 中收敛.

其次，要证明极限与逼近序列无关，令 $\{g_n\}$ 为另一个 $\mathcal{S}$ 中的收敛于 $\mathcal{H}_1$ 中的 f 的函数列，则
$$\|T_0(f_n)-T_0(g_n)\|_2\leqslant c\|f_n-g_n\|_1,$$
且由于 $\|f_n-g_n\|_1\leqslant\|f_n-f\|_1+\|f-g_n\|_1$，故得到 $\{T_0(g_n)\}$ 收敛到 $\mathcal{H}_2$ 中的极限等于 $\{T_0(f_n)\}$ 的极限.

最后，若 $f_n\to f$ 且 $T_0(f_n)\to T(f)$，则 $\|f_n\|_1\to\|f\|_1$ 且 $\|T_0(f_n)\|_2\to\|T(f)\|_2$，因此当 $n\to\infty$ 时取极限，对所有的 $f\in\mathcal{H}_1$，不等式 $\|T(f)\|_2\leqslant c\|f\|_1$ 成立.

在当前傅里叶变换的情形下，我们应用引理于 $\mathcal{H}_1=\mathcal{H}_2=L^2(\mathbf{R}^d)$（赋予 L^2 范数），$\mathcal{S}=\mathcal{S}(\mathbf{R}^d)$，以及 $T_0=\mathcal{F}_0$，$\mathcal{F}_0$ 为定义在施瓦茨空间上的傅里叶变换. 根据

定义，$L^2(\mathbf{R}^d)$ 上的傅里叶变换是由引理 1.3 保证的 $\mathcal{F}_0$ 到 L^2 上的唯一（有界）延拓. 从而若 $f\in L^2(\mathbf{R}^d)$ 且 $\{f_n\}$ 是 $\mathcal{S}(\mathbf{R}^d)$ 中任何收敛于 f 的函数列（即当 $n\to\infty$ 时，$\|f-f_n\|_{L^2(\mathbf{R}^d)}\to0$），则可定义 f 的傅里叶变换为
$$\mathcal{F}(f)=\lim_{n\to\infty}\mathcal{F}_0(f_n),\tag{4}$$
其中极限在 L^2 的意义下取. 显然，引理证明的论证过程表明在特殊情况下延拓 $\mathcal{F}$ 仍然满足恒等式（3）：
$$\|\mathcal{F}(f)\|_{L^2(\mathbf{R}^d)}=\|f\|_{L^2(\mathbf{R}^d)},\text{当 }f\in L^2(\mathbf{R}^d).$$

$\mathcal{F}$ 在 L^2 上是可逆的（从而 $\mathcal{F}$ 是一个酉映射），这一事实也是 $\mathcal{S}(\mathbf{R}^d)$ 上类似性质的结果. 回顾在施瓦茨空间上，$\mathcal{F}_0^{-1}$ 由式（2）给出，即
$$\mathcal{F}_0^{-1}(g)(x)=\int_{\mathbf{R}^d}g(\xi)\,\mathrm{e}^{2\pi\mathrm{i}x\cdot\xi}\,\mathrm{d}\xi,$$
且满足恒等式 $\|\mathcal{F}_0^{-1}(g)\|_{L^2}=\|g\|_{L^2}$. 因此，类似于前面的讨论，我们可以通过一个极限过程将 $\mathcal{F}_0^{-1}$ 延拓到 $L^2(\mathbf{R}^d)$. 因此，给定 $f\in L^2(\mathbf{R}^d)$，选择施瓦茨空间里的函数列 $\{f_n\}$ 使得 $\|f-f_n\|_{L^2}\to0$，从而有

$$f_n = \mathcal{F}_0^{-1}\mathcal{F}_0(f_n) = \mathcal{F}_0\mathcal{F}_0^{-1}(f_n),$$

且取当 n 趋向无穷时的极限，则得

$$f = \mathcal{F}^{-1}\mathcal{F}(f) = \mathcal{F}\mathcal{F}^{-1}(f),$$

从而 $\mathcal{F}$ 是可逆的. 定理 1.1 证毕.

依次列举一些备注.

（ⅰ）假设 f 同时属于 $L^1(\mathbf{R}^d)$ 和 $L^2(\mathbf{R}^d)$，傅里叶变换的两个定义是否相同？即，是否有 $\mathcal{F}(f) = \hat{f}$？其中 $\mathcal{F}(f)$ 通过定理 1.1 中的极限过程定义而 $\hat{f}$ 由收敛的积分式（1）定义. 为证明事实的确如此，可以用 $\mathcal{S}$ 中的序列 $\{f_n\}$ 逼近 f，使得 $f_n \to f$ 在 L^1 范数和 L^2 范数下都成立. 因为 $\mathcal{F}_0(f_n) = \hat{f}_n$，过渡到极限给出所要的结论. 事实上，$\mathcal{F}_0(f_n)$ 在 L^2 范数下收敛于 $\mathcal{F}(f)$，因此存在几乎处处收敛于 $\mathcal{F}(f)$ 的子列，见第 2 章推论 2.3 关于 L^1 的类似表述. 此外，

$$\sup_{\xi \in \mathbf{R}^d} |\hat{f}_n(\xi) - \hat{f}(\xi)| \leqslant \|f_n - f\|_{L^1(\mathbf{R}^d)},$$

因此，$\hat{f}_n$ 处处收敛于 $\hat{f}$，这就建立了论断.

（ⅱ）定理给出了 L^2 上的傅里叶变换的一个相当抽象的定义. 鉴于此，我们也能够更具体地定义傅里叶变换如下. 若 $f \in L^2(\mathbf{R}^d)$，则

$$\hat{f}(\xi) = \lim_{R \to \infty} \int_{|x| \leqslant R} f(x)\,\mathrm{e}^{-2\pi i x \cdot \xi}\,\mathrm{d}x,$$

其中极限在 L^2 范数下取. 注意到若 $\chi_{\mathcal{R}}$ 表示球 $\{x \in \mathbf{R}^d : |x| \leqslant \mathcal{R}\}$ 的特征函数，则对每个 $\mathcal{R}$ 函数 $f\chi_{\mathcal{R}}$ 同时属于 L^1 和 L^2，且在 L^2 范数下 $f\chi_{\mathcal{R}} \to f$.

（ⅲ）由前述讨论，各种傅里叶变换定义的等同性允许我们选择 $\hat{f}$ 作为傅里叶变换的优先记号. 下文中傅里叶变换都采用这一记号来表示.

2 关于上半平面的哈代空间

我们将对上半平面的全纯函数应用傅里叶变换的 L^2 理论. 这引发我们考虑哈代空间和前一章讨论过的法图定理的相关类似处⊖. 它顺便给出了以下自然问题的答案：其傅里叶变换支撑在无穷区间 $(0, \infty)$ 上的函数 $f \in L^2(\mathbf{R}^d)$ 是什么样的？

令 $\mathbf{R}_+^2 = \{z = x + iy, x \in \mathbf{R}, y > 0\}$ 为上半平面. 定义**哈代空间** $H^2(\mathbf{R}_+^2)$ 为由 $\mathbf{R}_+^2$ 上所有满足

$$\sup_{y>0} \int_{\mathbf{R}} |F(x + iy)|^2\,\mathrm{d}x < \infty \tag{5}$$

的解析函数 F 组成，并定义相应的范数 $\|F\|_{H(\mathbf{R}_+^2)}$ 为式（5）左边的量的平方根.

⊖ 进一步的动机和一些基本的背景材料可在书 Ⅱ 的第 4 章定理 3.5 找到.

首先描述 $\mathcal{H}^2(\mathbf{R}_+^2)$ 中的函数 F 的一个（典型）例子，下面从一个属于 $L^2(0,\infty)$ 的函数 $\hat{F}_0$ 开始，记

$$F(x+\mathrm{i}y)=\int_0^\infty \hat{F}_0(\xi)\mathrm{e}^{2\pi\mathrm{i}\xi z}\mathrm{d}\xi, z=x+\mathrm{i}y, y>0. \tag{6}$$

（特定符号 $\hat{F}_0$ 的选择将在后面变得更清楚.）我们断言对任何 $\delta>0$，只要 $y\geqslant\delta$，积分式（6）就绝对且一致收敛. 的确，$|\hat{F}_0(\xi)\mathrm{e}^{2\pi\mathrm{i}\xi z}|=|\hat{F}_0(\xi)|\mathrm{e}^{-2\pi\xi y}$，因此由柯西-施瓦茨不等式得

$$\int_0^\infty |\hat{F}_0(\xi)\mathrm{e}^{2\pi\mathrm{i}\xi z}|\,\mathrm{d}\xi\leqslant\Big(\int_0^\infty |\hat{F}_0(\xi)|^2\mathrm{d}\xi\Big)^{1/2}\Big(\int_0^\infty \mathrm{e}^{-4\pi\xi\delta}\mathrm{d}\xi\Big)^{1/2},$$

由此建立了断言的收敛性. 由一致收敛性可得 $F(z)$ 在上半平面是全纯的. 此外，由帕塞瓦尔定理，

$$\int_\mathbf{R} |F(x+\mathrm{i}y)|^2\mathrm{d}x=\int_0^\infty |\hat{F}_0(\xi)|^2\mathrm{e}^{-4\pi\xi y}\mathrm{d}\xi\leqslant\|\hat{F}_0\|_{L^2(0,\infty)}^2,$$

事实上，由单调收敛定理

$$\sup_{y>0}\int_\mathbf{R} |F(x+\mathrm{i}y)|^2\mathrm{d}x=\|\hat{F}_0\|_{L^2(0,\infty)}^2.$$

特别地，F 属于 $H^2(\mathbf{R}_+^2)$. 下面要证明的主要结果是逆命题，即空间 $H^2(\mathbf{R}_+^2)$ 的每一个元素事实上都是形如式（6）的函数.

定理 2.1　$H^2(\mathbf{R}_+^2)$ 的元素 F 正是由式（6）给出的函数，其中 $\hat{F}_0\in L^2(0,\infty)$，并且

$$\|F\|_{H^2(\mathbf{R}_+^2)}=\|\hat{F}_0\|_{L^2(0,\infty)}.$$

这顺便表明 $H^2(\mathbf{R}_+^2)$ 是通过对应关系式（6）同构于 $L^2(0,\infty)$ 的一个希尔伯特空间.

定理证明中的关键点是下列事实：对任何固定的严格正的 y，令 $\hat{F}_y(\xi)$ 表示 L^2 函数 $F(x+\mathrm{i}y)$，$x\in\mathbf{R}$ 的傅里叶变换，则对任何 y 的一对选择 y_1 和 y_2，有

$$\hat{F}_{y_1}(\xi)\mathrm{e}^{2\pi y_1\xi}=\hat{F}_{y_2}(\xi)\mathrm{e}^{2\pi y_2\xi},\text{对几乎处处的}\ \xi. \tag{7}$$

要建立该论断，我们依赖于一个有用的技术性观察.

引理 2.2　若 F 属于 $H^2(\mathbf{R}_+^2)$，则 F 在任何适当的半平面 $\{z=x+\mathrm{i}y,y\geqslant\delta\}$ 上有界，其中 $\delta>0$.

为证明该引理需利用全纯函数的均值性质. 该性质可以用两种方式表述. 首先，从圆周上的平均值，

$$F(\zeta)=\frac{1}{2\pi}\int_0^{2\pi} F(\zeta+r\mathrm{e}^{\mathrm{i}\theta})\mathrm{d}\theta,\text{其中}0<r\leqslant\delta. \tag{8}$$

（注意到若 ζ 位于上半平面，$\mathrm{Im}(\zeta)>\delta$，则中心在 ζ、半径为 r 的圆盘属于 $\mathbf{R}_+^2$.）或者，对 r 积分，则得到圆盘情形上的均值性质，

$$F(\zeta)=\frac{1}{\pi\delta^2}\int_{|z|<\delta} F(\zeta+z)\mathrm{d}x\mathrm{d}y, z=x+\mathrm{i}y. \tag{9}$$

这些论断实际上对 $\mathbf{R}^2$ 上的调和函数成立（关于全纯函数的结果参见书 II 第 3 章推论 7.2，而调和函数的情形见书 I 第 5 章引理 2.8）；本章稍后将证明从式（9）到 $\mathbf{R}^d$ 的推广.

对式（9）用柯西-施瓦茨不等式得

$$|F(\zeta)|^2 \leqslant \frac{1}{\pi\delta^2}\int_{|z|<\delta}|F(\zeta+z)|^2\mathrm{d}x\mathrm{d}y.$$

记 $z=x+\mathrm{i}y$ 和 $\zeta=\xi+\mathrm{i}\eta$，其中 $\eta>\delta$，可知以 ζ 为中心、半径为 δ 的圆盘 $B_\delta(\zeta)$ 包含于条形 $\{z+\zeta:z=x+\mathrm{i}y, -\delta<y<\delta\}$ 中，并且该条形位于半平面 $\mathbf{R}_+^2$ 上. 见图 1.

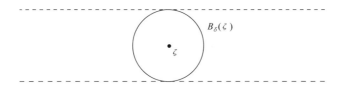

图 1　圆盘包含于条形

这给出以下极大化：

$$\int_{|z|<\delta}|F(\zeta+z)|^2\mathrm{d}x\mathrm{d}y \leqslant \int_{|y|<\delta}\int_{\mathbf{R}}|F(\zeta+x+\mathrm{i}y)|^2\mathrm{d}x\mathrm{d}y$$

$$\leqslant 2\delta\sup_{-\delta<y<\delta}\int_{\mathbf{R}}|F(x+\mathrm{i}(\eta+y))|^2\mathrm{d}x.$$

由 $\eta>\delta$，可知最后一个表达式实际上是由下式极大化的：

$$2\delta\sup_{y>0}\int_{\mathbf{R}}|F(x+\mathrm{i}y)|^2\mathrm{d}x = 2\delta\|F\|_{H^2(\mathbf{R}_+^2)}^2.$$

总之，在半平面 $\mathrm{Im}(\zeta)>0$ 上，有 $|F(\zeta)|^2 \leqslant \frac{2}{\pi\delta}\|F\|_{H^2}^2$，引理证毕.

下面证明式（7）. 从 $H^2(\mathbf{R}_+^2)$ 中的 F 开始，用 F^ε 来代替 F，F^ε 定义为

$$F^\varepsilon(z)=F(z)\frac{1}{(1-\mathrm{i}\varepsilon z)^2},\text{其中 }\varepsilon>0.$$

观察到当 $\mathrm{Im}(z)>0$ 时 $|F^\varepsilon(z)| \leqslant |F(z)|$；而且对满足 $\mathrm{Im}(z)>0$ 的 z，当 $\varepsilon\to 0$ 时有 $F^\varepsilon(z)\to F(z)$. 这表明对每个 $y>0$，在 L^2 范数下，$F^\varepsilon(x+\mathrm{i}y)\to F(x+\mathrm{i}y)$. 而且，引理保证了每个 F^ε 满足衰减性估计：

对某个 $\delta>0$，只要 $\mathrm{Im}(z)>\delta$，就有 $F^\varepsilon(z)=O\left(\frac{1}{1+x^2}\right)$.

我们首先断言 F 被 F^ε 取代后式（7）成立，这是对函数 $G(z)=F^\varepsilon(z)\mathrm{e}^{-2\pi\mathrm{i}z\xi}$ 应用围道积分的一个简单结论.

事实上，我们对 $G(z)$ 沿顶点为 $-R+\mathrm{i}y_1, R+\mathrm{i}y_1, R+\mathrm{i}y_2, -R+\mathrm{i}y_2$ 的矩形积分，且令 $R\to\infty$. 若在这个矩形内 $G(z)=O(1/(1+x^2))$，则

$$\int_{L_1} G(z)\,\mathrm{d}z = \int_{L_2} G(z)\,\mathrm{d}z \ ,$$

其中 L_j 是直线 $\{x+\mathrm{i}y_j : x \in \mathbf{R}\}$，$j=1,2$．由于

$$\int_{L_j} G(z)\,\mathrm{d}z = \int_{\mathbf{R}} F^\varepsilon(x+\mathrm{i}y_j)\,\mathrm{e}^{-2\pi\mathrm{i}(x+\mathrm{i}y_j)\xi}\,\mathrm{d}x \ ,$$

这意味着

$$\hat{F}^\varepsilon_{y_1}(\xi)\,\mathrm{e}^{2\pi y_1 \xi} = \hat{F}^\varepsilon_{y_2}(\xi)\,\mathrm{e}^{2\pi y_2 \xi}.$$

又因为当 $\varepsilon \to 0$ 时，在 L^2 范数下有 $F^\varepsilon(x+\mathrm{i}y_j) \to F(x+\mathrm{i}y_j)$，故得到式（7）．

式（7）表明 $\hat{F}_y(\xi)\,\mathrm{e}^{2\pi y\xi}$ 是不依赖于 y 的，$y>0$．从而存在一个函数 $\hat{F}_0(\xi)$ 使得 $\hat{F}_y(\xi)\,\mathrm{e}^{2\pi y\xi} = \hat{F}_0(\xi)$；作为一个结果，

$$\hat{F}_y(\xi) = \hat{F}_0(\xi)\,\mathrm{e}^{-2\pi\xi y}, \quad \text{对所有的 } y>0.$$

因此，由帕塞瓦尔恒等式

$$\int_{\mathbf{R}} |F(x+\mathrm{i}y)|^2\,\mathrm{d}x = \int_{\mathbf{R}} |\hat{F}_0(\xi)|^2\,\mathrm{e}^{-4\pi\xi y}\,\mathrm{d}\xi \ ,$$

从而

$$\sup_{y>0} \int_{\mathbf{R}} |\hat{F}_0(\xi)|^2\,\mathrm{e}^{-4\pi\xi y}\,\mathrm{d}\xi = \|F\|^2_{H^2(\mathbf{R}^2_+)} < \infty .$$

最后，这又隐含对几乎每个 $\xi \in (-\infty,0)$ 有 $\hat{F}_0(\xi)=0$．如若不然，则对适当的正数 a,b 和 c，有 $|\hat{F}_0(\xi)| \geqslant a$，其中 $\xi \in E \subset (-\infty,-b)$，$m(E) \geqslant c$．由此得到 $\int |\hat{F}_0(\xi)|^2\,\mathrm{e}^{-4\pi\xi y}\,\mathrm{d}\xi \geqslant a^2 c\,\mathrm{e}^{4\pi by}$，当 $y \to \infty$ 时，上式趋于无穷．因此得到矛盾．这表明了当 $\xi \in (-\infty,0)$ 时，$\hat{F}_0(\xi)$ 几乎处处等于 0．

总之，对每个 $y>0$，$\hat{F}_y(\xi) = \hat{F}_0(\xi)\,\mathrm{e}^{-2\pi\xi y}$，其中 $\hat{F}_0 \in L^2(0,\infty)$，由傅里叶反演公式可得表示式（6）对 H^2 中的任意元素都成立，定理证毕．

我们处理的第二个结果可视为前一章的法图定理在半平面的推广．

定理 2.3　假设 F 属于 $H^2(\mathbf{R}^2_+)$，则 $\lim_{y \to 0} F(x+\mathrm{i}y) = F_0(x)$ 在以下两种意义存在：

（ⅰ）在 $L^2(\mathbf{R})$ 范数下的极限．

（ⅱ）对几乎每个 x 的极限．

从而 F 在以上的两种意义下有边界值（记为 F_0），函数 F_0 有时也称为 f 的**边值函数**．（ⅰ）的证明由已知可立即得到．的确，若 F_0 是傅里叶变换为 $\hat{F}_0$ 的 L^2 函数，则

$$\|F(x+\mathrm{i}y) - F_0(x)\|^2_{L^2(\mathbf{R})} = \int_0^\infty |\hat{F}_0(\xi)|^2\,|\mathrm{e}^{-2\pi\xi y} - 1|^2\,\mathrm{d}y \ ,$$

由控制收敛定理知，当 $y \to 0$ 时，上式趋于 0．

要证明几乎处处收敛，我们建立泊松积分表示

$$\int_{\mathbf{R}}\hat{f}(\xi)\,\mathrm{e}^{-2\pi|\xi|y}\mathrm{e}^{2\pi\mathrm{i}x\xi}\mathrm{d}\xi=\int_{\mathbf{R}}f(x-t)\mathcal{P}_y(t)\,\mathrm{d}t, \qquad (10)$$

其中

$$\mathcal{P}_y(x)=\frac{1}{\pi}\frac{y}{y^2+x^2}$$

为泊松核$^{\ominus}$. 等式对每个 $(x,y)\in\mathbf{R}_+^2$ 和任何 $f\in L^2(\mathbf{R})$ 都成立. 为看到这点, 我们首先注意到下述初等积分公式

$$\int_0^\infty \mathrm{e}^{2\pi\mathrm{i}\xi z}\mathrm{d}\xi=\frac{\mathrm{i}}{2\pi z}, \text{若 } \mathrm{Im}(z)>0, \qquad (11)$$

和

$$\int_{\mathbf{R}}\mathrm{e}^{-2\pi|\xi|y}\mathrm{e}^{2\pi\mathrm{i}\xi x}\mathrm{d}\xi=\frac{1}{\pi}\frac{y}{y^2+x^2}, \text{若 } y>0. \qquad (12)$$

由

$$\int_0^N \mathrm{e}^{2\pi\mathrm{i}\xi z}\mathrm{d}\xi=\frac{1}{2\pi\mathrm{i}z}(\mathrm{e}^{2\pi\mathrm{i}Nz}-1)$$

令 $N\to\infty$, 可直接得到第一个公式. 要证明第二个公式, 可将积分写成

$$\int_0^\infty \mathrm{e}^{-2\pi\xi y}\mathrm{e}^{2\pi\mathrm{i}\xi x}\mathrm{d}\xi+\int_0^\infty \mathrm{e}^{-2\pi\xi y}\mathrm{e}^{-2\pi\mathrm{i}\xi x}\mathrm{d}\xi,$$

由式 (11), 它等于

$$\frac{\mathrm{i}}{2\pi}\left(\frac{1}{x+\mathrm{i}y}+\frac{1}{-x+\mathrm{i}y}\right)=\frac{1}{\pi}\frac{y}{y^2+x^2}.$$

接着, 我们建立当 f 属于空间 $\mathcal{S}$ 的式 (10). 事实上, 对固定的 $(x,y)\in\mathbf{R}_+^2$, 考虑 $\mathbf{R}^2=\{(\xi,t)\}$ 上的函数 $\varPhi(t,\xi)=f(t)\,\mathrm{e}^{-2\pi\mathrm{i}\xi t}\,\mathrm{e}^{-2\pi|\xi|y}\mathrm{e}^{2\pi\mathrm{i}\xi x}$. 由于 $|\varPhi(t,\xi)|=|f(t)|\,\mathrm{e}^{-2\pi|\xi|y}$, 则 (因为 f 是速降的) $\varPhi$ 在 $\mathbf{R}^2$ 上可积. 应用 Fubini 定理得

$$\int_{\mathbf{R}}\Big(\int_{\mathbf{R}}\varPhi(t,\xi)\,\mathrm{d}\xi\Big)\mathrm{d}t=\int_{\mathbf{R}}\Big(\int_{\mathbf{R}}\varPhi(t,\xi)\,\mathrm{d}t\Big)\mathrm{d}\xi,$$

右边显然等于 $\int_{\mathbf{R}}\hat{f}(\xi)\mathrm{e}^{-2\pi|\xi|y}\mathrm{e}^{2\pi\mathrm{i}x\xi}\mathrm{d}\xi$, 而左边由上面的式 (12) 可得 $\int_{\mathbf{R}}f(t)\mathcal{P}_y(x-y)\mathrm{d}t$. 然而, 若利用第 2 章的关系式 (6), 则有

$$\int_{\mathbf{R}}f(t)\mathcal{P}_y(x-y)\mathrm{d}t=\int_{\mathbf{R}}f(x-t)\mathcal{P}_y(t)\mathrm{d}t.$$

从而泊松积分表示式 (10) 对每个 $f\in\mathcal{S}$ 成立. 对一般的 $f\in L^2(\mathbf{R})$, 我们考虑 $\mathcal{S}$ 中的序列 $\{f_n\}$, $\{f_n\}$ 满足在 L^2 范数下有 $f_n\to f$ (同时也有 $\hat{f}_n\to\hat{f}$). 对每个 f_n 的相应公式取极限可得到关于 f 的公式. 事实上, 由柯西-施瓦茨不等式有

$$\left|\int_{\mathbf{R}}[\hat{f}(\xi)-\hat{f}_n(\xi)]\mathrm{e}^{-2\pi|\xi|y}\mathrm{e}^{2\pi\mathrm{i}x\xi}\mathrm{d}\xi\right|\leqslant\|\hat{f}-\hat{f}_n\|_{L^2}\Big(\int_{\mathbf{R}}\mathrm{e}^{-4\pi|\xi|y}\mathrm{d}\xi\Big)^{1/2},$$

$\ominus$ 这是第 4 章给出的 $\mathbf{R}$ 上的式 (3) 在圆上的类比.

163

和

$$\left| \int_{\mathbf{R}} [f(x-t) - f_n(x-t)] \mathcal{P}_y(t) \, \mathrm{d}t \right| \leqslant \|f - f_n\|_{L^2} \left(\int_{\mathbf{R}} |\mathcal{P}_y(t)|^2 \, \mathrm{d}t \right)^{1/2},$$

右边趋于 0，因为对每个固定的 $(x, y) \in \mathbf{R}_+^2$，函数 $\mathrm{e}^{-2\pi|\xi|y}$，$\xi \in \mathbf{R}$ 和 $\mathcal{P}_y(t)$，$t \in \mathbf{R}$ 都属于 $L^2(\mathbf{R})$。

现在已经建立了泊松积分表示式 (10)，下面回到给定元素 $F \in H^2(\mathbf{R}_+^2)$。我们知道存在一个 L^2 函数 $\widehat{F}_0(\xi)$（它当 $\xi < 0$ 时等于零）使得式 (6) 成立，对傅里叶变换为 $\widehat{F}_0(\xi)$ 的 L^2 函数 F_0，由式 (10)，取 $f = F_0$，有

$$F(x + \mathrm{i}y) = \int_{\mathbf{R}} F_0(x-t) \mathcal{P}_y(t) \, \mathrm{d}t.$$

由此导出当 $y \to 0$ 时，对几乎处处的 x，有 $F(x + \mathrm{i}y) \to F_0(x)$，然而，还有一个小的困难需要克服：如上所述的定理是适用于 L^1 函数而非 L^2 函数。不过鉴于恒同逼近的性质，一个简单的"局部化"论证方法将会成功，我们继续如下。

只需证明对任何固定大的 N，对几乎处处的 x，$|x| < N$，有 $F(x + \mathrm{i}y) \to F_0(x)$。为此，将 F_0 分解为 $G + H$，其中当 $|x| < 2N$ 时，$G(x) = F_0(x)$；当 $|x| \geqslant 2N$ 时，$G(x) = 0$；从而若 $|x| \leqslant 2N$，则 $H(x) = 0$，但是 $|H(x)| \leqslant |F_0(x)|$，注意到现在 $G \in L^1$ 且

$$\int_{\mathbf{R}} F_0(x-t) \mathcal{P}_y(t) \, \mathrm{d}t = \int_{\mathbf{R}} G(x-t) \mathcal{P}_y(t) \, \mathrm{d}t + \int_{\mathbf{R}} H(x-t) \mathcal{P}_y(t) \, \mathrm{d}t.$$

所以，由上面提到的第 3 章中的定理，当 $|x| < N$ 时，右边的第一个积分 a. e. x 收敛于 $G(x) = F_0(x)$；而当 $|x| < N$，$|t| < N$ 时，右边的第二个积分的被积函数等于零（因为此时 $|x - t| \leqslant 2N$）。从而积分被下式极大化：

$$\left(\int_{\mathbf{R}} |H(x-t)|^2 \, \mathrm{d}t \right)^{1/2} \left(\int_{|t| \geqslant N} |\mathcal{P}_y(t)|^2 \, \mathrm{d}t \right)^{1/2}.$$

然而 $\left(\int_{\mathbf{R}} |H(x-t)|^2 \, \mathrm{d}t \right)^{1/2} \leqslant \|F_0\|_{L^2}$，同时（易见）当 $y \to 0$ 时，$\int_{|t| \geqslant N} |\mathcal{P}_y(t)|^2 \, \mathrm{d}t \to 0$。因此对 a. e. x，$|x| < N$，当 $y \to 0$ 时，有 $F(x + \mathrm{i}y) \to F_0(x)$，由于 N 是任意的，定理 2.3 证毕。

以下注释可能有助于阐明上述定理的要点。

（ⅰ）令 S 是 $L^2(\mathbf{R})$ 的一个子空间，它由定理 2.3 中出现的所有函数 F_0 组成，则由于这些函数 F_0 恰好是 L^2 中傅里叶变换支撑在半直线 $(0, \infty)$ 上的函数，可知 S 是一个闭子空间。我们或许想说 S 是由 L^2 中作为上半平面的全纯函数的边值出现的函数组成，但是如果我们不（在哈代空间里的定义 (5) 里）加上一个定量的约束条件，则这个启发式的断言是不确切的。例如见习题 4。

（ⅱ）假设定义 P 为 L^2 的子空间 S 上的正交投影，则易见对任何 $f \in L^2(\mathbf{R})$，有 $(\widehat{Pf})(\xi) = \chi(\xi)\hat{f}(\xi)$；这里 χ 是 $(0, \infty)$ 的特征函数，算子 P 与柯西积分密切相

关. 事实上，若 F 是 $H(\mathbf{R}_+^2)$ 中的（唯一）一个其边值函数（根据定理2.3）是 $P(f)$ 的元素，则

$$F(z) = \frac{1}{2\pi i} \int_{\mathbf{R}} \frac{f(t)}{t-z} dt, \quad z \in \mathbf{R}_+^2.$$

要证明该等式，只需证明对任何 $f \in L^2(\mathbf{R})$ 和任何固定的 $z = x + iy \in \mathbf{R}_+^2$，有

$$\int_0^\infty \hat{f}(\xi) e^{2\pi i \xi z} d\xi = \frac{1}{2\pi i} \int_{\mathbf{R}} \frac{f(t)}{t-z} dt.$$

这里除了用式(11)代替式(12)之外，证明方法与泊松积分表示式(10)的证明相同，细节留给有兴趣的读者. 同时，读者可能注意到，上半平面的柯西积分的情形和第4章第4节例2给出的单位圆盘上的情形有相近之处.

（iii）类似于第4章习题30里讨论的周期情形，我们定义 $\mathbf{R}$ 上的傅里叶乘子算子 T 为 $L^2(\mathbf{R})$ 上的一个由某个有界函数 m（乘子）确定的线性算子，T 由公式 $(\widehat{Tf})(\xi) = m(\xi)\hat{f}(\xi)$，$f \in L^2(\mathbf{R})$ 定义. 上面提到的正交投影 P 是一个乘子为特征函数 $\chi(\xi)$ 的此类型算子. 另一个密切相关的此类型算子是希尔伯特变换 H，H 由 $P = \frac{I + iH}{2}$ 定义，则 H 是一个对应于乘子 $\frac{1}{i}\text{sign}(\xi)$ 的傅里叶乘子算子. H 的诸多重要性质中的一个是它与共轭调和函数的关联. 事实上，对 $L^2(\mathbf{R})$ 中的实值函数 f，f 和 $H(f)$ 分别为哈代空间的某个函数的边值的实部和虚部. 更多关于希尔伯特变换的内容可在习题9和10以及下面的问题5中找到.

3 常系数偏微分方程

我们将注意力转到解线性偏微分方程

$$L(u) = f, \tag{13}$$

其中算子 L 形如

$$L = \sum_{|\alpha| \leqslant n} a_\alpha \left(\frac{\partial}{\partial x}\right)^\alpha,$$

这里 $a_\alpha \in \mathbf{C}$ 为常数.

在 L 的经典例子（例如波动方程、热传导方程和拉普拉斯（Laplace）方程）的研究中，人们已经看到，傅里叶变换以一个重要的方式介入[○]. 对于一般的 L，下面的简单观察能够进一步地说明傅里叶变换的关键作用. 例如，若我们想解当 u 和 f 都属于 $\mathcal{S}$ 时的该方程，则这等价于解代数方程

$$P(\xi)\hat{u}(\xi) = \hat{f}(\xi),$$

其中 $P(\xi)$ 是 f 的**特征多项式**，它定义为

$$P(\xi) = \sum_{|\alpha| \leqslant n} a_\alpha (2\pi i \xi)^\alpha.$$

○ 例如见书 I 的第5和6章.

这是因为人们有傅里叶变换恒等式

$$\left(\widehat{\frac{\partial^\alpha f}{\partial x^\alpha}}\right)(\xi)=(2\pi i\xi)^\alpha\hat{f}(\xi).$$

因此空间 $\mathcal{S}$ 中的一个解 u（若它存在的话）将由

$$\hat{u}(\xi)=\frac{\hat{f}(\xi)}{P(\xi)}$$

唯一确定. 在更一般的情形下，事情并非如此简单：除了定义式(13)的问题之外，傅里叶变换不能直接应用；还有，被我们证明存在（但不唯一！）的解必须从更广的意义去理解.

3.1　弱解

正如读者或许已经猜测到的，我们将不限于只关注 $L(u)$ 以通常方式定义的这些函数，但一个更广泛的概念是必要的，这牵涉到"弱解"的思想. 要描述这一概念，需从 $\mathbf{R}^d$ 中的给定开集 Ω 开始，且考虑空间 $C_0^\infty(\Omega)$，它由在 Ω 内具有紧支撑$^\ominus$的无穷可微函数$^\ominus$组成，我们有以下结论.

引理 3.1　在范数 $\|\cdot\|_{L^2(\Omega)}$ 下，空间 $C_0^\infty(\Omega)$ 在 $L^2(\Omega)$ 中稠密.

该证明本质上是引理 1.2 证明的重复. 我们采取修改 g_M 定义的措施：若 $|x|\leqslant M, d(x,\Omega^c)\geqslant 1/M$ 且 $|f(x)|\leqslant M$，则 $g_M(x)=f(x)$；其他情况下，$g_M(x)=0$. 当正则化 g_M 时，用 $g_M*\varphi_\delta$ 来替代 g_M，其中 $\delta\leqslant 1/2M$，则 $g_M*\varphi_\delta$ 的支集仍然是紧的且与 Ω^c 的距离 $\geqslant 1/2M$.

然后考虑 L 的**伴随算子**，它定义为

$$L^*=\sum_{|\alpha|\geqslant n}(-1)^{|\alpha|}\overline{a_\alpha}\left(\frac{\partial}{\partial x}\right)^\alpha.$$

算子 L^* 被称为 L 的伴随算子，这是因为，类似于前一章 5.2 节给出的有界线性变换伴随的定义，有

$$(L\varphi,\psi)=(\varphi,L^*\psi),\varphi,\psi\in C_0^\infty(\Omega),\tag{14}$$

其中 $(\cdot,\cdot)$ 表示 $L^2(\Omega)$ 上的内积（它是 $L^2(\mathbf{R}^d)$ 上的通常内积在 $L^2(\Omega)$ 上的限制）. 式(14)通过逐次分部积分证明. 事实上，首先考虑当 $L=\partial/\partial x_j$ 的特殊情况，则 $L^*=-\partial/\partial x_j$. 若利用 Fubini 定理，先对变量 x_j 积分，则此时式(14)简化为熟悉的一维公式

$$\int_{-\infty}^{+\infty}\left(\frac{d\varphi}{dx}\right)\overline{\psi}dx=-\int_{-\infty}^{+\infty}\varphi\left(\overline{\frac{d\psi}{dx}}\right)dx,$$

$\ominus$ 这意味着，像第 2 章第 1 节定义的一样，f 的支撑的闭包是紧的且包含于 Ω.

$\ominus$ 无穷可微函数也称为 C^∞ 函数，或光滑函数.

其中由假设 ψ（或 φ）的支撑性质知带有边界项的积分消失. 一旦得到关于 $L = \partial/\partial x_j$, $1 \leqslant j \leqslant n$ 的式（14），则由迭代得到式（14）对 $L = (\partial/\partial x)^\alpha$ 成立，再利用线性关系得到对一般的 L 也成立.

这时候我们暂时离开正题来考虑以后将会用到的除 $C_0^\infty(\Omega)$ 之外的其他 Ω 上的可微函数空间. 空间 $C^n(\Omega)$ 是由 Ω 上有连续的 $\leqslant n$ 阶偏导数的所有函数 f 组成，空间 $C^n(\overline{\Omega})$ 是由 $\overline{\Omega}$ 上那些可以延拓为 $\mathbf{R}^d$ 上属于 $C^n(\mathbf{R}^d)$ 的函数组成. 因此，显而易见，我们有包含关系

$$C_0^\infty(\Omega) \subset C^n(\overline{\Omega}) \subset C^n(\Omega),\ \text{对每个正整数 } n \text{ 成立}.$$

回到我们的偏微分算子 L，观察到公式

$$(Lu, \psi) = (u, L^*\psi)$$

在我们仅假设 $u \in C^n(\Omega)$ 而不假设它有紧支集，而仍然假定 $\psi \in C_0^\infty(\Omega)$ 时继续成立（用同样方式可证明）是有用的.

特别地，若在经典意义下（有时也称为"强"意义）有 $L(u) = f$，这要求假设 $u \in C^n(\Omega)$ 以便定义 Lu 里的偏导数，则对所有 $\psi \in C_0^\infty(\Omega)$ 也有

$$(f, \psi) = (u, L^*\psi). \tag{15}$$

这导致下面的重要定义：对于 $f \in L^2(\Omega)$，若函数 $u \in L^2(\Omega)$ 使得式（15）成立，则称 u 是方程 $Lu = f$ 在 Ω 中的一个**弱解**. 当然经典解总是弱解.

弱解而非经典解的重要例子已出现在基本情况如一维波动方程的研究中. 这里 $L(u) = (\partial^2 u/\partial x^2) - (\partial^2 u/\partial t^2)$，因此基础空间是 $\mathbf{R}^2 = \{(x_1, x_2:)$ 其中 $x_1 = x, x_2 = t\}$. 例如，我们考虑"拨弦"[⊖]情况. 然后我们看一下满足边界条件 $u(x, 0) = f(x)$ 和 $(\partial u/\partial t)(x, 0) = 0$，其中 $0 \leqslant x \leqslant \pi$ 的方程 $L(u) = 0$ 的解，其中 f 的图像是分段线性的，由图 2 阐明.

若将 f 延拓为 $[-\pi, \pi]$ 上的奇函数，接着通过周期化延拓为 $\mathbf{R}$ 上的函数（周期为 2π），则解可由达朗贝尔（d'Alembert）公式给出

$$u(x, t) = \frac{f(x + t) + f(x - t)}{2}.$$

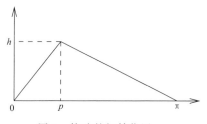

图 2　拨弦的初始位置

在目前情况下，u 不是二次连续可微的，从而不是一个经典解，然而它是一个弱解. 为看到这一点，用 C^∞ 中的函数序列 f_n 逼近 f，使得 $f_n \to f$ 在 $\mathbf{R}$ 的每个紧子集上一致成立.[⊖]若定义 $u_n(x, t) = [f_n(x + t) + f_n(x - t)]/2$，直接验证可得 $L(u_n) = 0$，从而 $(u_n, L^*\psi) = 0$ 对所有的 $\psi \in C_0^\infty(\mathbf{R}^2)$ 成立，因此由一致收敛性可得到想要的 $(u, L^*\psi) = 0$.

⊖ 见《傅里叶分析》第 1 章.

⊖ 人们可以写，例如 $f_n = f * \varphi_{1/n}$，其中 $\{\varphi_\varepsilon\}$ 是恒同逼近，如同在引理 1.2 证明中的那样.

一个说明弱解性质的不同例子产生于 **R** 上的算子 $L = \mathrm{d}/\mathrm{d}x$，若假设 $\Omega = (0,1)$，u 和 f 都属于 $L^2(\Omega)$，在弱意义下有 $Lu = f$，当且仅当存在 $[0,1]$ 上的绝对连续函数 F，使得 $F(x) = u(x)$ 且 $F'(x) = f(x)$ 几乎处处，关于该例子的更多内容见习题 14.

3.2 主要定理和关键估计

我们现在转到保证常系数偏微分方程解存在的一般定理.

定理 3.2 假设 Ω 是 $\mathbf{R}^d$ 中的有界开子集，给定常系数偏微分算子 L，存在一个 $L^2(\Omega)$ 上的有界线性算子 K，使得当 $f \in L^2(\Omega)$ 时，

$$在弱意义下有 \ L(Kf) = f.$$

换言之，$u = K(f)$ 是 $L(u) = f$ 的一个弱解.

事情的核心在于我们接下来陈述的不等式，但它的证明（用到傅里叶变换）推迟到下一节.

引理 3.3 存在一个常数 c，使得

当 $\psi \in C_0^{\infty}(\Omega)$ 时，有 $\|\psi\|_{L^2(\Omega)} \leqslant c \|L^* \psi\|_{L^2(\Omega)}$.

这个引理的有用性有以下原因. 若 L 是一个有限维线性变换，L 的可解性（它是满射的）显然等价于它的伴随 L^* 是单射. 实际上，该引理提供了无限维情形下的该结论的分析学上的推广.

我们首先在假设引理中不等式成立的前提下证明定理.

考虑准希尔伯特空间 $\mathcal{H}_0 = C_0^{\infty}(\Omega)$，它具有内积和范数

$$\langle \varphi, \psi \rangle = (L^* \varphi, L^* \psi), \qquad \|\psi\|_0^2 = \|L^* \psi\|_{L^2(\Omega)}.$$

由第 4 章 2.3 节的结果，令 $\mathcal{H}$ 表示 $\mathcal{H}_0$ 的完备化空间. 根据引理 3.3，$\|\cdot\|_0$ 范数下的柯西列也是 $L^2(\Omega)$ 范数下的柯西列，因此可以将 $\mathcal{H}$ 视为 $L^2(\Omega)$ 的一个子空间. 最初定义为从 $\mathcal{H}_0$ 到 $L^2(\Omega)$ 的一个有界算子 L^*，也可以延拓成从 $\mathcal{H}$ 到 $L^2(\Omega)$ 的有界算子 L^*（由引理 1.3）. 对固定的 $f \in L^2(\Omega)$，考虑线性映射 $l_0 : C_0^{\infty}(\Omega) \to \mathbf{C}$，它定义为

$$l_0(\psi) = (\psi, f), 对 \ \psi \in C_0^{\infty}(\Omega).$$

柯西-施瓦茨不等式结合引理 3.3 的另一个应用得到

$$|l_0(\psi)| = |(\psi, f)| \leqslant \|\psi\|_{L^2(\Omega)} \|f\|_{L^2(\Omega)}$$
$$\leqslant c \|L^* \psi\|_{L^2(\Omega)} \|f\|_{L^2(\Omega)}$$
$$\leqslant c' \|\psi\|_0,$$

其中 $c' = c \|f\|_{L^2(\Omega)}$. 从而 l_0 在准希尔伯特空间 $\mathcal{H}_0$ 上是有界的. 因此，l 可以延拓为 $\mathcal{H}$ 上的有界线性泛函（见第 4 章 5.1 节），且上述不等式表明 $\|l\| \leqslant c \|f\|_{L^2(\Omega)}$. 对希尔伯特空间 $\mathcal{H}$ 上的 l 运用里斯表现定理（第 4 章定理 5.3），存在 $U \in \mathcal{H}$ 使得

对所有 $\psi \in C_0^\infty(\Omega), l(\psi) = \langle \psi, U \rangle = (L^*\psi, L^*U)$.

这里 $\langle \cdot, \cdot \rangle$ 表示 $\mathcal{H}_0$ 上的原始内积在 $\mathcal{H}$ 上的延拓，L^* 表示最初给出的 $\mathcal{H}_0$ 上的 L^* 的延拓.

若令 $u = L^*U$，则 $u \in L^2(\Omega)$，且对所有 $\psi \in C_0^\infty(\mathbf{R}^d)$，

$$l(\psi) = (\psi, f) = (L^*\psi, u).$$

因此，

$$\text{对所有 } \psi \in C_0^\infty(\mathbf{R}^d), (f, \psi) = (u, L^*\psi),$$

根据定义，u 是方程 $Lu = f$ 在 Ω 内的一个弱解. 若令 $Kf = u$，则一旦 f 给定，Kf 就由上述步骤唯一确定. 由于 $\|U\|_0 = \|l\| \leq c\|f\|_{L^2(\Omega)}$，则

$$\|Kf\|_{L^2(\Omega)} = \|u\|_{L^2(\Omega)} = \|L^*U\|_{L^2(\Omega)} = \|U\|_0 \leq c\|f\|_{L^2(\Omega)};$$

由此 $K: L^2(\Omega) \to L^2(\Omega)$ 是有界的.

主要估计的证明

为完成定理的证明，必须证明引理 3.3 中的估计，即

当 $\psi \in C_0^\infty(\Omega)$ 时，$\|\psi\|_{L^2(\Omega)} \leq c\|L^*\psi\|_{L^2(\Omega)}$.

以下推理依赖于一个重要事实：若 f 在 $\mathbf{R}$ 上有紧支集，则起初对 $\xi \in \mathbf{R}$ 定义的 $\hat{f}(\xi)$ 可以延拓为对 $\zeta = \xi + i\eta \in \mathbf{C}$ 定义的一个整函数. 这个观察将问题归结为一个关于全纯函数和多项式的不等式.

引理 3.4 假设 $P(z) = z^m + \cdots + a_1 z + a_0$ 是一个首项系数为 1 的 m 次多项式. 若 F 是 $\mathbf{C}$ 上的全纯函数，则

$$|F(0)|^2 \leq \frac{1}{2\pi} \int_0^{2\pi} |P(e^{i\theta})F(e^{i\theta})|^2 d\theta.$$

证 引理是 $P = 1$ 特殊情形的结果

$$|F(0)|^2 \leq \frac{1}{2\pi} \int_0^{2\pi} |F(e^{i\theta})|^2 d\theta. \tag{16}$$

这个论断由第 2 节均值恒等式 (8) 取 $\zeta = 0$ 和 $r = 1$，再利用柯西-施瓦茨不等式直接可得. 对 P 进行因式分解：

$$P(z) = \prod_{|\alpha| \geq 1}(z - \alpha) \prod_{|\beta| < 1}(z - \beta) = P_1(z)P_2(z),$$

其中每个乘积都是有限的，且 α 和 β 分别表示 P 的绝对值 ≥ 1 和 < 1 的根.

注意到 $|P_1(0)| = \prod_{|\alpha| \geq 1}|\alpha| \geq 1$.

对 P_2 可写成

$$(z - \beta) = -(1 - \bar{\beta}z)\psi_\beta(z),$$

其中 $\psi_\beta(z) = \dfrac{\beta - z}{1 - \bar{\beta}z}$ 是"布拉施克（Blaschke）因子"，并有明显的性质，即它们是包含单位闭圆盘的一个区域上的全纯函数且 $|\psi_\beta(e^{i\theta})| = 1$，也参见书 II 第 8 章. 记 $\tilde{P}_2 = \prod_{|\beta| < 1}(1 - \bar{\beta}z)$ 和 $\tilde{P} = P_1\tilde{P}_2$，从而 $|\tilde{P}(0)| \geq 1$，同时对每个 θ，有 $|\tilde{P}(e^{i\theta})| =$

169

$|P(e^{i\theta})|$．在式(16)中将 F 替换为 $\tilde{P}F$ 有

$$|F(0)|^2 \leqslant |\tilde{P}(0)F(0)|^2 \leqslant \frac{1}{2\pi}\int_0^{2\pi}|\tilde{P}(e^{i\theta})F(e^{i\theta})|^2 d\theta$$

$$= \frac{1}{2\pi}\int_0^{2\pi}|P(e^{i\theta})F(e^{i\theta})|^2 d\theta,$$

由此给出所需的结论．

我们转向一维的特殊情形即 $\Omega \subset \mathbf{R}$，对所有 $\psi \in C_0^\infty(\Omega)$，不等式 $\|\psi\| \leqslant c\|L^*\psi\|$ 的证明．

假设 f 是支撑在区间 $[-M,M]$ 上的 L^2 函数，则

$$\hat{f}(\xi) = \int_{-M}^{M} f(x)e^{-2\pi ix\xi}dx,$$

其中 $\xi \in \mathbf{R}$．事实上，当 ξ 被 $\zeta = \xi + i\eta \in \mathbf{C}$ 替代时上述积分收敛，我们可以将 $\hat{f}$ 延拓为整个复平面上的关于 ζ 的全纯函数．应用帕塞瓦尔公式（对固定的 η）可得

$$\int_{-\infty}^{+\infty}|\hat{f}(\xi + i\eta)|^2 d\xi \leqslant e^{4\pi M|\eta|}\int_{-\infty}^{+\infty}|f(x)|^2 dx.$$

下面将利用这一观察结果．假定（用一个适当的常数乘以 L）

$$L^* = \sum_{0 \leqslant k \leqslant n}(-1)^k \bar{a}_k\left(\frac{\partial}{\partial x}\right)^k,$$

其中 $a_n = (2\pi i)^{-n}$．若令 $Q(\xi) = \sum_{0 \leqslant k \leqslant 0}(-1)^k \bar{a}_k(2\pi i\xi)^k$ 为 L^* 的特征多项式，则

$$\widehat{L^*\psi}(\xi) = Q(\xi)\hat{\psi}(\xi) \quad \psi \in C_0^\infty(\Omega).$$

若选择充分大的 M 使得 $\Omega \subset [-M,M]$，则由前面的观察给出

$$\int_{-\infty}^{+\infty}|Q(\xi + i\eta)\hat{\psi}(\xi + i\eta)|^2 d\xi \leqslant e^{4\pi M|\eta|}\int_{-\infty}^{+\infty}|L^*\psi(x)|^2 dx. \tag{17}$$

取 $\eta = i\sin\theta$，并且平移 $\cos\theta$ 得

$$\int_{-\infty}^{+\infty}|Q(\xi + \cos\theta + i\sin\theta)\hat{\psi}(\xi + \cos\theta + i\sin\theta)|^2 d\xi \leqslant e^{4\pi M}\int_{-\infty}^{+\infty}|L^*\psi(x)|^2 dx.$$

对 $F(z) = \hat{\psi}(\xi + z)$ 和 $Q(\xi + z)$ 代替 $P(z)$ 应用引理 3.4，给出

$$|\hat{\psi}(\xi)|^2 \leqslant \frac{1}{2\pi}\int_0^{2\pi}|Q(\xi + \cos\theta + i\sin\theta)\hat{\psi}(\xi + \cos\theta + i\sin\theta)|^2 d\theta.$$

现在在 $\mathbf{R}$ 上对 ξ 积分，右边部分交换 ξ 和 θ 的积分顺序；通过变量平移，将 ξ 替换为 $\xi + \cos\theta$，由式(17)得

$$\|\hat{\psi}\|_{L^2(\mathbf{R})}^2 \leqslant \frac{1}{2\pi}\int_0^{2\pi}\int_{\mathbf{R}}|Q(\xi + i\sin\theta)\hat{\psi}(\xi + i\sin\theta)|^2 d\xi d\theta$$

$$\leqslant e^{4\pi M}\int_{\mathbf{R}}|L^*\psi(x)|^2 dx,$$

由帕塞瓦尔恒等式证得一维情形的主要引理.

高维情形是上述论证的一个修改. 令 $Q(\xi) = \sum_{|\alpha| \leqslant n} (-1)^\alpha a_\alpha (2\pi i \xi)^\alpha$ 为 L^* 的特征多项式. 我们选择一组新的正交坐标轴, 其坐标用 $(\xi_1, \xi_2, \cdots, \xi_d)$ 表示. 使得若 $\xi = (\xi_1, \xi')$, 其中 $\xi' = (\xi_2, \cdots, \xi_d)$, 则乘以一个合适的常数以后有

$$Q(\xi) = (2\pi i)^{-n} \xi_1^n + \sum_{j=0}^{n-1} \xi_1^j q_j(\xi'), \tag{18}$$

其中 $q_j(\xi')$ 是 ξ' 的多项式 (次数 $\leqslant n - j$).

为说明这个选择可行, 记 $Q = Q_n + Q'$, 其中 Q_n 是 n 次齐次的而 Q' 次数 $< n$, 则由于可以假定 $Q_n \neq 0$ (对 Q 乘以一个适当的常数之后), 存在一个单位向量 γ 使得 $Q_n(\gamma) = (2\pi i)^{-n}$. 从而 $Q_n(\xi) = (2\pi i)^{-n} r^n$, 若 $\xi = \gamma r$, $r \in \mathbf{R}$, 则可以取 ξ_1 轴沿 $\gamma, \xi_2, \cdots, \xi_d$ 轴相互正交的方向, 这样式 (18) 的形式就清楚了.

像前面一样继续, 我们得到对每个 $(\xi_1, \xi') \in \mathbf{R}^d$

$$|\hat{\psi}(\xi_1, \xi')|^2 \leqslant \frac{1}{2\pi} \int_0^{2\pi} |Q(\xi_1 + e^{i\theta}, \xi') \hat{\psi}(\xi_1 + e^{i\theta}, \xi')|^2 d\theta$$

积分$^\ominus$, 则给出

$$\|\hat{\psi}\|_{L^2(\mathbf{R}^d)}^2 \leqslant \frac{1}{2\pi} \int_0^{2\pi} \int_{\mathbf{R}^d} |Q(\xi_1 + i\sin\theta, \xi') \hat{\psi}(\xi_1 + i\sin\theta, \xi')|^2 d\xi d\theta.$$

若假定 (有界) 集 Ω 在 x_1 轴上的投影包含于 $[-M, M]$, 则右边的部分被 $e^{4\pi M} \int_{\mathbf{R}^d} |L^*\psi(x)|^2 dx$ 极大化, 引理 3.3 证毕, 从而定理证毕.

4 * 狄利克雷原理

狄利克雷原理是在拉普拉斯方程边值问题的研究中产生的. 在二维情形涉及寻找一个边界暴露于一个给定温度分布的板的稳定状态温度的经典问题. 这问题产生了所谓的狄利克雷问题: 若 Ω 是 $\mathbf{R}^2$ 中的一个有界开集, f 是边界 $\partial\Omega$ 上的连续函数, 我们希望找到一个函数 $u(x_1, x_2)$ 使得

$$\begin{cases} \triangle u = 0, & \text{在 } \Omega \text{ 内}, \\ u = f, & \text{在 } \partial\Omega \text{ 上}. \end{cases} \tag{19}$$

因此我们需要确定一个 Ω 内的一个 C^2 (二次连续可微) 函数, 它的拉普拉斯算子$^\ominus$ 是 0, 在 Ω 的闭包上连续, 且 $u|_{\partial\Omega} = f$.

当 Ω 或 f 满足特殊的对称性条件时, 这个问题的解有时可以直接写出来. 例如, 若 Ω 是单位圆盘, 则

$\ominus$ 我们注意到由勒贝格测度的旋转不变性 (第 2 章问题 4 和第 3 章习题 26), 对 ξ 进行的积分也可以对新的坐标进行.

$\ominus$ $\mathbf{R}^d$ 上函数 u 的拉普拉斯算子定义为 $\triangle u = \sum_{k=1}^{d} \partial^2 u / \partial x_k^2$.

$$u(re^{i\theta}) = \frac{1}{2\pi}\int_{-\pi}^{\pi} f(\varphi)P_r(\theta - \varphi)\,\mathrm{d}\varphi,$$

其中 P_r 是泊松核（对圆盘的）. 我们也可以得到（见书 I 和书 II）一些无界区域的狄利克雷问题的显式解. 例如，当 Ω 是上半平面时，解为

$$u(x,y) = \int_{\mathbf{R}} \mathcal{P}_y(x - t)f(t)\,\mathrm{d}t,$$

其中 $\mathcal{P}_y(x)$ 是上半平面的类似泊松核. 当 Ω 是带状区域，可得一个有些相似的卷积公式. 利用共形映射[⊖]可以明确地解决某些 Ω 上的狄利克雷问题.

然而，一般来说，并没有显式解，需要找到其他方法. 最初想建立在一个数学和物理上广泛使用的方法：寻求一个合适的"能量"或"作用"最小化的系统平衡状态. 目前情况下，狄利克雷积分扮演能量的角色，对一个适当的函数 U，其狄利克雷积分定义为

$$\mathcal{D}(U) = \int_{\Omega}|\nabla U|^2 = \int_{\Omega}\left|\frac{\partial U}{\partial x_1}\right|^2 + \left|\frac{\partial U}{\partial x_2}\right|^2\,\mathrm{d}x_1\,\mathrm{d}x_2.$$

（注意到与书 I 第 3 章和第 6 章的弦振动情形下的"势能"表达式的相似性.）事实上，这个方法是黎曼提出的著名的映射定理的证明基础. 关于这一早期历史，柯郎（Courant）曾写道：

在黎曼天才思想出现的几年前，高斯和汤姆逊（W. Thomson）就已经观察到一个在 $x - y$ 平面的一个区域 G 的调和微分方程 $\Delta u = u_{xx} + u_{yy} = 0$ 的边值问题可归结为在进入竞争的函数 ϕ 具有给定的边值的条件下，在区域 G 最小化积分 $\mathcal{D}[\phi]$ 的问题. 由于 $\mathcal{D}[\phi]$ 的正性，后面问题解的存在性被认为是显然的，因此保证了前者解的存在性. 作为狄利克雷的一个学生，黎曼被这样一个有说服力的论证所吸引：随后他以多样化和壮观的方式运用了这一称为狄利克雷原理的方法，奠定了他的新的几何函数论的基础.

下面简单的观察证实了应用狄利克雷原理的合理性：

命题 4.1 假设在所有 $U \in C^2(\overline{\Omega})$ 且 $U|_{\partial\Omega} = f$ 的函数中存在一个函数 $u \in C^2(\overline{\Omega})$ 使得 $\mathcal{D}(U)$ 最小，则 u 在 Ω 内调和.

证 对 $C^2(\overline{\Omega})$ 中的函数 F 和 G 定义以下内积：

$$\langle F,G\rangle = \int_{\Omega}\left(\frac{\partial F}{\partial x_1}\overline{\frac{\partial G}{\partial x_1}} + \frac{\partial F}{\partial x_2}\overline{\frac{\partial G}{\partial x_2}}\right)\mathrm{d}x_1\,\mathrm{d}x_2.$$

我们注意到 $\mathcal{D}(u) = \langle u,u\rangle$. 若 v 是 $C^2(\overline{\Omega})$ 中任何满足 $v|_{\partial\Omega} = 0$ 的函数，则对所有的 ε 有

$$\mathcal{D}(u + \varepsilon v) \geqslant \mathcal{D}(u),$$

这是由于 $u + \varepsilon v$ 和 u 有相同的边值，以及 u 最小化狄利克雷积分. 然而，由于

$$\mathcal{D}(u + \varepsilon v) = \mathcal{D}(u) + \varepsilon^2\mathcal{D}(v) + \varepsilon\langle u,v\rangle + \varepsilon\langle v,u\rangle,$$

因此

$$\varepsilon^2 \mathcal{D}(v) + \varepsilon \langle u,v \rangle + \varepsilon \langle v,u \rangle \geqslant 0,$$

由于 ε 可正可负，这仅当 $\operatorname{Re}\langle u,v \rangle = 0$ 时发生. 类似地，考虑扰动 $u + \mathrm{i}\varepsilon v$，我们发现 $\operatorname{Im}\langle u,v \rangle = 0$. 从而 $\langle u,v \rangle = 0$. 由分部积分法可得对所有的 $v \in C^2(\overline{\Omega})$, $v\big|_{\partial\Omega} = 0$,

$$0 = \langle u,v \rangle = -\int_{\Omega} (\Delta u)\bar{v},$$

这隐含着在 Ω 内 $\Delta u = 0$，当然在边界上有 $u = f$.

虽然如此，后来有人对狄利克雷原理提出了几个严重的反对. 第一个是魏尔斯特拉斯（Weierstrass），他指出并不清楚（没有被证明）使得狄利克雷积分最小的函数是否存在，因此可能没有蕴含在命题 4.1 中竞争的胜者. 他通过与一个简单的一维问题类比论证：在所有 $[-1,1]$ 上的满足 $\varphi(-1) = -1$ 和 $\varphi(1) = 1$ 的 C^1 函数使积分

$$D(\varphi) = \int_{-1}^{1} |x\varphi'(x)|^2 \,\mathrm{d}x$$

最小化. 这个积分可取到的最小值是 0. 为验证它，令 ψ 为 $\mathbf{R}$ 上的光滑不减的函数，满足若 $x \geqslant 1$，则 $\psi(x) = 1$ 而若 $x \leqslant -1$，则 $\psi(x) = -1$. 对每个 $0 < \varepsilon < 1$，考虑函数

$$\varphi_\varepsilon(x) = \begin{cases} 1, & \varepsilon \leqslant x, \\ \psi(x/\varepsilon), & -\varepsilon < x < \varepsilon, \\ -1, & x \leqslant -\varepsilon, \end{cases}$$

则 φ_ε 满足所要求的约束条件，若 M 表示 ψ 的导数的一个界，则

$$D(\varphi_\varepsilon) = \int_{-\varepsilon}^{\varepsilon} |x|^2 \, |\varepsilon^{-1}\psi'(x/\varepsilon)|^2 \,\mathrm{d}x$$

$$\leqslant \int_{-\varepsilon}^{\varepsilon} |\psi'(x/\varepsilon)|^2 \,\mathrm{d}x$$

$$\leqslant 2\varepsilon M^2.$$

当 $\varepsilon \to 0$ 时取极限，则积分 $D(\varphi)$ 的最小值为 0. 这个最小值不能由满足边界条件的 C^1 函数取到，因为 $D(\varphi) = 0$ 蕴含 $\varphi'(x) = 0$，从而 φ 是一个常数.

进一步提出异议的是阿达马（Hadamard），他评论道：甚至对边值问题的一个解 u, $\mathcal{D}(u)$ 可能是无限的；因此，事实上，可能没有符合竞争条件的竞争者！

为说明这一点，我们回到圆盘，对 $\alpha > 0$ 考虑函数

$$f(\theta) = f_\alpha(\theta) = \sum_{n=0}^{\infty} 2^{-n\alpha} \mathrm{e}^{\mathrm{i}2^n\theta},$$

该函数首先出现在书 I 第 4 章，那里表明若 $\alpha \leqslant 1$，则 f_α 是连续的但处处不可微. 单位圆盘上具有边值 f_α 的狄利克雷问题的解由泊松积分

$$u(r,\theta) = \sum_{n=0}^{\infty} r^{2^n} 2^{-n\alpha} \mathrm{e}^{\mathrm{i}2^n\theta}$$

给出. 然而，运用极坐标有

$$\left|\frac{\partial u}{\partial x_1}\right|^2 + \left|\frac{\partial u}{\partial x_2}\right|^2 = \left|\frac{\partial u}{\partial r}\right|^2 + \frac{1}{r^2}\left|\frac{\partial u}{\partial \theta}\right|^2,$$

从而

$$\iint_{D_\rho}\left(\left|\frac{\partial u}{\partial x_1}\right|^2 + \left|\frac{\partial u}{\partial x_2}\right|^2\right)\mathrm{d}x_1\,\mathrm{d}x_2 = \int_0^\rho\int_0^{2\pi}\left(\left|\frac{\partial u}{\partial r}\right|^2 + \frac{1}{r^2}\left|\frac{\partial u}{\partial \theta}\right|^2\right)\mathrm{d}\theta r\mathrm{d}r,$$

这里 D_ρ 是中心在原点，半径 $0 < \rho < 1$ 的圆盘. 由于

$$\frac{\partial u}{\partial r} \sim \sum 2^n 2^{-n\alpha} r^{2^n-1}\mathrm{e}^{\mathrm{i}2^n\theta} \text{ 和 } \frac{\partial u}{\partial \theta} \sim \sum r^{2^n}2^{-n\alpha}\mathrm{i}2^n\mathrm{e}^{\mathrm{i}2^n\theta},$$

利用帕塞瓦尔恒等式有

$$\iint_{D_\rho}\left(\left|\frac{\partial u}{\partial x_1}\right|^2 + \left|\frac{\partial u}{\partial x_2}\right|^2\right)\mathrm{d}x_1\,\mathrm{d}x_2 \approx \int_0^\rho \sum_{n=0}^\infty 2^{2n+1}2^{-2n\alpha}r^{2^{n+1}-1}\,\mathrm{d}r$$

$$= \sum_{n=0}^\infty \rho^{2^{n+1}}2^n 2^{-2n\alpha},$$

若 $\alpha \leqslant 1/2$，$\rho \to 1$ 时，上式趋于无穷.

通过利用习题 20 的结果，人们可以用更精确的方式阐述这一异议.

尽管有这些巨大的困难，若采用适当的方式，确实可以验证狄利克雷原理. 一个关键的见解是产生于上述命题证明过程中的竞争函数所属空间本身是一个准希尔伯特空间，内积为那里给出的 $< \cdot , \cdot >$. 想要的解落在这个准希尔伯特空间的完备化空间里，对它的分析需要 L^2 理论，这些想法显然不是在狄利克雷原理首次提出与使用的时代就具备的.

下面将描述如何利用这些附加的概念. 我们从更一般的 d. 维情形开始叙述，但把这些技巧应用到求解二维问题表达式(19). 作为一个重要的准备工作，我们从研究调和函数的一些基本性质开始.

174

4.1　调和函数

这一节 Ω 始终表示 $\mathbf{R}^d$ 的一个开子集. 函数 u 在 Ω 内是调和的，若它是二次连续可微的⊖，且满足

$$\triangle u = \sum_{j=1}^d \frac{\partial^2 u}{\partial x_j^2} = 0,$$

则调和函数能被一系列等价性质所刻画⊜. 采用第 3 节中用过的术语，称 u 在 Ω 内是弱调和的，若

$$\text{对每个 } \psi \in C_0^\infty(\Omega), (u, \triangle\psi) = 0. \tag{20}$$

注意到式(20)的左边对任何在 Ω 的紧子集上可积的函数 u 是合理定义的. 从而，特

⊖ 换言之，用 3.1 节的符号是 u 在 $C^2(\Omega)$ 中.

⊜ 注意到在一维情形，调和函数是线性的，从而它们的理论本质上是平凡的.

别地，一个弱调和函数仅需几乎处处有定义. 显然，任何调和函数一定是弱调和函数.

另一个概念是**均值性质**. 它是第 2 节中关于全纯函数的恒等式（9）的推广. 对定义在 Ω 上的连续函数 u，若

$$u(x_0) = \frac{1}{m(B)} \int_B u(x) \, dx \tag{21}$$

对每个中心在 x_0 而闭包 $\overline{B}$ 包含于 Ω 的球 B 成立，则称它满足该性质.

以下两个定理给出调和函数的替补表征，它们的证明密切交织在一起.

定理 4.2 若 u 在 Ω 中是调和的，则满足均值性质表达式（21）. 反之，一个满足均值性质的连续函数是调和的.

定理 4.3 任何 Ω 中的弱调和函数 u 可在一个零测度集上修正函数值而成为 Ω 中的调和函数.

上述陈述说的是对一个给定的弱调和函数 u，存在调和函数 $\tilde{u}$，使得对 a.e. $x \in \Omega$，$\tilde{u}(x) = u(x)$. 注意由于 $\tilde{u}$ 必须是连续的，它由 u 唯一确定.

在证明定理之前，我们先导出一个值得关注的系. 它是极大值原理的一种形式.

系 4.4 假定 Ω 是一个有界开集，令 $\partial \Omega = \overline{\Omega} - \Omega$ 表示其边界. 假设 u 在 $\overline{\Omega}$ 内连续在 Ω 内调和，则

$$\max_{x \in \overline{\Omega}} |u(x)| = \max_{x \in \partial \Omega} |u(x)|.$$

证 由于集合 $\overline{\Omega}$ 和 $\partial \Omega$ 是紧的而 u 是连续的，上述两个最大值显然可以取到. 假设 $\max\limits_{x \in \overline{\Omega}} |u(x)|$ 在一个内点 $x_0 \in \Omega$ 取到，否则不必证明.

由均值性质，$|u(x_0)| \leqslant \frac{1}{m(B)} \int_B |u(x)| \, dx$. 若对某个点 $x' \in B$ 有 $|u(x')| < |u(x_0)|$，则类似的不等式在 x' 的一个小邻域内成立，由于在整个 B 中有 $|u(x)| \leqslant |u(x_0)|$，故有 $\frac{1}{m(B)} \int_B |u(x)| \, dx < |u(x_0)|$，矛盾. 因而对每个 $x \in B$ 有 $|u(x)| = |u(x_0)|$. 这对所有中心为 x_0，半径为 r 的包含于 Ω 的球 B_r 都成立. 令 r_0 为这些 r 的上确界，$\overline{B}_{r_0}$ 与 Ω 的边界相交于点 $\tilde{x}$，由于对 $x \in \overline{B}_r$，$r < r_0$ 有 $|u(x)| = |u(x_0)|$，由连续性得 $|u(\tilde{x})| = |u(x_0)|$，系 4.4 获证.

下面转向定理的证明，首先建立格林公式（单位球上）的一个不明确涉及边界项的变形[⊖]. 这里假设 u，v 和 η 在 B 的闭包的邻域内是二次连续可微的，但假定 η 支撑在 B 的一个紧子集内.

引理 4.5 我们有恒等式

$$\int_B (v \triangle u - u \triangle v) \eta \, dx = \int_B u(\nabla v \cdot \nabla \eta) - v(\nabla u \cdot \nabla \eta) \, dx,$$

175

⊖ 更通常的版本要求沿（边界）球面积分，该主题推迟到下一章. 也参见那章的习题 6 和习题 7.

这里 ∇u 是 u 的梯度，即 $\nabla u = \left(\dfrac{\partial u}{\partial x_1}, \dfrac{\partial u}{\partial x_2}, \cdots, \dfrac{\partial u}{\partial x_d} \right)$ 而

$$\nabla v \cdot \nabla \eta = \sum_{j=1}^{d} \frac{\partial v}{\partial x_j} \frac{\partial \eta}{\partial x_j},$$

其中 $\nabla u \cdot \nabla \eta$ 的定义类似.

事实上，用式（14）证明中的分部积分法有

$$\int_B \frac{\partial u}{\partial x_j} v \eta \, \mathrm{d}x = - \int_B u \frac{\partial v}{\partial x_j} \eta \, \mathrm{d}x - \int_B uv \frac{\partial \eta}{\partial x_j} \, \mathrm{d}x,$$

用 $\partial u/\partial x_j$ 代替 u 重复上面步骤，并对 j 求和得

$$\int_B (\triangle u) v \eta \, \mathrm{d}x = - \int_B (\nabla u \cdot \nabla v) \eta \, \mathrm{d}x - \int_B (\nabla u \cdot \nabla \eta) v \, \mathrm{d}x.$$

若我们从这里减去 u 和 v 互换后的对称公式可得到引理.

我们将在 u 是一个给定的调和函数，同时 v 是下列三种"试验"函数的条件下应用引理：首先，$v(x) = 1$；其次，$v(x) = |x|^2$；第三，$v(x) = |x|^{-d+2}$，若 $d \geqslant 3$，$v(x) = \log|x|$，若 $d = 2$. 这些选择出现相关性是因为第一种情况下 $\triangle v = 0$，而在第二种情况下 $\triangle v$ 是一个非零常数；第三种情况 v 是一个常数乘以一个"基本解"，特别地，在 $x \neq 0$ 时 $v(x)$ 是调和的.

当 $v(x) = 1$ 时，取 $\eta = \eta_\varepsilon^+$，其中对 $|x| \leqslant 1 - \varepsilon, \eta_\varepsilon^+(x) = 1$；对 $|x| \geqslant 1$，$\eta_\varepsilon^+(x) = 0$，且 $|\nabla \eta_\varepsilon^+(x)| \leqslant c/\varepsilon$. 我们通过令 $\eta_\varepsilon^+(x) = \chi\left(\dfrac{|x| - 1 + \varepsilon}{\varepsilon} \right), 1 - \varepsilon \leqslant |x|$ $\leqslant 1$，其中 χ 是 $[0,1]$ 上的一个固定的 C^2 函数，在 $[0,1/4]$ 上等于 1，在 $[3/4,1]$ 上等于 0 来完成这些. η_ε^+ 的图像如图 3 所示.

由于 u 是调和的，当 $v = 1$ 时，引理 4.5 蕴含

$$\int_B \nabla u \cdot \nabla \eta_\varepsilon^+ \, \mathrm{d}x = 0. \tag{22}$$

然后取 $v(x) = |x|^2$；则显然 $\triangle v = 2d$，当 $\eta = \eta_\varepsilon^+$ 时，由引理得到

$$2d \int_B u \eta_\varepsilon^+ \, \mathrm{d}x = \int_B |x|^2 (\nabla u \cdot \nabla \eta_\varepsilon^+) \, \mathrm{d}x - 2 \int_B u(x \cdot \nabla \eta_\varepsilon^+) \, \mathrm{d}x.$$

然而，由于 $\nabla \eta_\varepsilon^+$ 支撑在球壳 $S_\varepsilon^+ = \{x : 1 - \varepsilon \leqslant |x| \leqslant 1\}$，故有

$$\int_B |x|^2 (\nabla u \cdot \nabla \eta_\varepsilon^+) \, \mathrm{d}x = \int_B (\nabla u \cdot \nabla \eta_\varepsilon^+) \, \mathrm{d}x + O(\varepsilon),$$

因而由式（22）可得

$$d \int_B u \, \mathrm{d}x = - \lim_{\varepsilon \to 0} \int_B u(x \cdot \nabla \eta_\varepsilon^+) \, \mathrm{d}x. \tag{23}$$

最后，我们转向 $v(x) = |x|^{-d+2}, d \geqslant 3$，对 $x \neq 0$ 计算 $(\triangle v)(x)$ 以看到它在那里等于零. 事实上，由于 $\partial|x|/\partial x_j = x_j/|x|$，并将

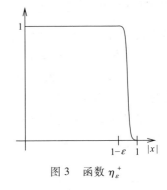

图 3 函数 η_ε^+

$$\frac{\partial |x|^a}{\partial x_j} = a x_j |x|^{a-2} \quad \text{和} \quad \frac{\partial^2 |x|^a}{\partial x_j^2} = a |x|^{a-2} + a(a-2) x_j^2 |x|^{a-4}$$

对 j 求和，得到 $\Delta(|x|^a) = [da + a(a-2)]|x|^{a-2}$，且若 $a = -d+2$（或 $a = 0$）它等于 0．类似的论证表明，当 $d = 2$ 和 $x \neq 0$ 时有 $\Delta(\log|x|) = 0$．

现在将引理应用于这样的 v 和 $\eta = \eta_\varepsilon$，η_ε 定义如下：

$$\begin{cases} \eta_\varepsilon(x) = 1 - \chi(|x|/\varepsilon), & |x| \leqslant \varepsilon, \\ \eta_\varepsilon(x) = 1, & \varepsilon \leqslant |x| \leqslant 1 - \varepsilon, \\ \eta_\varepsilon = \eta_\varepsilon^+(x) = \chi\left(\dfrac{|x|-1+\varepsilon}{\varepsilon}\right), & 1 - \varepsilon \leqslant |x| \leqslant 1. \end{cases}$$

η_ε 的图像如图 4 所示．

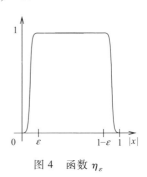

图 4 函数 η_ε

我们注意到 $|\nabla \eta_\varepsilon|$ 始终是 $O(1/\varepsilon)$．现在 u 和 v 在 η_ε 的支撑上都是调和的，在这种情形下，$\nabla \eta_\varepsilon$ 的支撑接近单位球体（在壳 S_ε^+ 内）或接近原点（在球 $B_\varepsilon = \{|x| < \varepsilon\}$ 内）．从而引理中等式右端给出两个贡献：一个是沿 S_ε^+，另一个是沿 B_ε．我们考虑第一个贡献（当 $d \geqslant 3$ 时）；它是

$$\int_{S_\varepsilon^+} u \nabla(|x|^{-d+2}) \cdot \nabla \eta_\varepsilon \, \mathrm{d}x - \int_{S_\varepsilon^+} |x|^{-d+2} (\nabla u \cdot \nabla \eta_\varepsilon^+) \, \mathrm{d}x.$$

现在第一个积分是 $(-d+2) \displaystyle\int_{S_\varepsilon^+} u |x|^{-d} (x \cdot \nabla \eta_\varepsilon^+) \, \mathrm{d}x$，根据式（23）当 $\varepsilon \to 0$ 时它趋于 $c \displaystyle\int_B u \, \mathrm{d}x$，其中 c 是常数 $(2-d)d$，由于沿 S_ε^+ 有 $|x|^{-d} - 1 = O(\varepsilon)$．第二项当 $\varepsilon \to 0$ 时趋于 0，因为式（22）和被积函数支撑在壳 S_ε^+ 内．对 $d = 2$，$v(x) = \log|x|$ 类似的论证可得结果，其中 $c = 1$．

考虑接近原点的贡献，即沿 B_ε，我们暂时地附加假设 $u(0) = 0$，则由于调和函数满足可微性假设，故有当 $|x| \to 0$ 时 $u(x) = O(|x|)$．现在沿 B_ε 我们有两项，第一项是 $\displaystyle\int_{B_\varepsilon} u \nabla(|x|^{-d+2}) \nabla \eta_\varepsilon \, \mathrm{d}x$，由第 2 章第 2 节式（8），可由下式极大化：

$$\int_{B_\varepsilon} O(\varepsilon) |x|^{-d+1} O(1/\varepsilon) \, \mathrm{d}x \leqslant O\left(\int_{|x| \leqslant \varepsilon} |x|^{-d+1} \, \mathrm{d}x\right) \leqslant O(\varepsilon).$$

当 $\varepsilon \to 0$ 时，这一项趋于 0．

第二项是 $\displaystyle\int_{B_\varepsilon} |x|^{-d+2} (\nabla u \cdot \nabla \eta_\varepsilon) \, \mathrm{d}x$，利用刚引用过的结果，可被下式极大化

$$\frac{c_1}{\varepsilon} \int_{|x| \leqslant \varepsilon} |x|^{-d+2} = c_2 \varepsilon,$$

这里我们利用了 ∇u 是有界的和 $\nabla \eta_\varepsilon$ 在整个 B 中都是 $O(1/\varepsilon)$ 的事实．令 $\varepsilon \to 0$，则这一项也趋于 0．当 $d = 2$ 时，同样的论证也有效．

由此证明了若 u 是单位球 B 的闭包的一个邻域内的调和函数，且 $u(0) = 0$，则 $\displaystyle\int_B u \, \mathrm{d}x = 0$．通过将刚得到的结论用于代替 $u(x)$ 的 $u(x) - u(0)$，就可以去掉 $u(0) = 0$ 的

假设. 从而得到对单位球的均值性质表达式(21).

　　现在假设 $B_r(x_0) = \{x: |x - x_0| < r\}$ 是以 x_0 为中心、半径为 r 的球, 考虑 $U(x) = u(x_0 + rx)$. 若假设 u 在 $B_r(x_0)$ 内是调和的, 则 U 在单位球内是调和的(事实上, 容易验证, 函数的调和性质在平移 $x \to x + x_0$ 和伸缩 $x \to rx$ 下是保持不变的). 因而若 u 支撑在 Ω 内且 $B_r(x_0) \subset \Omega$, 则由刚证明过的 $U(0) = \dfrac{1}{m(B)} \int_B U(x)\,dx$, 以及 Lebesgue 测度在扩张和平移下的相对不变性可得

$$u(x_0) = \frac{1}{m(B)} \int_{|x| \leqslant 1} u(x_0 + rx)\,dx = \frac{1}{r^d m(B)} \int_{|x| \leqslant r} u(x_0 + x)\,dx$$
$$= \frac{1}{m(B_r(x_0))} \int_{B_r} u(x)\,dx,$$

这建立了一般情况下的式(21).

相反的性质

　　为证明相反的性质, 我们首先说明均值性质本身允许一个有用的推广. 为此, 固定一个函数 $\varphi(y)$, 它在闭单位球 $\{|y| \leqslant 1\}$ 内是连续的且是径向的 (即 $\varphi(y) = \Phi(|y|)$ 对适当的 Φ), 并延拓到 $|y| > 1$ 时 $\varphi = 0$. 附加假设 $\int \varphi(y)\,dy = 1$, 然后我们断言如下:

　　引理 4.6　当 u 满足 Ω 内的均值性质表达式(21), 且球 $\{x: |x - x_0| < r\}$ 的闭包落在 Ω 内, 则

$$u(x_0) = \int_{\mathbf{R}^d} u(x_0 - ry)\varphi(y)\,dy = \int_{\mathbf{R}^d} u(x_0 - y)\varphi_r(y)\,dy = (u * \varphi_r)(x_0) \qquad (24)$$

其中 $\varphi_r(y) = r^{-d}\varphi(y/r)$.

　　第二个等号成立是变量替换 $y \to y/r$ 的直接结果; 最右边的等式仅仅是 $u * \varphi_r$ 的定义.

　　作为关于积分的一个简单观察的结果, 我们可以证明式(24). 令 $\psi(y)$ 为球 $\{|y| \leqslant 1\}$ 上的另一个函数, 假设 $\psi(y)$ 有界. 对每个大的正整数 N, 用 $B(j)$ 表示球 $\{|y| \leqslant j/N\}$. 回顾 $\varphi(y) = \Phi(|y|)$, 则

$$\int \varphi(y)\psi(y)\,dy = \lim_{N \to \infty} \sum_{j=1}^{N} \Phi\Big(\frac{j}{N}\Big) \int_{B(j)-B(j-1)} \psi(y)\,dy. \qquad (25)$$

为验证它, 注意到式(25) 的左端等于

$$\sum_{j=1}^{N} \int_{B(j)-B(j-1)} \varphi(y)\psi(y)\,dy.$$

然而, 当 $N \to \infty$ 时, $\displaystyle\sup_{1 \leqslant j \leqslant N} \sup_{y \in B(j)-B(j-1)} |\varphi(y) - \Phi(j/N)| = \varepsilon_N$ 趋于 0, 由于 φ 是径向的与连续的, 且 $\varphi(y) = \Phi(|y|)$, 从而式(25)的左端与 $\displaystyle\sum_{j=1}^{N} \Phi(j/N) \int_{B(j)-B(j-1)} \psi(y)\,dy$ 至多相差 $\displaystyle\varepsilon_N \int_{|y| \leqslant 1} |\psi(y)|\,dy$, 这证明了式(25).

178

我们在 $\psi(y) = u(x_0 - ry)$ 和 φ 如前的情况下利用式（25），则

$$\int u(x_0 - ry)\varphi(y)\,dy = \lim_{N\to\infty}\sum_{j=1}^{N}\Phi\left(\frac{j}{N}\right)\int_{B(j)-B(j-1)}u(x_0 - ry)\,dy.$$

然而，由假设 u 满足均值性质得

$$\int_{B(j)-B(j-1)}u(x_0 - ry)\,dy = u(x_0)\left[m(B(j)) - m(B(j-1))\right].$$

从而，上式右边部分等于

$$u(x_0)\lim_{N\to\infty}\sum_{j=1}^{N}\Phi\left(\frac{j}{N}\right)\int_{B(j)-B(j-1)}dy,$$

再次利用式（25）得这等于 $u(x_0)$，因为这里 $\psi = 1$，$\int\varphi(y)\,dy = 1$. 由此证明了引理.

综上所述，可知每一个满足均值性质的连续函数都是它自身的正则化！更精确地，每当 $x \in \Omega$ 且 x 到 Ω 的边界的距离大于 r 时，有

$$u(x) = (u * \varphi_r)(x) \tag{26}$$

如果我们附加要求 $\varphi \in C_0^\infty\{|y| < 1\}$，由第 1 节的讨论可知 u 在整个 Ω 内光滑.

现在我们证明这样的函数是调和的. 事实上，由泰勒（Taylor）定理，对任何 $x_0 \in \Omega$,

$$u(x_0 + x) - u(x_0) = \sum_{j=1}^{d}a_j x_j + \frac{1}{2}\sum_{j,k=1}^{d}a_{jk}x_j x_k + \varepsilon(x), \tag{27}$$

其中当 $|x| \to 0$ 时，$\varepsilon(x) = O(|x|^3)$. 对所有的 j 和 k $(j \neq k)$，$\int_{|x|\leqslant r}x_j\,dx = 0$ 且 $\int_{|x|\leqslant r}x_j x_k\,dx = 0$. 这可由先对变量 x_j 积分，并注意到 x_j 是奇函数故积分等于 0 得到. 由明显的对称性得 $\int_{|x|\leqslant r}x_j^2\,dx = \int_{|x|\leqslant r}x_k^2\,dx$，由相对伸缩不变性（见第 1 章第 3 节）这等于 $r^2\int_{|x|\leqslant r}(x_1/r)^2\,dx = r^{d+2}\int_{|x|\leqslant 1}x_1^2\,dx = cr^{d+2}$，其中 $c > 0$. 对式（27）的两边沿球 $\{|x| \leqslant r\}$ 积分，除以 r^d，并运用均值性质，其结果是

$$\frac{c}{2}r^2\sum_{j=1}^{d}a_{jj} = \frac{cr^2}{2}(\Delta u)(x_0) = O\left(\frac{1}{r^d}\int_{|x|\leqslant r}|\varepsilon(x)|\,dx\right) = O(r^3),$$

令 $r \to 0$，则 $\Delta u(x_0) = 0$. 由于 x_0 是 Ω 的任意一个点，定理 4.2 证毕.

定理 4.3 和一些推论

现在转向对定理 4.3 的证明. 假设 u 在 Ω 内是弱调和的，对每个 $\varepsilon > 0$，定义 Ω_ε 为 Ω 内与其边界距离大于 ε 的点的集合：

$$\Omega_\varepsilon = \{x \in \Omega : d(x, \partial\Omega) > \varepsilon\}.$$

注意到 Ω_ε 为开集，且若 ε 充分小 Ω 内的每一个点都属于 Ω_ε，则对于 $r < \varepsilon$ 前一个定理考虑的正则化 $u * \varphi_r = u_r$ 在 Ω_ε 内定义，且如同我们已经注意到的它在那里是

一个光滑函数. 我们接着观察到它在 Ω_ε 内是弱调和的. 事实上，对 $\psi \in C_0^\infty(\Omega_\varepsilon)$ 由 Fubini 定理，有

$$(u_r, \Delta\psi) = \int_{\mathbf{R}^d} \left(\int_{\mathbf{R}^d} u(x - ry)\varphi(y)\,\mathrm{d}y \right)(\Delta\psi)(x)\,\mathrm{d}x$$

$$= \int_{\mathbf{R}^d} \varphi(y)\left(\int_{\mathbf{R}^d} u(x - ry)(\Delta\psi)(x)\,\mathrm{d}x \right)\mathrm{d}y,$$

内部的积分对 y，$|y| \leqslant 1$ 不存在，因为它等于 $(u, \Delta\psi_r)$，其中 $\psi_r = \psi(x + ry)$. 从而有

$$(u * \varphi_r, \Delta\psi) = 0,$$

因此 $u * \varphi_r$ 是弱调和的. 然后由于这个正则化自动是光滑的，故它也是调和的. 而且，我们断言

$$(u * \varphi_{r_1})(x) = (u * \varphi_{r_2})(x), \tag{28}$$

其中 $x \in \Omega_\varepsilon$ 和 $r_1 + r_2 < \varepsilon$. 事实上，$(u * \varphi_{r_1}) * \varphi_{r_2} = u * \varphi_{r_1}$ 由前面的式 (26) 可得. 然而卷积是可交换的（见第 2 章注释）；从而有 $(u * \varphi_{r_1}) * \varphi_{r_2} = (u * \varphi_{r_2}) * \varphi_{r_1} = u * \varphi_{r_2}$，式 (28) 获证.

现在令 r_1 趋于 0，同时固定 r_2，由恒同逼近的性质可得 $u * \varphi_{r_1}(x) \to u(x)$ 对几乎所有的 $x \in \Omega_\varepsilon$ 成立；因此对几乎所有的 $x \in \Omega_\varepsilon$，$u(x) = u_{r_2}(x)$. 从而可以在 Ω_ε 上修正 u（令它等于 u_{r_2} 即可），这样它成为那里的调和函数. 由于 ε 可以取得任意小，定理证毕.

下面叙述上述定理的几个进一步的推论.

系 4.7　每个调和函数都是无穷可微的.

系 4.8　设 $\{u_n\}$ 是 Ω 上的一个调和函数列，当 $n \to \infty$ 时它在 Ω 的任一紧子集上一致收敛于函数 u，则 u 也是调和的.

这里的第一个系作为式 (26) 的一个推论已经证明过了. 对第二个系，我们利用每个 u_n 满足均值性质

$$u_n(x_0) = \frac{1}{m(B)} \int_B u_n(x)\,\mathrm{d}x,$$

只要 B 是一个以 x_0 为中心的球，且 $\overline{B} \subset \Omega$. 从而由一致收敛性，$u$ 也满足均值性质，因此 u 是调和的.

我们应该指出 $\mathbf{R}^d$ 上的调和函数的这些性质是全纯函数类似性质的重述. 但这不足为奇，因为这两类函数在特殊情形 $d = 2$ 时有紧密的联系.

4.2　边值问题和狄利克雷原理

我们关注的 d 维狄利克雷边值问题可以描述如下. 令 Ω 是 $\mathbf{R}^d$ 中的一个有界开集，给定一个定义在边界 $\partial\Omega$ 上的连续函数 f，我们希望找到一个在 $\overline{\Omega}$ 上连续，在 Ω 内调和的函数 u，使得在 $\partial\Omega$ 上有 $u = f$.

一个重要的预备观察是该问题的解若存在，则是唯一的. 事实上，若 u_1 和 u_2

是两个解，则 $u_1 - u_2$ 在 Ω 内调和且在 Ω 的边界等于零. 从而根据极大值原理（系 4.4）有 $u_1 - u_2 = 0$，因此 $u_1 = u_2$.

转向解的存在性，我们探求先前概述的狄利克雷原理的方法.

考虑函数类 $C^1(\overline{\Omega})$，赋予该空间内积

$$\langle u, v \rangle = \int_{\Omega} (\nabla u \cdot \overline{\nabla v}) \, \mathrm{d}x,$$

其中

$$\nabla u \cdot \overline{\nabla v} = \sum_{j=1}^{d} \frac{\partial u}{\partial x_j} \overline{\frac{\partial v}{\partial x_j}}.$$

由此内积给出相应的范数为 $\| u \|^2 = \langle u, u \rangle$. $\| u \| = 0$ 等同于在整个 Ω，$\nabla u = 0$，这意味着 u 在 Ω 的每个连通分支上是常数. 因此我们被引向考虑 $C^1(\overline{\Omega})$ 模去在 Ω 的分支上是常数的函数的元素构成的等价类. 它们构成具有上述内积和范数的准希尔伯特空间，称这个空间为 $\mathcal{H}_0$.

在研究 $\mathcal{H}_0$ 的完备化空间 $\mathcal{H}$ 和它在边值问题的应用中，需要下述引理.

引理 4.9 令 Ω 为 $\mathbf{R}^d$ 内的一个有界开集，假设 v 属于 $C^1(\overline{\Omega})$ 且 v 在 $\partial\Omega$ 上等于零，则

$$\int_{\Omega} | v(x) |^2 \mathrm{d}x \leqslant c_{\Omega} \int_{\Omega} |\nabla v(x)|^2 \mathrm{d}x. \tag{29}$$

证 该结论事实上可以从引理 3.3 中给出的考虑导出. 我们更愿意单独证明这一容易的版本是为了强调一个后面要用到的简单想法. 注意到这里的讨论可以得到估计 $c_{\Omega} \leqslant d(\Omega)^2$，其中 $\mathrm{d}(\Omega)$ 是 Ω 的直径.

我们在下述观察的基础上继续. 假设 f 是 $C^1(\overline{I})$ 中的函数，其中 $I = (a, b)$ 为 $\mathbf{R}$ 中的一个区间. 假设 f 在 I 的一个端点等于零，则

$$\int_I | f(t) |^2 \mathrm{d}t \leqslant | I |^2 \int_I | f'(t) |^2 \mathrm{d}t, \tag{30}$$

其中 $| I |$ 表示 I 的长度.

事实上，设 $f(a) = 0$，则 $f(s) = \int_a^s f'(t) \mathrm{d}t$，由柯西-施瓦茨不等式

$$|f(s)|^2 \leqslant | I | \int_a^s | f'(t) |^2 \mathrm{d}t \leqslant | I | \int_I | f'(t) |^2 \mathrm{d}t,$$

沿 I 对 s 积分可得到式（30）.

要证明式（29），记 $x = (x_1, x')$，其中 $x_1 \in \mathbf{R}$ 而 $x' \in \mathbf{R}^{d-1}$，对 f 定义为 $f(x_1) = v(x_1, x')$，固定 x' 应用式（30），令 $J(x')$ 为 $\mathbf{R}$ 中的开集，对应于 Ω 的由 $\{x_1 \varepsilon \mathbf{R}: (x_1, x') \in \Omega\}$ 给出的截面，$J(x')$ 可以写成不相交开集 I_j 的并（注意到事实上 $f(x_1)$ 在每个 I_j 的两个端点都等于零.）对每个 j，应用式（30）得

$$\int_{I_j} | v(x_1, x') |^2 \mathrm{d}x_1 \leqslant | I_j |^2 \int_{I_j} | \nabla v(x_1, x') |^2 \mathrm{d}x_1.$$

现在由于 $|I_j| \leqslant d(\Omega)$，对不相交区间 I_j 求和得到

$$\int_{J(x')} |v(x_1, x')|^2 \mathrm{d}x_1 \leqslant d(\Omega)^2 \int_{J(x')} |\nabla v(x_1, x')|^2 \mathrm{d}x_1,$$

沿 $x' \in \mathbf{R}^{d-1}$ 积分得到式 (29).

现在令 S_0 表示 $C^1(\overline{\Omega})$ 的一个线性子空间，它由 $C^1(\overline{\Omega})$ 中在 Ω 的边界等于零的函数组成. S_0 中不同的元素在 $\mathcal{H}_0$ 定义的等价关系下仍是不同的（因为在每个分支是常数在边界等于零的函数就是 0），因此 S_0 可等同于 $\mathcal{H}_0$ 的一个子空间. 用 S 表示这一子空间在 $\mathcal{H}$ 中的闭包，令 P_S 表示 $\mathcal{H}$ 到 S 的正交投影.

有了这些不同寻常的预备知识，我们首先试着解 $\partial\Omega$ 上的给定函数 f 的边值问题，附加假设 f 是 $C^1(\overline{\Omega})$ 中的函数 F 在 $\partial\Omega$ 上的限制.（后面将解释如何去掉这一附加假设.）按照狄利克雷原理的表述，我们寻找一个序列 $\{u_n\}$，其中 $u_n \in C^1(\overline{\Omega})$ 而 $u_n|_{\partial\Omega} = F|_{\partial\Omega}$，使得狄利克雷积分 $\|u\|^2$ 收敛到最小值. 这意味着 $u_n = F - v_n$，其中 $v_n \in S_0$，且 $\lim\limits_{n \to \infty} \|u_n\|$ 最小化 F 到 S_0 的距离. 由于 $S = \overline{S}_0$，这个序列也使得在 H 中 F 到 S 的距离最小.

现在我们考虑一下能从正交投影的基本事实中获得什么启示？由前一章引理 4.1 的证明，我们得出函数列 $\{v_n\}$ 和 $\{u_n\}$ 在 $\mathcal{H}$ 的范数收敛，前者有极限 $P_S(F)$. 现在对 $v_n - v_m$ 应用引理 4.9 可导出 $\{v_n\}$ 和 $\{u_n\}$ 是 $L^2(\Omega)$ 范数下的柯西列，从而在 $L^2(\Omega)$ 范数下收敛. 令 $u = \lim\limits_{n \to \infty} u_n$. 则

$$u = F - P_S(F), \tag{31}$$

其中 u 是弱调和的. 事实上，每当 $\psi \in C_0^\infty(\Omega)$，则 $\psi \in S$，从而由式 (31) 得 $\langle u, \psi \rangle = 0$. 因此 $\langle u_n, \psi \rangle \to 0$，但是由分部积分法，得

$$\langle u_n, \psi \rangle = \int_\Omega (\nabla u_n \cdot \overline{\nabla \psi}) \mathrm{d}x = -\int_\Omega u_n \overline{\triangle \psi} \mathrm{d}x = -(u_n, \triangle\psi).$$

所以，$(u, \triangle\psi) = 0$，因此 u 是弱调和的，且可以在一个零测度集上修正成为调和的.

这就是我们问题的计划的解. 然而，还有两个问题有待解决.

第一个问题是虽然 u 是 $\overline{\Omega}$ 上的连续函数列 $\{u_n\}$ 的极限，且对每个 n，$u_n|_{\partial\Omega} = f$，但是我们并不清楚 u 本身是否在 $\overline{\Omega}$ 上连续且 $u|_{\partial\Omega} = f$.

第二个问题是我们上面的讨论局限在那些定义在 Ω 的边界上且作为 $C^1(\overline{\Omega})$ 中函数在 $\partial\Omega$ 上的限制的 f.

第二个问题是这两个问题中较容易克服的一个，这可运用下面的引理于集合 $\Gamma = \partial\Omega$ 完成.

引理 4.10　假设 Γ 是 $\mathbf{R}^d$ 中的紧集，f 是 Γ 上的连续函数，则存在 $\mathbf{R}^d$ 上的光滑函数列 $\{F_n\}$ 使得在 Γ 上 $F_n \xrightarrow{\text{一致地}} f$.

事实上，假设我们能够处理提出的第一个问题，则运用引理我们继续如下. 我们找到在 Ω 内调和，在 $\overline{\Omega}$ 上连续的函数 U_n，且 $U_n|_{\partial\Omega} = F_n|_{\partial\Omega}$. 现在由于 $\{F_n\}$ 在

$\partial\Omega$ 上一致收敛(于 f),由极大值原理,序列 $\{U_n\}$ 一致收敛于在 $\overline{\Omega}$ 上连续的函数 u,u 具有性质 $u_{|\partial\Omega}=f$,且是调和的(由前面的系 4.8).这就达到了我们的目标.

引理 4.10 的证明依赖于下面的延拓原理.

引理 4.11 设 f 是 $\mathbf{R}^d$ 的一个紧子集 Γ 上的连续函数,则存在 $\mathbf{R}^d$ 上的连续函数 G 使得 $|G|_{\partial\Gamma}=f$.

证 我们从观察开始,若 K_0 和 K_1 是两个不相交的紧集,则存在 $\mathbf{R}^d$ 上的连续函数 $0\leqslant g(x)\leqslant 1$,它在 K_0 上取值为 0,而在 K_1 上取值为 1. 事实上,若 $d(x,\Omega)$ 表示 x 到 Ω 的距离,则

$$g(x)=\frac{d(x,K_0)}{d(x,K_0)+d(x,K_1)}$$

有我们需要的性质.

现在,不失一般性,假设 f 是一个非负的且在 Γ 上以 1 为界的函数. 令

$$K_0=\{x\in\Gamma: 2/3\leqslant f(x)\leqslant 1\} \quad 和 \quad K_1=\{x\in\Gamma: 0\leqslant f(x)\leqslant 1/3\},$$

因此 K_0 和 K_1 是不相交的. 显然,引理之前的观察保证了存在 $\mathbf{R}^d$ 上的函数 $0\leqslant G_1(x)\leqslant 1/3$,它在 K_0 上取值为 $1/3$,而在 K_1 上取值为 0,则有

$$0\leqslant f(x)-G_1(x)\leqslant\frac{2}{3},对所有\,x\in\Gamma.$$

现在用 $f-G_1$ 代替 f 重复上面的论证. 第一步,从 $0\leqslant f\leqslant 1$ 到 $0\leqslant f-G_1\leqslant 2/3$. 因此,可以找到 $\mathbf{R}^d$ 上的连续函数 G_2 使得在 Γ 上,

$$0\leqslant f(x)-G_1(x)-G_2(x)\leqslant\left(\frac{2}{3}\right)^2,$$

且 $0\leqslant G_2\leqslant\frac{1}{3}\left(\frac{2}{3}\right)$. 重复上述过程,能够找到 $\mathbf{R}^d$ 上的连续函数 G_n 使得在 Γ 上,

$$0\leqslant f(x)-G_1(x)-\cdots-G_N(x)\leqslant\left(\frac{2}{3}\right)^N,$$

且在 $\mathbf{R}^d$ 上 $0\leqslant G_N\leqslant\frac{1}{3}\left(\frac{2}{3}\right)^{N-1}$. 若定义

$$G=\sum_{n=1}^{\infty}G_n,$$

则 G 是连续的且在 Γ 上等于 f.

为完成引理 4.10 的证明,我们论证如下. 我们通过定义

$$F_\varepsilon(x)=\varepsilon^{-d}\int_{\mathbf{R}^d}G(x-y)\varphi(y/\varepsilon)\mathrm{d}y=\int_{\mathbf{R}^d}G(y)\varphi_\varepsilon(x-y)\mathrm{d}y,$$

正则化引理 4.11 中得到的函数 G,其中 $\varphi_\varepsilon(y)=\varepsilon^{-d}\varphi(y/\varepsilon)$,$\varphi$ 是非负的 C_0^∞ 函数,它支撑在单位球里且 $\int\varphi(y)\mathrm{d}y=1$,则每个 F_ε 是 C^∞ 函数. 然而

$$F_\varepsilon(x) - G(x) = \int (G(y) - G(x)) \varphi_\varepsilon(x-y) \mathrm{d}y .$$

由于上述积分是限制在 $|x-y| \leqslant \varepsilon$ 上的，所以若 $x \in \Gamma$，则有

$$|F_\varepsilon(x) - G(x)| \leqslant \sup_{|x-y| \leqslant \varepsilon} |G(x) - G(y)| \int \varphi_\varepsilon(x-y) \mathrm{d}y$$
$$\leqslant \sup_{|x-y| \leqslant \varepsilon} |G(x) - G(y)| .$$

根据 G 在 Γ 附近的一致连续性当 $\varepsilon \to 0$ 时最后一个式子趋于 0，若取 $\varepsilon = 1/n$，则可以得到我们想要的序列.

二维的定理

我们现在处理计划的解 u 是否取所要求的边值这一问题. 这里我们把讨论局限在二维的情况因为更高维的情形出现的问题超出本书的范围. 相反，在二维的情形下，虽然下面结果的证明有一点技巧，可仍然在我们阐明过的希尔伯特空间方法的范围内.

狄利克雷问题（在二维以及更高维数）可解仅当对区域 Ω 的性质作某种限制. 我们通常的正则性假设，虽然不是最优的[⊖]，但足够广泛以包含许多应用，而且有一个简单的几何形式. 它可以描述如下：在 $\mathbf{R}^2$ 中固定一个最初的三角形 T_0，更精确地，假设 T_0 是一个等腰三角形，两个相等的边长度是 l，这两边相交构成的角是 α. l 和 α 的确切值并不重要，它们可以取得尽可能小，但在整个讨论过程中必须是固定的. T_0 的形状确定了，我们说 T 是一个特别的三角形，若它和 T_0 全等，即 T 可由 T_0 经过平移和旋转得到. T 的顶点定义为它的两个相等边的交点.

我们假设的 Ω 的正则性质——外三角形条件，如下：固定 l 和 α，对 Ω 的边界上的每个 x，存在一个以 x 为顶点的特别的三角形，它的内部全在 Ω 之外.（见图 5）

184

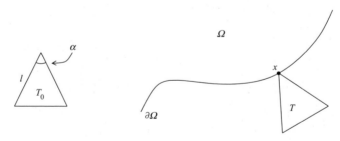

图 5　三角形 T_0 和特别的三角形 T

定理 4.12　令 Ω 为 $\mathbf{R}^2$ 中的一个满足外三角形条件的有界开集. 若 f 是 $\partial\Omega$ 上的连续函数，则边值问题 $\Delta u = 0$，其中 u 是 $\overline{\Omega}$ 上的连续函数且 $|u|_{\partial\Omega} = f$，总是唯一可解的.

依次列举一些评论.

（1）若 Ω 被多边形曲线所界定，则它满足定理的条件.

（2）更一般的，若 Ω 恰好被有限条利普希茨曲线，或特别的 C^1 曲线所界定，

⊖ 最优条件牵涉到集合的容量的概念.

则它也满足条件.

(3) 对问题不可解的情况有一些简单的例子：例如，若 Ω 是一个被戳破的圆盘. 这个例子当然不满足外三角形条件.

(4) 这个定理里 Ω 的条件不是最优的：人们可以构造不符合上述正则性而该问题可解的 Ω 的例子.

上面的更多细节内容参见习题 19 和问题 4.

我们转向定理的证明. 它建立在下面命题的基础之上，它可视为前面引理 4.9 的一个改进.

命题 4.13 对 $\mathbf{R}^2$ 中的任何一个满足外三角形条件的有界开集 Ω，存在两个常数 $c_1 < 1$ 和 $c_2 > 2$ 使得下面结论成立. 假设 z 是 Ω 内的一个与 $\partial\Omega$ 的距离为 δ 的点，那么只要 v 属于 $C^1(\overline{\Omega})$ 且 $|v|_{\partial\Omega} = 0$，就有

$$\int_{B_{c_1\delta}(z)} |v(x)|^2 \mathrm{d}x \leqslant C\delta^2 \int_{B_{c_2\delta}(z) \cap \Omega} |\nabla v(x)|^2 \mathrm{d}x. \tag{32}$$

上界 C 能够选取为仅依赖于 Ω 的直径和确定三角形 T 的参数 l 和 α.（见图 6）

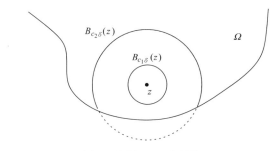

图 6 命题 4.13 中的情形

我们看一下如何利用命题证明定理. 我们已经表明只需假设 f 是 $C^1(\overline{\Omega})$ 中的函数 F 在 $\partial\Omega$ 上的限制. 回顾我们有最小化序列 $u_n = F - v_n$，其中 $v_n \in C^1(\overline{\Omega})$ 且 $|v_n|_{\partial\Omega} = 0$. 此外，这个序列在 $\mathcal{H}$ 和 $L^2(\Omega)$ 范数下有极限 v，使得 $u = F - v$ 在 Ω 内调和. 然后由于式 (32) 对每个 v_n 成立，它对 $v = F - u$ 也成立；即

$$\int_{B_{c_1\delta}(z)} |(F-u)(x)|^2 \mathrm{d}x \leqslant C\delta^2 \int_{B_{c_2\delta}(z) \cap \Omega} |\nabla(F-u)(x)|^2 \mathrm{d}x. \tag{33}$$

由于 u 在 Ω 内的连续性，要证明定理，只需表明若 y 是 $\partial\Omega$ 上的任何固定点，而 z 是 Ω 内的一个变动点，则当 $z \to y$ 时，$u(z) \to f(y)$. 令 $\delta = \delta(z)$ 表示 z 到 $\partial\Omega$ 的距离，于是 $\delta(z) \leqslant |z - y|$ 从而当 $z \to y$ 时，$\delta(z) \to 0$.

现在考虑 F 和 u 在中心为 z，半径为 $c_1\delta(z)$（回忆起 $c_1 < 1$）的圆盘上的平均值. 将这些平均值分别用 $\mathrm{Av}(F)(z)$ 和 $\mathrm{Av}(u)(z)$ 表示，然后由柯西-施瓦茨不等式，有

$$|\mathrm{Av}(F)(z) - \mathrm{Av}(u)z|^2 \leqslant \frac{1}{\pi(c_1\delta)^2} \int_{Bc_1\delta(z) \cap \Omega} |F - u|^2 \mathrm{d}x,$$

由式(33)可极大化为

$$C' \int_{B_{c_2\delta}(z) \cap \Omega} |\nabla(F-u)|^2 dx.$$

积分的绝对连续性保证了最后一个积分趋于 0, 当 $\delta \to 0$ 时, 由于 $m(B_{c_2\delta}) \to 0$. 然而, 由均值性质, $\mathrm{Av}(u)(z) = u(z)$, 同时由 F 在 $\overline{\Omega}$ 内的连续性可得

$$\mathrm{Av}(F)(z) = \frac{1}{m(B_{c_1\delta}(z))} \int_{B_{c_1\delta}(z)} F(x) dx \to f(y),$$

因为 $F|_{\partial\Omega} = f$ 和 $z \to y$. 综上可得 $u(z) \to f(y)$, 一旦命题建立, 定理获证.

要证明命题, 对每个与 $\partial\Omega$ 的距离为 δ 的点 $z \in \Omega$, 其中 δ 充分小, 我们构造一个具有下列性质的矩形 R:

(1) R 的边长分别为 $2c_1\delta$ 和 $M\delta$（其中 $c_1 \leqslant 1/2, M \leqslant 4$）.

(2) $B_{c_1\delta}(z) \subset R$.

(3) R 的每条线段, 这里指的是平行于矩形的长边且长度等于长边的长的线段, 与 Ω 的边界相交.

为得到 R 需令 y 为 $\partial\Omega$ 上使得 $\delta = |z-y|$ 的一个点, 在 y 点应用外三角形条件. 作为一个结果, 连接 y 和 z 的直线与顶点在 y 的特别的三角形的一条边构成的角 $\beta < \pi$（事实上, $\beta \leqslant \pi - \alpha/2$, 显而易见.）现在通过适当的旋转和平移后可以假设 $y = 0$, 以及连接 z 和 0 的线与 x_2 坐标轴所成的角等于三角形的边与 x_2 坐标轴所成的角. 这个角度可取为 γ, 其中 $\gamma > \alpha/4$.（见图 7）

在这个图里有通过 x_2 坐标轴反射而产生的一种替代的可能情况.

有了这个图在心中, 我们如图 8 所标明的那样构造矩形 R.

它有平行于 x_2 坐标轴的长边, 包含圆盘 $B_{c_1\delta}(z)$, 且 R 的每条平行于 x_2 坐标轴的线段与三角形的边（延长线）相交.

注意到 z 的坐标是 $(-\delta\sin\gamma, \delta\cos\gamma)$. 我们选取 $c_1 < \sin\gamma$, 则 $B_{c_1\delta}(z)$ 和 z 位于同一个（左）半平面.

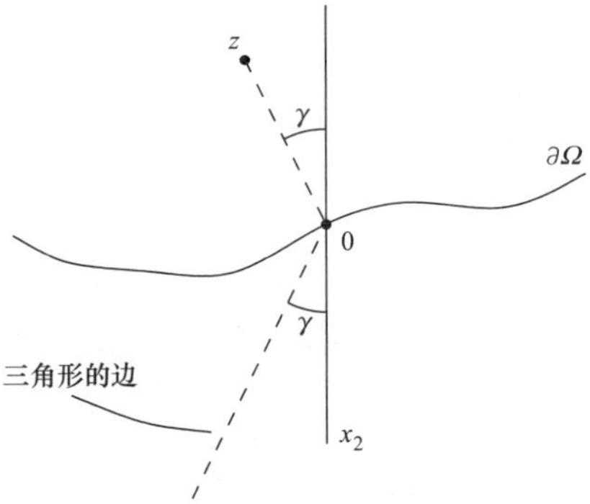

图 7 矩形 R 的布局

然后我们将注意力集中到两个点: P_1, 位于 x_1 坐标轴上, 是 x_1 轴与矩形远的边的交点; P_2, 在矩形远的边的拐角处, 即外三角形的边（延长线）与矩形远的边的交点. P_1 的坐标是 $(-a, 0)$, 其中 $a = \delta c_1 + \delta\sin\gamma$. P_2 的坐标是 $\left(-a, -a\dfrac{\cos\gamma}{\sin\gamma}\right)$. 注意到 P_2 与原点的距离为 $a/\sin\gamma$, 也就是 $\delta + \delta c_1/\sin\gamma \leqslant 2\delta$, 由于 $c_1 < \sin\gamma$.

现在我们观察到矩形长边的长度等于位于 x_1 轴上方的部分和下方的部分之和.

上面部分的长度等于圆盘的半径加上 z 的高度，即 $c_1\delta + \delta\cos\gamma \le 2\delta$. 下面部分的长度等于 $a/\tan\gamma$，即 $\delta\cos\gamma + \delta c_1 \dfrac{\cos\gamma}{\sin\gamma} \le 2\delta$，由于 $c_1 < \sin\gamma$. 我们发现矩形的长边长度 $\le 4\delta$.

现在由构造过程易知矩形 R 内的每一条从 $B_{c_1\delta}(z)$ 出发与 x_2 轴平行的垂直线段都与连接 O 和 P_2 的线相交（三角形一边的延长线）. 而且，若三角形的这条边的边长 l 大于 P_2 到原点的距离，则线段与三角形相交. 当这一相交发生时，从 $B_{c_2\delta}(z)$ 出发的线段一定与 $\partial\Omega$ 相交，这是因为三角形在 Ω 之外. 因此，若 $l \ge 2\delta$ 想要的相交发生，结论（1）~ 结论（3）得到验证.（我们将暂时地提出限制 $\delta \le l/2$.）

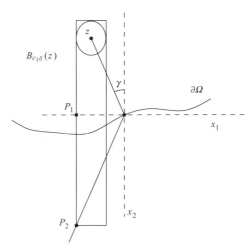

图 8   圆盘 $B_{c_1\delta}$ (z) 和矩形 R 包含它

现在我们沿 $B_{c_1\delta}(z)$ 内的每一条平行于 R 中的 x_2 轴的线段积分，该线段连续向下直到碰到 $\partial\Omega$，称这条线段为 $I(x_1)$. 然后，利用式（30）有

$$\int_{I(x_1)} |v(x_1,x_2)|^2 \,\mathrm{d}x_2 \le M^2\delta^2 \int_{I(x_1)} \left|\frac{\partial v}{\partial x_2}(x_1,x_2)\right|^2 \,\mathrm{d}x_2,$$

对 x_1 积分得到

$$\int_{R\cap\Omega} |v(x)|^2 \,\mathrm{d}x \le M\delta^2 \int_{R\cap\Omega} |\nabla v(x)|^2 \,\mathrm{d}x.$$

然而，当 $c_2 \ge 2$ 时 $B_{c_1\delta}(z) \subset R, R \subset B_{c_2\delta}(z)$. 从而在 δ 很小的假设下，即 $\delta \le l/2$ 建立了想要的不等式（32）. 当 $\delta > l/2$ 时只需利用天然的估计式（29），命题获证. 因此完成了定理的证明.

5   习题

1. 假设 $f \in L^2(\mathbf{R}^d)$ 和 $k \in L^1(\mathbf{R}^d)$.

（a）证明：对 a.e. $x(f*k)(x) = \int f(x-y)k(y)\mathrm{d}y$ 收敛.

（b）证明：$\|f*k\|_{L^2(\mathbf{R}^d)} \le \|f\|_{L^2(\mathbf{R}^d)} \|k\|_{L^1(\mathbf{R}^d)}$.

（c）对 a.e. ξ 建立 $\widehat{(f*k)}(\xi) = \hat{k}(\xi)\hat{f}(\xi)$.

（d）算子 $Tf = f*k$ 是傅里叶乘子算子，其中乘子 $m(\xi) = \hat{k}(\xi)$.

【提示：参见第 2 章习题 21.】

2. 考虑最初对 $\mathbf{R}_+ = \{t \in \mathbf{R}: t > 0\}$ 中有紧支集的连续函数 f 和 $x \in \mathbf{R}$ 定义的梅林（Mellin）变换

$$\mathcal{M} f(x) = \int_0^\infty f(t) t^{ix-1} \, \mathrm{d}t.$$

证明 $(2\pi)^{-1/2} \mathcal{M}$ 可延拓为从 $L^2(\mathbf{R}_+, \mathrm{d}t/t)$ 到 $L^2(\mathbf{R})$ 的酉算子. 具有积性结构的梅林变换在 $\mathbf{R}_+$ 上起的作用，与具有加性结构的傅里叶变换在 $\mathbf{R}$ 上的相同.

3. 令 $F(z)$ 是半平面上的一个有界全纯函数. 用两种方式证明对 a. e. x，$\lim_{y \to 0} F(x + iy)$ 存在.

(a) 利用事实 $F(z)/(z+i)$ 属于 $H^2(\mathbf{R}_+^2)$.

(b) 注意到 $G(z) = F\left(i \dfrac{1-z}{1+z}\right)$ 是单位圆盘内的一个有界全纯函数，且运用前一章的习题 17.

4. 考虑上半平面内的函数 $F(z) = e^{i/z}/(z+i)$. 注意到对每个 $y > 0$ 和 $y = 0$，$F(x+iy) \in L^2(\mathbf{R}^d)$. 观察到当 $|z| \to 0$ 时，$F(z) \to 0$. 然而 $F \notin H^2(\mathbf{R}_+^2)$，为什么？

5. 对 $a < b$，令 $S_{a,b}$ 表示条状 $\{z = x + iy, a < y < b\}$. 定义 $H^2(S_{a,b})$ 为 $S_{a,b}$ 中使得

$$\|F\|_{H^2(S_{a,b})}^2 = \sup_{a<y<b} \int_{\mathbf{R}^2} |F(x+iy)|^2 \mathrm{d}x < \infty$$

的全纯函数 F 组成的空间. 分别定义 $H^2(S_{a,\infty})$ 和 $H^2(S_{-\infty,b})$ 为半平面 $\{z = x + iy, y > a\}$ 和 $\{z = x + iy, y < b\}$ 上的哈代空间的明显变体.

(a) 证明 $F \in H^2(S_{a,b})$ 当且仅当 F 可以写成

$$F(z) = \int_{\mathbf{R}} f(\xi) e^{-2\pi i z \xi} \, \mathrm{d}\xi,$$

其中 $\displaystyle\int_{\mathbf{R}} |f(\xi)|^2 (e^{4\pi x\xi} + e^{4\pi b\xi}) \, \mathrm{d}\xi < \infty$.

(b) 证明每个 $F \in H^2(S_{a,b})$ 都可分解成 $F = G_1 + G_2$，其中 $G_1 \in H^2(S_{a,\infty})$ 而 $G_2 \in H^2(S_{-\infty,b})$.

(c) 证明 $\displaystyle\lim_{a<y<b, y\to a} F(x+iy) = F_a(x)$ 在 L^2 范数以及几乎处处的意义下存在，且 $\displaystyle\lim_{a<y<b, y\to b} F(x+iy)$ 有相似的结果.

6. 假设 Ω 是 $\mathbf{C} = \mathbf{R}^2$ 中的一个开集，且令 $\mathcal{H}$ 为 $L^2(\Omega)$ 的由 Ω 上的全纯函数组成一个子空间. 证明 $\mathcal{H}$ 是 $L^2(\Omega)$ 的一个闭子空间，因此是一个有下列内积的希尔伯特空间

$$(f,g) = \int_\Omega f(z) \overline{g}(z) \, \mathrm{d}x\mathrm{d}y, \text{其中 } z = x + iy.$$

【提示：证明对 $f \in \mathcal{H}$，对 $z \in \Omega$ 有 $|f(z)| \leqslant \dfrac{c}{d(z, \Omega^c)} \|f\|$，其中 $c = \pi^{-1/2}$，利用均值

性质表达式（9）. 从而若 $\{f_n\}$ 是 $\mathcal{H}$ 中的一个柯西列，则它在 Ω 的紧子集上一致收敛.】

7. 跟进之前的习题，证明：

（a）若 $\{\varphi_n\}_{n=0}^{\infty}$ 是 $\mathcal{H}$ 的一组规范正交基，则

$$\sum_{n=0}^{\infty} |\varphi_n(z)|^2 \leqslant \frac{c^2}{d(z, \Omega^c)}, z \in \Omega.$$

（b）和

$$B(z, w) = \sum_{n=0}^{\infty} \varphi_n(z) \overline{\varphi_n(w)}$$

对 $(z, w) \in \Omega \times \Omega$ 绝对收敛，且与 $\mathcal{H}$ 的规范正交基 $\{\varphi_n\}$ 的选择无关.

（c）要证明（b），用下列性质刻画称为伯格曼（Bergman）核的函数 $B(z, w)$ 是有用的. 令 T 是 $L^2(\Omega)$ 上的线性变换，它定义为

$$Tf(z) = \int_{\Omega} B(z, w) f(w) \, \mathrm{d}u \mathrm{d}v, \quad w = u + \mathrm{i}v.$$

则 T 是 $L^2(\Omega)$ 到 $\mathcal{H}$ 的正交投影.

（d）假设 Ω 是单位圆盘，则 $f \in \mathcal{H}$ 恰好当 $f(z) = \sum_{n=0}^{\infty} a_n z^n$，其中

$$\sum_{n=0}^{\infty} |a_n|^2 (n+1)^{-1} < \infty.$$

序列 $\left\{\frac{z^n (n+1)}{\pi^{1/2}}\right\}_{n=0}^{\infty}$ 是 $\mathcal{H}$ 的一组规范正交基. 此外，这种情况下有

$$B(z, w) = \frac{1}{\pi(1 - z\overline{w})^2}.$$

8. 继续习题 6，假设 Ω 是上半平面 $\mathbf{R}_+^2$，则每个 $f \in \mathcal{H}$ 有一个表示

$$f(z) = \sqrt{4\pi} \int_0^{\infty} \hat{f}_0(\xi) e^{2\pi \mathrm{i}\xi z} \mathrm{d}\xi, \quad z \in \mathbf{R}_+^2, \tag{34}$$

其中 $\int_{\mathbf{R}} |\hat{f}_0(\xi)|^2 \frac{\mathrm{d}\xi}{\xi} < \infty$. 而且，由式（34）给出的映射 $\hat{f}_0 \to f$ 是一个从 $L^2\left((0, \infty), \frac{\mathrm{d}\xi}{\xi}\right)$ 到 $\mathcal{H}$ 的酉射.

9. 令 H 为希尔伯特变换. 验证

（a）$H^* = -H$，$H^2 = -I$，且 H 是一个酉射.

（b）若 τ_h 表示平移算子，$\tau_h(f)(x) = f(x - h)$，则 H 和 τ_h 可交换，$\tau_h H = H\tau_h$.

（c）若 δ_a 表示扩张算子，$\delta_a(f)(x) = f(ax)$，其中 $a > 0$，则 H 和 δ_a 可交换，$\delta_a H = H\delta_a$.

逆命题由下面的问题 5 给出.

189

10. 设 $f \in L^2(\mathbf{R})$ 而 $u(x,y)$ 是 f 的泊松积分，正如前面式 (10) 给出的，$u = (f * \mathcal{P}_y)(x)$. 令 $v(x,y) = (Hf * \mathcal{P}_y)(x)$，$f$ 的希尔伯特变换的泊松积分. 证明：

（a）$F(x + iy) = u(x,y) + iv(x,y)$ 在半平面 $\mathbf{R}_+^2$ 内是解析的，因此 u 和 v 是共轭调和函数. 我们还有 $f = \lim\limits_{y \to 0} u(x,y)$ 和 $Hf = \lim\limits_{y \to 0} v(x,y)$.

（b）$F(z) = \dfrac{1}{\pi i} \int_{\mathbf{R}} f(t)\, \dfrac{\mathrm{d}t}{t - z}$.

（c）$v(x, y) = f * \mathcal{Q}_y$，其中 $\mathcal{Q}_y(x) = \dfrac{1}{\pi}\, \dfrac{x}{x^2 + y^2}$ 是**共轭泊松核**.

【提示：注意 $\dfrac{i}{\pi z} = \mathcal{P}_y(x) + i\mathcal{Q}_y(x)$，$z = x + iy$.】

11. 说明
$$\left\{ \frac{1}{\pi^{1/2}(i + z)} \left(\frac{i - z}{i + z} \right)^n \right\}_{n=0}^{\infty}$$
是 $H(\mathbf{R}_+^2)$ 的一组规范正交基.

注意到 $\left\{ \dfrac{1}{\pi^{1/2}(i + x)} \left(\dfrac{i - x}{i + x} \right)^n \right\}_{n=0}^{\infty}$ 是 $L^2(\mathbf{R})$ 的一组规范正交基；参见前一章的习题 9.

【提示：只需证明若 $F \in H(\mathbf{R}_+^2)$ 且
$$\int_{-\infty}^{+\infty} F(x)\, \frac{(x + i)^n}{(x - i)^{n+1}} \mathrm{d}x = 0,\ n = 0, 1, 2, \cdots,$$
则 $F = 0$. 利用柯西积分公式证明
$$\left(\frac{\mathrm{d}}{\mathrm{d}z} \right)^n \left(F(z)(z + i)^n \right) \Big|_{z = i} = 0,$$
从而 $F^{(n)}(i) = 0, n = 0, 1, 2, \cdots$.】

12. 考虑不等式
$$\|u\|_{L^2(\Omega)} \leqslant c \|L(u)\|_{L^2(\Omega)}$$
对无界开集 Ω 是否成立.

（a）假设 $d \geqslant 2$. 证明对每个常系数偏微分算子 L，存在无界连通开集 Ω 使得上式对所有的 $u \in C_0^\infty(\Omega)$ 成立.

（b）证明对所有 $u \in C_0^\infty(\mathbf{R}^d)$，$\|u\|_{L^2(\mathbf{R}^d)} \leqslant c \|L(u)\|_{L^2(\mathbf{R}^d)}$ 当且仅当对所有的 $\xi |P(\xi)| \geqslant c > 0$，其中 P 是 L 的特征多项式.

【提示：关于（a），首先考虑 $L = (\partial / \partial x_1)^n$ 和条状 $\{x: -1 < x_1 < 1\}$.】

13. 假设 L 是一个常系数线性偏微分算子. 证明当 $d \geqslant 2$ 时，$L(u) = 0$，$u \in C_0^\infty(\mathbf{R}^d)$ 的解 u 组成的线性空间不是有限维的.

【提示：考虑 $P(\zeta)$ 的零点 ζ，$\zeta \in \mathbf{C}^d$，其中 P 是 L 的特征多项式.】

14. 假设 F 和 G 是有界区间 $[a, b]$ 上的两个可积函数. 证明 G 是 F 的弱导数当

且仅当 F 可以在一个零测度集上修正函数值，使得 F 绝对连续且对几乎每个 x，$F'(x)=G(x)$.

【提示：若 G 是 F 的弱导数，利用一个逼近证明

$$\int_a^b G(x)\varphi(x)\mathrm{d}x = -\int_a^b F(x)\varphi'(x)\mathrm{d}x$$

对图 9 中阐明的函数 φ 成立.】

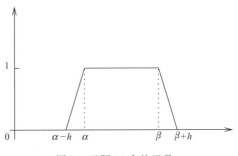

图 9　习题 14 中的函数 φ

15. 假设 $f\in L^2(\mathbf{R}^d)$. 证明存在 $g\in L^2(\mathbf{R}^d)$ 使得在弱意义下

$$\left(\frac{\partial}{\partial x}\right)^\alpha f(x)=g(x)$$

当且仅当

$$(2\pi i\xi)^\alpha \hat{f}(\xi)=\hat{g}(\xi)\in L^2(\mathbf{R}^d).$$

16. 索伯列夫（Sobolev）嵌入定理. 假设 n 是大于 $d/2$ 的最小整数，若

$$f\in L^2(\mathbf{R}^d)\ \text{且在弱意义下对所有}\ 1\leqslant|\alpha|\leqslant n,\ \left(\frac{\partial}{\partial x}\right)^\alpha f\in L^2(\mathbf{R}^d)$$

则可以在一个零测度集上修正 f 的值使它连续且有界.

【提示：依据 $\hat{f}$ 表达 f，用柯西-施瓦茨不等式证明 $\hat{f}\in L^1(\mathbf{R}^d)$.】

17. 当 $n=d/2$ 时，索伯列夫嵌入定理的结论不成立. 考虑 $d=2$ 的情形，令 $f(x)=(\log 1/|x|)^\alpha \eta(x)$，其中 η 是一个光滑的截断函数，在原点附近 $\eta=1$，而若 $|x|\geqslant 1/2$，则 $\eta(x)=0$. 令 $0<\alpha<1/2$.

（a）验证 $\partial f/\partial x_1$ 和 $\partial f/\partial x_2$ 在弱意义下属于 L^2.

（b）说明不能在一个零测度集修正 f 的值使之成为在原点连续的函数.

18. 考虑线性偏微分算子

$$L=\sum_{|\alpha|\leqslant n} a_\alpha\left(\frac{\partial}{\partial x}\right)^\alpha,$$

则

$$P(\xi)=\sum_{|\alpha|\leqslant n} a_\alpha (2\pi i\xi)^\alpha$$

称为 L 的特征多项式. 若对某个 $c>0$ 和所有充分大的 ξ，

$$|P(\xi)|\geqslant c|\xi|^n,$$

则称微分算子 L 为椭圆型的.

（a）检验 L 为椭圆型的当且仅当 $\sum_{|\alpha|=n} a_\alpha(2\pi\xi)^\alpha$ 只在 $\xi=0$ 时等于零.

（b）若 L 为椭圆型的，证明对某个 $c>0$ 不等式

$$\left\|\left(\frac{\partial}{\partial x}\right)^\alpha \varphi\right\|_{L^2(\mathbf{R}^d)}\leqslant c(\|L\varphi\|_{L^2(\mathbf{R}^d)}+\|\varphi\|_{L^2(\mathbf{R}^d)})$$

对所有 $\varphi \in C_0^\infty(\Omega)$ 和 $|\alpha| \leqslant n$ 成立.

（c）反之，若（b）成立，则 L 是椭圆型的.

19. 假设 u 在一个被刺破的单位圆盘 $D^* = \{z \in \mathbf{C}, 0 < |z| < 1\}$ 内是调和的.

（a）证明若 u 在原点连续，则 u 在整个单位圆盘上调和.

【提示：证明 u 是弱调和的.】

（b）证明关于被刺破的单位圆盘的狄利克雷问题一般是不可解的.

20. 令 F 是单位圆盘的闭包 $\overline{D}$ 上的连续函数. 假设 F 在（开）圆盘 D 上是属于 C^1 的，且 $\int_D |\nabla F|^2 < \infty$.

令 $f(e^{i\theta})$ 表示 F 在单位圆的限制，记 $f(e^{i\theta}) \sim \sum_{n=-\infty}^{+\infty} a_n e^{in\theta}$. 证明 $\sum_{n=-\infty}^{+\infty} |n| \, |a_n|^2 < \infty$.

【提示：记 $F(re^{i\theta}) \sim \sum_{n=-\infty}^{+\infty} F_n(r)e^{in\theta}$，其中 $F_n(1) = a_n$. 用极坐标表示 $\int_D |\nabla F|^2$，利用对 $L \geqslant 2$ 成立的事实

$$\frac{1}{2} |F(1)|^2 \leqslant L^{-1} \int_{\frac{1}{2}}^1 |F'(r)|^2 \mathrm{d}r + L \int_{1/2}^1 |F(r)|^2 \mathrm{d}r,$$

将此应用于 $F = F_n$，$L = |n|$.】

6 问题

1. 假设 $F_0(x) \in L^2(\mathbf{R}^d)$，则存在一个整的解析函数 F，使得对所有 $z \in \mathbf{C}$，$|F(z)| \leqslant Ae^{a|z|}$，且 $F_0(x) = F(x)$ a.e. $x \in \mathbf{R}$ 的充要条件是当 $|\xi| > a/2\pi$，$\hat{F}_0(\xi) = 0$（译者注：整的解析函数国内教材称为整函数）.

【提示：考虑正则化 $F^\varepsilon(z) = \int_{-\infty}^{+\infty} F(z-t)\varphi_\varepsilon(t)\mathrm{d}t$，并对它运用第二本书即《复分析》Ⅱ第 4 章定理 3.3 的方法.】

2. 假设 Ω 是 $\mathbf{R}^2$ 的一个有界开子集. 一个边界利普希茨弧 γ 是 $\partial\Omega$ 的一部分，经过坐标轴旋转之后可以表示为

$$\gamma = \{(x_1, x_2): x_2 = \eta(x_1), a \leqslant x_1 \leqslant b\},$$

其中 $a < b$ 且 $\gamma \subset \partial\Omega$. 还假设

$$|\eta(x_1) - \eta(x_1')| \leqslant M|x_1 - x_1'|，对 x_1, x_1' \in [a, b], \tag{35}$$

此外，若 $\gamma_\delta = \{(x_1, x_2): x_2 - \delta \leqslant \eta(x_1) \leqslant x_2\}$，则 $\gamma_\delta \bigcap \Omega = \varnothing$ 对某个 $\delta > 0$ 成立.（注意到若 $\eta \in C^1([a, b])$，则满足条件式（35）.）

假设 Ω 满足下列条件，存在有限个开圆盘 $D_1, D_2, \cdots, D_N$，满足 $\partial\Omega \subset \bigcup_j D_j$，对每个 $j, \partial\Omega \bigcap D_j$ 是一个边界利普希茨弧（见图 10）. 从而 Ω 满足定理 4.12 的外三角形条件，保证了边值问题的可解性.

3.* 假设有界区域 Ω 以简单闭连续曲线为边界，则关于 Ω 的边值问题是可解的. 因为存在从单位圆盘 D 到 Ω 的共形映射 Φ，它可延拓为一个从 $\overline{D}$ 到 $\overline{\Omega}$ 的连续双射. （见 1.3 节和书 II 第 8 章问题 6*.）

4. 考虑由图 11 给出的 $\mathbf{R}^2$ 中的两个区域 Ω.

集合 I 的边界是一条光滑曲线，有一个内部的尖头. 集合 II 类似，除了它的尖头在外部. I 和 II 都在问题 3 的结果的范围内，因此在每种情况下，边值问题都可解. 但是，II 满足外三角形条件而 I 不满足.

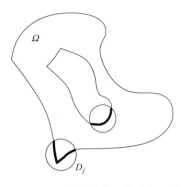

图 10　边界利普希茨弧构成的区域

5. 设 T 为 $L^2(\mathbf{R}^d)$ 上的一个傅里叶乘子算子，即假设存在一个有界函数 m 使得对所有 $f \in L^2(\mathbf{R}^d)$，$(\widehat{Tf})(\xi) = m(\xi)\hat{f}(\xi)$，则 T 和 τ_h 可交换，$\tau_h T = T\tau_h$，其中对所有 $h \in \mathbf{R}^d$，$\tau_h(f)(x) = f(x-h)$.

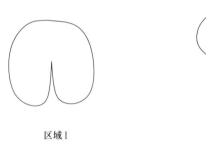

区域 I　　　　　　　　　区域 II

图 11　有尖头的区域

反之，任何 $L^2(\mathbf{R}^d)$ 上与平移算子可交换的有界算子都是傅里叶乘子算子.

【提示：只需证明若一个有界算子 $\widehat{T}$ 和指数函数 $e^{2\pi i\xi \cdot h}$ 的乘积可交换（$h \in \mathbf{R}^d$），则存在 m 使得对所有 $g \in L^2(\mathbf{R}^d)$，$\widehat{T}g(\xi) = m(\xi)g(\xi)$. 为此，首先证明对所有 $g \in L^2(\mathbf{R}^d)$，

$$\widehat{T}(\Phi g) = \Phi\,\widehat{T}(g)，\text{ 其中 } \Phi \in C_0^\infty(\mathbf{R}^d).$$

然后，对充分大的 N，选择 Φ 使得它在球 $|\xi| \leqslant N$ 内等于 1，则 $m(\xi) = \widehat{T}(\Phi)$ (ξ)，$|\xi| \leqslant N$.】

作为这个定理的推论，证明若 T 是 $L^2(\mathbf{R}^d)$ 上的一个有界算子，它与平移算子和扩张算子（同上面习题 9）可交换，则

（a）若 $(Tf)(-x) = T(f(-x))$，则 $T = cI$，其中 c 是一个适当的常数而 I 是恒同算子.

（b）若 $(Tf)(-x) = -T(f(-x))$，则 $T = cH$，其中 c 是一个适当的常数而 H 是希尔伯特变换.

6. 这个问题给出了 $L^1(\mathbf{R}^d)$ 和 $L^2(\mathbf{R}^d)$ 上的分析之间对比的例子.

若 f 在 $\mathbf{R}^d$ 上局部可积，极大值函数 f^* 定义为

$$f^*(x) = \sup_{x \in B} \frac{1}{m(B)} \int_B |f(y)| \, \mathrm{d}y,$$

其中上确界对所有包含点 x 的球取.

完成下面关于证明存在常数 C，使得

$$\|f^*\|_{L^2(\mathbf{R}^d)} \leqslant C \|f\|_{L^2(\mathbf{R}^d)}$$

的概要. 换言之，将 f 映到 f^* 的映射（虽然不是线性的）在 $L^2(\mathbf{R}^d)$ 上是有界的，这明显不同于我们在第 3 章中看到的 $L^1(\mathbf{R}^d)$ 的情形.

（a）对每个 $\alpha > 0$，证明若 $f \in L^1(\mathbf{R}^d)$，则

$$m(\{x:\ f^*(x) > \alpha\}) \leqslant \frac{2A}{\alpha} \int_{|f| > \alpha/2} |f(x)| \, \mathrm{d}x.$$

这里，取 $A = 3^d$ 就行.

【提示：考虑 $f_1(x) = f(x)$，若 $|f(x)| \geqslant \alpha/2$，否则等于 0. 检验 $f_1 \in L^1(\mathbf{R}^d)$，且

$$\{x:\ f^*(x) > \alpha\} \subset \{x:\ f_1^*(x) > \alpha/2.\}\]$$

（b）证明

$$\int_{\mathbf{R}^d} |f^*(x)|^2 \, \mathrm{d}x = 2 \int_0^\infty \alpha m(E_\alpha) \, \mathrm{d}\alpha,$$

其中 $E_\alpha = \{x: f^*(x) > \alpha\}$.

（c）证明 $\|f^*\|_{L^2(\mathbf{R}^d)} \leqslant C \|f\|_{L^2(\mathbf{R}^d)}$.

第6章 抽象测度和积分理论

立即建议的是，通过定义和处理抽象对象，这些对象不必满足所要建立的理论的那些要求之外的其他条件，将这些特征性质自身作为研究的主要对象对待.

这个程序或多或少不自觉地被每个时代的数学家所运用. 欧几里得几何学和16、17世纪的文字代数学就是以这种方式产生的. 这个称为公理化方法的方法，仅仅在当今时代才实现了该方法的持续发展并且完成了它的合乎逻辑的结论.

我们的意图是用刚才描述的公理化方法处理测度和积分理论.

C. Carathéodory，1918

积分在许多数学分支中扮演了一个重要的角色. 当处理出现在各种不同空间上的分析学的问题时，它以多种形式被用到. 尽管在某些情况下只需要在这些空间上求连续函数或其他简单函数的积分，而一些其他问题的更深入研究需要基于更为精炼的测度论思想的积分. 这些思想的发展，超越了欧几里得空间 $\mathbf{R}^d$ 的情形，是本章的目标.

这些理论的出发点是卡拉泰奥多里（Carathéodory）卓有成效的洞察力和相应的导致在非常一般的背景下构造测度的定理. 一旦这个构造实现了，在一般情形下的积分的基本事实的演绎就可以用熟知的途径得到.

我们应用抽象理论以得到几个有用的结果：乘积测度理论；极坐标积分公式，它是乘积测度理论的一个推论；勒贝格-斯蒂尔切斯（Lebesgue-Stieltjes）积分和相应的实直线上的博雷尔测度的构造；以及绝对连续的一般概念. 最后，我们处理遍历理论中的一些基本的极限定理. 这不仅给出了我们建立的抽象框架的用途的一个说明，而且提供了与第3章研究过的微分定理之间的联系.

1 抽象测度空间

测度空间是由配备两个基本对象的集合 X 组成：

（Ⅰ）"可测"集组成的 σ 代数 $\mathcal{M}$，它是由 X 的子集构成的，在补、可数并和交的运算下封闭的非空簇.

（Ⅱ）测度 $\mu: \mathcal{M} \to [0, \infty]$ 满足下面的决定性性质：若 $E_1, E_2, \cdots$ 是 $\mathcal{M}$ 中可数个两两不相交的集合，则

$$\mu\left(\bigcup_{n=1}^{\infty} E_n\right) = \sum_{n=1}^{\infty} \mu(E_n).$$

因此为强调其三个主要组成部分，通常用三元组 $(X, \mathcal{M}, \mu)$ 来表示一个测度空间. 但是，有时，在不引起歧义的情况下将测度空间的这一记号简写为 (X, μ)，或简单地记为 X.

测度空间的一个经常具有的特征是 σ 有限性. 这意味着 X 可以写成可数个测度有限的可测集的并.

最初阶段我们只给出测度空间的两个简单例子：

（i）第一个是离散的例子，其中 X 是一个可数集，$X = \{x_n\}_{n=1}^{\infty}$，$\mathcal{M}$ 是 X 的所有子集组成的集簇，测度 μ 由 $\mu(x_n) = \mu_n$ 确定，其中 $\{\mu_n\}_{n=1}^{\infty}$ 是一个给定的（扩充的）非负数列. 注意到 $\mu(E) = \sum_{x_n \in E} \mu_n$. 当对所有的 n，都有 $\mu_n = 1$ 时，称 μ 为**计数测度**，并用#表示它. 在这种情况下，积分不是别的就是（绝对）收敛的级数的和.

（ii）这里 $X = \mathbf{R}^d$，$\mathcal{M}$ 是由勒贝格可测集组成的集簇，且 $\mu(E) = \int_E f \mathrm{d}x$，其中 f 是一个给定的 $\mathbf{R}^d$ 上的可测函数. $f = 1$ 的情形对应于勒贝格测度. μ 的可数可加性由通常的可加性和第 2 章证明过的非负函数的积分的极限性质得到.

与大多数应用相关的测度空间的构造需要进一步的思想，我们现在转向对这些思想的阐述.

1.1　外测度与卡拉泰奥多里定理

正如第 1 章考虑的勒贝格测度这一特殊情形一样，要构造一般情形的测度和相应的可测集，需要"外"测度的前提概念. 这个概念定义如下.

令 X 是一个集合. X 上的**外测度**（或**外层测度**）μ_* 是一个从 X 的所有子集构成的集簇到 $[0, \infty]$ 的函数，它满足下列性质：

（i）$\mu_*(\varnothing) = 0$.

（ii）若 $E_1 \subset E_2$，则 $\mu_*(E_1) \leqslant \mu_*(E_2)$.

（iii）若 $E_1, E_2, \cdots$ 是一个可数集簇，则

$$\mu_*\left(\bigcup_{j=1}^{\infty} E_j\right) \leqslant \sum_{j=1}^{\infty} \mu_*(E_j).$$

例如，第 1 章中定义的 $\mathbf{R}^d$ 中的勒贝格外测度 m_* 具有所有这些性质. 事实上，一大类外测度可以利用一簇测度已知的特殊集合来"覆盖"得到. 这个思想被 1.3 节处理的"预测度"的概念所系统化描述. 一个不同类型的例子是第 7 章定义的 α 维豪斯多夫（Hausdorff）外测度 m_α^*.

给定一个外测度 μ_*，人们面临的问题是如何定义相应的可测集的概念. 在 $\mathbf{R}^d$ 中的勒贝格测度的情形，当用 μ_* 考虑，这样的集合是通过它们与开（或闭）集的不同来刻画的. 对于一般的情形，卡拉泰奥多里找到了一个巧妙的替代条件. 它定义如下.

X 中的集合 E 是**卡拉泰奥多里**可测的或简单地说是可测的，如果

（1）对每个 $A \subset X$，有

$$\mu_*(A) = \mu_*(E \bigcap A) + \mu_*(E^c \bigcap A). \tag{1}$$

换言之，E 在将任何集合 A 分成对于外测度 μ_* 表现良好的两部分．为此，式（1）有时称为分离条件．人们可以证明在 $\mathbf{R}^d$ 中取勒贝格外测度的式（1）所定义的可测性概念与第 1 章中给出的勒贝格可测性的定义等价（参见习题 3）．

我们作的第一个观察是要证明一个集合 E 是可测的，仅需验证

对所有 $A \subset X, \mu_*(A) \geqslant \mu_*(E \bigcap A) + \mu_*(E^c \bigcap A)$，

因为反方向的不等式可通过外测度的次可加性，即性质（ⅲ）自动得到验证．我们从定义立即可以看到外测度为零的集合一定是可测的．

下面的定理总结了关于定义（1）的引人注目的事实．

定理 1.1　给定一个集合 X 上的外测度 μ_*，由卡拉泰奥多里可测集组成的集簇 $\mathcal{M}$ 构成一个 σ 代数．此外，μ_* 限制在 $\mathcal{M}$ 上是一个测度．

证　显然，$\varnothing$ 和 X 属于 $\mathcal{M}$，且条件（1）固有的对称性说明只要 $E \in \mathcal{M}$ 就有 $E^c \in \mathcal{M}$，从而 $\mathcal{M}$ 是非空的，且对补运算封闭．

接下来，我们证明 $\mathcal{M}$ 对有限个不相交集合的并封闭，以及 μ_* 在 $\mathcal{M}$ 上是有限可加的．事实上，若 E_1，$E_2 \in \mathcal{M}$，A 是 X 的任何子集，则

$$\begin{aligned}
\mu_*(A) &= \mu_*(E_2 \bigcap A) + \mu_*(E_2^c \bigcap A) \\
&= \mu_*(E_1 \bigcap E_2 \bigcap A) + \mu_*(E_1^c \bigcap E_2 \bigcap A) + \\
&\quad \mu_*(E_1 \bigcap E_2^c \bigcap A) + \mu_*(E_1^c \bigcap E_2^c \bigcap A) \\
&\geqslant \mu_*((E_1 \bigcup E_2) \bigcap A) + \mu_*((E_1 \bigcup E_2)^c \bigcap A),
\end{aligned}$$

其中在前两行首先利用 E_2 的可测性，然后利用 E_1 的可测性，最后一个不等式是利用 μ_* 的次可加性和 $E_1 \bigcup E_2 = (E_1 \bigcap E_2) \bigcup (E_1^c \bigcap E_2) \bigcup (E_1 \bigcap E_2^c)$ 得到的．从而，有 $E_1 \bigcup E_2 \in \mathcal{M}$，且若 E_1 和 E_2 是不相交的，则

$$\begin{aligned}
\mu_*(E_1 \bigcup E_2) &= \mu_*(E_1 \bigcap (E_1 \bigcup E_2)) + \mu_*(E_1^c \bigcap (E_1 \bigcup E_2)) \\
&= \mu_*(E_1) + \mu_*(E_2).
\end{aligned}$$

最后，仅需证明 $\mathcal{M}$ 对可数个不相交集合的并运算是封闭的，即 μ_* 在 $\mathcal{M}$ 上是可数可加的．令 E_1，E_2，… 表示 $\mathcal{M}$ 中两两不相交的集合所成的可数簇，定义

$$G_n = \bigcup_{j=1}^{n} E_j \text{ 以及 } G = \bigcup_{j=1}^{\infty} E_j,$$

对每个 n，集合 G_n 是 $\mathcal{M}$ 中的有限个集合的并，因此 $G_n \in \mathcal{M}$．此外，对所有 $A \subset X$，有

$$\begin{aligned}
\mu_*(G_n \bigcap A) &= \mu_*(E_n \bigcap (G_n \bigcap A)) + \mu_*(E_n^c \bigcap (G_n \bigcap A)) \\
&= \mu_*(E_n \bigcap A) + \mu_*(G_{n-1} \bigcap A) \\
&= \sum_{j=1}^{n} \mu_*(E_j \bigcap A),
\end{aligned}$$

其中最后一个等式是由归纳法得到的. 由于我们知道 $G_n \in \mathcal{M}$，且 $G^c \subset G_n^c$，故

$$\mu_*(A) = \mu_*(G_n \bigcap A) + \mu_*(G_n^c \bigcap A) \geqslant \sum_{j=1}^{n} \mu_*(E_j \bigcap A) + \mu_*(G^c \bigcap A).$$

令 n 趋向于无穷，得到

$$\mu_*(A) \geqslant \sum_{j=1}^{\infty} \mu_*(E_j \bigcap A) + \mu_*(G^c \bigcap A) \geqslant \mu_*(G \bigcap A) + \mu_*(G^c \bigcap A)$$

$$\geqslant \mu_*(A).$$

因此上面的不等式全是等式，我们得到想要的结论 $G \in \mathcal{M}$. 此外，在上面取 $A = G$，我们发现 μ_* 在 $\mathcal{M}$ 上是可数可加的，定理证毕.

我们先前观察到的外测度为 0 的集合是卡拉泰奥多里可测的这一事实表明定理中的测度空间 $(X, \mathcal{M}, \mu)$ 是**完全的**：只要 $F \in \mathcal{M}$ 满足 $\mu(F) = 0$ 且 $E \subset F$，则 $E \in \mathcal{M}$.

1.2　度量外测度

若基础集 X 被赋予"距离函数"或"度量"，则有一类在实践中有趣的外测度. 这些外测度的重要性是它们诱导出由 X 中的开集生成的自然的 σ 代数上的测度.

一个度量空间是一个集合 X，它被赋予满足下列条件的函数 $d: X \times X \to [0, \infty)$，

（ⅰ）$d(x, y) = 0$ 当且仅当 $x = y$.

（ⅱ）对所有 $x, y \in X, d(x, y) = d(y, x)$.

（ⅲ）对所有 $x, y, z \in X, d(x, z) \leqslant d(x, y) + d(y, z)$.

最后一个性质当然称为三角不等式，满足上述所有条件的函数 d 称为 X 上的一个度量. 例如，具有 $d(x, y) = |x - y|$ 的集合 $\mathbf{R}^d$ 是一个度量空间. 另一个例子由紧集 K 上的连续函数组成的空间给出，其中 $d(f, g) = \sup_{x \in K} |f(x) - g(x)|$.

一个度量空间 (X, d) 自然地装备有一簇开球. 其中

$$B_r(x) = \{y \in X: d(x, y) < r\}$$

定义了中心在 x，半径为 r 的开球. 结合这一点，我们说一个集合 $\mathcal{O} \subset X$ 是开的：若对任何 $x \in \mathcal{O}$ 都存在 $r > 0$ 使得 $B_r(x)$ 包含于 $\mathcal{O}$. 一个集合是闭的：若它的补集是开的. 有了这些定义，人们容易验证开集的（任意）并仍是开集. 类似地，闭集的交仍是闭集.

198

最后，如第 1 章的第 3 节一样，我们可以定义测度空间 X 上的博雷尔 σ 代数 $\mathcal{B}_X$，它是包含 X 中所有开集的最小的 σ 代数. 换言之，$\mathcal{B}_X$ 是所有包含 X 中开集的 σ 代数的交集. $\mathcal{B}_X$ 中的元素称为博雷尔集.

我们现在将注意力转向 X 上的满足在"良好分离"的集合上具有可加性这一特殊性质的那些外测度. 我们证明这一性质保证了该外测度在博雷尔 σ 代数上定义了一个测度. 这个论断可通过证明所有的博雷尔集都是卡拉泰奥多里可测来实现.

给定度量空间 (X, d) 中的两个集合 A 和 B，A 和 B 之间的距离定义为

$$d(A, B) = \inf\{d(x, y): x \in A, y \in B\}.$$

X 上的外测度 μ_* 是一个度量外测度：若它满足

$$\mu_*(A \bigcup B) = \mu_*(A) + \mu_*(B), d(A,B) > 0.$$

这个性质在勒贝格外测度的情形下扮演了一个关键的角色.

定理 1.2　若 μ_* 是度量空间 X 上的度量外测度, 则 X 中的博雷尔集是可测的. 因此 μ_* 限制在 $\mathcal{B}_X$ 上是一个测度.

证　根据 $\mathcal{B}_X$ 的定义, 仅需证明 X 中的闭集是卡拉泰奥多里可测的. 因而, 令 F 表示一个闭集而 A 是 X 的一个子集, 其中 $\mu_*(A) < \infty$. 对每个 $n > 0$, 令

$$A_n = \{x \in F^c \bigcap A : d(x, F) \geqslant 1/n\},$$

则 $A_n \subset A_{n+1}$, 且由于 F 是一个闭集, 故有 $F^c \bigcap A = \bigcup_{n=1}^{\infty} A_n$. 而且 $F \bigcap A$ 和 A_n 之间的距离 $\geqslant 1/n$, 由于 μ_* 是度量外测度, 所以有

$$\mu_*(A) \geqslant \mu_*((F \bigcap A) \bigcup A_n) = \mu_*(F \bigcap A) + \mu_*(A_n). \tag{2}$$

接下来, 我们断言

$$\lim_{n \to \infty} \mu_*(A_n) = \mu_*(F^c \bigcap A). \tag{3}$$

为看到这一点, 令 $B_n = A_{n+1} \bigcap A_n^c$ 且注意到

$$d(B_{n+1}, A_n) \geqslant \frac{1}{n(n+1)}.$$

事实上, 若 $x \in B_{n+1}$ 且 $d(x,y) < 1/n(n+1)$, 三角不等式表明 $d(y,F) < 1/n$, 因此 $y \notin A_n$. 从而

$$\mu_*(A_{2k+1}) \geqslant \mu_*(B_{2k} \bigcup A_{2k-1}) = \mu_*(B_{2k}) + \mu_*(A_{2k-1}),$$

这蕴含着

$$\mu_*(A_{2k+1}) \geqslant \sum_{j=1}^{k} \mu_*(B_{2j}).$$

类似的论证可得

$$\mu_*(A_{2k}) \geqslant \sum_{j=1}^{k} \mu_*(B_{2j-1}).$$

因为 $\mu_*(A)$ 是有限的, 所以级数 $\sum \mu_*(B_{2j})$ 和 $\sum \mu_*(B_{2j-1})$ 都是收敛的. 最后, 我们注意到

$$\mu_*(A_n) \leqslant \mu_*(F^c \bigcap A) \leqslant \mu_*(A_n) + \sum_{j=n+1}^{\infty} \mu_*(B_j),$$

这证明了极限式 (3). 在不等式 (2) 中令 n 趋于无穷, 则有 $\mu_*(A) \geqslant \mu_*(F \bigcap A) + \mu_*(F^c \bigcap A)$, 因此, 正如我们所要证明的, F 是可测的.

给定一个度量空间 X, 定义在 X 中的博雷尔集上的测度 μ 称为博雷尔测度. 对所有 (半径有限的) 球赋予有限测度的博雷尔测度满足一个有用的正则性质. 注意对任何球 B 都有 $\mu(B) < \infty$ 的要求在实践中出现的很多 (但并非全部) 情况下是满足的$^{\ominus}$. 当它成立时, 我们得到下列命题.

199

$\ominus$ 这个限制对于下一章考虑的豪斯多夫测度不总是成立.

命题 1.3 假设 μ 是在 X 中所有半径有限的球上取有限值的博雷尔测度，则对于任何博雷尔集 E 和任给的 $\varepsilon > 0$，存在开集 $\mathcal{O}$ 和闭集 F 使得 $E \subset \mathcal{O}$ 且 $\mu(\mathcal{O} - E) < \varepsilon$，而 $F \subset E$ 且 $\mu(E - F) < \varepsilon$.

证 我们需要下面的初步观察. 假设 $F^* = \bigcup_{k=1}^{\infty} F_k$，其中 F_k 是闭集，则对任给的 $\varepsilon > 0$，可以找到一个闭集 $F \subset F^*$ 使得 $\mu(F^* - F) < \varepsilon$. 要证明这个事实，需假设集合 $\{F_k\}$ 是递增的. 固定一个点 $x_0 \in X$，且令 B_n 表示球 $\{x : d(x, x_0) < n\}$，其中 $B_0 = \{\varnothing\}$. 由于 $\bigcup_{n=1}^{\infty} B_n = X$，故有

$$F^* = \bigcup \left(F^* \bigcap (\overline{B}_n - B_{n-1}) \right).$$

现在对每个 n，$F^* \bigcap (\overline{B}_n - B_{n-1})$ 是递增的闭集列 $F_k \bigcap (\overline{B}_n - B_{n-1})$ 当 $k \to \infty$ 时的极限，因此（回忆起 $\overline{B}_n$ 测度有限）我们可以找到 $N = N(n)$ 使得 $(F^* - F_{N(n)}) \bigcap (\overline{B}_n - B_{n-1})$ 测度小于 $\varepsilon/2^n$. 若令

$$F = \bigcup_{n=1}^{\infty} \left(F_{N(n)} \bigcap (\overline{B}_n - B_{n-1}) \right),$$

可得 $F^* - F$ 的测度小于 $\sum_{n=1}^{\infty} \varepsilon/2^n = \varepsilon$. 我们可以看到 $F \bigcap \overline{B}_k$ 是闭集，因为它是闭集的有限并. 从而 F 是一个闭集，因为易见，当对所有 k 都有 $F \bigcap \overline{B}_k$ 是闭集时集合 F 是闭集.

已经建立了观察，我们称所有满足命题结论的集合组成的簇为 $\mathcal{C}$. 首先注意到若 E 属于 $\mathcal{C}$，则它的补集也自动属于 $\mathcal{C}$.

现在假设 $E = \bigcup_{k=1}^{\infty} E_k$，其中每个 $E_k \in \mathcal{C}$，则存在开集 $\mathcal{O}_k$，$\mathcal{O}_k \supset E_k$，使得 $\mu(\mathcal{O}_k - E_k) < \varepsilon/2^k$. 然而，若 $\mathcal{O} = \bigcup_{k=1}^{\infty} \mathcal{O}_k$，则 $\mathcal{O} - E \subset \bigcup_{k=1}^{\infty} (\mathcal{O}_k - E_k)$，因而

$$\mu(\mathcal{O} - E) \leqslant \sum_{k=1}^{\infty} \varepsilon/2^k = \varepsilon.$$

接下来，存在闭集 $F_k \subset E_k$ 使得 $\mu(E_k - F_k) < \varepsilon/2^k$. 因此若 $F^* = \bigcup_{k=1}^{\infty} F_k$，则如前可得 $\mu(E - F^*) < \varepsilon$. 然而，$F^*$ 不一定是闭集，因此我们可以利用初步观察找到一个闭集 $F \subset F^*$ 满足 $\mu(F^* - F) < \varepsilon$，从而 $\mu(E - F) \leqslant 2\varepsilon$. 由于 ε 是任意的，这证明了 $\bigcup_{k=1}^{\infty} E_k$ 属于 $\mathcal{C}$.

最后我们注意到任何开集 $\mathcal{O}$ 在 $\mathcal{C}$ 中. 命题中关于用开集包含的性质立即可得. 要想找到一个闭集 $F \subset \mathcal{O}$，使得 $\mu(\mathcal{O} - F) < \varepsilon$，令 $F_k = \{x \in \overline{B}_k : d(x, \mathcal{O}^c) \geqslant 1/k\}$，则显然每一个 F_k 是闭集且 $\mathcal{O} = \bigcup_{k=1}^{\infty} F_k$，我们只需要再一次利用观察就可以找到想要的集合 F. 由此我们证明了 $\mathcal{C}$ 是包含所有开集，从而包含所有博雷尔集的 σ 代数.

因此命题获证.

1.3　延拓定理

正如我们已经知道的,我们从给定一个外测度出发就可以构造 X 上的一类可测集. 然而,外测度的定义往往依赖于一个更为原始的,定义在较简单的集合类上的测度的思想. 这就是下面定义的预测度的作用. 我们将要证明,任何预测度都可以延拓成 X 上的测度. 我们以几个定义开始.

设 X 是一个集合. X 中的一个代数是由 X 的子集构成的这样的一个集簇:它在补、有限并,以及有限交运算下封闭. 令 $\mathcal{A}$ 为 X 中的一个代数. 代数 $\mathcal{A}$ 上的预测度是一个函数 $\mu_0:\mathcal{A}\to[0,\infty]$ 它满足

(i) $\mu_0(\varnothing)=0$.

(ii) 若 $E_1,E_2,\cdots$ 是 $\mathcal{A}$ 中的两两不相交的集合组成的可数簇,其中 $\bigcup\limits_{k=1}^{\infty}E_k\in\mathcal{A}$,则

$$\mu_0\left(\bigcup_{k=1}^{\infty}E_k\right)=\sum_{k=1}^{\infty}\mu_0(E_k).$$

特别地,μ_0 在 $\mathcal{A}$ 上是有限可加的.

由预测度产生外测度是一个自然的过程.

引理 1.4　若 μ_0 是代数 $\mathcal{A}$ 上的预测度,在 X 的任何子集 E 上定义 μ_* 为

$$\mu_*(E)=\inf\left\{\sum_{j=1}^{\infty}\mu_0(E_j):E\subset\bigcup_{j=1}^{\infty}E_j,\text{对所有的 } j \text{ 有 } E_j\in\mathcal{A}\right\}.$$

则 μ_* 是 X 上的外测度. 它满足:

(i) 对所有 $E\in\mathcal{A}$,$\mu_*(E)=\mu_0(E)$.

(ii) $\mathcal{A}$ 中的所有集合在(1)的意义下是可测的.

证　证明 μ_* 是一个外测度没有什么困难. 为看到为什么 μ_* 限制在 $\mathcal{A}$ 上是与 μ_0 一致的,假设 $E\in\mathcal{A}$. 显然,由于 E 覆盖它自己,人们总是有 $\mu_*(E)\leqslant\mu_0(E)$. 要证明反方向的不等式,令 $E\subset\bigcup\limits_{j=1}^{\infty}E_j$,其中对所有的 j 有 $E_j\in\mathcal{A}$. 则,若设

$$E'_k=E\bigcap\left(E_k-\bigcup_{j=1}^{k-1}E_j\right),$$

这些集合 E'_k 是 $\mathcal{A}$ 中不相交的元素,$E'_k\subset E_k$ 且 $E=\bigcup\limits_{k=1}^{\infty}E'_k$. 根据预测度定义中的(ii),有

$$\mu_0(E)=\sum_{k=1}^{\infty}\mu_0(E'_k)\leqslant\sum_{k=1}^{\infty}\mu_0(E_k).$$

因此,可得想要的结果 $\mu_*(E)\leqslant\mu_0(E)$.

最后,我们必须证明 $\mathcal{A}$ 中的集合关于 μ_* 是可测的. 令 A 为 X 的任一子集,$E\in\mathcal{A}$,且 $\varepsilon>0$. 根据定义,存在 $\mathcal{A}$ 中的集合 E_1,E_2,$\cdots$ 组成的可数簇使得 $A\subset\bigcup\limits_{j=1}^{\infty}E_j$ 且

$$\sum_{j=1}^{\infty} \mu_0(E_j) \leqslant \mu_*(A) + \varepsilon .$$

由于 μ_0 是一个预测度，它在 $\mathcal{A}$ 上是有限可加的，从而

$$\sum_{j=1}^{\infty} \mu_0(E_j) = \sum_{j=1}^{\infty} \mu_0(E \bigcap E_j) + \sum_{j=1}^{\infty} \mu_0(E^c \bigcap E_j)$$
$$\geqslant \mu_*(E \bigcap A) + \mu_*(E^c \bigcap A) .$$

由于 ε 是任意的，故得到想要的结论 $\mu_*(A) \geqslant \mu_*(E \bigcap A) + \mu_*(E^c \bigcap A)$.

根据定义由代数 $\mathcal{A}$ 生成的 σ 代数是包含 $\mathcal{A}$ 的最小的 σ 代数. 上面的引理提供了将 $\mathcal{A}$ 上的 μ_0 延拓到由 $\mathcal{A}$ 生成的 σ 代数上的测度的一个必要步骤.

定理 1.5　假设 $\mathcal{A}$ 是 X 中的集合的一个代数，μ_0 是 $\mathcal{A}$ 上的预测度，而 $\mathcal{M}$ 是由 $\mathcal{A}$ 生成的 σ 代数，则存在 $\mathcal{M}$ 上的测度 μ，其为 μ_0 的延拓.

下面注意到在测度 μ 是 σ 有限的假设下，μ 是 μ_0 的唯一延拓.

证　由 μ_0 诱导产生的外测度 μ_*，定义了一个卡拉泰奥多里可测集的 σ 代数上的测度 μ. 从而，根据前一个引理的结果，μ 也是 μ_0 延拓到 $\mathcal{M}$ 上的测度.（我们应当观察到一般情况下集类 $\mathcal{M}$ 不会与在式(1)的意义下可测的所有集合组成的类一样大.）

为证明当 μ 是 σ 有限时延拓是唯一的，我们论证如下. 假设 ν 是 $\mathcal{M}$ 上的另一个测度，满足限制在 $\mathcal{A}$ 上与 μ_0 一致，且假设 $F \in \mathcal{M}$ 测度有限，我们断言 $\mu(F) = \nu(F)$. 若 $F \subset \bigcup E_j$，其中 $E_j \in \mathcal{A}$，则

$$\nu(F) \leqslant \sum_{j=1}^{\infty} \nu(E_j) = \sum_{j=1}^{\infty} \mu_0(E_j) ,$$

因此 $\nu(F) \leqslant \mu(F)$. 要证明相反方向的不等式，注意到若 $E = \bigcup E_j$，则由 ν 和 μ 是两个在 $\mathcal{A}$ 上一致的测度的事实给出

$$\nu(E) = \lim_{n \to \infty} \nu(\bigcup_{j=1}^{n} E_j) = \lim_{n \to \infty} \mu(\bigcup_{j=1}^{n} E_j) = \mu(E) .$$

若选取集合 E_j 使得 $\mu(E) \leqslant \mu(F) + \varepsilon$，则 $\mu(F) < \infty$ 这一事实蕴含着 $\mu(E - F) \leqslant \varepsilon$，从而

$$\mu(F) \leqslant \mu(E) = \nu(E) = \nu(F) + \nu(E - F) \leqslant \nu(F) + \mu(E - F)$$
$$\leqslant \mu(F) + \varepsilon .$$

由于 ε 是任意的，故得到想要的 $\mu(F) \leqslant \nu(F)$.

最后，我们利用上一个结果证明若 μ 是 σ 有限的，则 $\mu = \nu$. 事实上，可以记 $X = \bigcup E_j$，其中 $E_1, E_2, \cdots$ 是 $\mathcal{A}$ 中的两两不相交的集合组成的可数簇，满足 $\mu(E_j) < \infty$，则对任何 $F \in \mathcal{M}$，有

$$\mu(F) = \sum \mu(F \bigcap E_j) = \sum \nu(F \bigcap E_j) = \nu(F) ,$$

这证明了唯一性.

为了后面的应用，我们记录了下面的关于代数 $\mathcal{A}$ 上的预测度 μ_0 和隐含在上面

给出的论证中的测度 μ_* 的观察. 证明的细节留给读者.

我们定义 $\mathcal{A}_\sigma$ 为 $\mathcal{A}$ 中的集合的可数并集组成的集簇, $\mathcal{A}_{\sigma\delta}$ 是由 $\mathcal{A}_\sigma$ 中的集合的可数交集组成的集簇.

命题 1.6 对任何集合 E 和任何 $\varepsilon > 0$, 存在集合 $E_1 \in \mathcal{A}_\sigma$ 和 $E_2 \in \mathcal{A}_{\sigma\delta}$, 使得 $E \subset E_1$, $E \subset E_2$, 且 $\mu_*(E_1) \leqslant \mu_*(E) + \varepsilon$, 而 $\mu_*(E_2) = \mu_*(E)$.

2 测度空间上的积分

一旦建立了测度空间 X 的基本性质, 就可以类似于 $\mathbf{R}^d$ 上的勒贝格测度的情形, 推导出可测函数和可测函数在 X 上的积分的基本事实. 事实上, 第 1 章第 4 节的结果和第 2 章的所有结果都可以推广到一般情形, 而证明几乎逐字相同. 为此, 我们就不再重复这些论证, 而是直接表述重点. 读者补全缺失的细节应该没有困难.

为避免不必要的复杂, 我们总是假设下面考虑的测度空间 $(X, \mathcal{M}, \mu)$ 是 σ 有限的.

可测函数

定义在 X 上取值于扩充实数的函数 f 是可测的, 若对所有的 $a \in \mathbf{R}$,

$$f^{-1}([-\infty, a)) = \{x \in X : f(x) < a\} \in \mathcal{M}.$$

有了这个定义, $\mathbf{R}^d$ 上勒贝格测度情形下对应的可测函数的基本性质仍然成立. (参见第 1 章第 4 节关于可测函数的性质 3 ~ 性质 6.) 例如, 可测函数组成的集合在基本的代数运算下是封闭的. 还有, 可测函数的逐点极限也是可测函数.

我们现在使用的 "几乎处处" 的概念是关于测度 μ 的. 例如, 若 f 和 g 是 X 上的可测函数, 我们记 $f = g$ a.e. 就是说

$$\mu(\{x \in X : f(x) \neq g(x)\}) = 0.$$

X 上的简单函数形如

$$\sum_{k=1}^{N} a_k \chi_{E_k},$$

其中 E_k 是测度有限的可测集, 而 a_k 是实数. 用简单函数来逼近在勒贝格积分的定义中起着重要的作用. 幸运的是, 这个结果在我们的抽象框架下依然成立.

● 假设 f 是测度空间 $(X, \mathcal{M}, \mu)$ 上的非负可测函数, 则存在简单函数列 $\{\varphi_k\}_{k=1}^{\infty}$ 满足

$$\varphi_k(x) \leqslant \varphi_{k+1}(x) \text{ 且对所有的 } x, \ \lim_{k \to \infty} \varphi_k(x) = f(x).$$

一般的, 若 f 仅仅是可测的, 则存在一个简单函数列 $\{\varphi_k\}_{k=1}^{\infty}$ 满足

$$|\varphi_k(x)| \leqslant |\varphi_{k+1}(x)| \text{ 且对所有的 } x, \ \lim_{k \to \infty} \varphi_k(x) = f(x).$$

该结果的证明可以通过对第 1 章中的定理 4.1 和定理 4.2 的证明做一些明显的细微修改就可以得到. 这里, 我们要利用施加在 X 上的技术性条件, 即 X 是 σ 有

203

限的. 事实上，若记 $X = \bigcup F_k$，其中 $F_k \in \mathcal{M}$ 是测度有限的，则集合 F_k 扮演第 1 章定理 4.1 的证明中立方体 Q_k 的角色.

另一个立即推广的重要结果是 Egorov 定理.

- 假设 $\{f_k\}_{k=1}^{\infty}$ 是定义在可测集 $E \subset X$ 上的可测函数列，其中 $\mu(E) < \infty$，且 $f_k \to f$ a.e.，则对每个 $\varepsilon > 0$ 存在集合 A_ε，满足 $A_\varepsilon \subset E, \mu(E - A_\varepsilon) \leqslant \varepsilon$，使得 $\{f_k\}_{k=1}^{\infty}$ 在 A_ε 上一致收敛于 f.

积分的定义和主要性质

第 2 章给出的始于简单函数上的积分定义的构造勒贝格积分的四步法，也适用于定义 σ 有限测度空间 $(X, \mathcal{M}, \mu)$ 上的可测函数的积分. 这引发了 X 上的非负可测函数 f 关于测度 μ 的积分的概念. 这个积分表示为

$$\int_X f(x)\,\mathrm{d}\mu(x),$$

在没有歧义时，有时也简写为 $\int_X f\mathrm{d}\mu$，$\int f\mathrm{d}\mu$ 或 $\int f$. 最后，若

$$\int_X |f(x)|\,\mathrm{d}\mu(x) < \infty.$$

则称一个可测函数 f 是可积的.

积分的基本性质，如线性性和单调性，还有下面的基本极限定理，在一般情形下仍成立.

（ⅰ）法图引理. 若 $\{f_n\}$ 是定义在 X 上的非负可测函数列，则

$$\int \liminf_{n \to \infty} f_n \mathrm{d}\mu \leqslant \liminf_{n \to \infty} \int f_n \mathrm{d}\mu.$$

（ⅱ）单调收敛. 若 $\{f_n\}$ 是非负可测函数列，且 $f_n \uparrow f$，则

$$\lim_{n \to \infty} \int f_n = \int f.$$

（ⅲ）控制收敛. 若 $\{f_n\}$ 是非负可测函数列，$f_n \to f$ a.e.，且存在非负可积函数 g 使得 $|f_n| \leqslant g$，则

$$当 \ n \to \infty \ 时, \int |f_n - f|\,\mathrm{d}\mu \to 0,$$

因此

$$当 \ n \to \infty \ 时, \int f_n \mathrm{d}\mu \to \int f\mathrm{d}\mu.$$

空间 $L^1(X, \mu)$ 和 $L^2(X, \mu)$.

$(X, \mathcal{M}, \mu)$ 上的可积函数形成的等价类（模去几乎处处为零的函数）构成一个赋有范数的向量空间. 这个空间记为 $L^1(X, \mu)$，其范数是

$$\|f\|_{L^1(X, \mu)} = \int_X |f(x)|\,\mathrm{d}\mu(x). \tag{4}$$

类似地，可以定义 $L^2(X, \mu)$ 为满足 $\int_X |f(x)|^2\mathrm{d}\mu(x) < \infty$ 的可测函数的等价类. 它的范数则是

$$\|f\|_{L^2(X,\mu)} = \left(\int_X |f(x)|^2 \, \mathrm{d}\mu(x) \right)^{1/2}. \tag{5}$$

该空间上有如下给出的内积：

$$(f,g) = \int_X f(x)\, \overline{g(x)} \, \mathrm{d}\mu(x).$$

第 2 章中的命题 2.1 和定理 2.2 的证明，以及第 4 章第 1 节的结果推广到一般情形给出：

- 空间 $L^1(X,\mu)$ 是一个完备的赋范向量空间.
- 空间 $L^2(X,\mu)$ 是（可能不可分）希尔伯特空间.

3 例子

我们现在讨论一般性理论的几个有用的例子.

3.1 乘积测度和一般的 Fubini 定理

第一个例子是关于乘积测度的构造，并导出将重积分表示为累次积分的定理的一般形式，这推广了第 2 章第 3 节考虑的欧几里得空间的情形.

假设 $(X_1, \mathcal{M}_1, \mu_1)$ 和 $(X_2, \mathcal{M}_2, \mu_2)$ 是一对测度空间，我们想描述空间 $X = X_1 \times X_2 = \{(x_1, x_2) : x_1 \in X_1, x_2 \in X_2\}$ 上的乘积测度 $\mu_1 \times \mu_2$.

这里假设这两个测度空间中的每一个都是完全的和 σ 有限的.

我们从考虑可测矩形开始：它们是 X 的形如 $A \times B$ 的子集，其中 A 和 B 是可测集，即 $A \in \mathcal{M}_1$ 和 $B \in \mathcal{M}_2$. 用 $\mathcal{A}$ 来表示所有 X 中有限个不相交的可测矩形的并集组成的集簇. 容易验证 $\mathcal{A}$ 是 X 的子集的代数（事实上，一个可测矩形的补集就是三个不相交的可测矩形的并集，两个可测矩形的并集就是至多六个这样的矩形的不交并集.）我们简化术语：从现在起将提到的可测矩形简单地称为"矩形".

在矩形上定义函数 μ_0 为 $\mu_0(A \times B) = \mu_1(A)\mu_2(B)$. 现在 μ_0 有一个到代数 $\mathcal{A}$ 上的唯一的延拓使其成为一个预测度，这是以下事实的一个推论：当矩形 $A \times B$ 是可数个不相交的矩形 $\{A_i \times B_j\}$ 的并集时，$A \times B = \bigcup_{j=1}^{\infty} A_i \times B_j$，则

$$\mu_0(A \times B) = \sum_{j=1}^{\infty} \mu_0(A_j \times B_j). \tag{6}$$

为证此，观察到若 $x_1 \in A$，则对每个 $x_2 \in B$ 点 (x_1, x_2) 恰好属于其中的一个 $A_i \times B_j$. 因此 B 可以写成满足 $x_1 \in A_j$ 的 B_j 的不交并集. 由测度 μ_2 的可数可加性立即可得

$$\chi_A(x_1)\mu_2(B) = \sum_{j=1}^{\infty} \chi_{A_j}(x_1)\mu_2(B_j).$$

对 x_1 积分并利用单调收敛定理，得到 $\mu_1(A)\mu_2(B) = \sum_{j=1}^{\infty} \mu_1(A_j)\mu_2(B_j)$，即式 (6).

现在我们知道 μ_0 是 $\mathcal{A}$ 上的预测度，由定理 1.5 得到由可测矩形的代数 $\mathcal{A}$ 生成的集合的 σ 代数 $\mathcal{M}$ 上的测度（我们将之记为 $\mu = \mu_1 \times \mu_2$）. 用这样的方式，我们

定义了乘积测度空间 $(X_1 \times X_2, \mathcal{M}, \mu_1 \times \mu_2)$.

给定一个 $\mathcal{M}$ 中集合 E，我们现在考虑截面

$$E_{x_1} = \{x_2 \in X_2 : (x_1, x_2) \in E\} \text{ 和 } E^{x_2} = \{x_1 \in X_1 : (x_1, x_2) \in E\}.$$

已知 $\mathcal{A}_\sigma$ 为 $\mathcal{A}$ 中的集合的可数并集组成的集簇，$\mathcal{A}_{\sigma\delta}$ 是由 $\mathcal{A}_\sigma$ 中的集合的可数交集组成的簇，从而得到下列关键事实.

命题 3.1　若 E 属于 $\mathcal{A}_{\sigma\delta}$，则对每个 x_2，E^{x_2} 是 μ_1 可测的；此外，$\mu_1(E^{x_2})$ 是一个 μ_2 可测函数，并且

$$\int_{X_2} \mu_1(E^{x_2}) \mathrm{d}\mu_2 = (\mu_1 \times \mu_2)(E). \tag{7}$$

证　人们首先注意到当 E 是（可测）矩形时所有的论断都立即成立. 接下来假设 E 是 $\mathcal{A}_\sigma$ 中的集合，则它可以分解成可数个两两不相交的矩形 E_j 的并集. （如果 E_j 不是两两不相交的，则只需用 $\bigcup_{k \leqslant j} E_k - \bigcup_{k \leqslant j-1} E_k$ 替代 E_j.）则对每个 x_2，有 $E^{x_2} = \bigcup_{j=1}^{\infty} E_j^{x_2}$，且我们观察到 $\{E_j^{x_2}\}$ 是两两不相交的. 从而对每个矩形 E_j 应用式（7）和单调收敛定理，对每个集合 $E \in \mathcal{A}_\sigma$ 可得结论.

其次假设 $E \in \mathcal{A}_{\sigma\delta}$ 且 $(\mu_1 \times \mu_2)(E) < \infty$，则存在集合序列 $\{E_j\}$，其中 $E_j \in \mathcal{A}_\sigma$，$E_{j+1} \subset E_j$，且 $E = \bigcap_{j=1}^{\infty} E_j$. 令 $f_j(x_2) = \mu_1(E_j^{x_2})$ 以及 $f(x_2) = \mu_1(E^{x_2})$，为看到 E^{x_2} 是 μ_1 可测的且 $f(x_2)$ 是合理定义的，注意到 E^{x_2} 是集合 $E_j^{x_2}$ 的下极限，由以上知 $E_j^{x_2}$ 是可测的. 此外，由于 $E_1 \in \mathcal{A}_\sigma$ 以及 $(\mu_1 \times \mu_2)(E_1) < \infty$，故得到对任何 x_2 随着 $j \to \infty$ 有 $f_j(x_2) \to f(x_2)$，从而 $f(x_2)$ 是可测的. 但是，$\{f_j(x_2)\}$ 是一个递减的非负函数序列，因此

$$\int_{X_2} f(x_2) \mathrm{d}\mu_2(x) = \lim_{j \to \infty} \int_{X_2} f_j(x_2) \mathrm{d}\mu_2(x),$$

从而证明了 $(\mu_1 \times \mu_2)(E) < \infty$ 情形下的式（7）. 现在由于假设 μ_1 和 μ_2 都是 σ 有限的，故可以找到序列 $F_1 \subset F_2 \subset \cdots \subset X_1$ 和 $G_1 \subset G_2 \subset \cdots \subset X_2$，满足 $\bigcup_{j=1}^{\infty} F_j = X_1$ 和 $\bigcup_{j=1}^{\infty} G_j = X_2$，对所有的 j，$\mu_1(F_j) < \infty$ 和 $\mu_2(G_j) < \infty$. 因此我们只需要用 $E_j = E \cap (F_j \times G_j)$ 替换 E，并且令 $j \to \infty$ 就可以得到一般的结果.

我们现在将上述了命题的结果推广到 $X_1 \times X_2$ 中的任意一个可测集 E，即 $E \in \mathcal{M}$，即可测矩形生成的 σ 代数.

命题 3.2　若 E 是 X 中的任意一个可测集，则命题 3.1 的结论仍然成立，除了我们只断言对几乎每个 $x_2 \in X_2$，E^{x_2} 是 μ_1 可测以及 $\mu_1(E^{x_2})$ 有定义.

证　首先考虑当 E 是一个零测度集时的情形，则从命题 1.6 我们知道存在集合 $F \in \mathcal{A}_{\sigma\delta}$ 使得 $E \subset F$ 且 $(\mu_1 \times \mu_2)(F) = 0$. 由于对每个 x_2 有 $E^{x_2} \subset F^{x_2}$，对 F 应用式（7）得到对于几乎每个 x_2，F^{x_2} 的 μ_1 测度等于零，测度 μ_2 的完全性假设说明对于这些 x_2 都有 E^{x_2} 是可测的且测度为零. 从而结论对 E 为零测度集时成立.

如果去掉在 E 上的这个（测度为零）假设，我们可以再次援引命题 1.6，找到一个 $F \in \mathcal{A}_{\sigma\delta}$，$F \supset E$，使得 $F - E = Z$ 测度为零. 由于 $F^{x_2} - E^{x_2} = Z^{x_2}$，我们可以利用刚证明过的情形，得到对几乎所有的 x_2 有 E^{x_2} 是可测的，且 $\mu_1(E^{x_2}) = \mu_1(F^{x_2}) - \mu_1(Z^{x_2})$. 由此得到命题.

我们现在得到了主要结果，该结果推广了第 2 章的 Fubini 定理.

定理 3.3 在上面的情形下，假设 $f(x_1, x_2)$ 是 $(X_1 \times X_2, \mu_1 \times \mu_2)$ 上的一个可积函数.

（ⅰ）对几乎每个 $x_2 \in X_2$，截面 $f^{x_2}(x_1) = f(x_1, x_2)$ 在 (X_1, μ_1) 上可积.

（ⅱ）$\int_{X_1} f(x_1, x_2) \mathrm{d}\mu_1$ 是 X_2 上的可积函数.

（ⅲ）$\int_{X_2} \left(\int_{X_1} f(x_1, x_2) \mathrm{d}\mu_1 \right) \mathrm{d}\mu_2 = \int_{X_1 \times X_2} f \mathrm{d}\mu_1 \times \mu_2$.

证 注意到如果想要的结论对有限个函数成立，它对它们的线性组合也成立. 特别地，只需假设 f 是非负的. 当 $f = \chi_E$ 时，其中 E 是一个测度有限的集合，我们想证明的结论包含在命题 3.2 中. 因此想要的结果对简单函数也成立. 从而由单调收敛定理，对所有的非负函数也成立，定理获证.

我们指出上面构造的乘积空间 $(X, \mathcal{M}, \mu)$ 一般不是完全的. 然而，如果我们如习题 2 一样定义完全化的空间 $(\overline{X}, \overline{\mathcal{M}}, \mu)$，在这个完全化空间定理仍成立. 证明只需要对命题 3.2 中的论证做一些简单的修改.

3.2 极坐标的积分公式

一个点 $x \in \mathbf{R}^d - \{0\}$ 的极坐标是 (r, γ)，其中 $0 < r < \infty$，而 γ 属于单位球面 $S^{d-1} = \{x \in \mathbf{R}^d, |x| = 1\}$. 它们的关系由下式确定：

$$r = |x|, \gamma = \frac{x}{|x|}, \text{通过 } x = r\gamma \text{ 互反.} \tag{8}$$

我们这里的意图是在合适的定义和恰当的假设下处理如下表述的公式：

$$\int_{\mathbf{R}^d} f(x) \mathrm{d}x = \int_{S^{d-1}} \left(\int_0^\infty f(r\gamma) r^{d-1} \mathrm{d}r \right) \mathrm{d}\sigma(\gamma). \tag{9}$$

为此我们考虑下面的一对测度空间. 首先是 $(X_1, \mathcal{M}_1, \mu_1)$，其中 $X_1 = (0, \infty)$，$\mathcal{M}$ 是 $(0, \infty)$ 上的勒贝格可测集组成的集簇，且在 $\mu_1(E) = \int_E r^{d-1} \mathrm{d}r$ 的意义下有 $\mathrm{d}\mu_1 = r^{d-1} \mathrm{d}r$. 然后，$X_2$ 是一个单位球面 S^{d-1}，测度 μ_2 实际上是由式（9）确定的，其中 $\mu_2 = \sigma$. 事实上，给定任何集合 $E \subset S^{d-1}$，令 $\widetilde{E} = \{x \in \mathbf{R}^d : x/|x| \in E, 0 < |x| < 1\}$ 为"端点"在 E 上的单位球的"扇形". 当 $\widetilde{E}$ 是 $\mathbf{R}^d$ 中的一个勒贝格可测集时，称 $E \in \mathcal{M}_2$，且定义 $\mu_2(E) = \sigma(E) = d \cdot m(\widetilde{E})$，其中 m 是 $\mathbf{R}^d$ 中的勒贝格测度.

有了这些，显然 $(X_1, \mathcal{M}_1, \mu_1)$ 和 $(X_2, \mathcal{M}_2, \mu_2)$ 满足完全和 σ 有限的测度空间的

所有性质. 我们还注意到球面 S^{d-1} 上有一个如下给出的度量 d, 对于 $\gamma, \gamma' \in S^{d-1}, d(\gamma, \gamma') = |\gamma - \gamma'|$. 若 E 是 S^{d-1} 中 (关于该度量) 的一个开集, 则 $\widetilde{E}$ 是 $\mathbf{R}^d$ 中的开集, 因此 E 是一个 S^{d-1} 中的可测集.

定理 3.4　假设 f 是 $\mathbf{R}^d$ 上的可积函数, 则对几乎所有的 $\gamma \in S^{d-1}$, 以 $f^{\gamma}(r) = f(r\gamma)$ 定义的截面 f^{γ} 是关于测度 $r^{d-1} dr$ 的可积函数. 此外, $\int_0^{\infty} f^{\gamma}(r) r^{d-1} dr$ 在 S^{d-1} 上是可积的, 且式 (9) 成立.

对调 r 和 γ 的积分顺序也有相应的结果.

证　我们考虑由定理 3.3 给出的 $X_1 \times X_2$ 上的乘积测度 $\mu = \mu_1 \times \mu_2$. 由于空间 $X_1 \times X_2 = \{(r, \gamma) : 0 < r < \infty$ 和 $\gamma \in S^{d-1}\}$ 等同于 $\mathbf{R}^d - \{0\}$, 从而可以将 μ 视为后一空间的一个测度, 而我们的主要任务是将它和 (限制在) 这个空间上的勒贝格测度等同起来. 我们首先断言只要 E 是一个可测矩形 $E = E_1 \times E_2$ 就有

$$m(E) = \mu(E). \tag{10}$$

在这种情形下, $\mu(E) = \mu_1(E_1) \mu_2(E_2)$. 事实上, 这对 S^{d-1} 任意可测子集 E_2 和 $E_1 = (0, 1)$ 也成立, 因为 $E = E_1 \times E_2$ 就是扇形 $\widetilde{E}_2$, 同时 $\mu_1(E_1) = 1/d$.

由于勒贝格测度的相对扩张不变性, 当 $E = (0, b) \times E_2$, $b > 0$ 时, 式 (10) 也成立. 一个简单的极限法证明结果对集合 $E_0 = (0, a]$ 成立, 通过减法得到对所有的开区间 $E_1 = (a, b)$ 成立, 从而对所有的开集都成立. 从而对所有开集 E_1, 有 $m(E_1 \times E_2) = \mu_1(E_1) \mu_2(E_2)$, 因此对所有的闭集也成立, 因此对所有的勒贝格可测集成立. (事实上, 我们可以找到集合 $F_1 \subset E_1 \subset \mathcal{O}_1$, 其中 F_1 是闭集, $\mathcal{O}_1$ 是开集, 使得 $m_1(\mathcal{O}_1) - \varepsilon \leqslant m_1(E_1) \leqslant m_1(F_1) + \varepsilon$, 且对 $F_1 \times E_2$ 和 $\mathcal{O}_1 \times E_2$ 应用以上推理) 从而我们对所有的可测矩形以及对所有有限个可测矩形的并集建立了式 (10). 使得式 (10) 成立的集簇就是在定理 3.3 证明中出现的代数 $\mathcal{A}$, 从而由定理 1.5 中的唯一性, 等式可以推广到由 $\mathcal{A}$ 生成的 σ 代数, 即定义了测度 μ 的 σ 代数 $\mathcal{M}$. 概括地说, 只要 $E \in \mathcal{M}$, 就有式 (9) 对 $f = \chi_E$ 成立.

为更进一步, 我们注意到 $\mathbf{R}^d - \{0\}$ 中的任何开集都可以写成可数个矩形的并集 $\bigcup_{j=1}^{\infty} A_j \times B_j$, 其中 A_j 和 B_j 分别是 $(0, \infty)$ 和 S^{d-1} 中的开集. (这个小的技术点在习题 12 处理.) 由此得到任何开集都在 $\mathcal{M}$ 中, 且因此任何博雷尔集都在 $\mathcal{M}$ 中. 从而只要 E 是 $\mathbf{R}^d - \{0\}$ 中的任一博雷尔集, 则式 (9) 对 χ_E 就成立. 然后结果转至任何勒贝格集 $E' \subset \mathbf{R}^d - \{0\}$, 由于这样的集合可以写成两个不相交集合的并集 $E' = E \cup Z$, 其中 E 是一个博雷尔集而 $Z \subset F$, F 是一个测度为零的博雷尔集. 要完成证明, 我们遵循熟知的对简单函数推导出式 (9), 然后由非负可积函数的单调收敛定理, 由此得到一般情形的步骤.

3.3　R 上的博雷尔测度和勒贝格-斯蒂尔切斯积分

为了给出黎曼积分 $\int_a^b f(x) \, \mathrm{d}x$ 的一个推广, 我们引入斯蒂尔切斯积分, 其中增

量 dx 被给定的 $[a,b]$ 上的增函数 F 的增量 $dF(x)$ 取代. 我们希望从本章采用的一般观点来探求这个思想. 紧接着出现的问题是如何用这个方式刻画 $\mathbf{R}$ 上的测度,特别是定义在实直线上的博雷尔集上的测度.

下面为了使测度和递增函数之间有唯一的对应关系,我们首先必须适当地规范化这些函数. 回忆起一个递增函数 F 至多有可数个间断点. 若 x_0 是一个间断点,则

$$\lim_{\substack{x<x_0 \\ x\to x_0}} F(x)=F(x_0^-) \quad 与 \quad \lim_{\substack{x>x_0 \\ x\to x_0}} F(x)=F(x_0^+)$$

都存在,$F(x_0^-)<F(x_0^+)$ 而 $F(x_0)$ 是介于 $F(x_0^-)$ 和 $F(x_0^+)$ 之间的某一个值. 现在在 x_0 点修正 F,如果必要的话,令 $F(x_0)=F(x_0^+)$,并且对每一个间断点都这样做. 这样得到的函数 F 依然是递增的,而且在每一个点都是右连续的,我们称这样的函数是规范化的. 主要结果如下:

定理 3.5 设 f 是一个定义在 $\mathbf{R}$ 上的规范化的增函数,则存在 $\mathbf{R}$ 中博雷尔集 $\mathcal{B}$ 上的唯一的测度 μ(也可以用 dF 表示),使得若 $a<b$,则 $\mu((a,b])=F(b)-F(a)$. 反之,若 μ 是 $\mathcal{B}$ 上的一个在有界区间上有限的测度,则定义 F 为 $F(x)=\mu((0,x])$,$x>0$,$F(0)=0$ 以及 $F(x)=-\mu((-x,0])$,$x<0$,则 F 是递增的和规范化的.

证明之前,我们指出条件 μ 在有界区间上是有限的,是至关重要的. 事实上,下一章将考虑的豪斯多夫测度给出了不同于本定理中的 $\mathbf{R}$ 上博雷尔测度的例子.

证 在 $\mathbf{R}$ 的所有子集上定义函数 μ_* 为

$$\mu_*(E)=\inf \sum_{j=1}^{\infty}(F(b_j)-F(a_j)),$$

其中下确界对 E 的所有形如 $\bigcup_{j=1}^{\infty}(a_j,b_j]$ 的覆盖取.

容易验证 μ_* 是一个 $\mathbf{R}$ 上的外测度. 然后我们证明若 $a<b$,则 $\mu_*((a,b])=F(b)-F(a)$. 显然 $\mu_*((a,b])\leqslant F(b)-F(a)$,这是因为 $(a,b]$ 覆盖它本身. 然后,假设 $\bigcup_{j=1}^{\infty}(a_j,b_j]$ 覆盖 $(a,b]$,则对任何 $a<a'<b$ 它覆盖 $[a',b]$. 然而,由 F 的右连续性,若给定 $\varepsilon>0$,我们总是可以选取 $b_j'>b_j$ 使得 $F(b_j')\leqslant F(b_j)+\varepsilon/2^j$. 现在开区间的并集 $\bigcup_{j=1}^{\infty}(a_j,b_j')$ 覆盖 $[a',b]$. 由这个区间的紧性,存在某个 N 使得 $\bigcup_{j=1}^{N}(a_j,b_j')$ 覆盖 $[a',b]$. 由于 F 是递增的,故有

$$F(b)-F(a')\leqslant \sum_{j=1}^{N}F(b_j')-F(a_j)\leqslant \sum_{j=1}^{N}(F(b_j)-F(a_j)+\varepsilon/2^j)$$

$$\leqslant \mu_*((a,b])+\varepsilon$$

从而令 $a' \to a$，并再次利用 F 的右连续性，可以得到 $F(b) - F(a) \leqslant \mu_*((a, b]) + \varepsilon$. 由 ε 的任意性，我们证明了 $F(b) - F(a) = \mu_*((a, b])$.

接着证明 μ_* 是 **R** 上的度量外测度（在实直线上通常的度量为 $d(x, x') = |x - x'|$）. 由于 μ_* 是外测度，故有 $\mu_*(E_1 \bigcup E_2) \leqslant \mu_*(E_1) + \mu_*(E_2)$；因此仅需证明只要对某个 $\delta > 0$，$d(E_1, E_2) \geqslant \delta$，则相反方向的不等式成立.

假设给定一个正数 ε，而 $\bigcup_{j=1}^{\infty}(a_j, b_j]$ 是 $E_1 \bigcup E_2$ 的一个覆盖使得

$$\sum_{j=1}^{\infty} F(b_j) - F(a_j) \leqslant \mu_*(E_1 \bigcup E_2) + \varepsilon$$

将区间 $(a_j, b_j]$ 分割成更小的半开半闭区间后，我们可以假设覆盖里的每一个区间长度都小于 δ. 这种情形下每个区间都至多和 E_1 或 E_2 中的一个相交. 如果分别用 J_1 和 J_2 表示与 E_1 和 E_2 相交的那些 $(a_j, b_j]$ 的指标所成的集，则 $J_1 \bigcap J_2$ 是空集；并且有 $E_1 \subset \bigcup_{j \in J_1}(a_j, b_j]$ 以及 $E_2 \subset \bigcup_{j \in J_2}(a_j, b_j]$. 从而

$$\mu_*(E_1) + \mu_*(E_2) \leqslant \sum_{j \in J_1} F(b_j) - F(a_j) + \sum_{j \in J_2} F(b_j) - F(a_j)$$

$$\leqslant \sum_{j=1}^{\infty} F(b_j) - F(a_j) \leqslant \mu_*(E_1 \bigcup E_2) + \varepsilon$$

由 ε 的任意性，得到 $\mu_*(E_1) + \mu_*(E_2) \leqslant \mu_*(E_1 \bigcup E_2)$，这正是我们要证明的.

现在援引定理 1.5. 它保证了使得博雷尔集都是可测集的测度 μ 的存在性；此外，有 $\mu((a, b]) = F(b) - F(a)$，这是由于 $(a, b]$ 显然是一个博雷尔集且 $\mu_*((a, b]) = F(b) - F(a)$.

为证明 μ_* 是 **R** 上使得 $\mu((a, b]) = F(b) - F(a)$ 的唯一博雷尔测度，我们假设 ν 是另一个满足该性质的博雷尔测度. 仅需证明在所有的博雷尔集上有 $\nu = \mu$.

通过选取 $\{b_j\}_{j=1}^{\infty}$ 为一个严格单调递增的数列，其中 $a < b_j < b$，当 $j \to \infty$ 时 $b_j \to b$，并取 $a_1 = a$，$a_{j+1} = b_j$，我们可以将任何开区间写成两两不相交区间的并集 $(a, b) = \bigcup_{j=1}^{\infty}(a_j, b_j]$. 由于 ν 和 μ 在每个 $(a_j, b_j]$ 上一致，得到它们在 (a, b) 上一致，因此在所有开区间上一致，从而在所有开集上一致. 此外，显然 ν 和 μ 在有界区间上是有限的；从而由命题 1.3 中的正则性，可得出在所有的博雷尔集上 $\nu = \mu$.

反过来，如果我们从 **R** 上的一个在有界区间上是有限的测度 μ 开始，定义如定理中描述的函数 F，则显然 F 是递增的. 为看到它是右连续的，注意到若 $x_0 > 0$，当 $n \to \infty$ 时，集合 $E_n = (0, x_0 + 1/n]$ 递减地收敛于 $E = (0, x_0]$. 由于 $\mu(E_1) < \infty$，因此 $\mu(E_n) \to \mu(E)$. 这意味着 $F(x_0 + 1/n) \to F(x_0)$. 由于 F 是递增的，这蕴含着 F 在 x_0 处是右连续的. 对任何 $x_0 \leqslant 0$ 的论证是类似的，从而定理获证.

附注　依次给出关于上述定理的几个评论.

（ⅰ）若 $F-G$ 是一个常数，则两个递增函数 F 和 G 给出相同的测度．反之也成立，因为对所有的 $a<b$，$F(b)-F(a)=G(b)-G(a)$ 都成立时，$F-G$ 是一个常数．

（ⅱ）定理证明过程中构造的测度 μ 是定义在一个比博雷尔集更大的 σ 代数上的，是完全的．然而，在应用中，它限制在博雷尔集上常常就足够了．

（ⅲ）若 F 是定义在闭区间 $[a,b]$ 上的递增的规范化的函数，我们可以对 $x<a$ 设 $F(x)=F(a)$，对 $x>b$ 设 $F(x)=F(b)$，将它延拓到 $\mathbf{R}$ 上．对于它所导出的测度 μ，区间 $(-\infty,a]$ 和 (b,∞) 的测度为零．对于每个关于 μ 可测的函数 f，人们则常常写成

$$\int_{\mathbf{R}} f(x)\,\mathrm{d}\mu(x)=\int_a^b f(x)\,\mathrm{d}F(x),$$

若 F 产生于定义在 $\mathbf{R}$ 上的增函数 F_0，人们可能希望解释 F_0 在 a 点的跳跃．这种情况下，定义

$$\int_{a^-}^b f(x)\,\mathrm{d}F(x) \quad 为 \quad \int_a^b f(x)\,\mathrm{d}\mu_0(x),$$

其中 μ_0 是 $\mathbf{R}$ 上对应于 F_0 的测度．

（ⅳ）注意上述勒贝格-斯蒂尔切斯积分可扩展到当 F 是一个有界变差函数的情形．事实上，假设 F 是 $[a,b]$ 的复值函数使得 $F=\sum_{j=1}^4 \varepsilon_j F_j$，其中每个 F_j 是递增的和规范化的，ε_j 是 ±1 或 $\pm\mathrm{i}$．然后我们能够定义 $\int_a^b f(x)\,\mathrm{d}F(x)$ 为 $\sum_{j=1}^4 \varepsilon_j \int_a^b f(x)\,\mathrm{d}F_j(x)$；这里我们要求 f 是关于博雷尔测度 $\mu=\sum_{j=1}^4 \mu_j$ 可积的，其中 μ_j 是对应于 F_j 的测度．

（ⅴ）这些积分的值在下列情形下可以直接计算出来．

（a）若 F 是 $[a,b]$ 上的绝对连续函数，则对于每个关于 $\mu=\mathrm{d}F$ 可积的博雷尔可测函数 f 有

$$\int_a^b f(x)\,\mathrm{d}F(x)=\int_a^b f(x)F'(x)\,\mathrm{d}x.$$

（b）假设 F 是如第 3 章 3.3 节中的纯跳跃函数，在点 $\{x_n\}_{n=1}^\infty$ 的跳跃度为 $\{\alpha_n\}_{n=1}^\infty$，则当 f 是连续的且在某个有限区间外等于零，则有

$$\int_a^b f(x)\,\mathrm{d}F(x)=\sum_{n=1}^\infty f(x_n)\alpha_n.$$

特别地，对测度 μ 有 $\mu(\{x_n\})=\alpha_n$ 以及对所有不包含任何 x_n 的集合 $\mu(E)=0$．

（c）特殊情况当 $F=H$ 时，赫维赛德（Heaviside）函数，它定义为对 $x\geqslant0$，$H(x)=1$，而对 $x<0$，$H(x)=0$，则

$$\int_{-\infty}^{+\infty} f(x)\,\mathrm{d}H(x)=f(0).$$

这是第 3 章第 2 节出现的狄拉克(Dirac)δ 函数的另一种表示式.

关于(Ⅴ)的进一步的细节可以从习题 11 中找到.

4　测度的绝对连续性

第 3 章考虑的绝对连续性的概念的推广需要把测度的思想扩展到包含可正可负的集函数. 我们先描述这一概念.

4.1　带号测度

大致说来, 带号测度具有测度的所有性质, 除了它可以取负值之外. 更确切地说, σ 代数 $\mathcal{M}$ 上的带号测度 ν 是一个映射, 它满足:

(ⅰ) 集函数 ν 满足在对任何 $E \in \mathcal{M}$ 有 $-\infty < \nu(E) \leqslant \infty$, 且可能取到扩充值 $+\infty$.

(ⅱ) 若 $\{E_j\}_{j=1}^\infty$ 是 $\mathcal{M}$ 中两两不相交的子集, 则

$$\nu\left(\bigcup_{j=1}^\infty E_j \right) = \sum_{j=1}^\infty \nu(E_j).$$

注意到上式成立必须要求和式 $\sum \nu(E_j)$ 的值与项的重排无关, 因此若 $\nu\left(\bigcup_{j=1}^\infty E_j \right)$ 是有限的, 蕴含着和式绝对收敛.

如果我们去掉表达式

$$\nu(E) = \int_E f \mathrm{d}\mu$$

里 f 是非负的假设, 带号测度的例子自然地出现, 其中 $(X, \mathcal{M}, \mu)$ 是一个测度空间而 f 是一个 μ 可测函数. 事实上, 为确保 ν 满足(ⅰ)和(ⅱ), 函数 f 必须在扩充的意义下关于 μ 是 "可积的", 即 $\int f^- \mathrm{d}\mu$ 必须是有限的, 而 $\int f^+ \mathrm{d}\mu$ 可以是无穷的.

给定 $(X, \mathcal{M})$ 上的带号测度 ν , 总是可以找到(正)测度 μ , 在

$$\text{对所有的 } E, \ \nu(E) \leqslant \mu(E),$$

且附加要求 μ 是满足这一性质的 "最小的" 测度的意义下控制 ν .

该测度的构造事实上是第 3 章实施的将一个有界变差函数分解成两个递增函数的差的抽象版本. 我们继续如下: 定义 $\mathcal{M}$ 上的函数 $|\nu|$, 称为 ν 的全变差, 为

$$|\nu|(E) = \sup \sum_{j=1}^\infty |\nu(E_j)|,$$

其中上确界对 E 的所有划分, 即在所有可数并 $E = \bigcup_{j=1}^\infty E_j$ 上取, 其中 E_j 是 $\mathcal{M}$ 中两两不相交的集合.

$|\nu|$ 实际上是可加的这一事实不是显然的, 下面给出证明.

命题 4.1　带号测度 ν 的全变差 $|\nu|$ 是一个(正)测度, 满足 $\nu \leqslant |\nu|$.

证　假设 $\{E_j\}_{j=1}^{\infty}$ 是由 $\mathcal{M}$ 中可数个两两不相交的集合组成的集簇，且令 $E=\bigcup E_j$，只需证明

$$\sum |\nu|(E_j) \leqslant |\nu|(E) \text{ 和 } |\nu|(E) \leqslant \sum |\nu|(E_j). \tag{11}$$

令 α_j 为满足 $\alpha_j < |\nu|(E_j)$ 的实数，根据定义，每一个 E_j 都可以写成 $E_j=\bigcup_i F_{i,j}$，其中 $F_{i,j}$ 是 $\mathcal{M}$ 中两两不相交的，且

$$\alpha_j \leqslant \sum_{i=1}^{\infty} |\nu(F_{i,j})|.$$

由于 $E=\bigcup_{i,j} F_{i,j}$，故有

$$\sum \alpha_j \leqslant \sum_{j,i} |\nu(F_{i,j})| \leqslant |\nu|(E).$$

因此，对所有 α_j 取上确界给出式(11)中的第一个不等式.

为证明相反方向的不等式，令 F_k 是 E 的另一个划分. 对固定的 k，$\{F_k \bigcap E_j\}_j$ 是 F_k 的一个划分，所以

$$\sum_k |\nu(F_k)| = \sum_k \Big| \sum_j \nu(F_k \bigcap E_j) \Big|,$$

由于 ν 是一个带号测度，利用三角不等式和 $\{F_k \bigcap E_j\}_k$ 是 E_j 的一个划分给出

$$\sum_k |\nu(F_k)| \leqslant \sum_k \sum_j |\nu(F_k \bigcap E_j)|$$

$$= \sum_j \sum_k |\nu(F_k \bigcap E_j)|$$

$$\leqslant \sum_j |\nu|(E_j).$$

由于 $\{F_k\}$ 是 E 的任意一个划分，故得式(11)中的第二个不等式，证毕.

现在可以将 ν 写成两个不同的(正)测度的差. 为看到这一点，我们定义 ν 的正变差和负变差分别为

$$\nu^+ = \frac{1}{2}(|\nu|+\nu) \text{ 和 } \nu^- = \frac{1}{2}(|\nu|-\nu).$$

由命题我们可以看到 ν^+ 和 ν^- 都是测度，它们显然满足

$$\nu = \nu^+ - \nu^- \text{ 和 } |\nu| = \nu^+ + \nu^-.$$

在上面若对一个集合 E 有 $\nu(E)=\infty$，则 $|\nu|(E)=\infty$，且定义 $\nu^-(E)$ 为 0.

定义如下：若测度 $|\nu|$ 是 σ 有限的，则称带号测度 ν 是 σ 有限的. 由于 $\nu \leqslant |\nu|$ 以及 $|-\nu|=|\nu|$，故

$$-|\nu| \leqslant \nu \leqslant |\nu|.$$

从而，若 ν 是 σ 有限的，则 ν^+ 和 ν^- 都是 σ 有限的.

4.2　绝对连续性

给定两个定义在共同的 σ 代数上的测度，我们这里描述它们之间可能存在的关系. 更具体地，考虑定义在 σ 代数 $\mathcal{M}$ 上的两个测度 ν 和 μ；两个极端的情形是

（a）ν 和 μ "支撑" 在 $\mathcal{M}$ 的两个分离的部分上.

213

（b）ν 的支撑是 μ 的支撑的一个实质部分.

这里若对所有的 $E \in \mathcal{M}$，都有 $\nu(E) = \nu(E \cap A)$，我们采用术语说测度 ν 支撑在集合 A 上.

下面的勒贝格-拉东-尼古丁（Lebesgue-Radon-Nikodym）定理说的是，在严格的意义下任何两个测度 ν 和 μ 的关系是上面两种可能性的组合.

相互奇异和绝对连续测度

测度空间 $(X, \mathcal{M})$ 上的带号测度 ν 和 μ 是相互奇异的，若存在 $\mathcal{M}$ 的两个不相交的子集 A 和 B 使得对所有的 $E \in \mathcal{M}$，

$$\nu(E) = \nu(A \cap E) \text{ 且 } \mu(E) = \mu(B \cap E).$$

从而 ν 和 μ 支撑在不相交的集合上. 我们用符号 $\nu \perp \mu$ 表示测度 ν 和 μ 相互奇异这一事实.

相比之下，若 ν 和 μ 分别是 $\mathcal{M}$ 上的带号测度和（正）测度，我们说 ν 关于 μ 绝对连续，如果对任何 $E \in \mathcal{M}$，均有

$$\text{当 } \mu(E) = 0 \text{ 时}，\nu(E) = 0. \tag{12}$$

因此若 ν 支撑在集合 A 上，则 A 必须是 μ 的支撑的一个实质部分，即 $\mu(A) > 0$. 我们用符号 $\nu \ll \mu$ 表示 ν 关于 μ 绝对连续. 注意到若 ν 和 μ 是相互奇异的，而且 ν 关于 μ 绝对连续，则 ν 恒等于零.

关于 μ 的积分给出一个重要的例子. 事实上，若 $f \in L^1(X, \mu)$，或 f 仅仅在扩充的意义下是可积的（其中 $\int f^- < \infty$，但是可能 $\int f^+ = \infty$），则定义为

$$\nu(E) = \int_E f \, \mathrm{d}\mu \tag{13}$$

的带号测度 ν 关于 μ 绝对连续. 我们用缩写 $\mathrm{d}\nu = f \mathrm{d}\mu$ 代表由式（13）定义的 ν.

这是第 3 章出现的在 **R** 的特殊情形下（$\mathcal{M}$ 是勒贝格可测集而 $\mathrm{d}\mu = \mathrm{d}x$ 是勒贝格测度）的绝对连续概念的一个变种. 事实上，有了式（13）定义的 ν 和可积函数 f，我们得到下列取代式（12）的更强的结论：

对任何 $\varepsilon > 0$，存在 $\delta > 0$ 使得 $\mu(E) < \delta$ 蕴含 $|\nu(E)| < \varepsilon$. $\tag{14}$

一般情况下，条件式（12）和式（14）之间的关系可由下列观察阐明.

命题 4.2　式（14）蕴含式（12）. 反之，若 $|\nu|$ 是一个有限测度，则式（12）蕴含式（14）.

式（12）是式（14）的推论是明显的，因为 $\mu(E) = 0$ 给出对每个 $\varepsilon > 0$ $|\nu(E)| < \varepsilon$. 为证明反方向的蕴含关系，考虑到可以用 $|\nu|$ 取代 ν，仅需考察 ν 是正的情形. 我们假设式（14）不成立，这意味着它对某个固定的 $\varepsilon > 0$ 失效. 因此对每个 n，存在一个可测集 E_n，使得 $\mu(E_n) < 2^{-n}$ 而 $\nu(E_n) \geqslant \varepsilon$. 现在令 $E^* = \limsup\limits_{n \to \infty} E_n = \bigcap\limits_{n=1}^{\infty} E_n^*$，其中 $E_n^* = \bigcup\limits_{k \geqslant n} E_k$，则由于 $\mu(E_n^*) \leqslant \sum\limits_{k \geqslant n} 1/2^k = 1/2^{n-1}$，以及递减集合 $\{E_k^*\}$ 包含于一个测度有限的集合（E_1^*），故得到 $\mu(E^*) = 0$. 然而 $\nu(E_n^*) \geqslant \nu(E_n) \geqslant \varepsilon$，且假设

214

测度 ν 是有限的. 所以 $\nu(E^*) = \lim\limits_{n\to\infty} \nu(E_n^*) \geqslant \varepsilon$, 矛盾.

有了这些准备之后, 我们可以叙述主要结果. 特别是它保证了表达式 (13) 的逆; 勒贝格证明了 **R** 的情形, 拉东和尼古丁证明了一般的情形.

定理 4.3 假设 μ 是测度空间 $(X, \mathcal{M})$ 上的 σ 有限正测度而 ν 是 $\mathcal{M}$ 上的一个 σ 有限的带号测度, 则存在 $\mathcal{M}$ 上的唯一的带号测度 ν_a 和 ν_s 使得 $\nu_a \ll \mu$, $\nu_s \perp \mu$ 且 $\nu = \nu_a + \nu_s$. 另外, 测度 ν_a 的形式是 $\mathrm{d}\nu_a = f \mathrm{d}\mu$; 即对某个在扩充的意义下 μ 可积的函数 f 有

$$\nu_a(E) = \int_E f(x)\, \mathrm{d}\mu(x).$$

注意到下面结果. 若 ν 关于 μ 绝对连续, 则 $\mathrm{d}\nu = f \mathrm{d}\mu$, 这个结论可以看成第 3 章定理 3.11 的推广.

上述定理有几个已知的证明. 下面的证明, 归功于诺伊曼 (Neumann), 他优雅地运用了简单的希尔伯特空间的思想.

我们从 ν 和 μ 都是正的且有限的情况开始. 令 $\rho = \nu + \mu$, 考虑 $L^2(X, \rho)$ 上的变换, 定义为

$$l(\psi) = \int_X \psi(x)\, \mathrm{d}\nu(x).$$

映射 C 定义了 $L^2(X, \rho)$ 上的一个有界线性泛函, 由于

$$|l(\psi)| \leqslant \int_X |\psi(x)|\, \mathrm{d}\nu(x) \leqslant \int_X |\psi(x)|\, \mathrm{d}\rho(x)$$

$$\leqslant (\rho(X))^{1/2} \left(\int_X |\psi(x)|^2\, \mathrm{d}\rho(x) \right)^{1/2},$$

其中最后一个不等式是由柯西-施瓦茨不等式得到的. 但是 $L^2(X, \rho)$ 是一个希尔伯特空间, 因此里斯表现定理保证了存在 $g \in L^2(X, \rho)$ 使得

$$\text{对所有 } \psi \in L^2(X, \rho),\ \int_X \psi(x)\, \mathrm{d}\nu(x) = \int_X \psi(x) g(x)\, \mathrm{d}\rho(x). \tag{15}$$

如果 $E \in \mathcal{M}$ 且 $\rho(E) > 0$, 当我们在式 (15) 中取 $\psi = \chi_E$ 并回忆起 $\nu \leqslant \rho$, 则得

$$0 \leqslant \frac{1}{\rho(E)} \int_E g(x)\, \mathrm{d}\rho(x) \leqslant 1,$$

由此得到 $0 \leqslant g(x) \leqslant 1$ 对 a.e. x (关于测度 ρ). 事实上, 对所有的 $E \in \mathcal{M}$, 有 $0 \leqslant \int_E g(x)\, \mathrm{d}\rho(x)$ 蕴含着几乎处处 $g(x) \geqslant 0$. 同理, 对所有的 $E \in \mathcal{M}$ 有 $0 \leqslant \int_E (1 - g(x))\, \mathrm{d}\rho(x)$ 保证了几乎处处 $g(x) \leqslant 1$. 从而在不影响式 (15) 的条件下可以假设对所有的 x 有 $0 \leqslant g(x) \leqslant 1$, 将式 (15) 重新写为

$$\int \psi(1 - g)\, \mathrm{d}\nu = \int \psi g\, \mathrm{d}\mu. \tag{16}$$

现在考虑两个集合

$$A = \{ x \in X : 0 \leqslant g(x) < 1 \} \quad \text{和} \quad B = \{ x \in X : g(x) = 1 \},$$

定义 $\mathcal{M}$ 上的两个测度 ν_a 和 ν_s 分别为

$$\nu_a(E) = \nu(A \bigcap E) \quad \text{和} \quad \nu_s(E) = \nu(B \bigcap E),$$

为理解为什么 $\nu_s \perp \mu$，只需注意到在式(16)中令 $\psi = \chi_B$ 给出

$$0 = \int \chi_B \mathrm{d}\mu = \mu(B).$$

最后，我们在式(16)令 $\psi = \chi_E(1 + g + \cdots + g^n)$：

$$\int_E (1 - g^{n+1}) \mathrm{d}\nu = \int_E g(1 + \cdots + g^n) \mathrm{d}\mu. \tag{17}$$

由于若 $x \in B$，则 $(1 - g^{n+1})(x) = 0$，且若 $x \in A$，$(1 - g^{n+1})(x) \to 1$，控制收敛定理蕴含着式(17)的左边收敛于 $\nu(E \bigcap A) = \nu_a(E)$. 还有 $1 + g + \cdots + g^n$ 收敛于 $\dfrac{1}{1-g}$，因此最终有

$$\nu_a(E) = \int_E f \mathrm{d}\mu, \text{其中} f = \frac{g}{1-g}.$$

注意到由于 $\nu_a(X) \leqslant \nu(X) < \infty$，$f \in L^1(X, \mu)$. 若 ν 和 μ 都是 σ 有限的和正的，则显然可以找到集合 $E_j \in \mathcal{M}$ 使得 $X = \bigcup E_j$ 且对所有的 j，

$$\mu(E_j) < \infty, \nu(E_j) < \infty.$$

定义 $\mathcal{M}$ 上的正的和有限的测度为

$$\mu_j(E) = \mu(E \bigcap E_j) \quad \text{和} \quad \nu_j(E) = \nu(E \bigcap E_j),$$

那么对每个 j 有 $\nu_j = \nu_{j,a} + \nu_{j,s}$，其中 $\nu_{j,s} \perp \mu_j$ 和 $\nu_{j,a} = f_j \mathrm{d}\mu_j$. 然后只需令

$$f = \sum f_j, \nu_s = \sum \nu_{j,s} \text{和} \quad \nu_a = \sum \nu_{j,a}.$$

最后，若 ν 是带号的，我们将上面的论证分别用于 ν 的正变差和负变差.

为证明分解的唯一性，假设有 $\nu = \nu_a' + \nu_s'$，其中 $\nu_a' \ll \mu$ 且 $\nu_s' \perp \mu$，则

$$\nu_a - \nu_a' = \nu_s' - \nu_s.$$

左边是关于 μ 绝对连续的测度. 右边是关于 μ 奇异的测度. 从而两边都等于零，定理获证.

5* 遍历定理

遍历理论始于 19 世纪后期所研究的统计力学中的某些问题. 从那以后它迅猛发展且在很多数学学科中，特别是在那些与动力系统以及概率论相关的学科中产生了广泛的影响. 我们的目标不是试图给出这个广泛和吸引人的理论的一个说明. 相反地，我们将介绍限制在作为它的基础的一些基本的极限定理. 这些定理最自然地建立在一般形式上的抽象测度空间上，从而为我们极好地阐明了本章建立起来的一般框架的意义.

该理论的框架是一个 σ 有限的测度空间 $(X, \mathcal{M}, \mu)$，其上定义一个映射 $\tau: X \to X$ 使得只要 E 是 X 的一个可测子集，则 $\tau^{-1}(E)$ 也是，且 $\mu(\tau^{-1}(E)) = \mu(E)$. 这里 $\tau^{-1}(E)$ 是 E 在 τ 下的原像；即 $\tau^{-1}(E) = \{x \in X : \tau(x) = E\}$. 具有这些性质的映射 τ 称为一个保测变换. 如果对这样的 τ 附加性质：它是一个双射且 τ^{-1} 也是一个

保测变换，则称 τ 为保测同构.

我们注意到若 τ 是一个保测变换，且若 f 是可测的，则 $f(\tau(x))$ 是可测的；而若 f 是可积的，则 $f(\tau(x))$ 是可积的；此外，有

$$\int_X f(\tau(x))\,\mathrm{d}\mu(x)=\int_X f(x)\,\mathrm{d}\mu(x).\tag{18}$$

事实上，若 χ_E 是集合 E 的特征函数，我们注意到 $\chi_E(\tau(x))=\chi_{\tau^{-1}(E)}(x)$，因此该断言对可测集的特征函数成立，从而对简单函数成立，因此由通常的极限论证法对所有的非负可测函数，以及可积函数都成立. 为以后的目的，我们这里记载了一个等价的陈述：只要 f 是一个实值可测函数而 α 是任何实数，则

$$\mu(\{x:f(x)>\alpha\})=\mu(\{x:f(\tau(x))>\alpha\}).$$

在继续之前，我们描述保测变换的几个例子：

（ i ）这里 $X=\mathbf{Z}$（整数集），其中 μ 是计数测度；即对任何 $E\subset\mathbf{Z},\mu(E)=\#(E)=E$ 中整数的个数. 我们定义 τ 为单位变换 $\tau:n\to n+1$. 注意到 τ 给出 $\mathbf{Z}$ 的一个保测同构.

（ ii ）另一个简单的例子是具有勒贝格测度的 $X=\mathbf{R}^d$，而 τ 是对某固定的 $h\in\mathbf{R}^d$ 的平移，$\tau:x\mapsto x+h$. 这当然是一个保测同构.（参见第 1 章中的关于勒贝格测度的不变性那一节.）

（ iii ）这里 X 是一个单位圆，由 $\mathbf{R}/\mathbf{Z}$ 给出，其上的测度是 $\mathbf{R}$ 上的勒贝格测度诱导的测度. 即，我们可以把 X 看成单位区间 $(0,1]$，并取 μ 为限制在这个区间上的勒贝格测度. 对任何实数 α，以 $\mathbf{Z}$ 为模的平移 $x\to x+\alpha$，在 $X=\mathbf{R}/\mathbf{Z}$ 上是合理定义的，而且是保测的.（见第 2 章相关的习题 3.）它可以解释为一个圆周作 $2\pi\alpha$ 角度的旋转.

（ iv ）这个例子中 X 还是具有勒贝格测度 μ 的 $(0,1]$，但是 τ 是双倍映射 $\tau(x)=2x\bmod 1$. 容易验证 τ 是一个保测变换. 事实上，任何集合 $E\subset(0,1]$ 有两个原像 E_1 和 E_2，第一个在 $(0,1/2]$ 和第二个在 $(1/2,1]$，若 E 是可测的，它们的测度都是 $\mu(E)/2$.（见图 1）然而，τ 不是一个同构，因为 τ 不是一个单射.

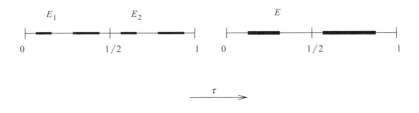

图 1 E 在双倍映射下的原像 E_1 和 E_2

（ v ）连分数理论中的一个关键变换给出一个更巧妙的例子. 这里 $X=[0,1)$ 而 τ 定义为 $\tau(x)=\langle 1/x\rangle$，$1/x$ 的分数部分；当 $x=0$ 时，令 $\tau(0)=0$. 高斯观

察到，实际上，测度 $\mathrm{d}\mu = \dfrac{1}{1+x}\mathrm{d}x$ 被变换 τ 保持. 注意到每个 $x \in (0,1)$ 在 τ 下的原像可能有无穷多个；即数列 $\{1/(x+k)\}_{k=1}^{\infty}$. 这个例子的更多内容见后面的问题 8 到 10.

前面已经指出了这些例子，现在我们可以回到一般理论上来. 前面描述的概念是有趣的，特别地，因为它们抽象了动力系统的思想，动力系统的全部状态由空间 X 表示，其中每一个点 $x \in X$ 都给出了系统的一个特定状态. 映射 $\tau: X \to X$ 表示系统经过一个单位时间后的变换. 对这样的一个系统，经常会与不随着演变而改变的"体积"和"质量"的概念联系，这是不变测度 μ 的作用. 迭代 $\tau^n = \tau \circ \tau \circ \cdots \circ \tau$（$n$ 次），表示系统在 n 个单位时间后的演变，我们主要关注的是当 $n \to \infty$ 时，与系统有关的各种量的平均行为. 从而引导我们研究平均值

$$A_n(f)(x) = \frac{1}{n}\sum_{k=0}^{n-1} f(\tau^k(x)), \tag{19}$$

以及它们在 $n \to \infty$ 时的极限. 我们现在转向这个问题.

5.1　平均遍历定理

我们考虑的处理平均值式(19)的第一个定理纯粹是希尔伯特空间性质的. 从历史的观点上说它先于下面要证明的定理 5.3 和定理 5.4.

下面为定理的具体应用，人们取希尔伯特空间 $\mathcal{H}$ 为 $L^2(X, \mathcal{M}, \mu)$. 给定 X 上的一个保测变换 τ，定义 $\mathcal{H}$ 上的线性算子 T 为

$$T(f)(x) = f(\tau(x)). \tag{20}$$

则 T 是一个等距映射；即

$$\|Tf\| = \|f\|, \tag{21}$$

其中 $\|\cdot\|$ 表示希尔伯特空间(即 L^2)范数. 该性质明显可以由式(18)中用 $|f|^2$ 代替 f 得到. 观察到若假设 τ 是一个保测同构，则 T 是可逆的和酉的；但是我们不这样假设.

现在有了上面的 T，考虑由不变向量组成的子空间 S，$S = \{f \in \mathcal{H}: T(f) = f\}$. 显然，因为式(21)，子空间 S 是闭的. 令 P 表示该子空间上的正交投影，下面的定理处理"平均"收敛，意味着依范数收敛.

定理 5.1　假设 T 是希尔伯特空间 $\mathcal{H}$ 上的一个等距映射，而 P 为 T 的不变向量组成的子空间上的正交投影，令 $A_n = \dfrac{1}{n}(I + T + T^2 + \cdots + T^{n-1})$，则对每个 $f \in \mathcal{H}$，当 $n \to \infty$ 时 $A_n(f)$ 依范数收敛于 $P(f)$.

结合上面子空间 S 的定义，我们考虑子空间 $S_* = \{f \in \mathcal{H}: T^*(f) = f\}$ 和 $S_1 = \{f \in \mathcal{H}: f = g - Tg, g \in \mathcal{H}\}$；这里 T^* 表示 T 的伴随. 则 S_* 像 S 一样，是闭的，但 S_1 不一定是闭集. 我们用 $\overline{S_1}$ 表示 S_1 的闭包. 定理的证明基于下面的引理.

引理 5.2　下面关于子空间 S，S_* 和 $\overline{S_1}$ 的关系成立：

（ⅰ）$S = S_*$.

（ⅱ）$\overline{S_1}$ 的正交补是 S.

证 首先，由于 T 是一个等距同构，对所有 f, $g \in \mathcal{H}$，有 $(Tf, Tg) = (f, g)$，从而 $T^*T = I$.（见第 4 章中的习题 22.）因此，若 $Tf = f$，则 $T^*Tf = T^*f$，这意味着 $f = T^*f$. 要证明相反的包含关系，假设 $T^*f = f$. 作为一个推论 $(f, T^*f - f) = 0$，因此 $(f, T^*f) - (f, f) = 0$；即 $(Tf, f) = \|f\|^2$. 然而，$\|Tf\| = \|f\|$，因此我们上面是柯西-施瓦茨不等式取等号的例子. 由第 4 章习题 2 的结果我们得到 $Tf = cf$，由上面给出 $Tf = f$，从而（ⅰ）获证.

接下来我们观察到 f 属于 $\overline{S_1}$ 的正交补恰好有对所有的 $g \in \mathcal{H}$，$(f, g - Tg) = 0$. 然而，这意味着对所有的 g，$(f - T^*f, g) = 0$，从而 $f = T^*f$，由（ⅰ）部分意味着 $f \in S$.

已经建立了引理，我们可以完成定理的证明. 任给 $f \in \mathcal{H}$，记 $f = f_0 + f_1$，其中 $f_0 \in S$ 而 $f_1 \in \overline{S_1}$（由于 S 和 $\overline{S_1}$ 互为正交补）. 固定 $\varepsilon > 0$ 并取 $f_1' \in S_1$ 使得 $\|f_1 - f_1'\| < \varepsilon$. 然后记

$$A_n(f) = A_n(f_0) + A_n(f_1') + A_n(f_1 - f_1'), \tag{22}$$

且分别考虑每一项.

对于第一项，由于 P 是 S 上的正交投影，所以 $P(f) = f_0$，由于 $Tf_0 = f_0$ 可导出

$$\text{对每个 } n \geqslant 1, \quad A_n(f_0) = \frac{1}{n} \sum_{k=0}^{n-1} T^k(f_0) = f_0 = P(f).$$

对于第二项，由 S_1 的定义并取 $g \in \mathcal{H}$ 使得 $f_1' = g - Tg$. 从而

$$A_n(f_1') = \frac{1}{n} \sum_{k=0}^{n-1} T^k(1 - T)(g) = \frac{1}{n} \sum_{k=0}^{n-1} T^k(g) - T^{k+1}(g)$$

$$= \frac{1}{n}(g - T^n(g)).$$

由于 T 是等距映射，上述等式表明当 $n \to \infty$ 时 $A_n(f_1')$ 依范数收敛于 0.

对于最后一项，我们再次利用每个 T^k 都是等距映射的事实得到

$$\|A_n(f_1 - f_1')\| \leqslant \frac{1}{n} \sum_{k=0}^{n-1} \|T^k(f_1 - f_1')\| \leqslant \|f_1 - f_1'\| < \varepsilon.$$

最后，由式（22）和上面的三个观察，我们导出 $\lim\limits_{n \to \infty} \sup \|A_n(f) - P(f)\| \leqslant \varepsilon$，由此完成了定理的证明.

5.2 极大遍历定理

我们现在转向平均函数（19）的几乎处处收敛的问题. 与第 3 章出现的微分定理中的平均值情形一样，处理这些逐点极限的关键在于估计它们相应的极大函数. 目前情况下，这个函数定义为

$$f^*(x) = \sup_{1 \leqslant m < \infty} \frac{1}{m} \sum_{k=0}^{m-1} |f(\tau^k(x))|. \tag{23}$$

219

定理 5.3　只要 $f \in L^1(X, \mu)$，对几乎每个 x 极大函数 $f^*(x)$ 是有限的. 此外，存在一个普适常数 A 使得

$$\text{对所有 } \alpha > 0, \mu(\{x : f^*(x) > \alpha\}) \leqslant \frac{A}{\alpha} \|f\|_{L^1(X, \mu)}. \tag{24}$$

该定理有几个证明方法. 我们选择的证明方法强调了与第 3 章 1.1 节给出的极大函数的密切联系，事实上我们将从该章的一维情形推导出目前的定理. 这个论证给出的式(24)中的常数为 $A = 6$. 通过一个不同的论证人们可以得到常数 $A = 1$，但是这个改进和我们下面的讨论无关.

在证明开始之前，我们先做一些预备性说明. 注意到目前情况下，f^* 自动是可测的，因为它是可数个可测函数的上确界. 而且，我们还可以假设函数 f 是非负的，否则可以用 $|f|$ 替代它.

第 1 步，$X = \mathbf{Z}$ 和 $\tau : n \to n + 1$ 的情况.

对每一个 $\mathbf{Z}$ 上的函数 f，我们考虑它到 $\mathbf{R}$ 上的延拓 $\widetilde{f}$，对 $n \leqslant x < n + 1, n \in \mathbf{Z}$ 定义 $\widetilde{f}(x) = f(n)$（见图 2）.

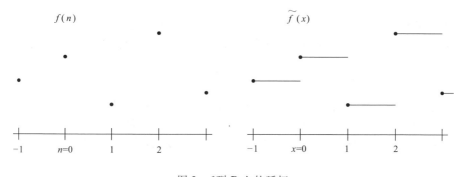

图 2　f 到 $\mathbf{R}$ 上的延拓

类似地，若 $E \subset \mathbf{Z}$，用 $\widetilde{E}$ 表示 $\mathbf{R}$ 中的集合 $\bigcup_{n \in E} [n, n + 1)$. 由这些定义我们得到 $m(\widetilde{E}) = \#(E)$ 与 $\int_{\mathbf{R}} \widetilde{f}(x) \mathrm{d}x = \sum_{n \in \mathbf{Z}} f(n)$，从而 $\|\widetilde{f}\|_{L^1(\mathbf{R})} = \|f\|_{L^1(\mathbf{Z})}$. 这里 m 是 $\mathbf{R}$ 上的勒贝格测度，$\#$ 是 $\mathbf{Z}$ 上的计数测度. 注意到

$$\sum_{k=0}^{m-1} f(n + k) = \int_0^m \widetilde{f}(n + t) \mathrm{d}t.$$

然而，因为每当 $x \in [n, n + 1)$ 时就有 $\int_0^m \widetilde{f}(n + t) \mathrm{d}t \leqslant \int_{-1}^m \widetilde{f}(x + t) \mathrm{d}t$，于是得到

$$\frac{1}{m} \sum_{k=0}^{m-1} f(n + k) \leqslant \left(\frac{m+1}{m} \right) \frac{1}{m+1} \int_{-1}^m \widetilde{f}(x + t) \mathrm{d}t, x \in [n, n + 1).$$

将上式对所有 $m \geqslant 1$ 取上确界，并注意到 $(m + 1)/m \leqslant 2$，则可得到

$$f^*(n) \leqslant 2(\widetilde{f})^*(x), x \in [n, n + 1). \tag{25}$$

这里的记号必须认清楚：$f^*(n)$ 表示由式（23）定义的 **Z** 上的函数 f 的极大函数，其中 $f(\tau^k(n)) = f(n+k)$，而 $(\widetilde{f})^*$ 是第 3 章定义的 **R** 上的延拓函数 $\widetilde{f}$ 的极大函数.

由式（25）得

$$\#(\{n : f^*(n) > \alpha\}) \leqslant m(\{x \in \mathbf{R} : (\widetilde{f})^*(x) > \alpha/2\}),$$

从而根据关于 **R** 的极大定理，后者可以被 $A'/(\alpha/2) \int \widetilde{f}(x)\,\mathrm{d}x = 2A'/\alpha \, \|\widetilde{f}\|_{L^1(\mathbf{R})}$ 极大化. 该定理中出现的常数 A'（那里用 A 表示）可以取到 3. 因此有

$$\#(\{n : f^*(n) > \alpha\}) \leqslant \frac{6}{\alpha} \|f\|_{L^1(\mathbf{Z})}, \tag{26}$$

因为 $\|\widetilde{f}\|_{L^1(\mathbf{R})} = \|f\|_{L^1(\mathbf{Z})}$. 这处理了 $X = \mathbf{Z}$ 的特殊情况.

第 2 步，一般情况.

我们通过一个手法将刚证明的对 **Z** 成立的结果"转移"到一般的情形. 我们继续如下.

对每个正整数 N，考虑截断的极大函数 f_N^*，它定义为

$$f_N^*(x) = \sup_{1 \leqslant m \leqslant N} \frac{1}{m} \sum_{k=0}^{m-1} f(\tau^k(x)).$$

由于 $\{f_N^*(x)\}$ 组成了关于 N 的递增序列，且对每个 x，$\lim_{N \to \infty} f_N^*(x) = f^*(x)$，只需证明

$$\mu\{x : f_N^*(x) > \alpha\} \leqslant \frac{A}{\alpha} \|f\|_{L^1(X,\mu)}, \tag{27}$$

其中常数 A 和 N 无关. 令 $N \to \infty$ 可以得到想要的结果.

因此我们估计 f_N^* 而不是 f^*，为简化记号，把 f_N^* 记为 f^*，去掉下标 N. 我们的论证将极大函数 f^* 和特殊情况 **Z** 下产生的极大函数对比，为阐明下面的公式，我们临时采用 $\mathcal{M}(f)$ 来表示第二个极大函数. 从而对定义在 **Z** 上的正函数 f，令

$$\mathcal{M}(f)(n) = \sup_{1 \leqslant m} \frac{1}{m} \sum_{k=0}^{m-1} f(n+k).$$

现在从 X 上的可积函数 f 开始，定义 $X \times \mathbf{Z}$ 上的函数 F 为

$$F(x, n) = \begin{cases} f(\tau^n(x)), & n \geqslant 0, \\ 0, & n < 0, \end{cases}$$

则

$$A_m(f)(x) = \frac{1}{m} \sum_{k=0}^{m-1} f(\tau^k(x)) = \frac{1}{m} \sum_{k=0}^{m-1} F(x, k).$$

在上式中用 $\tau^n(x)$ 代替 x，因为 $\tau^k(\tau^n(x)) = \tau^{n+k}(x)$，则有

$$A_m(f)(\tau^n(x)) = \frac{1}{m} \sum_{k=0}^{m-1} F(x, n+k).$$

221

现在固定一个大的正数 a 并且令 $b=a+N$，记 F_b 为 $X\times\mathbf{Z}$ 上的截断函数，定义为若 $n<b$，$F_b(x,n)=F(x,n)$；其他情况下都有 $F_b(x,n)=0$. 于是有

若 $m\leqslant N$ 且 $n<a$，则 $A_m(f)(\tau^n(x))=\dfrac{1}{m}\displaystyle\sum_{k=0}^{m-1}F_b(x,n+k)$.

因此从而若 $n<a$，则

$$f^*(\tau^n(x))\leqslant\mathcal{M}(F_b)(x,n). \tag{28}$$

（回顾 f^* 就是 f_N^*！）这是我们希望得到的两个极大函数的对比. 现在设 $E_\alpha=\{x:f^*(x)>\alpha\}$，则由 τ 的保测性质，$\mu(\{x:f^*(T^n(x))>\alpha\})=\mu(E_\alpha)$. 因此乘积空间 $X\times\mathbf{Z}$ 中集合 $\{(x,n)\in X\times\mathbf{Z}:f^*(\tau^n(x))>\alpha,0\leqslant n<a\}$ 的乘积测度 $\mu\times\#$ 等于 $a\mu(E_\alpha)$. 然而，由于式(28)这个集合的 $\mu\times\#$ 测度不会超过

$$\int_X\#(\{n\in\mathbf{Z}:\mathcal{M}(F_b)(x,n)>\alpha\})\,\mathrm{d}\mu.$$

由于对 $\mathbf{Z}$ 的极大估计式(26)，于是得到上面的被积函数不超过

$$\frac{A}{\alpha}\|F_b(x,n)\|_{L^1(\mathbf{Z})}=\frac{A}{\alpha}\sum_{n=0}^{b-1}f(\tau^n(x)),$$

其中当然 $A=6$.

因此，在 X 上积分且由 $\displaystyle\int_X f(\tau^n(x))\,\mathrm{d}\mu=\int_X f(x)\,\mathrm{d}\mu$ 得到

$$a\mu(E_\alpha)\leqslant\frac{A}{\alpha}b\|f\|_{L^1(X)}=\frac{A}{\alpha}(a+N)\|f\|_{L^1(X)}.$$

从而 $\mu(E_\alpha)\leqslant\dfrac{A}{\alpha}\left(1+\dfrac{N}{a}\right)\|f\|_{L^1(X)}$，令 $a\to\infty$ 得到估计式(27). 正如我们看到的，最后一个式子当 $N\to\infty$ 时得到极限，从而完成了证明.

5.3　逐点遍历定理

我们要研究的极限定理系列的最后一个是逐点（单独的）遍历定理，它结合了前面的两个定理的思想. 这一阶段为方便起见，我们假设测度空间 (X,μ) 是有限的；我们可以规范化测度 M 使得 $\mu(X)=1$.

定理 5.4　假设 f 在 X 上可积，则对几乎每个 $x\in X$，当 $m\to\infty$ 时平均值 $A_m(f)=\dfrac{1}{m}\displaystyle\sum_{k=0}^{m-1}f(\tau^k(x))$ 收敛于一个极限.

系 5.5　若用 $P'(f)$ 表示该极限，则有

$$\int_X|P'(f)(x)|\,\mathrm{d}\mu(x)\leqslant\int_X|f(x)|\,\mathrm{d}\mu(x).$$

此外，当 $f\in L^2(X,\mu)$ 时 $P'(f)=P(f)$.

证明的思路如下：我们首先对一个稠密于 $L^1(X,\mu)$ 的函数集证明 $A_m(f)$ 几乎处

处收敛于一个极限. 然后用极大定理说明这蕴含着结论对所有可积函数成立.

我们从以下说明开始. 因为 X 的全测度为 1, 故有 $L^2(X,\mu) \subset L^1(X,\mu)$ 以及 $\|f\|_{L^1} \leqslant \|f\|_{L^2}$, 并且 $L^2(X,\mu)$ 在 $L^1(X,\mu)$ 中稠密. 事实上, 若 f 属于 L^1, 考虑序列 $\{f_n\}$, 它定义为 $f_n(x)=f(x)$, 若 $|f(x)| \leqslant n$; $f_n(x)=0$, 其他. 则每个 f_n 显然属于 L^2, 由控制收敛定理得 $\|f-f_n\|_{L^1} \to 0$.

现在始于可积函数 f 和任何 $\varepsilon > 0$, 可以将 f 写为 $f = F + H$, 其中, $\|H\|_{L^1} < \varepsilon$, 而 $F = F_0 + (1-T)G$, 其中 F_0 和 G 都属于 L^2, 且 $T(F_0)=F_0$, 其中, $T(F_0)=F_0(\tau(x))$. 要得到 f 的这个分解, 首先记 $f = f' + h'$, 其中 $f' \in L^2$ 和 $\|h'\|_{L^1} < \varepsilon/2$, 这可以通过 L^2 在 L^1 中的稠密性做到. 然后, 由于引理 5.2 中的子空间 $\overline{S_1}$ 和 S 在 L^2 互为正交补, 我们可以找到 $F_0 \in S$ 和 $F_1 \in S_1$ 使得 $f' = F_0 + F_1 + h$, 其中 $\|h\|_{L^2} < \varepsilon/2$. 因为 $F_1 \in S_1$ 自然具有形式 $F_1 = (1-T)G$, 所以得到 $f = F + H$, 其中 $F = F_0 + (1-T)G$ 和 $H = h + h'$. 从而 $\|H\|_{L^1} \leqslant \|h\|_{L^1} + \|h'\|_{L^1}$ 且由于 $\|h\|_{L^1} \leqslant \|h\|_{L^2} < \varepsilon/2$, 因此得到了想要的 f 的分解.

现在 $A_m(F) = A_m(F_0) + A_m((1-T)G) = F_0 + \dfrac{1}{m}(1-T^m(G))$, 正如我们在定理 5.1 的证明中看到的. 注意到对几乎每个 $x \in X$, 当 $m \to \infty$ 时, $\dfrac{1}{m}T^m(G) = \dfrac{1}{m}G(\tau^m(x))$ 收敛于零. 事实上, 由单调收敛定理知, 级数 $\sum\limits_{m=1}^{\infty} \dfrac{1}{m^2}(G(\tau^m(x)))^2$ 几乎处处收敛, 因为它沿 X 的积分

$$\sum_{m=1}^{\infty} \frac{1}{m^2} \|T^m G\|_{L^2}^2 = \|G\|_{L^2}^2 \sum_{m=1}^{\infty} \frac{1}{m^2},$$

是有限的.

因此, $A_m(F)(x)$ 对几乎每个 $x \in X$ 收敛. 最后, 为证明 $A_m(f)(x)$ 的相应收敛性, 我们像第 3 章定理 4 那样论证, 且令

$$E_\alpha = \{x : \lim_{N \to \infty} \sup_{n,m \geqslant N} |A_n(f)(x) - A_m(f)(x)| > \alpha\},$$

则仅需证明对所有 $\alpha > 0$, $\mu(E_\alpha)=0$. 然而, 由于 $A_n(f) - A_m(f) = A_n(F) - A_m(F) + A_n(H) - A_m(H)$, 且当 $m \to \infty$ 时 $A_m(F)(x)$ 几乎处处收敛, 这就得到 E_α 内几乎每一个点都包含于 E'_α, 其中

$$E'_\alpha = \{x : \sup_{n,m \geqslant N} |A_n(H)(x) - A_m(H)(x)| > \alpha\},$$

从而 $\mu(E_\alpha) \leqslant \mu(E'_\alpha) \leqslant \mu(\{x : 2\sup_m |A_m(H)(x)| > \alpha\})$. 由定理 5.3 知, 最后一个量被 $A/(\alpha/2)\|H\|_{L^1} \leqslant 2\varepsilon A/\alpha$ 极大化. 由于 ε 是任意的, 故 $\mu(E_\alpha)=0$, 从而 $A_m(f)(x)$ 对几乎每个 x 是一个柯西列, 定理得证.

要建立系, 注意到若 $f \in L^2(X)$, 由定理 5.1 我们知道, $A_m(f)$ 在 L^2 范数下收敛于 $P(f)$, 从而存在一个子列几乎处处收敛于 $P(f)$, 说明在这种情况下有 $P(f) =$

$P'(f)$. 然后，对任何仅仅是可积的 f，有

$$\int_X |A_m(f)| \, dx \leqslant \frac{1}{m} \sum_{k=0}^{m-1} \int_X |f(\tau^k(x))| \, d\mu(x) = \int_X |f(x)| \, d\mu(x),$$

因此由于几乎处处有 $A_m(f) \to P'(f)$，故由法图引理得到 $\int_X |P'(f)(x)| d\mu(x) \leqslant \int_X |f(x)| d\mu(x)$.

由此证明了系.

可以证明在去掉空间 X 测度有限的假设下，定理和系的结论仍成立. 习题 26 概述了为得到这个更一般的结论对证明所需要做的修改.

5.4　遍历保测变换

形容词"遍历"通常应用在上文证明的三个极限定理中. 它还有一个相关但是独立的用途是描述空间 X 的一类重要的变换.

我们说 X 的一个保测变换 τ 是遍历的，若当 E 是一个"不变的"可测集时，即 E 和 $\tau^{-1}(E)$ 相差一个零测度集，则 E 或 E^c 测度为零.

该遍历性条件有一个有用的改写. 扩展 5.1 节用过的定义，我们说一个可测函数 f 是不变的，如果对几乎处处的 $x \in X$ 有 $f(x) = f(\tau(x))$，则 τ 是遍历的充要条件是不变函数等价于常数. 事实上，设 τ 是一个遍历变换，且假设 f 是一个实值不变函数，则每个集合 $E_a = \{x : f(x) > a\}$ 是不变的，因此对每个 a，$\mu(E_a) = 0$ 或 $\mu(E_a^c) = 0$. 然而，若 f 不等价于某个常数，则对某个 a，$\mu(E_a)$ 和 $\mu(E_a^c)$ 必须有严格正的测度. 反之，我们仅需注意到若所有的可测集的特征函数是不变的，必须是常数，则 τ 是遍历的.

下面的结果包含定理 5.4 关于遍历变换的结论. 我们保持定理 5.4 的假设，底空间 X 的测度等于 1.

系 5.6　假设 τ 是一个遍历的保测变换，对任何可积函数 f 有

$$\text{当 } m \to \infty \text{ 时，} \frac{1}{m} \sum_{k=0}^{m-1} f(\tau^k(x)) \text{ 收敛到 } \int_X f \, d\mu, \text{ a. e. } x \in X.$$

这个结果说明了 f 的"时间平均"等于它的"空间平均".

证　由定理 5.1 我们知道只要 $f \in L^2$，平均值 $A_m(f)$ 就收敛于 $P(f)$，其中 P 是不变向量子空间上的正交投影. 由于这种情况下不变向量构成了一个由常数函数张成的一维空间，我们观察到 $P(f) = 1(f, 1) = \int_X f \, d\mu$，其中 1 指明函数在 X 上等于 1. 为证明此，注意 P 在常数上是恒同算子，且消除了所有正交于常数的函数. 然后我们将任何 $f \in L^1$ 写成 $g + h$，其中 $g \in L^2$ 而 $\|h\|_{L^1} < \varepsilon$，则 $P'(f) = P'(g) + P'(h)$. 然而，我们还知道 $P'(g) = P(g)$，且由定理 5.4 的推论可知 $\|P'(h)\| \leqslant \|h\|_{L^1} < \varepsilon$. 从而

$$P'(f) - \int_X f \, d\mu = \int_X (g - f) \, d\mu + P'(h),$$

可得 $\| P'(f) - \int_X f \mathrm{d}\mu \|_{L^1} \leqslant \| g - f \|_{L^1} + \varepsilon < 2\varepsilon$. 这说明 $P'(f)$ 是常数 $\int_X f \mathrm{d}\mu$, 结论获证.

我们现在详细描述一下遍历性的性质以及通过几个例子阐明它的要旨.

a) 圆周的旋转

这里我们取第 5* 节开头的 (iii) 描述的例子. 在具有诱导的勒贝格测度的单位圆 $\mathbf{R}/\mathbf{Z}$ 上, 我们考虑由 $x \to x + \alpha \bmod 1$ 给出的作用 τ. 结果是:

• 映射 τ 是遍历的当且仅当 α 是一个无理数.

首先, 若 α 是一个无理数, 由等分布定理可知, 若 f 是 $[0,1]$ 上的连续周期函数 $(f(0) = f(1))$, 则对每个 x, 当 $n \to \infty$ 时,

$$\frac{1}{n} \sum_{k=0}^{n-1} f(x + k\alpha) \to \int_0^1 f(x)\,\mathrm{d}x. \tag{29}$$

此定理可论证如下[⊖]. 首先分 $n = 0$ 和 $n \neq 0$ 两种情况验证式 (29) 对所有的 $f(x) = \mathrm{e}^{2\pi i n x}$, $n \in \mathbf{Z}$ 成立. 然后得到式 (29) 对任何三角多项式 (有限个这样的指数函数的线性组合) 成立. 最后, 任何连续周期函数都可以被三角多项式一致逼近, 因此式 (29) 转至一般的情况.

现在若 P 是不变 L^2 函数上的投影, 则定理 5.1 和式 (29) 表明 P 将连续周期函数投影到常数. 由于这个子空间在 L^2 中是稠密的, 故得到 P 将所有的 L^2 函数投影到常数; 因此不变的 L^2 函数是常数; 从而 τ 是遍历的.

另一方面假设 $\alpha = p/q$. 选择任何集合 $E_0 \subset (0, 1/q)$ 使得 $0 < m(E_0) < 1/q$, 设 E 表示不相交的并集 $\bigcup_{r=0}^{q-1} (E_0 + r/q)$, 则显然 E 在 $\tau: x \mapsto x + q$ 下是不变的, 且 $0 < m(E) = qm(E_0) < 1$; 从而 τ 不是遍历的.

我们利用的性质式 (29), 它涉及在所有点的极限的存在性, 事实上比遍历性强: 它蕴含着对映射 τ, $\mathrm{d}\mu = \mathrm{d}x$ 是唯一遍历的. 意思是若 ν 是被 τ 保持的 X 中博雷尔集上的测度且 $\nu(X) = 1$, 则 $\nu = \mu$.

为理解目前情况下就是这样, 令 P_ν 为由定理 5.1 保证的在空间 $L^2(X, \nu)$ 上的正交投影, 则式 (29) 再次说明 P_ν 在连续函数空间上, 然后是整个 $L^2(X, \nu)$ 上的值域就是常数函数构成的子空间, 从而 $P_\nu(f) = \int_0^1 f \mathrm{d}\nu$.

这意味着只要 f 是连续周期函数, $\int_0^1 f(x)\,\mathrm{d}x = \int_0^1 f \mathrm{d}\nu$. 通过一个简单的极限论证我们可以得到测度 $\mathrm{d}x = \mathrm{d}\mu$, 且 ν 在所有的开区间上一致, 从而在所有的开集上一致. 由此证明了这两个测度是相同的.

一般情况下, 唯一遍历的保测变换是遍历的, 但是正如我们下面将看到的反之不一定成立.

⊖ 也见本书 I 中的第 4 章第 2 节.

b) 双倍映射

我们现在考虑映射 $x \mapsto 2x \bmod 1$，$x \in (0,1]$，其中 μ 是勒贝格测度，这是出现在 5* 节开头的例子 (iv)．下面将证明 τ 是遍历的且满足一个更强的称为混合[⊖]的性质．它定义如下．

若 τ 是空间 (X,μ) 上的保测变换，则说它是**混合**的，若只要 E 和 F 是一对可测子集，就有

$$\text{当 } n \to \infty \text{ 时}, \mu(\tau^{-n}(E) \bigcap F) \to \mu(E)\mu(F). \tag{30}$$

式 (30) 的意思可理解如下：在概率论中人们经常遇到被赋予概率的所有可能发生的事件的"全体"．这些事件可以用某空间 (X,μ)，其中 $\mu(X)=1$，的可测子集 E 来表示．则每一个事件发生的概率是 $\mu(E)$．两个事件 E 和 F 是"独立的"，如果它们同时发生的概率等于它们每一个单独发生的概率的乘积，即 $\mu(E \bigcap F) = \mu(E)\mu(F)$．关于混合的式 (30) 则说的是无论如何选取 E 和 F 在时间 n 趋向无穷的极限过程中，集合 $\tau^{-n}(E)$ 和 F 是渐近独立的．

然后我们观察到混合的条件可由一个看上去更强的条件所蕴含

$$\text{当 } n \to \infty \text{ 时}, (T^n f, g) \to (f,1)(1,g), \tag{31}$$

其中，当 f 和 g 都属于 $L^2(X,\mu)$ 时，$T^n(f)(x) = f(\tau^n(x))$．取 $f = \chi_E$ 和 $g = \chi_F$ 立即可以得到这个蕴含关系．反之也成立，不过我们把证明作为习题留给读者．

我们现在指出混合条件蕴含 τ 的遍历性．事实上，由式 (31) 得

$$(A_n(f), g) = \frac{1}{n} \sum_{k=0}^{n-1} (T^k f, g) \quad 收敛于 (f,1)(1,g).$$

这意味着 $(P(f), g) = (f,1)(1,g)$，从而 $P(f)$ 与所有正交于常数的函数 g 正交．这当然意味着 P 是投影到常数上的正交投影，从而 τ 是遍历的．

我们注意到双倍映射是混合的．事实上，若 $f(x) = e^{2\pi i m x}$，$g(x) = e^{2\pi i k x}$，则 $(f,1)(1,g) = 0$，除非 m 和 k 都为 0，在这种情况下乘积等于 1．但是，这时 $(T^n f, g) = \int_0^1 e^{2\pi i m 2^n x} e^{-2\pi i k x} dx$，它对充分大的 n 等于零，除非 m 和 k 都为 0，这时积分等于 1．从而式 (31) 对所有的指数函数 $f(x) = e^{2\pi i m x}$，$g(x) = e^{2\pi i k x}$ 成立，因此由线性性质知对所有的三角多项式 f 和 g 成立．由此利用第 4 章的完备性，可以过渡到对所有 $L^2((0,1])$ 中的 f 和 g 成立，这通过在 L^2 范数下用三角多项式逼近这些函数实现．

我们观察到单位圆上对无理数 α 的旋转变换 $\tau: x \mapsto x + \alpha$ 是遍历的，但不是混合的．事实上，如果取 $f(x) = g(x) = e^{2\pi i m x}$，$m \neq 0$，则 $(T^n f, g) = e^{2\pi i n m \alpha}(f,g) = e^{2\pi i n m \alpha}$，而 $(f,1) = (1,g) = 0$；从而当 $n \to \infty$ 时 $(T^n f, g)$ 不收敛于 $(f,1)(1,g)$．

⊖ 该性质常常称为"强混合"以区别于另一种称为"弱混合"的遍历性．

最后，我们注意到 $(0,1]$ 上的双倍映射 $\tau : x \mapsto 2x \bmod 1$ 不是唯一遍历的. 除了勒贝格测度之外，测度 ν，$\nu\{1\}=1$，但是 $\nu(E)=0$ 若 $1 \notin E$，也是被 τ 保持的.

下面给出更多遍历变换的例子.

6 * 附录：谱定理

这个附录目的是给出希尔伯特空间上的有界对称算子的谱定理的一个证明概要. 定理证明中非核心的细节留给读者去补充. 该定理提供了与本章处理的勒贝格-斯蒂尔切斯积分相关的思想的一个有趣应用.

6.1 定理的叙述

希尔伯特空间 $\mathcal{H}$ 上的一个基本概念是谱分解（谱族）. 这是一个从 **R** 到 $\mathcal{H}$ 上的正交投影的函数 $\lambda \to E(\lambda)$，它满足下列条件：

（ⅰ）$E(\lambda)$ 在以下意义是递增的：对每个 $f \in \mathcal{H}$，$\| E(\lambda)f \|$ 是关于 λ 的增函数.

（ⅱ）存在一个区间 $[a,b]$ 使得若 $\lambda < a, E(\lambda)=0$；若 $\lambda \geqslant b, E(\lambda)=I$. 这里 I 表示 $\mathcal{H}$ 上的恒等算子.

（ⅲ）$E(\lambda)$ 是右连续的，即对任何 λ，人们有

$$\text{对每个 } f \in \mathcal{H}, \quad \lim_{\substack{\mu \to \lambda \\ \mu > \lambda}} E(\mu)f = E(\lambda)f.$$

注意到性质（ⅰ）与下列三个论断（对所有满足 $\mu > \lambda$ 的 λ，μ 成立）中的任何一个都是等价的：(a) $E(\mu)$ 的值域包含 $E(\lambda)$ 的值域；(b) $E(u)E(\lambda)=E(\lambda)$；(c) $E(\mu)-E(\lambda)$ 是一个正交投影.

现在给定一个谱分解 $\{E(\lambda)\}$ 和 $f \in \mathcal{H}$，注意到函数 $\lambda \mapsto (E(\lambda)f,f)=\| E(\lambda)f \|^2$ 是递增的. 因此，极化恒等式（见第 4 章第 5 节）说明了对任何 $f, g \in \mathcal{H}$，函数 $F(\lambda)=(E(\lambda)f,g)$ 是有界变差的，且是右连续的. 有了这两个观察，现在我们可以描述主要结果了.

定理 6.1 假设 T 是希尔伯特空间 $\mathcal{H}$ 上的一个有界对称算子，则存在一个谱分解 $\{E(\lambda)\}$ 使得

$$T = \int_{a^-}^{b} \lambda \, dE(\lambda)$$

在下列意义下，对 $f, g \in \mathcal{H}$，

$$(Tf,g) = \int_{a^-}^{b} \lambda \, d(E(\lambda)f,g) = \int_{a^-}^{b} \lambda \, dF(\lambda). \tag{32}$$

右边的积分是在勒贝格-斯蒂尔切斯的意义下取的，如同 3.3 节的（ⅲ）和（ⅳ）.

从以下意义，该结果包含了关于紧对称算子 T 的谱定理. 令 $\{\varphi_k\}$ 为 T 的对应于特征值 λ_k 的特征向量组成的规范正交基，这由第 4 章定理 6.2 保证. 这种情况下，通过这个正交展开定义的谱分解

227

$$E(\lambda)f \sim \sum_{\lambda_k \leqslant \lambda} (f, \varphi_k)\varphi_k,$$

容易验证它满足上面的 (i), (ii) 和 (iii). 我们还注意到 $\|E(\lambda)f\|^2 = \sum_{\lambda_k \leqslant \lambda} |(f, \varphi_k)|^2$, 从而 $F(\lambda) = (E(\lambda)f, g)$ 是一个如第 3 章第 3.3 节中的纯跳跃函数.

6.2 正算子

定理的证明依赖于算子正性的概念. 若 T 是对称的,且对所有的 $f \in \mathcal{H}$ 有 $(Tf, f) \geqslant 0$,则称 T 是正的,记作 $T \geqslant 0$,(若 T 是对称的,则 (Tf, f) 自然是实数.) 且记 $T_1 \geqslant T_2$ 以表示 $T_1 - T_2 \geqslant 0$. 对两个正交投影有 $E_2 \geqslant E_1$ 当且仅当对所有 $f \in \mathcal{H}$,$\|E_2 f\| \geqslant \|E_1 f\|$,这等价于上面描述的相应性质 (a) ~ (c). 若 S 是对称的,则 $T = S^2$ 是正的. 当 T 是对称的,记

$$a = \min(Tf, f) \quad \text{和} \quad b = \max(Tf, f) \qquad \text{对} \|f\| \leqslant 1. \tag{33}$$

命题 6.2 假设 T 是对称的,则 $\|T\| \leqslant M$ 当且仅当 $-MI \leqslant T \leqslant MI$. 因此,$\|T\| = \max(|a|, |b|)$.

这是第 4 章式 (7) 的一个推论.

命题 6.3 假设 T 是正的,则存在一个对称算子 S(它可以写成 $T^{1/2}$)使得 $S^2 = T$ 且 S 与每个同 T 可交换的算子可交换.

最后一个命题的意思是若对某个算子 A 有 $AT = TA$,则有 $AS = SA$.

S 的存在性是显而易见的. 在乘以一个适当的正数后,可以假设 $\|T\| \leqslant 1$. 考虑 $(1-t)^{1/2}$ 的二项式展开,$(1-t)^{1/2} = \sum_{k=0}^{\infty} b_k t^k$,$|t| < 1$. 这里需要的相关事实是 b_k 是实的且 $\sum_{k=0}^{\infty} |b_k| < \infty$. 事实上,由 $(1-t)^{1/2}$ 的幂级数展开直接计算可得 $b_0 = 1, b_1 = -1/2, b_2 = -1/8$,更一般的,$b_k = -1/2 \cdot 1/2, \cdots, (k-3/2)/k!, k \geqslant 2$,由此得到 $b_k = O(k^{-3/2})$. 或者更简单地说,由于当 $k \geqslant 1$ 时,$b_k < 0$,若在定义中令 $t \to 1$,则得 $-\sum_{k=1}^{\infty} b_k = 1$,因此 $\sum_{k=0}^{\infty} |b_k| = 2$.

现在令 $s_n(t)$ 表示多项式 $\sum_{k=0}^{n} b_k t^k$,则多项式

$$s_n^2(t) - (1-t) = \sum_{k=0}^{2n} c_k^n t^k \tag{34}$$

具有性质:当 $n \to \infty$ 时,$\sum_{k=0}^{2n} |c_k^n| \to 0$. 事实上,$s_n(t) = (1-t)^{1/2} - r_n(t)$,其中,$r_n(t) = \sum_{k=n+1}^{\infty} b_k t^k$,因此 $s_n^2(t) - (1-t) = -r_n^2(t) - 2s_n(t)r_n(t)$. 显然左边是一个次数 $\leqslant 2n$ 的多项式,因此和右边比较系数说明 c_k^n 可被 $3 \sum_{j>n} |b_j||b_{k-j}|$ 极大化. 由此立即可得

当 $n \to \infty$ 时 $\sum_k |c_k^n| = O\left(\sum_{j>n} |b_j|\right) \to 0$.

为应用该结果，设 $T_1 = I - T$；则 $0 \leqslant T_1 \leqslant I$，从而由命题 6.2 得到 $\|T_1\| \leqslant 1$. 令 $S_n = s_n(T_1) = \sum_{k=0}^{n} b_k T_1^k$，其中 $T_1^0 = I$. 则用算子范数度量，当 n，$m \to \infty$ 时 $\|S_n - S_m\| \leqslant \sum_{k \geqslant \min(n,m)} |b_k| \to 0$，因为 $\|T_1^k\| \leqslant \|T_1\|^k \leqslant 1$. 因此 S_n 收敛到某算子 S. 显然对每个 n，S_n 是对称的，从而 S 是对称的. 此外，根据式（34），$S_n^2 - T = \sum_{k=0}^{2n} c_k^n T_1^k$，从而 $\|S_n^2 - T\| \leqslant \sum |c_k^n| \to 0$，$n \to \infty$，这蕴含着 $S^2 = T$. 最后，若 A 和 T 可交换，则显然和每个 T 的多项式可交换，因此和 S_n 可交换，从而和 S 可交换. 命题的证明因此完成.

命题 6.4 若 T_1 和 T_2 是可交换的正算子，则 $T_1 T_2$ 也是正的.

事实上，若 S 是 T_1 的由前面的命题给出的平方根，则 $T_1 T_2 = SST_2 = ST_2 S$，因此 $(T_1 T_2 f, f) = (ST_2 Sf, f) = (T_2 Sf, Sf)$，由于 S 是对称的，因此最后一项是正的.

命题 6.5 假设 T 是对称的，而 a 和 b 由式（33）给出. 若 $p(t) = \sum_{k=0}^{n} c_k t^k$ 是一个实多项式，且对 $t \in [a, b]$ 是正的，则算子 $p(T) = \sum_{k=0}^{n} c_k T^k$ 是正的.

为看到这一点，记 $p(t) = c \prod_j (t - \rho_j) \prod_k (\rho_k' - t) \prod_l ((t - \mu_l)^2 + \nu_l)$，其中 c 是正的而第三个因子对应于 $p(t)$ 的非实根（按共轭成对出现），$p(t)$ 位于 (a, b) 内的实根一定是偶数阶的. 第一个因子包含实根 ρ_j，$\rho_j \leqslant a$，第二个因子包含实根 ρ_k'，$\rho_k' \geqslant b$. 由于每一个因子 $T - \rho_j I$，$\rho_k' I - T$ 和 $(T - \mu_l I)^2 + \nu_l^2 I$ 都是正的和可交换的，由前一个命题得到想要的结论.

系 6.6 若 $p(t)$ 是一个实多项式，则

$$\|p(T)\| \leqslant \sup_{t \in [a,b]} |p(t)|.$$

这是利用命题 6.2 的一个直接结论，因为 $-M \leqslant p(t) \leqslant M$，其中 $M = \sup_{t \in [a,b]} |p(t)|$，从而 $-MI \leqslant p(T) \leqslant MI$.

命题 6.7 假设 $\{T_n\}$ 是一个正算子序列，它满足对所有的 n，$T_n \geqslant T_{n+1}$，则存在一个正算子 T，使得对任何 $f \in \mathcal{H}$，当 $n \to \infty$ 时，$T_n f \to Tf$.

证 我们注意到对每个固定的 $f \in \mathcal{H}$，正数序列 $(T_n f, f)$ 是递减的，因此它收敛. 现在观察到对任何正算子 S，其中 $\|S\| \leqslant M$，有

$$\|S(f)\|^2 \leqslant (Sf, f)^{1/2} M^{3/2} \|f\|. \tag{35}$$

事实上，二次函数 $(S(tI + S)f, (tI + S)f) = t^2 (Sf, f) + 2t(Sf, Sf) + (S^2 f, Sf)$ 对任何实数 t 是正的. 因此它的判别式是负的，即 $\|S(f)\|^4 \leqslant (Sf, f)(S^2 f, Sf)$，从而得式（35）.

我们将此应用于 $S = T_n - T_m$（其中 $n \leqslant m$），则 $\|T_n - T_m\| \leqslant \|T_n\| \leqslant \|T_1\| = M$，由于当 $n, m \to \infty$ 时 $((T_n - T_m)f, f) \to 0$，故当 $n, m \to \infty$ 时 $\|T_n f - T_m f\| \to 0$．从而 $\lim\limits_{n \to \infty} T_n(f) = T(f)$ 存在，而 T 显然也是正的．

6.3 定理的证明

从一个给定的对称算子 T 以及由式（33）给出的 a 和 b 开始，我们现在进一步挖掘给每个 $[a, b]$ 上的适当函数 Φ 关联一个对称算子 $\Phi(T)$ 的思想．我们按照结论的普遍性的增大顺序实施．首先，若 Φ 是一个实多项式 $\sum\limits_{k=0}^{n} c_k t^k$，则像前面那样，定义 $\Phi(T)$ 为 $\sum\limits_{k=0}^{n} c_k T^k$．注意到这个关联是同态的：若 $\Phi = \Phi_1 + \Phi_2$，则 $\Phi(T) = \Phi_1(T) + \Phi_2(T)$；若 $\Phi = \Phi_1 \cdot \Phi_2$，则 $\Phi(T) = \Phi_1(T) \cdot \Phi_2(T)$．此外，由于 Φ 是实的（c_k 是实数），$\Phi(T)$ 是对称的．

其次，由于 $[a, b]$ 上的每一个实值连续函数 Φ 都可以被多项式 p_n 一致逼近（见书 I 第 5 章 1.8 节），由系 6.6 可知序列 $p_n(T)$ 在算子范数下收敛于一个极限，我们称这个极限为 $\Phi(T)$，而且该极限不依赖于逼近 Φ 的多项式序列．$\Phi(T)$ 自然是对称算子．若在 $[a, b]$ 上 $\Phi(t) \geqslant 0$，我们总是可以取 $[a, b]$ 上的正逼近序列，从而 $\Phi(T) \geqslant 0$．

最后，只要 Φ 作为一个极限出现时，即 $\Phi(t) = \lim\limits_{n \to \infty} \Phi_n(t)$（其中 $\{\Phi_n(t)\}$ 是 $[a, b]$ 上递减的正连续函数序列），就可定义 $\Phi(T)$．事实上，由命题 6.7 可知所构造的 Φ_n 的极限 $\lim\limits_{n \to \infty} \Phi_n(T)$ 存在．为了说明这个极限与序列 $\{\Phi_n(t)\}$ 独立，从而 $\Phi(t)$ 作为上面的极限是合理定义的，令 $\{\Phi_n'\}$ 为另一个收敛于 Φ 的递减的连续函数序列，则当给定 $\varepsilon > 0$ 和固定的 k，对所有充分大的 n 有 $\Phi_n'(t) \leqslant \Phi_k(t) + \varepsilon$．从而对这些 n 有 $\Phi_n'(T) \leqslant \Phi_k(T) + \varepsilon I$，先对 n 取极限，然后对 k 取极限，再令 $\varepsilon \to 0$，可得 $\lim\limits_{n \to \infty} \Phi_n'(T) \leqslant \lim\limits_{k \to \infty} \Phi_k(T)$．由对称性，相反的不等式成立，因此两个极限相等．注意到对这些极限函数中的一对函数，若对 $t \in [a, b]$ 有 $\Phi_1(t) \leqslant \Phi_2(t)$，则 $\Phi_1(T) \leqslant \Phi_2(T)$．

基本函数 Φ，$\Phi = \varphi^\lambda$，对每个实数 λ 给出谱分解定义为

若 $t \leqslant \lambda$，则 $\varphi^\lambda(t) = 1$；而若 $\lambda < t$，则 $\varphi^\lambda(t) = 0$．

我们注意到 $\varphi^\lambda(t) = \lim\limits_{n \to \infty} \varphi_n^\lambda(t)$，其中当 $t \leqslant \lambda$ 时，$\varphi_n^\lambda(t) = 1$，当 $t \geqslant \lambda + 1/n$ 时，$\varphi_n^\lambda(t) = 0$，且 $\varphi_n^\lambda(t)$ 在 $t \in [\lambda, \lambda + 1/n]$ 上是线性的．从而每个 $\varphi^\lambda(t)$ 是一个递减的连续函数列的极限．依据前面的内容假设

$$E(\lambda) = \varphi^\lambda(T).$$

由于当 $\lambda_1 \leqslant \lambda_2$ 时 $\lim\limits_{n \to \infty} \varphi_n^{\lambda_1}(t) \varphi_n^{\lambda_2}(t) = \varphi_n^{\lambda_1}(t)$，则有 $E(\lambda_1) E(\lambda_2) = E(\lambda_1)$．从而对每个 λ，$E(\lambda)^2 = E(\lambda)$，且因为 $E(\lambda)$ 是对称的，从而它是正交投影．此外，对每

个 $f \in \mathcal{H}$，

$$\|E(\lambda_1)f\| = \|E(\lambda_1)E(\lambda_2)f\| \leqslant \|E(\lambda_2)f\|,$$

因此 $E(\lambda)$ 是递增的. 显然若 $\lambda < a$，则 $E(\lambda) = 0$，因为对于那些 λ，在 $[a,b]$ 上 $\varphi^\lambda(t) = 0$. 类似地，对于 $\lambda \geqslant b$，$E(\lambda) = I$.

接下来我们注意到 $E(\lambda)$ 是右连续的. 事实上，固定 $f \in \mathcal{H}$ 和 $\varepsilon > 0$，则对某个 n，保持 n 固定，$\|E(\lambda)f - \varphi_n^\lambda(T)f\| < \varepsilon$. 然而当 $\mu \to \lambda$ 时，$\varphi_n^\mu(t)$ 关于 t 一致收敛于 $\varphi_n^\lambda(t)$. 因此对适当的 δ，若 $|\mu - \lambda| < \delta$ 有 $\sup_t |\varphi_n^\mu(t) - \varphi_n^\lambda(t)| < \varepsilon$. 从而由推论 $\|\varphi_n^\mu(T) - \varphi_n^\lambda(T)\| < \varepsilon$，因此 $\|E(\lambda)f - \varphi_n^\mu(T)\| < 2\varepsilon$. 现在有了 $\mu \geqslant \lambda$，故有 $E(\mu)E(\lambda) = E(\lambda)$ 和 $E(\mu)\varphi_n^\mu(T) = E(\mu)$. 所以若 $\lambda \leqslant \mu \leqslant \lambda + \delta$，则 $\|E(\lambda)f - E(\mu)f\| < 2\varepsilon$. 由 ε 的任意性，右连续性得证.

最后我们验证谱的表达式（32）. 令 $a = \lambda_0 < \lambda_1 < \cdots < \lambda_k = b$ 为 $[a,b]$ 的任何满足 $\sup_j(\lambda_j - \lambda_{j-1}) < \delta$ 的划分，则由于

$$t = \sum_{j=1}^k t(\varphi^{\lambda_j}(t) - \varphi^{\lambda_{j-1}}(t)) + t\varphi^{\lambda_0}(t),$$

且

$$t \leqslant \sum_{j=1}^k \lambda_j(\varphi^{\lambda_j}(t) - \varphi^{\lambda_{j-1}}(t)) + \lambda_0 \varphi^{\lambda_0}(t) \leqslant t + \delta,$$

将这些函数应用到算子 T，得到

$$T \leqslant \sum_{j=1}^k \lambda_j(E(\lambda_j) - E(\lambda_{j-1})) + \lambda_0 E(\lambda_0) \leqslant T + \delta I,$$

从而 T 和上面的和的范数至多相差 δ. 因此

$$\left| (Tf,f) - \sum_{j=1}^k \lambda_j \int_{(\lambda_{j-1}, \lambda_j]} \mathrm{d}(E(\lambda)f,f) - \lambda_0 (E(\lambda_0)f,f) \right| \leqslant \delta \|f\|^2.$$

但是随着改变 $[a,b]$ 的划分，令它们的网宽 δ 趋于零，上面的和收敛于 $\int_{a^-}^b \lambda \mathrm{d}(E(\lambda)f,f)$，从而 $(Tf,f) = \int_{a^-}^b \lambda \mathrm{d}(E(\lambda)f,f)$，由极化恒等式得到式（32）.

一个类似的论证表明若 Φ 在 $[a,b]$ 上连续，则算子 $\Phi(T)$ 有一个类似的谱表示

$$(\Phi(T)f,g) = \int_{a^-}^b \Phi(\lambda) \mathrm{d}(E(\lambda)f,g). \tag{36}$$

这是因为 $|\Phi(t) - \sum_{j=1}^k \Phi(\lambda_j)(\varphi^{\lambda_j}(t) - \varphi^{\lambda_{j-1}}(t)) - \Phi(\lambda_0)\varphi^{\lambda_0}(t)| < \delta'$，其中当 $\delta \to 0$ 时，$\delta' = \sup_{|t-t'| \leqslant \delta} |\Phi(t) - \Phi(t')|$ 趋于零.

这个表达式可以推广到连续的复值函数 Φ（通过分别考虑实部和虚部）或 Φ 为递减的逐点连续的函数的极限.

6.4 谱

我们说 $\mathcal{H}$ 上的有界算子 S 是可逆的，如果 S 是 $\mathcal{H}$ 上的一个双射，且它的逆 S^{-1} 是有界的. 注意 S^{-1} 满足 $S^{-1}S = SS^{-1} = I$. S 的谱，用 $\sigma(S)$ 表示，是使得 $S - zI$ 不可逆的复数 z 的集合.

命题 6.8 若 T 是对称的，则 $\sigma(T)$ 是由式 (33) 给出的区间 $[a, b]$ 的一个闭子集.

注意到若 $z \notin [a, b]$，函数 $\Phi(t) = (t - z)^{-1}$ 是 $[a, b]$ 上的连续函数，且 $\Phi(T)$ $(T - zI) = (T - zI)\Phi(T) = I$，因此 $\Phi(T)$ 是 $T - zI$ 的逆. 现在假设 $T_0 = T - \lambda_0 I$ 是可逆的. 则我们断言对所有（复的）充分小的 ε 有 $T - \varepsilon I$ 是可逆的. 这将证明 $\sigma(T)$ 的补集是开的. 事实上，$T_0 - \varepsilon I = T_0(I - \varepsilon T_0^{-1})$，我们通过将 $(I - \varepsilon T_0^{-1})$ 的逆写成下列的和式（形式上）求出算子 $(I - \varepsilon T_0^{-1})$ 的逆：

$$\sum_{n=0}^{\infty} \varepsilon^n (T_0^{-1})^{n+1}.$$

由于 $\sum\limits_{n=0}^{\infty} \| \varepsilon^n (T_0^{-1})^{n+1} \| \leqslant \sum |\varepsilon|^n \| T_0^{-1} \|^{n+1}$，当 $|\varepsilon| < \| T_0^{-1} \|^{-1}$ 时级数收敛，且和被

$$\| T_0^{-1} \| \frac{1}{1 - |\varepsilon| \| T_0^{-1} \|} \tag{37}$$

极大化. 从而我们可以定义算子 $(T_0 - \varepsilon I)^{-1}$ 为 $\lim\limits_{N \to \infty} T_0^{-1} \sum\limits_{n=0}^{N} \varepsilon^n (T_0^{-1})^{n+1}$，容易验证它给出了想要的逆.

我们的最后一个命题将谱 $\sigma(T)$ 和谱分解 $\{E(\lambda)\}$ 联系起来了.

命题 6.9 对每个 $f \in \mathcal{H}$，对应于 $F(\lambda) = (E(\lambda)f, f)$ 的勒贝格-斯蒂尔切斯测度支撑在 $\sigma(T)$ 上.

换句话说，$F(\lambda)$ 在 $\sigma(T)$ 的补集的每个开区间上都是常数.

为证此，令 J 是 $\sigma(T)$ 的补集内的一个开区间，$x_0 \in J$，J_0 是以 x_0 为中心，长度为 2ε 的子区间，其中 $\varepsilon < \| (T - x_0 I)^{-1} \|$. 首先注意到若 z 的虚部不等于零，则 $(T - zI)^{-1}$ 可由 $\Phi_z(T)$ 给出，其中 $\Phi_z(t) = (t - z)^{-1}$. 因此 $(T - zI)^{-1}(T - \bar{z}I)^{-1}$ 由 $\Psi_z(T)$ 给出，其中 $\Psi_z(t) = 1/|t - z|^2$. 从而由估计式 (37) 和表达式 (36) 应用于 $\Phi = \Psi_z$，得到

$$\int \frac{\mathrm{d}F(\lambda)}{|\lambda - z|^2} \leqslant A',$$

只要 z 是复的，且 $|x_0 - z| < \varepsilon$. 对实数 x 和 $|x_0 - x| < \varepsilon$，可以得到同样的等式. 现在对 $x \in J_0$ 积分并利用对每个 $\lambda \in J_\varepsilon$ 有 $\int_{J_\varepsilon} \frac{\mathrm{d}x}{|\lambda - x|^2} = \infty$，得到 $\int_{J_\varepsilon} \mathrm{d}F(\lambda) = 0$. 从而 $F(\lambda)$ 在 J_ε 内是常数，但是因为 x_0 是 J 内的任意一个点，故函数 $F(\lambda)$ 在整个 J 内

都是常数，命题得证.

7 习题

1. 设 X 是一个集合，而 $\mathcal{M}$ 是一个由 X 的子集组成的非空簇. 证明如果 $\mathcal{M}$ 在补和不相交集合的可数并运算下封闭，则 $\mathcal{M}$ 是一个 σ 代数.

【提示：任何可数个集合的并集都可以写成可数不相交集合的并集.】

2. 设 $(X,\mathcal{M},\mu)$ 是一个测度空间. 我们可以定义该空间的完全化如下：设 $\overline{\mathcal{M}}$ 是形如 $E \bigcup Z$ 的集合组成的簇，其中 $E \in \mathcal{M}$，而 $Z \subset F$，$F \in \mathcal{M}$，$\mu(F)=0$. 定义 $\overline{\mu}(E \bigcup Z)=\mu(E)$，则：

（a）$\overline{\mathcal{M}}$ 是包含 $\mathcal{M}$ 和 $\mathcal{M}$ 中的所有测度为零的子集的最小的 σ 代数.

（b）函数 $\overline{\mu}$ 是 $\overline{\mathcal{M}}$ 上的一个测度，且这个测度是完全的.

【提示：为证明 $\overline{\mathcal{M}}$ 是一个 σ 代数，只需证若 $E_1 \subset \overline{\mathcal{M}}$，则 $E_1^c \subset \overline{\mathcal{M}}$. 记 $E_1 = E \bigcup Z$，其中 $Z \subset F$，E 和 F 都在 $\mathcal{M}$ 中，则 $E_1^c = (E \bigcup F)^c \bigcup (F-Z)$.】

3. 考虑第 1 章介绍的勒贝格外测度 m_*. 证明 $\mathbf{R}^d$ 中的集合 E 是卡拉泰奥多里可测的当且仅当 E 是第 1 章意义下的勒贝格可测集.

【提示：若 E 是勒贝格可测集而 A 是任何一个集合，选择一个 G_δ 型集合 G 使得 $A \subset G$ 且 $m_*(A)=m(G)$. 反之，若 E 是卡拉泰奥多里可测集且 $m_*(E)<\infty$，选择一个 G_δ 型集合 G 使得 $E \subset G$ 且 $m_*(E)=m_*(G)$，则 $G-E$ 的外测度为 0.】

4. 设 r 是 $\mathbf{R}^d$ 的一个旋转. 利用映射 $x \mapsto r(x)$ 保持勒贝格测度（见第 2 章问题 4 和第 3 章习题 26）的事实，说明它诱导出一个球面 S^{d-1} 上的测度为 $d\sigma$ 的保测映射.

问题 4 描述其逆命题.

5. 利用极坐标公式证明以下结果：

（a）当 $d=2$ 时，$\int_{\mathbf{R}^d} e^{-\pi|x|^2}dx = 1$. 并由此推导出对所有 d 都成立的同样的等式.

（b）$\left(\int_0^\infty e^{-\pi r^2} r^{d-1}dr\right)\sigma(S^{d-1})=1$，作为一个结果，$\sigma(S^{d-1})=2\pi^{d/2}/\Gamma(d/2)$.

（c）若 B 是一个单位球，则 $\nu_d = m(B) = \pi^{d/2}/\Gamma(d/2+1)$，因为这个量等于 $\left(\int_0^1 r^{d-1}dr\right)\sigma(S^{d-1})$.（见第 2 章习题 14.）

6. $\mathbf{R}^d$ 中的单位球 B 上的格林公式的一个版本描述如下. 假设 u 和 ν 是一对 $C^2(\overline{B})$ 中的函数，则有

$$\int_B (\nu\Delta u - u\Delta\nu)dx = \int_{S^{d-1}} \left(\nu\frac{\partial u}{\partial n} - u\frac{\partial \nu}{\partial n}\right)d\sigma.$$

这里 S^{d-1} 是 3.2 节定义的具有测度 $d\sigma$ 的单位球面，$\partial u/\partial n$ 和 $\partial \nu/\partial n$ 分别表示 u 和

233

ν 沿 S^{d-1} 的内法线的方向导数.

说明上面的结果可由前一章的引理 4.5 取 $\eta = \eta_\varepsilon^+$ 并且令 $\varepsilon \to 0$ 得到.

7. 第 5 章的式（21）给出的平均值性质有一个不同版本. 它可叙述如下：假设 u 在 Ω 内是调和的，B 是任何以 x_0 为中心、r 为半径的球，其闭包包含于 Ω，则

$$u(x_0) = c \int_{S^{d-1}} u(x_0 + ry) \, d\sigma(y), \text{其中 } c^{-1} = \sigma(S^{d-1}).$$

反之，一个满足这个平均值性质的连续函数是调和的.

【提示：这可以作为在球上的平均（第 5 章定理 4.27）的相应结果的直接推论来证明，或从习题 6 导出.】

8. 勒贝格测度被它的平移不变性唯一刻画的事实可以通过下面的断言更精确地表述：若 μ 是 $\mathbf{R}^d$ 上的一个平移不变的博雷尔测度，且在紧集上有限，则 μ 是勒贝格测度 m 的倍数. 通过下列步骤证明该定理.

（a）假设 Q_a 表示棱长为 a 的立方体 $\{x : 0 < x_j \leqslant a, j = 1, 2, \cdots, d\}$ 的一个平移，若令 $u(Q_1) = c$，则对每个整数 n 有 $\mu(Q_{1/n}) = cn^{-d}$.

（b）从而 μ 关于 m 绝对连续，存在一个局部可积的函数 f 使得

$$\mu(E) = \int_E f \, dx.$$

（c）由微分定理（第 3 章系 1.7）得到 $f(x) = c$. a. e.，因此 $\mu = cm$.

【提示：Q_1 可以写成 $Q_{1/n}$ 的 n^d 个不相交的平移的并集.】

9. 令 $C([a,b])$ 表示有界闭区间 $[a,b]$ 上的连续函数组成的向量空间. 假设给定了该区间上的一个博雷尔测度 μ，它满足 $\mu([a,b]) < \infty$，则

$$f \mapsto l(f) = \int_a^b f(x) \, d\mu(x)$$

是 $C([a,b])$ 上的一个线性泛函，其中 l 在当 $f \geqslant 0$ 有 $l(f) \geqslant 0$ 的意义下是正的.

反之，证明，对任何 $C([a,b])$ 上的线性泛函 l，l 在上面的意义下是正的，则存在唯一的有限博雷尔测度 μ 使得对 $f \in C([a,b])$ $l(f) = \int_a^b f \, d\mu$.

234

【提示：假设 $a = 0$ 和 $u \geqslant 0$. 定义 $F(u)$ 为 $F(u) = \lim_{\varepsilon \to 0} l(f_\varepsilon)$，其中

$$f_\varepsilon(x) = \begin{cases} 1, 0 \leqslant x \leqslant u, \\ 0, u + \varepsilon \leqslant x, \end{cases}$$

f_ε 在 u 和 $u + \varepsilon$ 之间是线性的.　（见图 3）则 F 是递增和右连续的，且由定理 3.5，$l(f)$ 可以写成 $\int_a^b f(x) \, dF(x)$.】

若 $[a,b]$ 换为一个闭的无限区间结果仍成立；我们假设 l 定义在具有有界支撑的连续函数上，且得到相应的 μ 在所有有界区间上是有限的.

问题 5 给出了一个推广.

10. 假设 ν，ν_1 和 ν_2 是 (X, μ) 上的带号测度，而 μ 是 $\mathcal{M}$ 上的（正）测度. 用

4.2 节定义的符号 $\perp$ 和 $\ll$ 证明：

(a) 若 $\nu_1 \perp \mu$ 且 $\nu_2 \perp \mu$，则 $\nu_1 + \nu_2 \perp \mu$.

(b) 若 $\nu_1 \ll \mu$ 且 $\nu_2 \ll \mu$，则 $\nu_1 + \nu_2 \ll \mu$.

(c) $\nu_1 \perp \nu_2$ 蕴含着 $|\nu_1| \perp |\nu_2|$.

(d) $\nu \ll |\nu|$.

(e) 若 $\nu \perp \mu$ 且 $\nu \ll \mu$，则 $\nu = 0$.

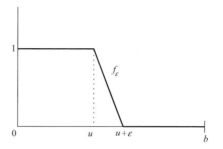

图 3 习题 9 中的函数 f_ε

11. 假设 F 是 $\mathbf{R}$ 上的递增的规范化函数，令 $F = F_A + F_C + F_J$ 为第 3 章习题 24 中的 F 的分解；这里 F_A 是绝对连续的，F_C 连续且 $F_C' = 0$ a. e.，而 F_J 是一个纯跳跃函数. 令 $\mu = \mu_A + \mu_C + \mu_J$，其中 μ，μ_A，μ_C 和 μ_J 分别是与 F，F_A，F_C 和 F_J 相关联的博雷尔测度. 证明：

（ i ） μ_A 关于勒贝格测度绝对连续且对每个勒贝格可测集 E，

$$\mu_A(E) = \int_E F'(x) \, dx.$$

（ ii ） 因此，若 F 是绝对连续的，则当 f 和 fF' 可积时，有

$$\int f \, d\mu = \int f \, dF = \int f(x) F'(x) \, dx.$$

（ iii ） $\mu_C + \mu_J$ 与勒贝格测度是相互奇异的.

12. 假设 $\mathbf{R}^d - \{0\}$ 表示为 $\mathbf{R}_+ \times S^{d-1}$，其中 $\mathbf{R}_+ = \{0 < r < \infty\}$，则 $\mathbf{R}^d - \{0\}$ 中的每个开集都可以写成可数个该乘积空间中的开矩形的并.

【提示：考虑形如

$$\{r_j < r < r_k'\} \times \{\gamma \in S^{d-1} : |\gamma - \gamma_l| < 1/n\}$$

的可数个矩形组成的簇. 这里 r_j 和 r_k' 的范围是所有正有理数，而 $\{\gamma_l\}$ 是 S^{d-1} 的一个可数稠密子集.】

13. 令 m_j 为空间 $\mathbf{R}^{d_j}$，$j = 1$，2 上的勒贝格测度，考虑乘积 $\mathbf{R}^d = \mathbf{R}^{d_1} \times \mathbf{R}^{d_2}$（$d = d_1 + d_2$），其中 m 是 $\mathbf{R}^d$ 上的勒贝格测度. 证明 m 是乘积测度 $m_1 \times m_2$（在习题 2 的意义下）的完全化.

235

14. 假设 $(X_j, \mathcal{M}_j, \mu_j)$，$1 \leqslant j \leqslant k$，是测度空间组成的有限簇，证明的过程平行于第 3 节考虑过的 $k = 2$ 的情形，人们可以构造 $X = X_1 \times X_2 \times \cdots \times X_k$ 上的一个乘积测度 $\mu_1 \times \mu_2 \times \cdots \times \mu_k$. 事实上，对任何集合 $E \subset X$ 使得 $E = E_1 \times E_2 \times \cdots \times E_k$，其中对所有 j，$E_j \subset \mathcal{M}_j$，定义 $\mu_0(E) = \prod_{j=1}^{k} \mu_j(E_j)$. 证明 μ_0 可以扩张成由有限个不相交的这样集合的并集组成的代数 $\mathcal{A}$ 上的预测度，且应用定理 1.5.

15. 在要求的假设下，乘积理论扩张成无限多个因子. 我们考虑测度空间 $(X_j, \mathcal{M}_j, \mu_j)$，其中除了有限个 j 外，有 $\mu_j(X_j) = 1$. 定义一个柱集 E 为

$\{x = (x_j), x_j \in E_j, E_j \in \mathcal{M}_j,$ 但是对所有有限多个 j 有 $E_j = X_j\}$.

对这样的集合定义 $\mu_0(E) = \prod_{j=1}^{\infty} \mu_j(E_j)$. 若 $\mathcal{A}$ 是由柱集生成的代数，μ_0 可以扩张成代数 $\mathcal{A}$ 上的一个预测度，且我们可以再次应用定理 1.5.

16. 考虑 d 维环面 $T^d = \mathbf{R}^d/\mathbf{Z}^d$. 把 T^d 视为 $T^1 \times \cdots \times T^1$ (d 个因子) 且令 μ 为 T^d 上，由 $\mu = \mu_1 \times \mu_2 \times \cdots \times \mu_d$ 给出的乘积测度，其中 μ_j 是等同于圆周 T 的 X_j 上的勒贝格测度. 若将 X_j 的每一点唯一地表示为 x_j，其中 $0 < x_j \leqslant 1$，则测度 μ_j 是 $\mathbf{R}^1$ 上的勒贝格测度限制在 $(0,1]$ 上产生的.

(a) 验证 μ 的完备化是立方体 $Q = \{x: 0 < x_j \leqslant 1, j = 1, \cdots, d\}$ 上诱导的勒贝格测度.

(b) 对 Q 上的任何函数 f，令 $\widetilde{f}$ 表示它在 $\mathbf{R}^d$ 上的周期延拓，即对每个 $z \in \mathbf{Z}^d$ 有 $\widetilde{f}(x + z) = \widetilde{f}(x)$，则 f 在 T^d 上可测当且仅当 $\widetilde{f}$ 在 $\mathbf{R}^d$ 上可测，并且 f 在 T^d 上连续当且仅当 $\widetilde{f}$ 在 $\mathbf{R}^d$ 上连续.

(c) 假设 f 和 g 在 T^d 上可积. 证明由 $(f * g)(x) = \int_{T^d} f(x - y) g(y) \mathrm{d}y$ 定义的积分对 a. e. x 是有限的，$f * g$ 在 T^d 上可积，且 $f * g = g * f$.

(d) 对任何在 T^d 上可积的函数 f，记

$$f \sim \sum_{n \in \mathbf{Z}^d} a_n \mathrm{e}^{2\pi i n \cdot x},$$

这意味着 $a_n = \int_{T^d} f(x) \mathrm{e}^{-2\pi i n \cdot x} \mathrm{d}x$. 证明若 g 也是可积的，且 $g \sim \sum_{n \in \mathbf{Z}^d} b_n \mathrm{e}^{2\pi i n \cdot x}$，则

$$f * g \sim \sum_{n \in \mathbf{Z}^d} a_n b_n \mathrm{e}^{2\pi i n \cdot x}.$$

(e) 验证 $\{\mathrm{e}^{2\pi i n \cdot x}\}_{n \in \mathbf{Z}^d}$ 是 $L^2(T^d)$ 的一组规范正交基. 作为一个结果，$\|f\|_{L^2(T^d)}^2 = \sum_{n \in \mathbf{Z}^d} |a_n|^2$.

(f) 令 f 为 T^d 上的任一连续周期函数，则 f 可以被 $\{\mathrm{e}^{2\pi i n \cdot x}\}_{n \in \mathbf{Z}^d}$ 中的有限个指数函数的线性组合一致逼近.

【提示：对 (e)，利用 Fubini 定理约化成 $d = 1$ 的情形. 为证明 (f) 令 $g(x) = g_\varepsilon(x) = \varepsilon^{-d}$，若 $0 < x_j \leqslant \varepsilon$，$j = 1, \cdots, d$，而在 Q 的其他点 $g_\varepsilon(x) = 0$. 则当 $\varepsilon \to 0$ 时，$(f * g_\varepsilon)(x) \xrightarrow{\text{一致}} f(x)$. 然而 $(f * g_\varepsilon)(x) = \sum a_n b_n \mathrm{e}^{2\pi i n x}$，其中 $b_n = \int_{T^d} g_\varepsilon(x) \mathrm{e}^{-2\pi i n \cdot x} \mathrm{d}x$，且 $\sum |a_n b_n| < \infty$. 】

17. 通过约化为 $d = 1$ 的情形，证明环面 $T^d = \mathbf{R}^d/\mathbf{Z}^d$ 上的每个"旋转" $x \mapsto x + \alpha (\alpha \in \mathbf{R}^d)$ 是保测的.

18. 假设 τ 是测度空间 (X, μ) 上的一个保测变换，$\mu(X) = 1$. 回忆起对一个可

测集 E 是不变的，若 $\tau^{-1}(E)$ 和 E 只相差一个零测度集. 一个更严格的概念要求 $\tau^{-1}(E)$ 等于 E. 证明若 E 是任何不变的集合，存在集合 E' 使得 $E'=\tau^{-1}(E')$，且 E 和 E' 相差一个零测度集.

【提示：令 $E'=\varlimsup\limits_{n\to\infty}\{\tau^{-n}(E)\}=\bigcap\limits_{n=0}^{\infty}\left(\bigcup\limits_{k\geqslant n}\tau^{-k}(E)\right)$.】

19. 假设 τ 是 (X,μ) 上的一个保测变换，$\mu(X)=1$，则 τ 是遍历的当且仅当只要 ν 关于 μ 绝对连续且 ν 是不变的（即对所有可测集 E，$\nu(\tau^{-1}(E))=\nu(E)$），则 $\nu=c\mu$，其中 c 是常数.

20. 假设 τ 是 (X,μ) 上的一个保测变换. 若对所有可测集 E 和 F，当 $n\to\infty$ 时有

$$\mu(\tau^{-n}(E)\bigcap F)\to\mu(E)\mu(F),$$

则当 $f,g\in L^2(X)$ 满足 $(Tf)(x)=f(\tau(x))$ 时有 $(T^nf,g)\to(f,1)(1,g)$. 从而 τ 是混合的.

【提示：由线性，这些假设蕴含着结论对简单函数 f 和 g 成立.】

21. 设 T^d 为环面，$\tau:x\mapsto x+\alpha$ 为习题 17 中出现的映射，则 τ 是遍历的当且仅当 $\alpha=(\alpha_1,\cdots,\alpha_d)$，其中 α_1，α_2，$\cdots$，α_d 和 1 在有理数上线性无关. 为此证明：

（a）只要 f 是连续的周期函数且 α 满足假设，对任何 $x\in T^d$，当 $m\to\infty$ 时，

$$\frac{1}{m}\sum_{k=0}^{m-1}f(\tau^k(x))\to\int_{T^d}f(x)\,\mathrm{d}x.$$

（b）作为一个结果证明在这种情况下 τ 是唯一遍历的.

【提示：利用习题 16 中的（f）.】

22. 设 $X=\prod\limits_{i=1}^{\infty}X_i$，其中每个 (X_i,μ_i) 都与 (X_1,μ_1) 相同，$\mu_1(X_1)=1$，令 μ 为习题 15 中定义的乘积测度. 对 $x=(x_i)\in\prod\limits_{i=1}^{\infty}X_i$，定义移位 $\tau:X\to X$ 为

$$\tau((x_1,x_2,\cdots))=(x_2,x_3,\cdots).$$

（a）验证 τ 是一个保测变换.

（b）通过说明 τ 是混合的证明它是遍历的.

（c）注意一般而言 τ 不是唯一遍历的.

若我们在双边无穷乘积上定义对应的移位，则 τ 是一个保测同构.

【提示：关于（b）注意到当 E 和 F 是柱集且 n 充分大时，$\mu(\tau^{-n}(E\bigcap F))=\mu(E)\mu(F)$. 关于（c）注意到，例如，如果固定一个点 $\bar{x}\in X_1$，集合 $E=\{(x_i):x_j=\bar{x}$ 对所有的 $j\}$ 是不变的.】

23. 令 $X=\prod\limits_{i=1}^{\infty}Z(2)$，其中每一个因子都是两点空间 $Z(2)=\{0,1\}$ 且有 $\mu_1(0)=$

237

$\mu_1(1)=1/2$，假设 μ 表示 X 上的乘积测度. 考虑映射 $D: X \to [0,1]$ 定义为 $D(\{a_j\}) \to \sum_{j=1}^{\infty} \dfrac{a_j}{2^j}$，则存在可数集 $Z_1 \subset X$ 和 $Z_2 \subset [0,1]$，使得:

（a）D 是一个从 $X-Z_1$ 到 $[0,1]-Z_2$ 的双射.

（b）X 中的集合 E 是可测的当且仅当 $D(E)$ 是 $[0,1]$ 中的可测集，且 $\mu(E)=m(D(E))$，其中 m 是 $[0,1]$ 上的勒贝格测度.

（c）$\prod_{i=1}^{\infty} Z(2)$ 上的移位映射则变成了 5.4 节例子（b）中的双倍映射.

24. 考虑下列双倍映射的一般化. 对每个整数 $m\,(m\geqslant 2)$，定义 $(0,1]$ 上的映射 τ_m 为 $\tau(x)=mx \bmod 1$.

（a）验证 τ 是关于勒贝格测度的保测变换.

（b）说明 τ 是混合的，因此它是遍历的.

（c）作为推论证明在 m 尺度下几乎每个数 x 在下列意义下是标准的. 考虑 x 的 m 进制展开,

$$x = \sum_{j=1}^{\infty} \frac{a_j}{m^j}, \text{ 其中每个 } a_j \text{ 是整数且 } 0 \leqslant a_j \leqslant m-1.$$

若对每个整数 k，$0 \leqslant k \leqslant m-1$，当 $N \to \infty$ 时，

$$\frac{\#\{j:\ a_j=k, 1\leqslant j \leqslant n\}}{N} \longrightarrow \frac{1}{m},$$

则称 x 是规范的. 注意它与《博里叶分析》第 4 章第 2 节等分布的陈述的类似之处.

25. 证明在平均遍历定理中，若把 T 是一个等距映射的假设换成 T 是一个压缩映射，即对任何 $f \in \mathcal{H}$ 有 $\|Tf\| \leqslant \|f\|$，结论仍成立.

【提示：证明 T 是一个压缩映射当且仅当 T^* 是一个压缩映射，并利用恒等式 $(f, T^*f)=(Tf, f)$.】

26. 这是极大遍历定理的一个 L^2 版本. 假设 τ 是 (X, μ) 上的一个保测变换，这里我们不假设 $\mu(X)<\infty$. 则

$$f^*(x) = \sup \frac{1}{m} \sum_{k=0}^{m-1} |f(\tau^k(x))|$$

满足

$$\text{当 } f \in L^2(X) \text{ 时，有 } \|f^*\|_{L^2(X)} \leqslant c \|f\|_{L^2(X)}.$$

其证明与第 5 章问题 6 关于 $\mathbf{R}^d$ 上的极大函数的概述相同. 有了这些，下面将逐点遍历定理推广到 $\mu(X)=\infty$ 的情形:

（a）说明对每个 $f \in L^2(X)$，$\lim\limits_{m \to \infty} \dfrac{1}{m} \sum_{k=0}^{m-1} f(\tau^k(x))$ 对 a.e. x 收敛于 $P(f)(x)$，因为这对 $L^2(X)$ 的一个稠密子空间成立.

（b）证明结论对每个 $f \in L^1(X)$ 也成立，因为它对稠密子空间 $L^1(X) \bigcap L^2(X)$ 成立.

27. 若 $\|f_n\|_{L^2}\leqslant 1$，则对 a.e. x 当 $n\to\infty$ 时，$\dfrac{f_n(x)}{n}\to 0$. 然而，通过构造序列 $\{f_n\}$，$f_n\in L^1(X)$，$\|f_n\|_{L^1}\leqslant 1$，但是对 a.e. x，$\limsup\limits_{n\to\infty}\dfrac{f_n(x)}{n}=\infty$，说明当 L^2 范数替换为 L^1 范数时结论失效.

【提示：找到区间 $I_n\subset[0,1]$，使得 $m(I_n)=1/(n\log n)$ 但是 $\limsup\limits_{n\to\infty}\{I_n\}=[0,1]$，然后取 $f_n(x)=n\log n\chi_{I_n}$.】

28. 由 Borel-Cantelli 引理知，若 $\{E_n\}$ 是测度空间 (X,μ) 上的可测集组成的集簇，且 $\sum\limits_{n=1}^{\infty}\mu(E_n)<\infty$，则 $E=\limsup\limits_{n\to\infty}\{E_n\}$ 的测度为零.

反过来，若 τ 是 $X(\mu(X)=1)$ 上的一个混合的保测变换，则当 $\sum\limits_{n=1}^{\infty}\mu(E_n)=\infty$ 时，存在整数 $m=m_n$ 使得若 $E_n'=\tau^{-m_n}(E_n)$，则 $\limsup\limits_{n\to\infty}E_n'=X$，除了一个零测度集以外.

8 问题

1. 假设 Φ 是从 $\mathbf{R}^d$ 中的开集 $\mathcal{O}$ 到 $\mathbf{R}^d$ 中的另一个开集 $\mathcal{O}'$ 的一个 C^1 双射.

（a）若 E 是 $\mathcal{O}$ 的一个可测子集，则 $\Phi(E)$ 也是可测的.

（b）$m(\Phi(E))=\displaystyle\int_E|\det\Phi'(x)|\,\mathrm{d}x$，其中 Φ' 是 Φ 的雅可比矩阵.

（c）当 f 在 $\mathcal{O}'$ 上可积时，$\displaystyle\int_{\mathcal{O}'}f(y)\,\mathrm{d}y=\int_{\mathcal{O}}f(\Phi(x))\,|\det\Phi'(x)|\,\mathrm{d}x$.

【提示：可由第 1 章习题 8 证明（a）. 对（b）而言，假设 E 是一个有界开集，并把 E 写成 $\bigcup\limits_{j=1}^{\infty}Q_j$，其中 Q_j 是内部不相交的立方体，且直径小于 ε. 令 z_k 为 Q_k 的中心，则若 $x\in Q_k$，
$$\Phi(x)=\Phi(z_k)+\Phi'(z_k)(x-z_k)+o(\varepsilon),$$
因此，$\Phi(Q_k)=\Phi(z_k)+\Phi'(z_k)(Q_k-z_k)+o(\varepsilon)$，从而 $(1-\eta(\varepsilon))\Phi'(z_k)(Q_k-z_k)\subset\Phi(Q_k)-\Phi(z_k)\subset(1+\eta(\varepsilon))\Phi'(z_k)(Q_k-z_k)]$，其中当 $\varepsilon\to 0$ 时，$\eta(\varepsilon)\to 0$. 由于第 2 章问题 4 给出的勒贝格测度的线性变换性质，这意味着
$$m(\Phi(\mathcal{O}))=\sum_k m(\Phi(Q_k))=\sum_k|\det\Phi'(z_k)|\,m(Q_k)+o(1),\ \varepsilon\to 0.$$
注意到（b）是（c）当 $f(\Phi(x))=\chi_E(x)$ 时的特例.】

2. 证明作为前一个问题的推论：上半平面 $\mathbf{R}_+^2=\{z=x+\mathrm{i}y,y>0\}$ 上的测度 $\mathrm{d}\mu=\dfrac{\mathrm{d}x\mathrm{d}y}{y^2}$ 被任何分式线性变换 $z\to\dfrac{az+b}{cz+d}$ 保持，其中 $\begin{pmatrix} a & b \\ c & d \end{pmatrix}$ 属于 $SL_2(\mathbf{R})$.

239

3. 令 S 为 $\mathbf{R}^d = \mathbf{R}^{d-1} \times \mathbf{R}$ 上由

$$S = \{(x,y) \in \mathbf{R}^{d-1} \times \mathbf{R} : y = F(x)\},$$

给出的超平面，其中 F 是一个定义在 $\mathbf{R}^{d-1}$ 中的开集 Ω 上的 C^1 函数. 对每个子集 $E \subset \Omega$ 记 $\hat{E}$ 为 S 的由 $\hat{E} = \{(x,F(x)) x \in E\}$ 给出的对应子集. 我们注意到 S 中的博雷尔集可以用 S 上的度量（$\mathbf{R}^d$ 上欧几里得度量的一个限制）来定义. 从而若 E 是 Ω 中的一个博雷尔集，则 $\hat{E}$ 是 S 中的一个博雷尔子集.

(a) 令 μ 为 S 上的由

$$\mu(\hat{E}) = \int_E \sqrt{1 + |\nabla F|^2}\, \mathrm{d}x$$

给出的博雷尔测度.

若 B 是 Ω 中的一个球，令 $\hat{B}^\delta = \{(x,y) \in \mathbf{R}^d, d((x,y),\hat{B}) < \delta\}$. 证明

$$\mu(\hat{B}) = \lim_{\delta \to 0} \frac{1}{2\delta} m((\hat{B})^\delta),$$

其中 m 表示 d 维勒贝格测度. 这个结果类似于第 3 章定理 4.4.

(b) 人们可以应用（a）于 S 是 $\mathbf{R}^d$ 中的单位球面的（上）半部分的情形，它由 $y = F(x)$，$F(x) = (1 - |x|^2)^{1/2}$，$|x| < 1$，$x \in \mathbf{R}^{d-1}$ 给出. 说明在这种情况下，$\mathrm{d}\mu = \mathrm{d}\sigma$，即 3.2 节极坐标公式中出现的球面上的测度.

(c) 上面的结论使得我们可以用球坐标写出 $\mathrm{d}\sigma$ 的显式公式. 例如，取 $d = 3$ 的情况，记 $y = \cos\theta$，$x = (x_1, x_2) = (\sin\theta\cos\varphi, \sin\theta\sin\varphi)$，其中 $0 \leqslant \theta < \pi/2$，$0 \leqslant \varphi < 2\pi$. 则由（a）和（b）知面积微元 $\mathrm{d}\sigma$ 等于 $(1 - |x|^2)^{-1/2}\mathrm{d}x$. 利用问题 1 中的变量替换导出此时 $\mathrm{d}\sigma = \sin\theta\mathrm{d}\theta\mathrm{d}\varphi$. 这可以推广到 d 维的情形，$d \geqslant 2$，从而得到书 I 附录 2.4 节的公式.

4. *令 μ 为球面 S^{d-1} 上的博雷尔测度，它在下列意义下是旋转不变的：对 $\mathbf{R}^d$ 的每个旋转 r 和 S^{d-1} 的每个博雷尔子集 E 有 $\mu(r(E)) = \mu(E)$. 若 $\mu(S^{d-1}) < \infty$，则 μ 等于一个常数乘以极坐标积分公式中出现的测度 σ.

【提示：证明对每个次数 $k \geqslant 1$ 的球面调和函数

$$\int_{S^{d-1}} Y_k(x)\, \mathrm{d}\mu(x) = 0,$$

因此，存在常数 c 使得对每个 S^{d-1} 上的连续函数 f，

$$\int_{S^{d-1}} f\mathrm{d}\mu = c\int_{S^{d-1}} f\mathrm{d}\sigma.\rrbracket$$

5. *假设 X 是一个度量空间，μ 是 X 上的一个博雷尔测度，具有性质：对每个球 B 有 $\mu(B) < \infty$. 定义 $C_0(X)$ 为支撑在 X 内的某个闭球上的连续函数组成的向量空间，则由 $l(f) = \int_X f\mathrm{d}\mu$ 定义了 $C_0(X)$ 上的一个正线性泛函，即当 $f \geqslant 0$ 时有 $l(f) \geqslant 0$.

反之，对任何 $C_0(X)$ 上的一个正线性泛函 l，存在唯一的在所有球上有限的博雷尔测度 μ 使得 $l(f) = \int f\mathrm{d}\mu$.

240

6. 考虑 $T^d = \mathbf{R}^d / \mathbf{Z}^d$ 的一个自同构 A，即 A 是 $\mathbf{R}^d$ 的一个保持格 $\mathbf{Z}^d$ 的线性同构. 注意到 A 可以写成一个元素都是整数的 $d \times d$ 矩阵，其中 $\det A = \pm 1$. 定义映射 $\tau: T^d \to T^d$ 为 $\tau(x) = A(x)$.

（a）证明 τ 是 T^d 上的一个保测同构.

（b）说明 τ 是遍历的（事实上，是混合的）当且仅当 A 没有形如 $e^{2\pi i p / q}$ 的特征值，其中 p 和 q 都是整数.

（c）注意 τ 一定不是唯一遍历的.

【提示：条件（b）与 $(A^t)^q$ 没有不变向量相同，其中 A^t 是 A 的转置. 注意到 $f(x) = e^{2\pi i m x}$ 时，有 $f(\tau^k(x)) = e^{2\pi i (A^t)^k (n) \cdot x}$.】

7.* 极大遍历定理有一个类似于"旭日升引理"和第 3 章习题 6 的版本.

假设 f 是实值的，而 $f^{\#}(x) = \sup_m \dfrac{1}{m} \sum_{k=0}^{m-1} f(\tau^k(x))$. 令 $E_0 = \{x : f^{\#}(x) > 0\}$，则

$$\int_{E_0} f(x) \, dx \geqslant 0.$$

因此（当我们将此应用于 $f(x) - \alpha$），得到当 $f \geqslant 0$ 时有

$$\mu\{x : f^*(x) > \alpha\} \leqslant \frac{1}{\alpha} \int_{\{f^*(x) > \alpha\}} f(x) \, dx.$$

特别地，定理 5.3 中的常数 A 可以取到 1.

8. 令 $X = [0, 1), \tau(x) = \langle 1/x \rangle, x \neq 0, \tau(0) = 0$，这里 $\langle x \rangle$ 表示 x 的分数部分. 设测度 $d\mu = \dfrac{1}{\log 2} \cdot \dfrac{dx}{1+x}$，当然有 $\mu(X) = 1$.

证明 τ 是一个保测变换.

【提示：$\displaystyle\sum_{k=1}^{\infty} \frac{1}{(x+k)(x+k+1)} = \frac{1}{1+x}$.】

9.* 前一个问题中的变换 τ 是遍历的.

10.* 现在将描述连分数和变换 $\tau(x) = \langle 1/x \rangle$ 之间的联系. 连分数，$a_0 + 1/(a_1 + 1/a_2)\cdots$，也可以写成 $[a_0 a_1 a_2 \cdots]$，其中 a_j 是正整数，可以用下列方式赋予任何正实数 x. 从 x 开始，我们接连通过两个交替的操作变换它：先对它模 1 使其落在 $[0, 1)$ 中，然后取那个数的倒数. 出现的整数 a_j 就定义为 x 的连分数.

从而令 $x = a_0 + r_0$，其中 $a_0 = [x]$ = 不超过 x 的最大整数，而 $r_0 \in [0, 1)$. 然后记 $1/r_0 = a_1 + r_1$，其中 $a_1 = [1/r_0], r_1 \in [0, 1)$，依次得到 $1/r_{n-1} = a_n + r_n$，其中，$a_n = [1/r_{n-1}], r_n \in [0, 1)$. 若对某个 n 有 $r_n = 0$，记 $a_k = 0$ 对所有 $k > n$，并说这样的一个连分数**终止**.

注意到若 $0 \leqslant x < 1$，则 $r_0 = x$ 且 $a_1 = [1/x]$，而 $r_1 = \langle 1/x \rangle = \tau(x)$. 更一般的，$a_k(x) = [1/\tau^{k-1}(x)] = a_1 \tau^{k-1}(x)$. 正实数 x 的连分数有下列性质：

（a）x 的连分数终止当且仅当 x 是一个有理数.

（b）若 $x = [a_0 a_1 \cdots a_n \cdots]$，而 $x_N = [a_0 a_1 \cdots a_N 0 0 \cdots]$，则当 $N \to \infty$ 时，$x_N \to x$. 数列 $\{x_N\}$ 本质上给出了 x 的最佳有理数逼近.

（c）连分数是周期的（即对某个 $N \geqslant 1$，和所有充分大的 $k, a_{k+N} = a_k$）当且仅当 x 是在有理数上次数 $\leqslant 2$ 的代数数.

（d）人们可以得出当 $n \to \infty$ 时对几乎所有的 x 有 $\dfrac{a_1 + a_2 + \cdots + a_n}{n} \to \infty$. 特别地，具有有界的连分数 $[a_0 a_1 \cdots a_n \cdots]$ 的数 x 组成的集合测度为零.

【提示：关于（d）应用逐点遍历定理的一个推论，它叙述如下：假设 $f \geqslant 0$，且 $\int f \mathrm{d}\mu = \infty$. 若 τ 是遍历的，则当 $m \to \infty$ 时对 a.e. x 有 $\dfrac{1}{m} \sum\limits_{k=0}^{m-1} f(\tau^k(x)) \to \infty$. 目前情况下取 $f(x) = [1/x]$.】

第7章 豪斯多夫测度和分形

> 卡拉泰奥多里建立了勒贝格测度论的一个相当简单的推广，特别地这使他可以对 q 维空间里的集合定义 p 维测度. 在下文中，我给出一个小的扩展并给出 p 维测度的一个说明，这立即导致 p 维测度论往非整数 p 的推广，从而产生了集合的分数维数.
>
> F. Hausdorff，1919
>
> 我从拉丁形容词 *fractus* 出发创造了 *fractal*，相应的拉丁动词 *frangere* 意思是"打碎"：产生不规则碎片.
>
> B. Mandelbrot，1977

对集合的几何性质的深入研究常常需要对它们的长度或"质量"进行分析，而这超出了勒贝格测度所能表达的范围. 这里集合的维数（它可以是分数）和相关的测度概念起到了至关重要的作用.

有两个初步设想或许有助于给出集合的维数概念的一个直观的把握. 第一个可以理解为集合如何在标度下复制. 给定集合 E，假设对某个正数 n 有 $nE = E_1 \cup \cdots \cup E_m$，诸集合 E_j 实质上是 E 的 m 个本质上不相交的全等副本. 注意到若 E 是一个线段，则等式 $m = n$ 成立；若 E 是一个正方形，则有 $m = n^2$；若 E 是一个立方体，则 $m = n^3$；等等. 从而，更一般的，若 $m = n^\alpha$，则我们或许会说 E 的维数是 α. 观察到若 E 是 $[0,1]$ 中的康托尔集 $\mathscr{C}$，则 $3\mathscr{C}$ 是由 $\mathscr{C}$ 的两个副本组成，一个在 $[0,1]$ 中而另一个在 $[2,3]$ 中. 这里 $n = 3, m = 2$，我们由此推断出康托尔集的维数是 $\log 2 / \log 3$.

另一个方法与不一定可求长的曲线有关. 首先给出一条曲线 $\Gamma = \{\gamma(t) : a \leqslant t \leqslant b\}$，对每个 $\varepsilon > 0$ 考虑连接 $\gamma(a)$ 和 $\gamma(b)$ 的折线，它的顶点依次落在 Γ 上，其中每条线段长度不超过 ε. 用 $\#(\varepsilon)$ 表示出现在这样的折线线段的最少个数. 若 $\#(\varepsilon) \approx \varepsilon^{-1}$，$\varepsilon \to 0$，则 Γ 是可求长的. 然而，当 $\varepsilon \to 0$ 时，$\#(\varepsilon)$ 或许增长得比 ε^{-1} 快. 如果有

$\#(\varepsilon)\approx\varepsilon^{-\alpha},1<\alpha$，则遵循前一个例子的精神，自然地说 Γ 的维数为 α. 这些考虑甚至在其他部分科学也很有趣. 例如，在研究确定一个国家的边界或海岸线长度的问题时，理查森（Richardson）发现英国的西海岸线的长度遵从经验定律 $\#(\varepsilon)\approx\varepsilon^{-\alpha}$，其中 α 大约是 1.5. 从而人们可以推断出海岸线具有分数维数！

尽管有很多不同的方式使得这些启发式概念更精确，但范围最广和最灵活的理论涉及豪斯多夫测度和豪斯多夫维数. 可能这个理论最优雅以及最简洁的说明可以通过它在一般自相似集的应用中看到，这是我们首先考虑的. 其中有 von Koch 型曲线，这些曲线的维数可以是 1 和 2 之间的任何数.

接下来，我们转向空间填充曲线，一般来说，它落在自我复制构造的范围内. 这个曲线不仅有内在价值，它的性质更揭示了一个重要事实，从测度论的观点看单位区间和单位正方形是相同的.

我们的最后一个主题有一些不同的性质. 它从对一个出乎意料的正则性的认识开始，当 $d\geqslant 3$ 时，$\mathbf{R}^d$ 的所有（勒贝格测度有限）的子集都满足正则性. 这个性质在二维时失效，一个关键的反例是 Besicovitch 集. 这个集合也出现在很多其他的问题中. 它的测度为零，这是罕见的，因为它的豪斯多夫维数必须为 2.

1　豪斯多夫测度

该理论始于一个体积或质量的新概念的引入. 这个"测度"和贯穿主题的维数的思想密切相关. 更精确地说，遵循豪斯多夫的思想，我们对每个适当的集合 E 和每个 $\alpha>0$ 考虑数量 $m_\alpha(E)$，它可以解释为在 α 维的集合中 E 的 α 维质量，其中词语"维数"（目前）只取它的直观含义. 从而，若 α 比集合 E 的维数大，则集合的质量可以忽略不计，且有 $m_\alpha(E)=0$. 若 α 比集合 E 的维数小，则 E 很大（相对的），因此 $m_\alpha(E)=\infty$. 对于 α 等于集合 E 的维数的临界情形，数量 $m_\alpha(E)$ 描述了集合的实际 α 维尺寸.

我们用两个例子说明这一轮的想法. 稍后我们将更详细地讨论它们.

首先，回忆起 $[0,1]$ 中的标准康托尔集 $\mathcal{C}$ 的勒贝格测度为零. 这个陈述表达了一个事实 $\mathcal{C}$ 的一维质量或长度等于零. 然而，我们将证明 $\mathcal{C}$ 有一个合理定义的分数豪斯多夫维数 $\log 2/\log 3$，且康托尔集的相应的豪斯多夫测度是正的与有限的.

下面我们从平面内的一条可求长的曲线 Γ 开始建立理论的另一个说明. Γ 的二维勒贝格测度为零. 直观上这是显然的，因为 Γ 是一个二维空间中的一维客体. 这就是豪斯多夫测度开始起作用：量 $m_1(\Gamma)$ 不仅有限，还精确地等于我们在第 3 章 3.1 节定义的 Γ 的长度.

我们先考虑相关的外测度，它通过覆盖来定义，它限制在博雷尔集上就是想要的豪斯多夫测度.

对 $\mathbf{R}^d$ 的任何子集 E，定义 E 的 α 维豪斯多夫外测度为

$$m_\alpha^*(E) = \liminf_{\delta \to 0}\Big\{ \sum_k (\mathrm{diam}F_k)^\alpha : E \subset \bigcup_{k=1}^\infty F_k, \mathrm{diam}F_k \leqslant \delta, \text{对所有 } k \Big\},$$

其中 $\mathrm{diam}S$ 表示集合 S 的直径, 即 $\mathrm{diam}S = \sup\{|x-y| : x, y \in S\}$. 换言之, 对每个 $\delta > 0$, 我们考虑 E 的由直径小于 δ 的可数 (任意) 集簇组成的覆盖, 且取和 $\sum_k (\mathrm{diam}F_k)^\alpha$ 的下确界. 定义 $m_\alpha^*(E)$ 为当 δ 趋于 0 时这些下确界的极限. 我们注意到量

$$\mathcal{H}_\alpha^\delta(E) = \inf\Big\{ \sum_k (\mathrm{diam}F_k)^\alpha : E \subset \bigcup_{k=1}^\infty F_k, \text{对所有 } k, \mathrm{diam}F_k \leqslant \delta \Big\},$$

随着 δ 的减小而递增, 因此极限

$$m_\alpha^*(E) = \lim_{\delta \to 0}\mathcal{H}_\alpha^\delta(E)$$

存在, 尽管 $m_\alpha^*(E)$ 可能是无穷. 特别地, 对所有 $\delta > 0$ 有 $\mathcal{H}_\alpha^\delta(E) \leqslant m_\alpha^*(E)$. 当定义外测度 $m_\alpha^*(E)$ 时, 重要的是要求用于覆盖的集合直径任意小; 这是定义 $m_\alpha^*(E) = \lim_{\delta \to 0}\mathcal{H}_\alpha^\delta(E)$ 的要点. 这个与勒贝格测度无关的要求在保证下面的性质 3 中叙述的基本可加性时是必要的. (也参见习题 12.)

标度是出现在豪斯多夫外测度定义的核心的一个关键概念. 大致说来, 一个集合的测度根据它的维数标度. 例如, 若 Γ 是 $\mathbf{R}^d$ 中的一维子集, 比如说一条长度为 L 的光滑曲线, 则 $r\Gamma$ 的全长为 rL. 若 Q 是 $\mathbf{R}^d$ 中的一个立方体, 则 rQ 的体积为 $r^d|Q|$. 若集合 F 以 r 标度, 则 $(\mathrm{diam}F)^\alpha$ 以 r^α 标度, 该特征可以从豪斯多夫外测度的定义得到. 这一关键思想在 2.2 节自相似集的研究中重新出现.

我们从豪斯多夫外测度满足的一系列性质开始.

性质 1 (单调性) 若 $E_1 \subset E_2$, 则 $m_\alpha^*(E_1) \leqslant m_\alpha^*(E_2)$.

因为 E_2 的任何覆盖也是 E_1 的覆盖, 这个性质是直截了当的.

性质 2 (次可加性) 对 $\mathbf{R}^d$ 中的任何可数集簇 $\{E_j\}$ 有 $m_\alpha^*(\bigcup_{j=1}^\infty E_j) \leqslant \sum_{j=1}^\infty m_\alpha^*(E_j)$.

先固定 δ, 对每个 j 选择 E_j 的一个用直径小于 δ 的集合的覆盖 $\{F_{j,k}\}_{k=1}^\infty$ 使得 $\sum_k (\mathrm{diam}F_{j,k})^\alpha \leqslant \mathcal{H}_\alpha^\delta(E_j) + \varepsilon/2^j$. 由于 $\bigcup_{j,k}F_{j,k}$ 是 E 的一个直径小于 δ 的集合的覆盖, 故有

$$\mathcal{H}_\alpha^\delta(E) \leqslant \sum_{j=1}^\infty \mathcal{H}_\alpha^\delta(E_j) + \varepsilon$$

$$\leqslant \sum_{j=1}^\infty m_\alpha^*(E_j) + \varepsilon.$$

由于 ε 是任意的, 不等式 $\mathcal{H}_\alpha^\delta(E) \leqslant \sum m_\alpha^*(E_j)$ 成立, 令 δ 趋于 0 就证明了 m_α^* 的可数次可加性.

性质 3　若 $d(E_1, E_2) > 0$，则 $m_\alpha^*(E_1 \bigcup E_2) = m_\alpha^*(E_1) + m_\alpha^*(E_2)$.

仅需证明 $m_\alpha^*(E_1 \bigcup E_2) \geqslant m_\alpha^*(E_1) + m_\alpha^*(E_2)$，这是因为相反的不等式由次可加性保证. 固定 $\varepsilon > 0$ 满足 $\varepsilon < d(E_1, E_2)$. 给定 $E_1 \bigcup E_2$ 的任何用直径小于 δ 的集合 $F_1, F_2, \cdots$ 的覆盖，其中 $\delta < \varepsilon$，令

$$F_j' = E_1 \bigcap F_j \quad \text{与} \quad F_j'' = E_2 \bigcap F_j,$$

则 $\{F_j'\}$ 和 $\{F_j''\}$ 分别是 E_1 和 E_2 的覆盖，且是不相交的. 因此，

$$\sum_j (\text{diam} F_j')^\alpha + \sum_i (\text{diam} F_i'')^\alpha \leqslant \sum_k (\text{diam} F_k)^\alpha.$$

对这些覆盖取下确界，然后令 δ 趋于零得到想要的不等式.

这时候，我们注意到 m_α^* 满足第 6 章讨论过的卡拉泰奥多里度量外测度的所有性质. 从而 m_α^* 限制在博雷尔集上时是一个可数可加的测度. 因此我们将限制在博雷尔集且将 $m_\alpha^*(E)$ 记为 $m_\alpha(E)$. 测度 m_α 称为 α 维豪斯多夫测度.

性质 4　若 $\{E_j\}$ 是可数个不相交的博雷尔集组成的集簇，且 $E = \bigcup\limits_{j=1}^{\infty} E_j$，则

$$m_\alpha(E) = \sum_{j=1}^{\infty} m_\alpha(E_j).$$

上面的可数可加性在本章下文的讨论中是不必要的，我们可以采用一个更弱的形式. 证明是初等的，且不依赖于第 6 章所建立的结果（参见习题 2）.

性质 5　豪斯多夫测度在平移

对所有 $h \in \mathbf{R}^d, m_\alpha(E + h) = m_\alpha(E)$，

以及旋转

$$m_\alpha(rE) = m_\alpha(E)$$

下是不变的. 这里 r 是 $\mathbf{R}^d$ 中的一个旋转.

此外，它标度如下：

对所有 $\lambda > 0, m_\alpha(\lambda E) = \lambda^\alpha m_\alpha(E).$

一旦我们观察到一个集合 S 的直径在平移和旋转下是不变的，且满足对 $\lambda > 0$ 有 $\text{diam}(\lambda S) = \lambda \text{diam}(S)$，这些结论立即得到.

我们接下来描述豪斯多夫测度的一系列性质，首先是由它的定义可以直接得到的一些性质.

性质 6　量 $m_0(E)$ 记录了 E 中点的个数，而对所有博雷尔集 $E \subset \mathbf{R}$ 有 $m_1(E) = m(E)$. （这里 m 表示 $\mathbf{R}$ 上的勒贝格测度.）

事实上，注意到在一维空间里每个直径为 δ 的集合包含在一个长度为 δ 的区间里（对一个区间来说它的长度等于它的勒贝格测度）.

一般情况下，$\mathbf{R}^d$ 中的 d 维豪斯多夫测度，乘以一个常数因子，等于勒贝格测度.

性质 7 若 E 是 $\mathbf{R}^d$ 的一个博雷尔子集，则 $c_d m_d(E) = m(E)$ 对某个仅依赖于维数 d 的常数 c_d 成立.

对单位球 B，常数 c_d 等于 $m(B)/(\operatorname{diam} B)^d$；注意这个比值对所有 $\mathbf{R}^d$ 中的球 B 都相同，因此 $c_d = \nu_d / 2^d$（其中 ν_d 表示单位球的体积）. 该性质的证明依赖于所谓的等径不等式，它说的是在所有给定直径的集合中，球的体积最大.（参见问题 2）不利用这一几何事实，我们可以证明下面的替代性结论.

性质 7′ 若 E 是 $\mathbf{R}^d$ 的一个博雷尔子集而 $m(E)$ 是它的勒贝格测度，则在
$$c_d m_d(E) \leqslant m(E) \leqslant 2^d c_d m_d(E)$$
的意义下 $m_d(E) \approx m(E)$.

利用第 3 章的习题 26，对任何 $\varepsilon, \delta > 0$，我们可以找到 E 的一个球覆盖 $\{B_j\}$，使得 $\operatorname{diam} B_j < \delta$，同时有 $\sum_j m(B_j) \leqslant m(E) + \varepsilon$. 现在，
$$\mathcal{H}_d^\delta(E) \leqslant \sum_j (\operatorname{diam} B_j)^d = c_d^{-1} \sum_j m(B_j) \leqslant c_d^{-1}(m(E) + \varepsilon).$$
令 δ 和 ε 趋于 0，可得到 $m_d(E) \leqslant c_d^{-1} m(E)$. 关于相反的方向，令 $E \subset \bigcup_j F_j$ 为满足 $\sum_j (\operatorname{diam} F_j)^d \leqslant m_d(E) + \varepsilon$ 的覆盖. 我们总是可以找到中心在 F_j 内一点的闭球 B_j 使得 $B_j \supset F_j$ 且 $\operatorname{diam} B_j = 2 \operatorname{diam} F_j$. 然而，$m(E) \leqslant \sum_j m(B_j)$，这是因为 $E \subset \bigcup_j B_j$，最后的和式等于
$$\sum c_d (\operatorname{diam} B_j)^d = 2^d c_d \sum (\operatorname{diam} F_j)^d \leqslant 2^d c_d (m_d(E) + \varepsilon).$$
令 $\varepsilon \to 0$ 得到 $m(E) \leqslant 2^d c_d m_d(E)$.

性质 8 若 $m_\alpha^*(E) < \infty$ 且 $\beta > \alpha$，则 $m_\beta^*(E) = 0$. 还有，若 $m_\alpha^*(E) > 0$ 且 $\beta < \alpha$，则 $m_\beta^*(E) = \infty$.

事实上，若 $\operatorname{diam} F \leqslant \delta$ 且 $\beta > \alpha$，则
$$(\operatorname{diam} F)^\beta = (\operatorname{diam} F)^{\beta - \alpha}(\operatorname{diam} F)^\alpha \leqslant \delta^{\beta - \alpha}(\operatorname{diam} F)^\alpha.$$
因此
$$\mathcal{H}_\beta^\delta(E) \leqslant \delta^{\beta - \alpha} \mathcal{H}_\alpha^\delta(E) \leqslant \delta^{\beta - \alpha} m_\alpha^*(E).$$
由于 $m_\alpha^*(E) < \infty$ 且 $\beta - \alpha > 0$，令 δ 趋于 0 取极限得到 $m_\beta^*(E) = 0$.

逆否命题给出当 $m_\alpha^*(E) > 0$ 且 $\beta < \alpha$ 时有 $m_\beta^*(E) = \infty$.

我们现在作一些容易的观察，这些观察到的结果是上面性质的推论.

1. 若 I 是 $\mathbf{R}^d$ 中的有限线段，则 $0 < m_1(I) < \infty$.

2. 更一般的，若 Q 是 $\mathbf{R}^d$ 中的一个 k 方体（即，Q 是 k 个非平凡的区间与 $d - k$ 个点的乘积），则 $0 < m_k(Q) < \infty$.

3. 若 $\mathcal{O}$ 是 $\mathbf{R}^d$ 中的一个非空开集，则当 $\alpha < d$ 时，$m_\alpha(\mathcal{O}) = \infty$. 事实上，这是因为 $m_d(\mathcal{O}) > 0$.

4. 注意到我们能够总是取 $\alpha \leqslant d$. 这是因为当 $\alpha > d$ 时，m_α 在每个球上等于

247

零，因此在整个 $\mathbf{R}^d$ 上等于零.

2 豪斯多夫维数

给定 $\mathbf{R}^d$ 的一个博雷尔子集 E，由性质 8 导出，存在唯一的 α 使得

$$m_\beta(E) = \begin{cases} \infty, & \beta < \alpha, \\ 0, & \alpha < \beta. \end{cases}$$

换句话说，α 由

$$\alpha = \sup\{\beta : m_\beta(E) = \infty\} = \inf\{\beta : m_\beta(E) = 0\}$$

给出. 我们说 E 的豪斯多夫维数为 α，或更简洁地，说 E 的维数为 α，记作 $\alpha = \dim E$. 在 α 的临界值我们只能说一般情况下数量 $m_\alpha(E)$ 满足 $0 \leqslant m_\alpha(E) \leqslant \infty$. 若 E 是有界的，且不等式是严格的，即 $0 < m_\alpha(E) < \infty$，则称集合 E 有严格的豪斯多夫维数 α. 术语分形一般用在分数维的集合中.

一般的，计算一个集合的豪斯多夫测度是一个难题. 然而，在有些情况下可能求出这个测度的上界和下界，并由此确定问题中集合的维数. 一些例子将阐明这些新概念.

2.1 例子

康托尔集

第一个显著的例子是康托尔集 $\mathcal{C}$，它在第 1 章通过逐次地去掉 $[0，1]$ 中间的三分之一区间构造.

定理 2.1 康托尔集 $\mathcal{C}$ 有严格的豪斯多夫维数 $\alpha = \log 2 / \log 3$.

不等式

$$m_\alpha(\mathcal{C}) \leqslant 1$$

可通过 $\mathcal{C}$ 的构造和定义得到. 事实上，从第 1 章可知 $\mathcal{C} = \bigcap \mathcal{C}_k$，其中每个 $\mathcal{C}_k$ 是 2^k 个长度为 3^{-k} 的区间的并集. 给定 $\delta > 0$，我们首先选择足够大的 K 使得 $3^{-K} < \delta$. 由于集合 $\mathcal{C}_K$ 覆盖 $\mathcal{C}$ 且由 2^K 个直径 $3^{-K} < \delta$ 的区间组成，故有

$$\mathcal{H}_\alpha^\delta(\mathcal{C}) \leqslant 2^K (3^{-K})^\alpha.$$

然而，α 恰好满足 $3^\alpha = 2$，因此 $2^K(3^{-K})^\alpha = 1$，从而 $m_\alpha(\mathcal{C}) \leqslant 1$.

相反的不等式，由证明 $0 < m_\alpha(\mathcal{C})$ 组成，需要进一步的想法. 这里我们依赖于康托尔-勒贝格函数，它将 $\mathcal{C}$ 满射到 $[0,1]$ 上. 关于该函数，我们将用到的关键事实是：它满足一个精确的连续性条件，该条件反映了康托尔集的维数.

对一个定义在 $\mathbf{R}^d$ 的子集 E 上的函数 f，若存在 $M > 0$ 使得

$$\text{对所有 } x, y \in E, \ |f(x) - f(y)| \leqslant M|x - y|,$$

则称它满足 E 上的利普希茨条件. 更一般的，函数 f 满足 γ 阶（或赫尔德指数 γ）利普希茨条件，若

$$\text{对所有 } x, y \in E, \ |f(x) - f(y)| \leqslant M|x - y|^\gamma.$$

仅有的有趣的情形是当 $0 < \gamma \leqslant 1$ 时.（参见习题 3）

引理 2.2　假设定义在一个紧集 E 上的函数 f 满足 γ 阶利普希茨条件，则

（ⅰ）若 $\beta = \alpha/\gamma$，则 $m_\beta(f(E)) \leqslant M^\beta m_\alpha(E)$.

（ⅱ）$\dim f(E) \leqslant \dfrac{1}{\gamma} \dim E$.

证　假设 $\{F_k\}$ 是一个覆盖 E 的可数集簇，则 $\{f(E \bigcap F_k)\}$ 覆盖 $f(E)$，此外，$f(E \bigcap F_k)$ 的直径小于 $M(\operatorname{diam} F_k)^\gamma$. 因此

$$\sum_k (\operatorname{diam} f(E \bigcap F_k))^{\alpha/\gamma} \leqslant M^{\alpha/\gamma} \sum_k (\operatorname{diam} F_k)^\alpha,$$

故得到（ⅰ）部分. 现在这个结果立即蕴含了结论（ⅱ）.

引理 2.3　定义在 $\mathcal{C}$ 上的康托尔-勒贝格函数 F 满足 $\gamma = \log 2/\log 3$ 阶利普希茨条件.

证　函数 F 是如第 3 章的 3.1 节构造的分段线性函数列 $\{F_n\}$ 的极限. 函数 F_n 在每个长度为 3^{-n} 的区间上至多增加 2^{-n}. 因此 F_n 的斜率总是以 $(3/2)^n$ 为界，所以

$$|F_n(x) - F_n(y)| \leqslant \left(\frac{3}{2}\right)^n |x - y|.$$

此外，逼近列也满足 $|F(x) - F_n(x)| \leqslant 1/2^n$. 结合这两个估计并利用三角不等式得到

$$|F(x) - F(y)| \leqslant |F_n(x) - F_n(y)| + |F(x) - F_n(x)| + |F(y) - F_n(y)|$$

$$\leqslant \left(\frac{3}{2}\right)^n |x - y| + \frac{2}{2^n}.$$

固定 x 与 y 之后，我们通过选择 n 使得右端的每一项都有相同的数量级且使右端最小. 取 n 使得 $3^n |x - y|$ 在 1 和 3 之间即可达到. 然后，我们看到

$$|F(x) - F(y)| \leqslant c 2^{-n} = c(3^{-n})^\gamma \leqslant M |x - y|^\gamma,$$

由于 $3^\gamma = 2$ 且 3^{-n} 不大于 $|x - y|$. 这个论证方法在下面的引理 2.8 重新出现.

由 $E = \mathcal{C}$，f 是康托尔-勒贝格函数，且 $\alpha = \gamma = \log 2/\log 3$，两个引理给出

$$m_1([0,1]) \leqslant M^\beta m_\alpha(\mathcal{C}).$$

从而 $m_\alpha(\mathcal{C}) > 0$，且有 $\dim \mathcal{C} = \log 2/\log 3$.

在不等式 $m_\alpha(\mathcal{C}) < \infty$ 通常比 $0 < m_\alpha(\mathcal{C})$ 更容易得到的意义下，这个例子的证明是典型的. 通过一些额外的努力，能够证明 $\mathcal{C}$ 的 $\log 2/\log 3$ 维豪斯多夫测度恰好是 1.（参见习题 7）

可求长曲线

维数的作用的一个进一步的例子来自于观察 $\mathbf{R}^d$ 中的连续曲线. 回忆起对于一条连续曲线 $\gamma : [a, b] \to \mathbf{R}^d$，若只要 $t_1 \neq t_2$ 就有 $\gamma(t_1) \neq \gamma(t_2)$，我们称它为简单的，若对于属于有限个点的补集的 t，映射 $t \mapsto z(t)$ 是单射，则我们称它为准简单的.

定理 2.4　假设曲线 γ 是连续与准简单的，则 γ 是可求长的当且仅当 $\Gamma =$

249

$\{\gamma(t):a\leqslant t\leqslant b\}$ 有严格的豪斯多夫维数 1. 并且, 在这种情况下曲线的长度恰好等于其一维测度 $m_1(\Gamma)$.

证　首先假设可求长曲线 Γ 的长度为 L, 考虑弧长参数化 $\widetilde{\gamma}$ 使得 $\Gamma=\{\widetilde{\gamma}(t):0\leqslant t\leqslant L\}$. 这个参数化满足利普希茨条件

$$|\widetilde{\gamma}(t_1)-\widetilde{\gamma}(t_2)|\leqslant|t_1-t_2|.$$

这可由 $|t_1-t_2|$ 是 t_1 和 t_2 间的曲线长度, 它比从 $\gamma(t_1)$ 到 $\gamma(t_2)$ 的距离大得多. 由于 $\widetilde{\gamma}$ 满足指数为 1 且 $M=1$ 的引理 2.2 的条件, 故

$$m_1(\Gamma)\leqslant L.$$

为证明相反的不等式, 令 $a=t_0<t_1<\cdots<t_N=b$ 表示 $[a,b]$ 的一个划分且令

$$\Gamma_j=\{\gamma(t):t_j\leqslant t\leqslant t_{j+1}\},$$

从而 $\Gamma=\bigcup_{j=0}^{N-1}\Gamma_j$, 因此利用豪斯多夫测度的性质 4 及 Γ 是准简单的事实有

$$m_1(\Gamma)=\sum_{j=0}^{N-1}m_1(\Gamma_j)$$

事实上, 通过去掉有限多个点, 并集 $\bigcup_{j=0}^{N-1}\Gamma_j$ 变成不交并, 而这些被去掉的点的 m_1 测度显然为零. 接下来我们断言 $m_1(\Gamma_j)\geqslant l_j$, 其中 l_j 是从 $\gamma(t_j)$ 到 $\gamma(t_{j+1})$ 的距离, 即 $l_j=|\gamma(t_{j+1})-\gamma(t_j)|$. 为看到这一点, 回忆起豪斯多夫测度是旋转不变的, 引入一个新的正交坐标 x 和 y 使得 $[\gamma(t_j),\gamma(t_j+1)]$ 是 x 轴上的线段 $[0,l_j]$. 投影 $\pi(x,y)=x$ 满足利普希茨条件

$$|\pi(P)-\pi(Q)|\leqslant|P-Q|,$$

且显然 x 轴上的线段 $[0,l_j]$ 包含在像 $\pi(\Gamma_j)$ 中. 因此, 引理 2.2 保证了

$$l_j\leqslant m_1(\Gamma_j),$$

从而 $m_1(\Gamma)\geqslant\sum l_j$. 根据定义 Γ 的长度 L 是和 $\sum l_j$ 遍历 $[a,b]$ 的所有划分的上确界, 我们得到想要的 $m_1(\Gamma)\geqslant L$.

反之, 若 Γ 有严格的豪斯多夫维数 1, 则 $m_1(\Gamma)<\infty$, 且上面的论证表明 Γ 是可求长的.

读者可能会注意到可求长性的刻画和前面第 3 章给出的通过闵可夫斯基容量刻画的相似性. 在这种联系中我们指出存在一个不同的维数的概念, 它有时代替豪斯多夫维数使用. 对一个紧集 E, 该维数根据 $E^\delta=\{x\in\mathbf{R}^d:d(x,E)<\delta\}$ 当 $\delta\to0$ 时的尺寸给出. 人们观察到若 E 是 $\mathbf{R}^d$ 中的一个 k 维方体, 则 $m(E^\delta)\leqslant c\delta^{d-k}$, $\delta\to0$, 其中 m 是 $\mathbf{R}^d$ 的勒贝格测度. 在知道了这些之后, E 的闵可夫斯基维数定义为

$$\inf\{\beta:m(E^\delta)=O(\delta^{d-\beta}),当\delta\to0\}$$

人们可以证明一个集合的豪斯多夫维数不超过它的闵可夫斯基维数, 然而等式一般不成立. 更多细节可以在习题 17 和 18 中找到.

谢尔宾斯基（Sierpinski）三角形

平面内的类康托尔集可以构造如下．我们首先给定一个（实心）闭的等边三角形 S_0，它的边长为单位长度．然后，第一步我们去掉图 1 中阴影部分的开等边三角形．

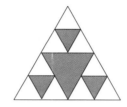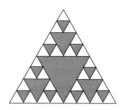

图 1　谢尔宾斯基三角形的构造

这留下了三个闭的三角形，我们用 S_1 表示它们的并集．每个三角形的边长都是原来（母）三角形 S_0 的一半，这些小的闭三角形称为第一代：S_1 中的三角形是母本 S_0 的孩子．第二步，我们对第一代的每个三角形重复上面的过程．每个这样的三角形在第二代都有三个孩子．我们用 S_2 表示第二代中的九个三角形的并集．于是继续重复这一过程得到一个紧集序列 S_k，它满足下列性质：

（a）每个 S_k 是 3^k 个边长为 2^{-k} 的闭等边三角形的并集（这些是第 k 代三角形）．

（b）$\{S_k\}$ 是一个递减的紧集列；即对所有的 $k \geqslant 0$ 有 $S_{k+1} \subset S_k$．

谢尔宾斯基三角形是如下定义的紧集：

$$\mathcal{S} = \bigcap_{k=0}^{\infty} \mathcal{S}_k.$$

定理 2.5　谢尔宾斯基三角形 $\mathcal{S}$ 有严格的豪斯多夫维数 $\alpha = \log 3 / \log 2$．

由构造过程立即可得不等式 $m_\alpha(\mathcal{S}) \leqslant 1$．给定 $\delta > 0$，选择 K 使得 $2^{-K} < \delta$．由于集合 S_K 覆盖 $\mathcal{S}$，S_K 是由 3^K 个直径为 $2^{-K} < \delta$ 的三角形组成，故有

$$\mathcal{H}_\alpha^\delta(\mathcal{S}) \leqslant 3^K (2^{-K})^\alpha.$$

但由于 $2^\alpha = 3$，于是 $\mathcal{H}_\alpha^\delta(\mathcal{S}) \leqslant 1$，因此 $m_\alpha(\mathcal{S}) \leqslant 1$．

不等式 $m_\alpha(\mathcal{S}) > 0$ 更微妙．为了它的证明，我们需要在 $\mathcal{S}$ 的构造过程中出现的每个三角形内固定一个特殊点．我们选取三角形左下角的顶点为该三角形的顶点．由这个选择，第 k 代有 3^k 个顶点．下面的论证基于所有的顶点都属于 $\mathcal{S}$ 的重要事实．

假设 $S \subset \bigcup_{j=1}^{\infty} F_j$，其中 $\mathrm{diam}\, F_j < \delta$．我们想证明对某常数 c，

$$\sum_j (\mathrm{diam}\, F_j)^\alpha \geqslant c > 0.$$

显然，每个 F_j 包含在直径是其两倍的球中，因此上面用 δ 代替 2δ 且注意到 $\mathcal{S}$ 是一个紧集，只需证明若 $\mathcal{S} \subset \bigcup_{j=1}^{N} B_j$，其中 $\mathcal{B} = \{B_j\}_{j=1}^{N}$ 是由有限个直径小于 δ 的球组成

251

的簇，则

$$\sum_{j=1}^{N}(\operatorname{diam} B_j)^{\alpha} \geqslant c > 0.$$

假设我们有这样的一个球覆盖．考虑这些 B_j 的直径的最小值，并选择 k 使得

$$2^{-k} \leqslant \min_{1 \leqslant j \leqslant N} \operatorname{diam} B_j < 2^{-k+1}.$$

引理 2.6　假设 B 是覆盖 $\mathcal{B}$ 中的一个球满足

对某个 $l \leqslant k, 2^{-l} \leqslant \operatorname{diam} B < 2^{-l+1},$

则 B 至多包含第 k 代的 $c3^{k-l}$ 个顶点．

在这一章，我们将继续使用惯例，用 $c, c', \cdots$ 表示一般的常数，它们的值不重要且可能随着使用而改变．我们用 $A \approx B$ 表示量 A 与 B 相当，即对适当的常数 c 与 $c', cB \leqslant A \leqslant c'B$.

引理 2.6 的证明：令 B^* 表示中心与 B 相同但直径为 B 的三倍的球，令 Δ_k 表示顶点 ν 在 B 内的第 k 代三角形．若 Δ_l' 表示包含 Δ_k 的第 l 代中的三角形，则由于 $\operatorname{diam} B \geqslant 2^{-l}$,

$$\nu \in \Delta_k \subset \Delta_l' \subset B^*,$$

如图 2 所示．

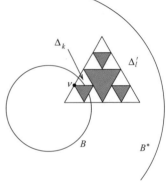

图 2　引理 2.6 中的情形

接下来，存在一个正常数 c 使得 B^* 至多包含第 l 代的 c 个不同的三角形．这是因为第 l 代的三角形内部不相交且面积等于 $c'4^{-l}$，而 B^* 的面积至多等于 $c''4^{-l}$．最后，每个 Δ_l' 包含第 k 代的 3^{k-l} 个三角形，因此 B 至多包含第 k 代三角形的 $c3^{k-l}$ 个顶点．

为完成 $\displaystyle\sum_{j=1}^{N}(\operatorname{diam} B_j)^{\alpha} \geqslant c > 0$ 的证明，注意到

$$\sum_{j=1}^{N}(\operatorname{diam} B_j)^{\alpha} \geqslant \sum_{l} N_l \, 2^{-l\alpha},$$

其中 N_l 表示 $\mathcal{B}$ 中满足 $2^{-l} \leqslant \operatorname{diam} B_j \leqslant 2^{-l+1}$ 的球的个数．根据引理，我们看到被 $\mathcal{B}$ 覆盖的第 k 代三角形的顶点的总数不超过 $c\displaystyle\sum_{l} N_l 3^{k-l}$．由于第 k 代三角形的所有 3^k 个顶点

都属于 S，且所有第 k 代三角形的顶点必须被覆盖，故有 $c\displaystyle\sum_{l} N_l \, 3^{k-l} \geqslant 3^k$．因此

$$\sum_{l} N_l \, 3^{-l} \geqslant c.$$

现在只需回顾 α 的定义，它保证了 $2^{-l\alpha} = 3^{-l}$，从而

$$\sum_{j=1}^{N}(\operatorname{diam} B_j)^{\alpha} \geqslant c,$$

正如我们想要的．

我们给出的最后一个例子展示类似于康托尔集和谢尔宾斯基三角形的性质. 它是 von Koch 在 1904 年发现的曲线.

von Koch 曲线

考虑单位区间 $K_0 = [0,1]$，我们可认为它位于 xy 平面的 x 轴. 然后考虑如图 3 所示的折线路径 K_1，它由四条长度都等于 $1/3$ 的线段组成.

对 $0 \leqslant t \leqslant 1$，令 $K_1(t)$ 表示 K_1 的具有恒定速度的参数化. 换言之，当 t 从 0 变化到 $1/4$ 时，点 $K_1(t)$ 在第一条线段上移动. 当 t 从 $1/4$ 变化到 $1/2$ 时，点 $K_1(t)$ 在第二条线段上移动，以此类推. 特别地，对 $0 \leqslant l \leqslant 4$，$K_1(l/4)$ 对应于 K_1 的五个顶点.

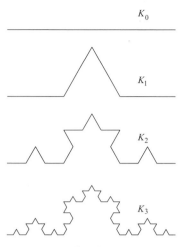

图 3　von Koch 曲线构造的前几个阶段

在构造的第二阶段我们重复第一阶段的过程，对第一阶段得到的每一条线段用相应的折线代替，则得到如图 3 所示的多边形曲线 K_2. 它有 $16 = 4^2$ 条长度都等于 $1/9 = 3^{-2}$ 的线段. 我们选择 K_2 的具有恒定速度的参数化 $K_2(t)$ $(0 \leqslant t \leqslant 1)$. 观察到对 $0 \leqslant l \leqslant 4^2$，$K_2(l/4^2)$ 给出 K_2 的所有顶点，并且 K_1 的顶点都属于 K_2，其中

$$对 0 \leqslant l \leqslant 4, K_2(l/4) = K_1(l/4).$$

无限次地重复这个过程，我们得到连续多边形曲线列 $\{K_j\}$，其中每个 K_j 由 4^j 条长度都等于 3^{-j} 的线段组成. 若 $K_j(t)$ $(0 \leqslant t \leqslant 1)$ 是 K_j 的具有恒定速度的参数化，则顶点恰好是点 $K_j(l/4^j)$，且当 $j' \geqslant j$ 时，

$$对 0 \leqslant l \leqslant 4^j, K_{j'}(l/4^j) = K_j(l/4^j).$$

在 j 趋于无穷的极限过程中，折线 K_j 趋于 von Koch 曲线 $\mathcal{K}$. 事实上，我们有

$$对所有 0 \leqslant t \leqslant 1 且 j \geqslant 0, |K_{j+1}(t) - K_j(t)| \leqslant 3^{-j}.$$

当 $j = 0$ 时这是显然的，且其余的可由第 j 步构造的性质对 j 用归纳法得到. 由于我们可以记

$$K_J(t) = K_1(t) + \sum_{j=1}^{J-1} (K_{j+1})(t) - K_j(t)),$$

上面的估计证明了级数

$$K_1(t) + \sum_{j=1}^{\infty} (K_{j+1}(t) - K_j(t))$$

绝对且一致收敛于一个连续函数 $\mathcal{K}(t)$ 即 $\mathcal{K}$ 的参数化. 除了连续性外，如同康托尔-勒贝格函数的情形，函数 $\mathcal{K}(t)$ 还满足取利普希茨条件形式的正则性假设.

定理 2.7　函数 $\mathcal{K}(t)$ 满足 $\gamma = \log 3 / \log 4$ 阶利普希茨条件，即：

对任何 $t, s \in [0,1]$，$|\mathcal{K}(t) - \mathcal{K}(s)| \leqslant M |t-s|^{\gamma}$.

我们已经观察到 $|K_{j+1}(t) - K_j(t)| \leqslant 3^{-j}$. 由于 K_j 在 4^{-j} 单位时间内走过的距离是 3^{-j}，故

$$\text{除了当 } t = l/4^j \text{ 时}, |K_j'(t)| \leqslant \left(\frac{4}{3}\right)^j.$$

因此有

$$|K_j(t) - K_j(s)| \leqslant \left(\frac{4}{3}\right)^j |t-s|.$$

此外，$\mathcal{K}(t) = K_1(t) + \sum\limits_{j=1}^{\infty} (K_{j+1}(t) - K_j(t))$. 现在我们发现恰好到了与证明康托尔-勒贝格函数满足 $\log 2/\log 3$ 阶利普希茨条件相同的情况. 在以下的引理中我们将该论证推广.

引理 2.8　假设 $\{f_j\}$ 是 $[0,1]$ 上的连续函数列，满足

$$\text{对某个 } A > 1, |f_j(t) - f_j(s)| \leqslant A^j |t-s|,$$

以及

$$\text{对某个 } B > 1, |f_j(t) - f_{j+1}(t)| \leqslant B^{-j},$$

则极限 $f(t) = \lim\limits_{j \to \infty} f_j(t)$ 存在且满足

$$|f(t) - f(s)| \leqslant M |t-s|^{\gamma},$$

其中 $\gamma = \log B/\log(AB)$.

证　连续的极限函数 f 由一致收敛级数

$$f(t) = f_1(t) + \sum_{k=1}^{\infty} (f_{k+1}(t) - f_k(t)),$$

给出，因此

$$|f(t) - f_j(t)| \leqslant \sum_{k=j}^{\infty} |f_{k+1}(t) - f_k(t)| \leqslant \sum_{k=j}^{\infty} B^{-k} \leqslant c B^{-j}.$$

对刚得到的不等式及引理中叙述的不等式利用三角不等式可得

$$|f(t) - f(s)| \leqslant |f_j(t) - f_j(s)| + |(f-f_j)(t)| + |(f-f_j)(s)|$$
$$\leqslant c(A^j |t-s| + B^{-j}).$$

对固定的一对数 t 和 s（其中 $t \neq s$），我们选择 j 使得和 $A^j |t-s| + B^{-j}$ 最小. 这本质上通过取 j 使得 $A^j |t-s|$ 与 B^{-j} 这两项数量相当达到. 更确切地说，我们选取一个 j 满足

$$(AB)^j |t-s| \leqslant 1 \quad \text{且} \quad 1 \leqslant (AB)^{j+1} |t-s|.$$

由于 $|t-s| \leqslant 2$ 和 $AB > 1$，这样的 j 一定存在. 第一个不等式给出

$$A^j |t-s| \leqslant B^{-j},$$

第二个不等式两边取 γ 次幂，并利用事实 $(AB)^{\gamma} = B$ 得到

$$1 \leqslant B^j |t-s|^{\gamma}.$$

从而 $B^{-j} \leqslant |t-s|^{\gamma}$，且因此

$$|f(t)-f(s)| \leqslant c(A^j|t-s|+B^{-j}) \leqslant M|t-s|^{\gamma},$$

正如我们要证明的.

特别地，这个结果与引理 2.2 蕴含着

$$\dim \mathcal{K} \leqslant \frac{1}{\gamma} = \frac{\log 4}{\log 3}.$$

为证明 $m_{\gamma}(\mathcal{K}) > 0$，从而 $\dim \mathcal{K} = \log 4/\log 3$，需要一个类似于人们对谢尔宾斯基三角形的情形给出的论证. 事实上，这个论证可以推广到涵盖具有自相似性质的一般集簇. 因此我们接下来将注意力转到这个一般的理论上来.

注释：我们提及一些关于 von Koch 曲线的进一步事实. 更多细节参见后面的习题 13 ~ 习题 15.

1. 曲线 $\mathcal{K}$ 是结构相似的曲线簇中的一条. 对每个 $l, 1/4 < l < 1/2$，考虑第一阶段由 4 条长度为 l 的线段组成的曲线 $\mathcal{K}_1^l(t)$，第一条与最后一条在 x 轴上，第二条与第三条组成了底边在 x 轴上的等腰三角形的两个腰.（见图 4）$l=1/3$ 的情形对应的就是前面定义的 von Koch 曲线. 像 $l=1/3$ 的情形一样继续，我们得到曲线 $\mathcal{K}^l$，并能够看到

$$\dim(\mathcal{K}^l) = \frac{\log 4}{\log 1/l}.$$

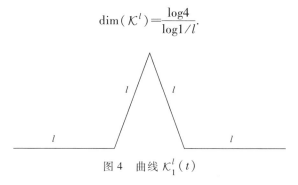

图 4 曲线 $\mathcal{K}_1^l(t)$

从而对每个 $\alpha, 1 < \alpha < 2$，我们有一条这样的维数 α 的曲线. 注意到当 $l \to 1/4$ 时极限曲线是一条直线段，它有维数 1. 当 $l \to 1/2$ 时，极限曲线可以看成对应于一条"空间填充"曲线.

2. 曲线 $t \to \mathcal{K}^l(t)$，$1/4 < l \leqslant 1/2$，每条都是无处可微的. 人们也可以证明当 $1/4 \leqslant l < 1/2$ 时每条曲线是简单的.

2.2 自相似

康托尔集 $\mathcal{C}$、谢尔宾斯基三角形 $\mathcal{S}$，以及 von Koch 曲线 $\mathcal{K}$ 都有一个共同的重要性质：这些集合的每个都包含它自身的标度副本. 而且，这些例子中的每个都是通过与其标度紧密联系的迭代过程构造的. 例如，区间 $[0,1/3]$ 包含康托尔集的以 $1/3$ 因子标度的副本. 对区间 $[2/3,1]$ 同样成立，因此

$$\mathcal{C} = \mathcal{C}_1 \bigcup \mathcal{C}_2,$$

其中 $\mathcal{C}_1$ 与 $\mathcal{C}_2$ 是 $\mathcal{C}$ 的标度版本. 同样的, 每个区间 $[0,1/9]$, $[2/9,3/9]$, $[6/9,7/9]$ 以及 $[8/9,1]$ 都包含 $\mathcal{C}$ 的以 $1/9$ 因子标度的副本, 等等.

在谢尔宾斯基三角形情形下, 第一代的三个三角形的每一个包含 $\mathcal{S}$ 的以 $1/2$ 因子标度的副本. 因此

$$\mathcal{S} = \mathcal{S}_1 \bigcup \mathcal{S}_2 \bigcup \mathcal{S}_3,$$

其中 $\mathcal{S}_j$, $j = 1,2,3$, 是通过标度及平移原始的谢尔宾斯基三角形得到的. 更一般的, 第 k 代的每个三角形都是 $\mathcal{S}$ 以 $1/2^k$ 因子标度的副本.

最后, 在 von Koch 曲线构造的最初阶段里的每一条线段都能产生一个 von Koch 曲线的标度以及可能旋转的副本. 事实上,

$$\mathcal{K} = \mathcal{K}_1 \bigcup \mathcal{K}_2 \bigcup \mathcal{K}_3 \bigcup \mathcal{K}_4,$$

其中 $\mathcal{K}_j$, $j = 1,2,3,4$, 是通过将 $\mathcal{K}$ 以 $1/3$ 因子标度, 经平移和旋转得到的.

从而这些例子中的每一个都包含它自身的副本, 但是以一个更小的标度. 这一节, 我们给出产生的自相似概念的一个精确定义, 并证明一个确定这些集合的豪斯多夫维数的定理.

称映射 $\mathcal{S}: \mathbf{R}^d \to \mathbf{R}^d$ 是一个比率为 $r > 0$ 的相似, 若

$$|\mathcal{S}(x) - \mathcal{S}(y)| = r|x - y|.$$

可以证明 $\mathbf{R}^d$ 中的每个相似都是平移、旋转以及伸缩 r 的复合. (参见问题 3.)

给定有限多个有相同比率 r 的相似 $S_1, \cdots, S_m$, 我们说集合 $F \subset \mathbf{R}^d$ 是自相似的, 若

$$F = S_1(F) \bigcup \cdots \bigcup S_m(F).$$

我们指出几个我们已经看到过的例子之间的相关性.

当 $F = \mathcal{C}$ 是康托尔集时, 存在由

$$S_1(x) = x/3 \quad \text{和} \quad S_2(x) = x/3 + 2/3$$

给出的两个比率为 $1/3$ 的相似. 因此 $m = 2$ 且 $r = 1/3$.

在 $F = \mathcal{S}$, 谢尔宾斯基三角形的情况下, 比率是 $1/2$ 且存在由

$$S_1(x) = \frac{x}{2}, S_2(x) = \frac{x}{2} + \alpha \quad \text{以及} \quad S_3(x) = \frac{x}{2} + \beta.$$

给出的 $m = 3$ 个相似. 这里, α 与 β 为图 5 中的第一个图中画出的两个点.

若 $F = \mathcal{K}$, von Koch 曲线, 有

$$S_1(x) = \frac{x}{3}, S_2(x) = \rho\frac{x}{3} + \alpha, S_3(x) = \rho^{-1}\frac{x}{3} + \beta,$$

以及

$$S_4(x) = \frac{x}{3} + \gamma,$$

(其中 ρ 是以原点为中心, 转角为 $\pi/3$ 的旋转). 有 $m = 4$ 个比率为 $r = 1/3$ 的相似. 点 α, β 与 γ 如图 5 中的第二个图所示.

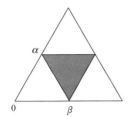 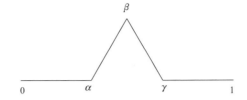

图 5　谢尔宾斯基三角形与 von Koch 曲线中的相似

另一个例子，有时称为康托尔尘 $\mathcal{D}$，是标准康托尔集的一个二维版本. 对每个固定的 $0 < \mu < 1/2$，集合 $\mathcal{D}$ 从单位正方形 $Q = [0,1] \times [0,1]$ 开始构造. 第一步我们去掉除了位于 Q 的角的四个边长为 μ 的开正方形之外的所有部分. 这样得到四个正方形的并集 D_1，如图 6 所示.

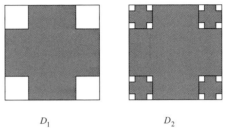

图 6　康托尔尘的构造

我们对 D_1 的每一个子正方形重复上述过程；即，我们去掉除了四个角处的边长为 μ^2 的正方形之外的所有部分. 这给出 16 个正方形的并集 D_2. 重复这一过程，可得到一列紧集 $D_1 \supset D_2 \supset \cdots \supset D_k \supset \cdots$，它们的交集定义为对应于参数 μ 的康托尔尘.

这里有 $m = 4$ 个比率为 μ 的相似，由

$$S_1(x) = \mu x,$$
$$S_2(x) = \mu x + (0, 1 - \mu),$$
$$S_3(x) = \mu x + (1 - \mu, 1 - \mu),$$
$$S_4(x) = \mu x + (1 - \mu, 0)$$

给出. 注意到 $\mathcal{D}$ 是一个乘积 $\mathcal{C}_\xi \times \mathcal{C}_\xi$，其中 $\mathcal{C}_\xi$ 是切割常数为 ξ 的康托尔集，正如第 1 章习题 3 定义的那样. 这里 $\xi = 1 - 2\mu$.

我们证明的第一个结果保证了在相似是收缩的假设下，即它们的比率 $\gamma < 1$，自相似集的存在性.

定理 2.9　假设 $S_1, S_2, \cdots, S_m$ 是 m 个相似，每个相似的比率相同都是 γ，满足 $0 < \gamma < 1$，则存在唯一的非空紧集 F 使得

$$F = S_1(F) \bigcup \cdots \bigcup S_m(F).$$

这个定理的证明本质上是不动点论证法. 我们将从某个大的球 B 开始并迭代地应用映射 $S_1, \cdots, S_m$. 这些相似（映射）的比率 $\gamma < 1$ 的事实充分蕴含了这个过程收缩于唯一的具有我们想要的性质的集合 F.

引理 2.10　存在一个闭球 B 使得对所有的 $j = 1, \cdots, m$ 有 $S_j(B) \subset B$.

257

证　事实上，若 S 是一个比率为 r 的相似，则

$$|S(x)| \leqslant |S(x) - S(0)| + |S(0)|$$
$$\leqslant r|x| + |S(0)|.$$

若我们要求 $|x| \leqslant R$ 蕴含 $|S(x)| \leqslant R$，仅需选择 R 使得 $rR + |S(0)| \leqslant R$，即 $R \geqslant |S(0)|/(1-r)$. 照这样，对每个 S_j 得到中心在原点的球 B_j 满足 $S_j(B_j) \subset B_j$. 若 B 表示这些 B_j 中半径最大的球，则上述推导表明对所有的 j 有 $S_j(B) \subset B$.

现在对任何集合 A，令 $\widetilde{S}(A)$ 表示由

$$\widetilde{S}(A) = S_1(A) \bigcup \cdots \bigcup S_m(A)$$

给出的集合，注意到若 $A \subset A'$，则 $\widetilde{S}(A) \subset \widetilde{S}(A')$.

又观察到尽管每个 S_j 是从 $\mathbf{R}^d$ 到 $\mathbf{R}^d$ 的映射，映射 $\widetilde{S}$ 不是一个点映射，而是从 $\mathbf{R}^d$ 的子集到 $\mathbf{R}^d$ 的子集的映射.

为利用比率小于 1 的收缩的概念，下面我们引入两个紧集之间的距离. 对每个 $\delta > 0$ 与集合 A，令

$$A^\delta = \{x : d(x, A) < \delta\}.$$

因此 A^δ 是一个包含 A 然而比 A 稍大（通过 δ 体现）的集合. 若 A 与 B 是两个紧集，则定义豪斯多夫距离为

$$\mathrm{dist}(A, B) = \inf\{\delta : B \subset A^\delta \text{ 且 } A \subset B^\delta\}.$$

引理 2.11　定义在 $\mathbf{R}^d$ 的紧子集上的距离函数 dist 满足：

（ⅰ）$\mathrm{dist}(A, B) = 0$ 当且仅当 $A = B$.

（ⅱ）$\mathrm{dist}(A, B) = \mathrm{dist}(B, A)$.

（ⅲ）$\mathrm{dist}(A, B) \leqslant \mathrm{dist}(A, C) + \mathrm{dist}(C, B)$.

若 $S_1, \cdots, S_m$ 是比率为 r 的相似，则

（ⅳ）$\mathrm{dist}(\widetilde{S}(A), \widetilde{S}(B)) \leqslant r\mathrm{dist}(A, B)$.

引理的证明是简单的，且可以留给读者去完成.

用这两个引理我们现在可以证明定理 2.9. 我们首先选择如引理 2.10 中一样的 B，且令 $F_k = \widetilde{S}^k(B)$，其中 $\widetilde{S}^k$ 表示 $\widetilde{S}$ 的第 k 次复合，即 $\widetilde{S}^k = \widetilde{S}^{k-1} \circ \widetilde{S}$，其中 $\widetilde{S}^1 = \widetilde{S}$. 每个 F_k 是非空的紧集，且 $F_k \subset F_{k-1}$，由于 $\widetilde{S}(B) \subset B$，若令

$$F = \bigcap_{k=1}^{\infty} F_k,$$

则 F 是一个非空的紧集，且显然 $\widetilde{S}(F) = F$，因为应用 $\widetilde{S}$ 于 $\bigcap_{k=1}^{\infty} F_k$ 得到 $\bigcap_{k=2}^{\infty} F_k$，它也等于 F.

集合 F 的唯一性证明如下：假设 G 是其他使得 $\widetilde{S}(G) = G$ 的紧集，则应用引理 2.11 中的（ⅳ）得到 $\mathrm{dist}(F, G) \leqslant r\mathrm{dist}(F, G)$. 由于 $r < 1$，故 $\mathrm{dist}(F, G) = 0$，因此 $F = G$，且完成了对定理 2.9 的证明.

在一个附加的技术条件下，人们可以计算出自相似集 F 的豪斯多夫维数的精

确值. 大致说来, 若集合 $S_1(F), \cdots, S_m(F)$ 重合不太多, 则限制性条件成立. 事实上, 若这些集合不相交, 则我们可以认为

$$m_\alpha(F) = \sum_{j=1}^m m_\alpha(S_j(F)).$$

由于每个 S_j 以 r 标度, 则有 $m_\alpha(S_j(F)) = r^\alpha m_\alpha(F)$. 因此

$$m_\alpha(F) = m r^\alpha m_\alpha(F).$$

若 $m_\alpha(F)$ 是有限的, 则有 $m r^\alpha = 1$; 从而

$$\alpha = \frac{\log m}{\log 1/r}.$$

我们施加的限制性条件如下: 称相似 $S_1, \cdots, S_m$ 是可分的, 若存在一个有界开集 $\mathcal{O}$ 使得

$$\mathcal{O} \supset S_1(\mathcal{O}) \bigcup \cdots \bigcup S_m(\mathcal{O}),$$

且 $S_j(\mathcal{O})$ 是不相交的. 没有假设 $\mathcal{O}$ 包含 F.

定理 2.12　假设 $S_1, S_2, \cdots, S_m$ 是 m 个可分的有共同比率 r 的相似, 其中 $0 < r < 1$, 则集合 F 的豪斯多夫维数等于 $\log m / \log(1/\gamma)$.

首先观察到当 F 是一个康托尔集时, 可以取 $\mathcal{O}$ 为单位开区间, 且注意到已经证明了它的维数是 $\log 2 / \log 3$. 对谢尔宾斯基三角形取单位开三角形就行了, 且 $\dim S = \log 3 / \log 2$. 在康托尔尘的例子中取单位开正方形, 以及 $\dim \mathcal{D} = \log m / \log \mu^{-1}$. 最后, 对 von Koch 曲线我们可以取图 7 中画出的三角形的内部, 且有 $\dim \mathcal{K} = \log 4 / \log 3$.

现在我们转向定理 2.12 的证明, 按照与谢尔宾斯基三角形的情形同样的方法. 若 $\alpha = \log m / \log(1/r)$, 我们断言 $m_\alpha(F) < \infty$, 因此 $\dim F \leqslant \alpha$. 此外, 即使没有可分的假设不等式也成立. 事实上, 由于

$$F_k = \widetilde{S}^k(B),$$

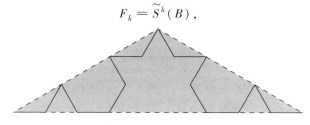

图 7　使 von Koch 相似可分的开集

且 $\widetilde{S}^k(B)$ 是 m^k 个直径小于 $c r^k$ (其中 $c = \dim B$) 的集合的并集, 每一个的形式为

$$S_{n_1} \circ S_{n_2} \circ \cdots \circ S_{n_k}(B), \text{其中 } 1 \leqslant n_i \leqslant m \text{ 且 } 1 \leqslant i \leqslant k.$$

因此, 若 $c r^k \leqslant \delta$, 则

$$\mathcal{H}_\alpha^\delta(F) \leqslant \sum_{n_1, \cdots, n_k} (\mathrm{diam} S_{n_1} \circ \cdots \circ S_{n_k}(B))^\alpha$$

$$\leqslant c' m^k r^{\alpha k}$$

$$\leqslant c',$$

由于 $mr^{\alpha}=1$，$\alpha = \log m / \log(1/\gamma)$. 由于 c' 独立于 δ，故得到 $m_{\alpha}(F) \leqslant c'$.

为了证明 $m_{\alpha}(F) > 0$，我们现在利用分离性条件. 我们用平行于先前计算谢尔宾斯基三角形的豪斯多夫维数的方法证明.

固定一个 F 中的点 $\bar{x}$. 定义第 k 代的"顶点"为落在 F 中的 m^k 个点，由

$$S_{n_1} \circ S_{n_2} \circ \cdots \circ S_{n_k}(\bar{x}),\text{其中 } 1 \leqslant n_1 \leqslant m,\cdots,1 \leqslant n_k \leqslant m$$

给出. 每个顶点用 $(n_1,\cdots,n_k)$ 标记. 顶点不需要区分，因此它们按重数计数.

类似地，定义第 k 代的"开集"为 m^k 个由

$$S_{n_1} \circ S_{n_2} \circ \cdots \circ S_{n_k}(\mathcal{O}),\text{其中 } 1 \leqslant n_1 \leqslant m,\cdots,1 \leqslant n_k \leqslant m$$

给出的集合，其中 $\mathcal{O}$ 是固定的，且被选择为满足分离性条件. 这些开集也用多重指标 $(n_1,n_2,\cdots,n_k)$ 标记，其中 $1 \leqslant n_j \leqslant m$ 且 $1 \leqslant j \leqslant k$.

则第 k 代中的开集是不相交的，因为第一代的开集是不相交的. 而且若 $k \geqslant l$，则第 l 代的每个开集包含第 k 代的 m^{k-l} 个开集.

假设 v 是第 k 代的一个顶点，且令 $\mathcal{O}(v)$ 表示第 k 代的对应于 v 的开集，即 v 与 $\mathcal{O}(v)$ 具有同样的标号 $(n_1,n_2,\cdots,n_k)$. 由于 $\bar{x}$ 与最初的开集 $\mathcal{O}$ 的距离是固定的，且 $\mathcal{O}$ 有一个有限的直径，故

(a) $d(v,\mathcal{O}(v)) \leqslant cr^k$.

(b) $c'r^k \leqslant \operatorname{diam}\mathcal{O}(v) \leqslant cr^k$.

正如在谢尔宾斯基三角形中的情形一样，仅需证明若 $\mathcal{B}=\{B_j\}_{j=1}^{N}$ 是由有限个直径小于 δ 的球组成的簇且它们的并集覆盖 F，则

$$\sum_{j=1}^{N}(\operatorname{diam}B_j)^{\alpha} \geqslant c > 0.$$

假设我们有这样的一个由球组成的覆盖，选择 k 使得

$$r^k \leqslant \min_{1 \leqslant j \leqslant N}\operatorname{diam}B_j < r^{k-1}.$$

引理 2.13　假设 B 是覆盖 $\mathcal{B}$ 中的一个球满足

$$\text{对某个 } l \leqslant k, r^l \leqslant \operatorname{diam}B \leqslant r^{l-1},$$

则 $\mathcal{B}$ 至多包含第 k 代的 cm^{k-l} 个顶点.

证　若 v 是第 k 代的一个顶点，其中 $v \in B$，且 $\mathcal{O}(v)$ 表示第 k 代的对应于 v 的开集，则对 B 的某个固定扩张 B^*，上面的性质（a）和（b）保证了 $\mathcal{O}(v) \subset B^*$，且 B^* 也包含第 l 代的那些包含 $\mathcal{O}(v)$ 的开集.

由于 B^* 的体积为 cr^{dl}，第 l 代的每个开集的体积 $\approx r^{dl}$（由上面的性质（b）），B^* 至多包含第 l 代中的 c 个开集. 因此 B^* 至多包含第 k 代中的 cm^{k-l} 个开集. 从而，$\mathcal{B}$ 至多包含第 k 代的 cm^{k-l} 个顶点，且引理得证.

对最后一个论证，令 N_l 表示 $\mathcal{B}$ 中满足

$$r^l \leqslant \operatorname{diam}B_j \leqslant r^{l-1}$$

的球的个数. 由引理, 我们看到被簇 $\mathcal{B}$ 覆盖的第 k 代的顶点的总数不超过 $c \sum_l N_l m^{k-l}$. 由于第 k 代的所有 m^k 个顶点都属于 F, 故有 $c \sum_l N_l m^{k-l} \geqslant m^k$, 因此

$$\sum_l N_l m^{-l} \geqslant c.$$

由 α 的定义给出 $r^{l\alpha} = m^{-l}$, 于是

$$\sum_{j=1}^{N} (\operatorname{diam} B_j)^\alpha \geqslant \sum_l N_l r^{l\alpha} \geqslant c.$$

从而完成了对定理 2.12 的证明.

3 空间填充曲线

1890 年预示着一个重要的发现: 佩亚诺 (Peano) 构造了一条能够填满平面内的整个正方形的连续曲线. 从那以后, 人们给出了他的构造的许多变体. 我们这里将要描述一个构造, 这个构造具有阐明一个额外的重要事实的功能. 即从测度论的角度, 大致说来, 单位区间与单位正方形是 "同构的".

定理 3.1 存在一条从单位区间到单位正方形的曲线 $t \mapsto \mathcal{P}(t)$, 具有下列性质:

（ⅰ） $\mathcal{P}$ 将 $[0,1]$ 连续满射到 $[0,1] \times [0,1]$.

（ⅱ） $\mathcal{P}$ 满足 $1/2$ 阶利普希茨条件, 即

$$|\mathcal{P}(t) - \mathcal{P}(s)| \leqslant M |t-s|^{1/2}.$$

（ⅲ） 任何子区间 $[a,b]$ 在 $\mathcal{P}$ 下的像是（2 维）勒贝格测度恰好是 $b-a$ 的正方形的一个紧子集.

第三个结论可以进一步地阐明如下.

推论 3.2 存在子集 $Z_1 \subset [0,1]$ 和 $Z_2 \subset [0,1] \times [0,1]$（每个的测度都为零）, 使得 $\mathcal{P}$ 是一个从

$$[0,1] - Z_1 \text{ 到 } [0,1] \times [0,1] - Z_2$$

的双射, 且保持测度. 换言之, E 是可测的当且仅当 $\mathcal{P}(E)$ 是可测的, 且

$$m_1(E) = m_2(\mathcal{P}(E)).$$

这里 m_1 与 m_2 分别表示 $\mathbf{R}^1$ 与 $\mathbf{R}^2$ 上的勒贝格测度.

我们称函数 $t \mapsto \mathcal{P}(t)$ 为佩亚诺映射. 它的像称为佩亚诺曲线.

几个观察有助于阐明定理的结论的本质. 假设 $F: [0,1] \to [0,1] \times [0,1]$ 是一个连续的满射, 则:

（a） F 不能满足指数 $\gamma > 1/2$ 的利普希茨条件. 这可由引理 2.2 立即得到, 它指出

$$\dim F([0,1]) \leqslant \frac{1}{\gamma} \dim [0,1]$$

因此得到想要的 $2 \leqslant 1/\gamma$.

（b）F 不能是单射. 事实上，若 F 是单射这种情况，则 F 的逆 G 存在且连续. 给定 $[0,1]$ 中的任何两个点 $a \neq b$，观察正方形中连接 $F(a)$ 与 $F(b)$ 的两条不同的曲线，由于这两条曲线在 G 下的像会在 a 与 b 之间的某点相交，于是得到矛盾. 事实上，给定正方形中的任何开圆盘 D，总存在 $x \in D$ 使得 $t \neq s$ 但 $F(t) = F(s) = x$.

定理 3.1 的证明将从对一个把 $[0,1] \times [0,1]$ 中的子正方形与 $[0,1]$ 的子区间相关联的自然映射类的仔细研究得到. 这实施了隐含在希尔伯特迭代过程中的方法，在这个方法中他提出了图 8 中的前三个步骤.

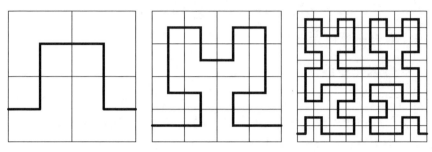

图 8　佩亚诺曲线的构造

我们现在转向一般映射类的研究.

3.1　四次区间和二进正方形

当 $[0,1]$ 连续地分成 4 的乘方份时产生四次区间. 例如，第一代四次区间是闭区间

$$I_1 = [0,1/4], I_2 = [1/4,1/2], I_3 = [1/2,3/4], I_4 = [3/4,1].$$

通过对第一代的每个区间分成 4 份得到第二代四次区间. 因此第二代有 $16 = 4^2$ 个区间. 一般的，第 k 代有 4^k 个四次区间，每个的形式为 $\left[\dfrac{l}{4^k}, \dfrac{l+1}{4^k}\right]$，其中 l 是整数，$0 \leqslant l < 4^k$.

一个四次区间的链是一个递减的区间列

$$I^1 \supset I^2 \supset \cdots \supset I^k \supset \cdots,$$

其中 I^k 是第 k 代的一个四次区间（因此 $|I^k| = 4^{-k}$）.

命题 3.3　四次区间的链满足下列性质：

（i）若 $\{I^k\}$ 是一个四次区间的链，则存在唯一的 $t \in [0,1]$ 使得 $t \in \bigcap_k I^k$.

（ii）反过来，给定 $t \in [0,1]$，存在一个四次区间的链 $\{I^k\}$ 使得 $t \in \bigcap_k I^k$.

（iii）使得（ii）的链不唯一的 t 组成的集合测度为零（事实上，这个集合是可数的）.

证　（i）可由 $\{I^k\}$ 是一个递减的直径趋于 0 的紧集列的事实得到.

对（ii），我们固定 t，且注意到对每个 k，至少存在一个四次区间 I^k 使得 $t \in I^{k'}$. 若 t 的形式为 $l/4^k$，其中 $0 < l < 4^k$，则第 k 代中恰好有两个四次区间包含 t.

因此，使得链不唯一的点的集合恰好是二进有理数

$$\frac{l}{4^k}, \text{其中} 1 \leqslant k, \text{且} 0 < l < 4^k.$$

注意，当然这些分数与形如 $l'/2^k$ 的分数是相同的，其中 $0 < l' < 2^k$。这个集合是可数的，因此测度为 0。

显然每个四次区间的链可以自然地用一个串 $.a_1 a_2 \cdots a_k \cdots$ 表示，其中每个 a_k 是 0，1，2 或 3，则对应于这个链的点 t 由

$$t = \sum_{k=1}^{\infty} \frac{a_k}{4^k}$$

给出。发生歧义的点恰好是对所有充分大的 k 有 $a_k = 3$，或等价地对所有充分大的 k 有 $a_k = 0$ 的点。

我们对佩亚诺映射的描述的一部分将从把每个四次区间与一个二进正方形相关联得到。这些二进正方形通过依次二等分平面中的单位正方形 $[0,1] \times [0,1]$ 的边得到。

例如，第一代的二进正方形产生于二等分单位正方形的边。这样得到 4 个闭正方形 S_1，S_2，S_3 及 S_4，每个的边长为 1/2 且面积 $|S_i| = 1/4, i = 1, 2, \cdots, 4$。

第二代的二进正方形通过二等分第一代的每个二进正方形的边得到，以此类推。一般的，第 k 代有 4^k 个正方形，每个正方形边长为 $1/2^k$，面积为 $1/4^k$。

一个二进正方形的链是一个递减的正方形列

$$S^1 \supset S^2 \supset \cdots \supset S^k \supset \cdots,$$

其中 S^k 是第 k 代的一个二进正方形。

命题 3.4 二进正方形的链具有下列性质：

（i）若 $\{S^k\}$ 是一个二进正方形的链，则存在唯一的 $x \in [0,1] \times [0,1]$ 使得 $x \in \bigcap_k S^k$。

（ii）反之，给定 $x \in [0,1] \times [0,1]$，存在一个二进正方形的链 $\{S^k\}$ 使得 $x \in \bigcap_k S^k$。

（iii）使得（ii）的链不唯一的 x 的集合测度为零。

在这种情况下，有歧义的点的集合由所有至少有一个坐标是二进有理数的点 (x_1, x_2) 组成。从几何上看，这个集合是 $[0,1] \times [0,1]$ 中的由二进有理数的网格确定的垂直和水平的线段的（可数）并集。该集合的测度为零。

263

此外，每个二进正方形的链可以用一个串 $.b_1 b_2 \cdots$ 表示，其中每个 b_k 是 0，1，2 或 3，则

$$x = \sum_{k=1}^{\infty} \frac{\overline{b}_k}{2^k}, \tag{1}$$

其中

$$若\ b_x = 0, \bar{b}_k = (0,0),$$
$$若\ b_k = 1, \bar{b}_k = (0,1),$$
$$若\ b_k = 2, \bar{b}_k = (1,0),$$
$$若\ b_k = 3, \bar{b}_k = (1,1).$$

3.2　二进对应

一个二进对应是一个从四次区间到二进正方形的映射 Φ，它满足：

（1）Φ 是一个双射.

（2）Φ 遵守代.

（3）Φ 遵守包含关系.

对于（2），意指若 I 是第 k 代的一个四次区间，则 $\Phi(I)$ 是第 k 代的一个二进正方形. 对于（3），意指若 $I \subset J$，则 $\Phi(I) \subset \Phi(J)$.

例如，平凡的或标准的指定串 $.b_1 b_2 \cdots$ 与串 $.a_1 a_2 \cdots$ 对应，其中 $b_k = a_k$.

给定一个二进对应 Φ，诱导映射 Φ^* 是如下给出的从 $[0,1]$ 到 $[0,1] \times [0,1]$ 的映射. 若 $\{t\} = \bigcap\limits_k I^k$，其中 $\{I^k\}$ 是一个四次区间的链，则由于 $\{\Phi(I^k)\}$ 是一个二进正方形的链，可以令

$$\Phi^*(t) = x = \bigcap \Phi(I^k).$$

我们注意到除了在一个零测度（可数）集（那些由多于一个的四次链表示的点 t）外，Φ^* 是合理定义的.

略加思索就能证明，若 I' 是第 k 代的一个四次区间，则像 $\Phi^*(I') = \{\Phi^*(t),\ t \in I'\}$，包含第 k 代的二进正方形 $\Phi(I')$. 因此 $\Phi^*(I') = \Phi(I')$，从而 $m_1(I') = m_2(\Phi^*(I'))$.

定理 3.5　给定一个二进对应 Φ，存在集合 $Z_1 \subset [0,1]$ 与 $Z_2 \subset [0,1] \times [0,1]$，每个的测度都为零，使得：

（ⅰ）Φ^* 是从 $[0,1] - Z_1$ 到 $[0,1] \times [0,1] - Z_2$ 的一个双射.

（ⅱ）E 是可测的当且仅当 $\Phi^*(E)$ 是可测的.

（ⅲ）$m_1(E) = m_2(\Phi^*(E))$.

证　首先令 $\mathcal{N}_1$ 表示出现在命题 3.3 的（ⅲ）中的四次区间（即那些所对应的 $I = [0,1]$ 中的点表示不唯一的区间）的链组成的簇. 类似地，令 $\mathcal{N}_2$ 表示正方形 $I \times I$ 中的表示不唯一的点对应的二进正方形的链组成的簇.

264

由于 Φ 是一个从四次区间的链到二进正方形的链的双射，它也是一个从 $\mathcal{N}_1 \cup \Phi^{-1}(\mathcal{N}_2)$ 到 $\Phi(\mathcal{N}_1) \cup \mathcal{N}_2$ 的双射，因此对它们的补集也是双射. 令 Z_1 表示 I 的一个子集，它由 I 中所有可以用 $\mathcal{N}_1 \cup \Phi^{-1}(\mathcal{N}_2)$ 中的链表示（根据命题 3.3 的（ⅰ））的点组成，且设 Z_2 是由所有能用 $\Phi(\mathcal{N}_1) \cup \mathcal{N}_2$ 中的链表示的正方形中的点组成的集合，则诱导映射 Φ^* 在 $I - Z_1$ 上是合理定义的，且给出了一个从 $I - Z_1$ 到 $(I \times I)$

$-Z_2$ 的双射. 为了证明 Z_1 与 Z_2 的测度都为零, 我们援引下面的引理. 假设 $\{f_k\}_{k=1}^{\infty}$ 是一个固定的给定数列, 其中每个 f_k 取 0, 1, 2 或 3.

引理 3.6 令

$$E_0 = \left\{ x = \sum_{k=1}^{\infty} a_k/4^k \right\}, \text{ 其中对充分大的 } k, a_k \neq f_k,$$

则

$$m(E_0) = 0.$$

事实上, 若固定 r, 则 $m(\{x : a_r \neq f_r\}) = 3/4$, 且

$$m(\{x : a_r \neq f_r \text{ 且 } a_{r+1} \neq f_{r+1}\}) = (3/4)^2, \text{等等}.$$

从而 $m(\{x : a_r \neq f_r, \text{对所有 } k \geq r\}) = 0$, E_0 是可数个这样的集合的并集, 由此得到引理.

根据表达式 (1), 对正方形 $S = I \times I$ 中的点也有类似的陈述.

注意到作为一个结果 I 中对应于 $\mathcal{N}_1$ 中的链的点构成一个零测度集. 事实上, 我们可以对数列 $f_k = 1$, $k \geq 1$, 应用引理, 由于 $\mathcal{N}_1$ 中的元素对应于数列 $\{a_k\}$, 其中对所有充分大的 k 有 $a_k = 0$, 或对所有充分大的 k 有 $a_k = 3$.

类似地, 正方形 S 中对应于 $\mathcal{N}_2$ 的点构成一个零测度集. 为看到这一点, 例如取对所有的奇数 k 有 $f_k = 1$, 对偶数 k 有 $f_k = 2$, 且注意到 $\mathcal{N}_2$ 对应于数列 $\{a_k\}$, 其中对所有充分大的 k, 下列四种互斥的选择之一成立: a_k 是 0 或 1; a_k 是 2 或 3; a_k 是 0 或 2; a_k 是 1 或 3. 通过类似的推理, 得到 $\Phi^{-1}(\mathcal{N}_2)$ 与 $\Phi(\mathcal{N}_1)$ 中的点分别构成 I 和 $I \times I$ 中的零测度集.

我们现在转向证明 Φ^* (是一个从 $I - Z_1$ 到 $(I \times I) - Z_2$ 的双射) 是保持测度的. 为此, 回忆起第 1 章的定理 1.4 是有用的, 单位区间 I 中的任何开集 $\mathcal{O}$ 都可写成一个可数并 $\bigcup_{j=1}^{\infty} I_j$, 其中每个 I_j 都是闭区间, I_j 内部不相交. 此外, 审视证明过程表明区间可以取成二进的, 即形如 $[l/2^j, (l+1)/2^j]$ 的区间, 其中 l 与 j 是适当的整数. 更进一步地, 若 j 是偶数, $j = 2k$, 则这样的区间本身就是一个四次区间; 若 j 是奇数, $j = 2k - 1$, 则它是两个四次区间 $[(2l)/2^{2k}, (2l+1)/2^{2k}]$ 与 $[(2l+1)/2^{2k}, (2l+2)/2^{2k}]$ 的并集. 因此, I 中的任何开集都可以写成可数个内部不相交的四次区间的并. 类似地, 正方形 $I \times I$ 中的任何开集都可以写成可数个内部不相交的二进正方形的并.

现在令 E 为 $I - Z_1$ 中的任一零测度集且 $\varepsilon > 0$, 则我们可以覆盖 $E \subset \bigcup_j I_j$, 其中 I_j 是四次区间, 且 $\sum_j m_1(I_j) < \varepsilon$. 因为 $\Phi^*(E) \subset \bigcup_j \Phi^*(I_j)$, 则

$$m_2(\Phi^*(E)) \leq \sum m_2(\Phi^*(I_j)) = \sum m_1(I_j) < \varepsilon.$$

从而 $\Phi^*(E)$ 是可测的且 $m_2(\Phi^*(E)) = 0$. 类似地, $(\Phi^*)^{-1}$ 将 $(I \times I) - Z_2$ 中的零测度集映射到 I 中的零测度集.

现在上面的论证也表明了若 $\mathcal{O}$ 是 I 中的任何开集，则 $\Phi^*(\mathcal{O}-Z_1)$ 是可测的，且 $m_2(\Phi^*(\mathcal{O}-Z_1))=m_1(\mathcal{O})$. 由于任何可测集与 G_δ 集相差一个零测度集，从而这个等式可以转至 I 中的 G_δ 集. 我们看到对 $I-Z_1$ 的任何可测子集 E 建立了 $m_2(\Phi^*(E))=m_1(E)$. 可对 $(\Phi^*)^{-1}$ 进行同样的论证，这完成了定理的证明.

佩亚诺映射将作为一个特殊的对应 Φ 的诱导映射 Φ^* 得到.

3.3 佩亚诺映射的构造

我们现在介绍的特定的二进对应为我们提供了追踪佩亚诺曲线的逼近可遵循的步骤. 这个构造背后的主要思想是，当我们从第 k 代的一个四次区间走到同代的另一个四次区间（通过二进对应）时，我们也从第 k 代的一个二进正方形移动到另一个与它有公共边的第 k 代的二进正方形.

更精确地，我们说在同一代的两个四次区间是相邻的，若它们有一个公共点. 同样的，同一代的两个正方形是相邻的，若它们有一条公共边.

引理 3.7 存在唯一的二进对应 Φ 使得：

（i）若 I 与 J 是同一代的两个相邻的四次区间，则 $\Phi(I)$ 与 $\Phi(J)$ 是（同一代中的）两个相邻的正方形.

（ii）在第 k 代，若 I_- 是最左端的区间而 I_+ 是最右端的区间，则 $\Phi(I_-)$ 是左下方的正方形而 $\Phi(I_+)$ 是右下方的正方形.

引理的（ii）如图 9 所示.

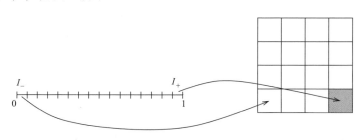

图 9 特别的二进对应

给定一个正方形 S 以及它直接的四个子正方形，一条可接受的导线是一个子正方形 S_1, S_2, S_3 及 S_4 的顺序，使得 S_j 与 S_{j+1} 是相邻的，$j=1,2,3$. 有了这个顺序，我们注意到若把 S_1 涂成白色的，且可选颜色为黑色和白色，则 S_3 也是白色的，S_2 与 S_4 是黑色的. 需要记住的重要的一点是：若一条导线中的第一个正方形是白色的，则最后一个是黑色的.

关键观察如下. 假设我们给定一个正方形 S，与 S 的一条边 σ. 若 S_1 是 S 内直接的四个子正方形中的任何一个，则存在唯一的导线 S_1, S_2, S_3 与 S_4 使得最后一个正方形 S_4 与 σ 有公共边. 有了在 S 的左下角的最初的正方形 S_1，对应于 σ 的四种选择的四个可能如图 10 所示.

我们现在开始对满足引理条件的二进对应作归纳的描述. 在第一代的四次区间

上，我们赋予正方形 $S_j = \Phi(I_j)$，如图 11 所示.

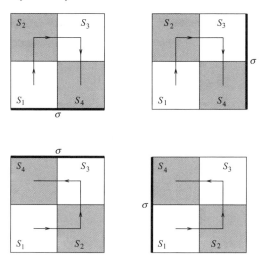

图 10　导线

现在假设已经对小于或等于 k 代的四次区间定义 Φ 了，并将第 k 代的区间按递增的顺序写成 $I_1, \cdots, I_{4^k}$，且令 $S_j = \Phi(I_j)$. 然后将 I_1 分成四个第 $k+1$ 代的四次区间，并用 $I_{1,1}, I_{1,2}, I_{1,3}$ 及 $I_{1,4}$ 表示它们，其中区间按递增的顺序选取.

接下来，对每个区间 $I_{1,j}$ 赋予一个包含于 S_1 的第 $k+1$ 代的二进正方形 $\Phi(I_{1,j}) = S_j$ 使得：

（a）$S_{1,1}$ 是 S_1 左下方的子正方形，

（b）$S_{1,4}$ 同 S_1 与 S_2 的公共边相切，

（c）$S_{1,1}, S_{1,2}, S_{1,3}$ 与 $S_{1,4}$ 是一条导线.

这是可能的，因为归纳假设保证了 S_2 与 S_1 是相邻的.

这解决了 S_1 的每个子正方形的分

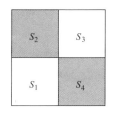

图 11　对应的初始步骤

配，因此我们将注意力转向 S_2. 令 $I_{2,1}, I_{2,2}, I_{2,3}$ 及 $I_{2,4}$ 表示 I_2 中的第 $k+1$ 代的四次区间，按递增的顺序写. 首先，取 $S_{2,1} = \Phi(I_{2,1})$ 为 S_2 的与 $S_{1,4}$ 相邻的子正方形. 这可以做到，因为根据我们的构造方法，$S_{1,4}$ 与 S_2 是相切的. 注意到我们从一个黑色的正方形（$S_{1,4}$）离开 S_1，进入 S_2 中一个白色的正方形（$S_{2,1}$）. 由于 S_3 与 S_2 相邻，从而可找到一条导线 $S_{2,1}, S_{2,2}, S_{2,3}$ 及 $S_{2,4}$ 使得 $S_{2,4}$ 与 S_3 相切.

我们接着在每个区间 I_j 和正方形 S_j 重复这一过程，$j = 3, \cdots, 4^k$. 注意到每一阶段正方形 $S_{j,1}$（"进入"的正方形）是白色的，而 $S_{j,4}$（"退出"的正方形）是黑色的.

在最后一步，归纳假设保证了 S_{4^k} 是右下角的正方形. 此外，由于 S_{4^k-1} 必须与

267

S_{4^k} 相邻，它必须在 S_{4^k} 的上面或者左面，因此我们沿上边或左边进入第 $k+1$ 代的一个正方形. 进入的正方形是一个白色的正方形，我们走到 S_{4^k} 的右下角的子正方形. 它是黑色子正方形.

这就完成了归纳步骤，因此完成了引理 3.7 的证明.

我们现在可以开始对佩亚诺曲线的实际性描述. 对每个代 k 我们构造了一条折线，它由连接相连的正方形的中心的垂直与水平的线段组成. 更确切地说，设 Φ 表示引理 3.7 中的二进对应，并且令 $S_1, \cdots, S_{4^k}$ 为根据 Φ 排列的第 k 代正方形，即 $\Phi(I_j) = S_j$. 令 t_j 表示 I_j 的中点，

$$对 \ j = 1, \cdots, 4^k, \quad t_j = \frac{j - \frac{1}{2}}{4^k}.$$

令 x_j 表示正方形 S_j 的中心，并定义

$$\mathcal{P}_k(t_j) = x_j.$$

又令　　　　　　　$\mathcal{P}_k(0) = (0, 1/2^{k+1}) = x_0$，其中 $t_0 = 0$，

以及

$$\mathcal{P}_k(1) = (1, 1/2^{k+1}) = x_{4^k+1}，其中 \ t_{4^k+1} = 1.$$

于是，我们通过由分点 $t_0, \cdots, t_{4^k+1}$ 确定的子区间线性地将 $\mathcal{P}_k(t)$ 延拓到单位区间 $0 \leqslant t \leqslant 1$.

注意到对 $0 \leqslant j \leqslant 4^k$，距离 $|x_j - x_{j+1}| = 1/2^k$，而 $|t_j - t_{j+1}| = 1/4^k$. 还有

$$|x_1 - x_0| = |x_{4^k} - x_{4^k+1}| = \frac{1}{2 \cdot 2^k},$$

而

$$|t_1 - t_0| = |t_{4^k} - t_{4^k+1}| = \frac{1}{2 \cdot 4^k}.$$

从而除了当 $t = t_j$ 之外，$\mathcal{P}_k'(t) = 4^k 2^{-k} = 2^k$.

因此，

$$|\mathcal{P}_k(t) - \mathcal{P}_k(s)| \leqslant 2^k |t - s|.$$

然而，

$$|\mathcal{P}_{k+1}(t) - \mathcal{P}_k(t)| \leqslant \sqrt{2} \, 2^{-k},$$

因为当 $l/4^k \leqslant t \leqslant (l+1)/4^k$ 时，则 $\mathcal{P}_{k+1}(t)$ 与 $\mathcal{P}_k(t)$ 属于第 k 代的同一个二进正方形.

因而极限

$$\mathcal{P}(t) = \lim_{k \to \infty} \mathcal{P}_k(t) = \mathcal{P}_1(t) + \sum_{j=1}^{\infty} \mathcal{P}_{j+1}(t) - \mathcal{P}_j(t)$$

存在，且根据一致收敛性定义了一个连续函数. 由引理 2.8 可推断出

$$|\mathcal{P}(t) - \mathcal{P}(s)| \leqslant M |t - s|^{1/2},$$

且 $\mathcal{P}$ 满足 $1/2$ 阶利普希茨条件.

此外，每个 $\mathcal{P}_k(t)$ 随着 t 在 $[0,1]$ 中变化而走遍第 k 代的每个二进正方形. 因此 $\mathcal{P}$ 在单位正方形中是稠密的，且由连续性可知 $t\mapsto\mathcal{P}(t)$ 是一个满射.

最后，要证明 $\mathcal{P}$ 是保持测度的，仅需建立 $\mathcal{P}=\Phi^*$.

引理 3.8 若 Φ 是引理 3.7 中的二进对应，则对任何 $0\leqslant t\leqslant1$，有 $\Phi^*(t)=\mathcal{P}_k(t)$.

证 首先，我们观察到对每个 t，$\Phi^*(t)$ 是明确定义的. 事实上，假设 $t\in\bigcap\limits_k I^k$ 且 $t\in\bigcap\limits_k J^k$ 是两个四次区间的链；则对充分大的 k，I^k 与 J^k 一定是相邻的. 从而对所有充分大的 k，$\Phi(I^k)$ 与 $\Phi(J^k)$ 一定是相邻的. 因此

$$\bigcap_k\Phi(I^k)=\bigcap_k\Phi(J^k).$$

接下来，由我们的构造直接可得

$$\bigcap_k\Phi(I^k)=\lim\mathcal{P}_k(t)=\mathcal{P}(t).$$

这给出了想要的结论.

论证也表明对任何四次区间 I 有 $\mathcal{P}(I)=\Phi(I)$. 现在回忆起任何区间 (a,b) 可以写成 $\bigcup\limits_j I_j$，其中 I_j 是内部不相交的四次区间. 因为 $\mathcal{P}(I_j)=\Phi(I_j)$，它们是内部不相交的二进正方形. 由于 $\mathcal{P}(a,b)=\bigcup\limits_j\mathcal{P}(I_j)$，故有

$$m_2(\mathcal{P}(a,b))=\sum_{j=1}^\infty m_2(\mathcal{P}(I_j))=\sum_{j=1}^\infty m_2(\Phi(I_j))=\sum_{j=1}^\infty m_1(I_j)=m_1(a,b).$$

这证明了定理 3.1 的（ⅲ）. 其他的结论也已经建立了，我们只需要注意到推论包含在定理 3.5 中.

因此，我们推断出 $t\mapsto\mathcal{P}(t)$ 也诱导出一个从 $[0,1]$ 到 $[0,1]\times[0,1]$ 的保持测度的映射. 这完成了定理 3.1 的证明.

4 * Besicovitch 集和正则性

我们以介绍当 $d\geqslant3$ 时 $\mathbf{R}^d$ 的所有可测子集（测度有限）都满足的一个令人惊奇的正则性质开始. 正如我们将要看到的，对 $d=2$，相应的现象并不成立，因为存在 Besicovitch 发现的一个著名的集合. 一个这种类型的集合的构造将在 4.4 节详细给出.

我们首先固定一些记号. 对球面上每个单位向量 $\gamma,\gamma\in S^{d-1}$，和每个 $t\in\mathbf{R}$ 我们考虑平面 $\mathcal{P}_{t,\gamma}$，它定义为垂直于 γ 的 $(d-1)$ 维仿射超平面，其到原点的"带号距离"为 t[○]. 平面 $\mathcal{P}_{t,\gamma}$ 由

269

[○] 注意到这里有两个垂直于 γ 且到原点的距离为 $|t|$ 的平面；这是因为 t 可以是正的或者负的.

$$\mathcal{P}_{t,\gamma}=\{x\in\mathbf{R}^{d}:x\cdot\gamma=t\}$$

给出.

我们观察到每个 $\mathcal{P}_{t,\gamma}$ 具有一个自然的 $(d-1)$ 勒贝格测度，用 m_{d-1} 表示. 事实上，若把 γ 完备化成 $\mathbf{R}^{d}$ 的一组正交基 $e_{1},e_{2},\cdots,e_{d-1},\gamma$，则可将任何 $x\in\mathbf{R}^{d}$ 用相应的坐标写成 $x=x_{1}e_{1}+x_{2}e_{2}+\cdots+x_{d}\gamma$. 当设 $x\in\mathbf{R}^{d}=\mathbf{R}^{d-1}\times\mathbf{R}$ 为 $(x_{1},\cdots,x_{d-1})\in\mathbf{R}^{d-1},x_{d}\in\mathbf{R}$ 时，则 $\mathcal{P}_{t,\gamma}$ 上的测度 m_{d-1} 就是 $\mathbf{R}^{d-1}$ 上的勒贝格测度. m_{d-1} 的定义不依赖于正交向量 $e_{1},e_{2},\cdots,e_{d-1}$ 的选择，这是因为勒贝格测度具有旋转不变性. （参见第 2 章问题 4，或第 3 章习题 26.）

有了这些不同寻常的预备知识，我们对每个子集 $E\subset\mathbf{R}^{d}$，定义 E 被平面 $\mathcal{P}_{t,\gamma}$ 所截的截面为

$$E_{t,\gamma}=E\bigcap\mathcal{P}_{t,\gamma}.$$

我们现在考虑随 t 变化的截面 $E_{t,\gamma}$，其中 E 是可测的，γ 是固定的. （见图 12）

我们观察到对几乎每个 t 集合 $E_{t,\gamma}$ 是 m_{d-1} 可测的，并且 $m_{d-1}(E_{t,\gamma})$ 是一个关于 t 的可测函数. 这是 Fubini 定理以及上面的分解 $\mathbf{R}^{d}=\mathbf{R}^{d-1}\times\mathbf{R}$ 的直接结论. 事实上，只要方向 γ 是预先分配的，关于函数 $t\mapsto m_{d-1}(E_{t,\gamma})$ 一般没有多少可说的. 然而，当 $d\geqslant3$ 时对"大多数"的 γ，函数的性质是戏剧般不同的. 这包含在如下的定理中.

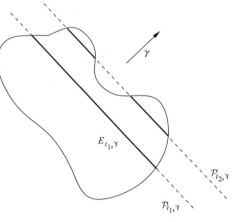

图 12　随着 t 变化的截面 $E\bigcap\mathcal{P}_{t,\gamma}$

定理 4.1　假设 E 是 $\mathbf{R}^{d}$ 中的一个测度有限的集合，其中 $d\geqslant3$，则对几乎所有的 $\gamma\in S^{d-1}$：

（ⅰ）对所有的 $t\in\mathbf{R},E_{t,\gamma}$ 是可测的.

（ⅱ）$m_{d-1}(E_{t,\gamma})$ 在 $t\in\mathbf{R}$ 上是连续的.

此外，对任何 α，其中 $0<\alpha<1/2$，由 $\mu(t,\gamma)=m_{d-1}(E_{t,\gamma})$ 定义的关于 t 的函数，满足 α 阶利普希茨条件.

几乎处处的断言是对 S^{d-1} 上的自然测度 $\mathrm{d}\delta^{*}$ 而言的，该测度出现在前一章 3.2 节的极坐标公式里.

我们回忆起 f 满足 α 阶利普希茨条件，若

$$\text{对某个 } A,\left|f(t_{1})-f(t_{2})\right|\leqslant A\left|t_{1}-t_{2}\right|^{\alpha}.$$

（ⅰ）的一个重要部分是对 a.e. γ，截面 $E_{t,\gamma}$ 对参数 t 的所有值都是可测的. 特别地，人们有：

推论 4.2　假设 E 是 $\mathbf{R}^{d}$ 中的一个零测度集，其中 $d\geqslant3$，则对几乎每个 $\gamma\in S^{d-1}$，

对所有的 $t \in \mathbf{R}$，截面 $E_{t,\gamma}$ 的测度为零.

当 $d = 2$ 时没有类似的结论的事实是 Besicovitch 集（也称为"Kakeya 集"）存在的推论，Besicovitch 集定义为一个满足下面定理中的三个条件的集合.

定理 4.3 存在 $\mathbf{R}^2$ 中的一个集合 $\mathcal{B}$ 使得

（ⅰ）是紧集，

（ⅱ）勒贝格测度为 0，

（ⅲ）包含每个单位线段的平移.

注意到由 $F = \mathcal{B}$ 且 $\gamma \in S^1$，人们有对某个 $t_0, m_1(F \bigcap \mathcal{P}_{t_0,\gamma}) \geqslant 1$. 若 $m_1(F \bigcap \mathcal{P}_{t,\gamma})$ 在 t 处是连续的，则这个测度对 t 的一个包含 t_0 的区间是严格正的，且因此由 Fubini 定理有 $m_2(F) > 0$. 这个矛盾表明定理 4.1 的结论对 $d = 2$ 不成立.

尽管集合 $\mathcal{B}$ 的 2 维测度为零，这个结论不能改进为 α 维豪斯多夫测度来为零，其中 $\alpha < 2$.

定理 4.4 假设 F 是任何满足定理 4.3 的结论（ⅰ）与（ⅲ）的集合，则 F 有豪斯多夫维数 2.

4.1 拉东变换

定理 4.1 与定理 4.4 将通过对拉东变换 $\mathcal{R}$ 的正则性的分析导出. 算子 $\mathcal{R}$ 产生于分析学中的许多问题，在书 I 第 6 章我们已经考虑过它.

对 $\mathbf{R}^d$ 上的适当的函数 f，f 的拉东变换定义为

$$\mathcal{R}(f)(t,\gamma) = \int_{\mathcal{P}_{t,\gamma}} f. \tag{1}$$

积分是关于上面讨论的测度 m_{d-1} 而作的，积分区域是平面 $\mathcal{P}_{t,\gamma}$. 我们首先做以下简单的观察：

1. 若 f 连续且有紧支集，则 f 在每个平面 $\mathcal{P}_{t,\gamma}$ 上当然是可积的，且 $\mathcal{R}(f)(t,\gamma)$ 对所有 $(t,\gamma) \in \mathbf{R} \times S^{d-1}$ 有定义. 此外它是 (t,γ) 的连续函数且在 t 变量上有紧支集.

2. 若 f 仅仅是勒贝格可积的，则对某些 (t,γ) 来说 f 可能在 $\mathcal{P}_{t,\gamma}$ 上不可测或不可积，从而 $\mathcal{R}(f)(t,\gamma)$ 不能对这些 (t,γ) 定义.

3. 假设 f 是集合 E 的特征函数，即 $f = \chi_E$，则只要 $E_{t,\gamma}$ 是可测的，就有 $\mathcal{R}(f)(t,\gamma) = m_{d-1}(E_{t,\gamma})$.

正是最后一个性质将拉东变换与我们的问题联系起来. 这个结论中的一个关键估计涉及一个极大的"拉东变换"，定义为

$$\mathcal{R}^*(f)(\gamma) = \sup_{t \in \mathbf{R}} |\mathcal{R}(f)(t,\gamma)|,$$

以及控制 $\mathcal{R}(f)(t,\gamma)$ 作为 t 的函数的利普希茨性质的相应表达式. 我们分析中的一个固有的基本事实是拉东变换的正则性事实上随着底空间维数的增加而改善.

定理 4.5 假设 f 在 $\mathbf{R}^d$ 上连续且有紧支集，其中 $d \geqslant 3$，则对某个不依赖于 f 的常数 $c > 0$

$$\int_{S^{d-1}} \mathcal{R}^*(f)(\gamma)\,\mathrm{d}\sigma(\gamma) \leqslant c\big[\|f\|_{L^1(\mathbf{R}^d)} + \|f\|_{L^2(\mathbf{R}^d)}\big]. \tag{2}$$

这种类型的不等式是一种典型的"先验"估计. 它首先在函数 f 的某个正则性的假设下得到, 然后通过极限论证过渡到更一般的 f 属于 $L^1 \bigcap L^2$ 的情形.

我们就式 (2) 中出现的 L^1 范数与 L^2 范数做一些解释. 对 L^2 范数施加一个至关重要的局部控制对想要的正则性是必要的. (参见习题 27) 然而, 没有对 f 的整体性质加一定的限制, 函数 f 可能不满足在任何平面 $\mathcal{P}_{t,\gamma}$ 上都是可积的, 如 $f(x) = 1/(1+|x|^{d-1})$ 所显示的, 若 $d \geqslant 3$, 这个函数属于 $L^2(\mathbf{R}^d)$, 但不属于 $L^1(\mathbf{R}^d)$.

定理 4.5 的证明实际上给出了一个更强的结果, 作为推论叙述如下:

推论 4.6　假设 f 在 $\mathbf{R}^d$ 上连续且有紧支集, 其中 $d \geqslant 3$, 则对任何 α, $0 < \alpha < 1/2$, 不等式 (2) 当 $\mathcal{R}^*(f)(\gamma)$ 替换为

$$\sup_{t_1 \neq t_2} \frac{|\mathcal{R}(f)(t_1,\gamma) - \mathcal{R}(f)(t_2,\gamma)|}{|t_1 - t_2|^\alpha} \tag{3}$$

时成立.

定理的证明依赖于拉东变换与傅里叶变换之间的交互作用.

对固定的 $\gamma \in S^{d-1}$, 令 $\hat{\mathcal{R}}(f)(\lambda,\gamma)$ 表示 $\mathcal{R}(f)(t,\gamma)$ 关于变量 t 的傅里叶变换

$$\hat{\mathcal{R}}(f)(\lambda,\gamma) = \int_{-\infty}^{+\infty} \mathcal{R}(f)(t,\gamma)\,\mathrm{e}^{-2\pi\mathrm{i}\lambda t}\,\mathrm{d}t.$$

特别地, 我们用 $\lambda \in \mathbf{R}$ 表示 t 的对偶变量.

f 的傅里叶变换作为 $\mathbf{R}^d$ 上的函数写为 $\hat{f}$, 也就是

$$\hat{f}(\xi) = \int_{\mathbf{R}^d} f(x)\,\mathrm{e}^{-2\pi\mathrm{i}x\cdot\xi}\,\mathrm{d}x.$$

引理 4.7　若 f 是连续的且有紧支集, 则对每个 $\gamma \in S^{d-1}$ 有
$$\hat{\mathcal{R}}(f)(\lambda,\gamma) = \hat{f}(\lambda\gamma).$$

右端就是 f 的傅里叶变换在点 $\lambda\gamma$ 的值.

证　对每个单位向量 γ 我们采用前面描述过的坐标系: $x = (x_1, \cdots x_d)$, 其中 γ 与 x_d 的方向一致. 我们将每个 $x \in \mathbf{R}^d$ 写成 $x = (u, t)$, 其中 $u \in \mathbf{R}^{d-1}$, $t \in \mathbf{R}$, $x \cdot \gamma = t = x_d$ 而 $u = (x_1, \cdots, x_{d-1})$. 此外,

$$\int_{\mathcal{P}_{t,\gamma}} f = \int_{\mathbf{R}^{d-1}} f(u,t)\,\mathrm{d}u,$$

Fubini 定理表明 $\int_{\mathbf{R}^d} f(x)\,\mathrm{d}x = \int_{-\infty}^{+\infty}\Big(\int_{\mathcal{P}_{t,\gamma}} f\Big)\mathrm{d}t$. 用 $f(x)\,\mathrm{e}^{-2\pi\mathrm{i}x\cdot(\lambda\gamma)}$ 代替 $f(x)$ 应用这个等式给出

$$\hat{f}(\lambda\gamma) = \int_{\mathbf{R}^d} f(x)\,\mathrm{e}^{-2\pi\mathrm{i}x\cdot(\lambda\gamma)}\,\mathrm{d}x = \int_{-\infty}^{+\infty}\Big(\int_{\mathbf{R}^{d-1}} f(u,t)\,\mathrm{d}u\Big)\mathrm{e}^{-2\pi\mathrm{i}\lambda t}\,\mathrm{d}t$$

$$= \int_{-\infty}^{+\infty}\Big(\int_{\mathcal{P}_{t,\gamma}} f\Big)\mathrm{e}^{-2\pi\mathrm{i}\lambda t}\,\mathrm{d}t.$$

从而 $\hat{f}(\lambda\gamma) = \hat{\mathcal{R}}(f)(\lambda,\gamma)$，引理获证.

引理 4.8 若 f 是连续的且有紧支集，则

$$\int_{S^{d-1}}\Big(\int_{-\infty}^{+\infty}|\hat{\mathcal{R}}(f)(\lambda,\gamma)|^2|\lambda|^{d-1}\mathrm{d}\lambda\Big)\mathrm{d}\sigma(\gamma) = 2\int_{\mathbf{R}^d}|f(x)|^2\mathrm{d}x.$$

我们观察的关键点是维数 d 越大，随着 $|\lambda|$ 趋于无穷因子 $|\lambda|^{d-1}$ 也越大. 因此维数越大，傅里叶变换 $\hat{\mathcal{R}}(f)(\lambda,\gamma)$ 的衰减性越好，作为 t 的函数的拉东变换 $\mathcal{R}(f)(t,\gamma)$ 的正则性越好.

证 第 5 章的帕塞瓦尔公式保证了

$$2\int_{\mathbf{R}^d}|f(x)|^2\mathrm{d}x = 2\int_{\mathbf{R}^d}|\hat{f}(\xi)|^2\mathrm{d}\xi.$$

变换为极坐标 $\xi = \lambda\gamma$，其中 $\lambda > 0$ 而 $\gamma \in S^{d-1}$，于是得到

$$2\int_{\mathbf{R}^d}|\hat{f}(\xi)|^2\mathrm{d}\xi = 2\int_{S^{d-1}}\int_0^\infty|\hat{f}(\lambda\gamma)|^2\lambda^{d-1}\mathrm{d}\lambda\,\mathrm{d}\sigma(\gamma).$$

我们现在观察到一个简单的变量替换给出

$$\int_{S^{d-1}}\int_0^\infty|\hat{f}(\lambda\gamma)|^2\lambda^{d-1}\mathrm{d}\lambda\,\mathrm{d}\sigma(\gamma) = \int_{S^{d-1}}\int_{-\infty}^0|\hat{f}(\lambda\gamma)|^2|\lambda|^{d-1}\mathrm{d}\lambda\,\mathrm{d}\sigma(\gamma),$$

一旦我们援引引理 4.7 的结果就完成了证明.

定理 4.5 证明的最后一部分由以下组成：

引理 4.9 假设

$$F(t) = \int_{-\infty}^{+\infty}\hat{F}(\lambda)\mathrm{e}^{2\pi\mathrm{i}\lambda t}\mathrm{d}\lambda,$$

其中

$$\sup_{\lambda\in\mathbf{R}}|\hat{F}(\lambda)| \leqslant A \text{ 且 } \int_{-\infty}^{+\infty}|\hat{F}(\lambda)|^2|\lambda|^{d-1}\mathrm{d}\lambda \leqslant B^2,$$

则

$$\sup_{t\in\mathbf{R}}|F(t)| \leqslant c(A+B). \tag{4}$$

此外，若 $0 < \alpha < 1/2$，则

对所有的 t_1, t_2，$|F(t_1) - F(t_2)| \leqslant c_\alpha|t_1 - t_2|^\alpha(A+B)$. $\tag{5}$

证 第一个不等式通过分别考虑 $|\lambda| \leqslant 1$ 以及 $|\lambda| > 1$ 两种情况得到. 记

$$F(t) = \int_{|\lambda|\leqslant 1}\hat{F}(\lambda)\mathrm{e}^{2\pi\mathrm{i}\lambda t}\mathrm{d}\lambda + \int_{|\lambda|>1}\hat{F}(\lambda)\mathrm{e}^{2\pi\mathrm{i}\lambda t}\mathrm{d}\lambda,$$

273

显然第一个积分以 cA 为界. 要估计第二个积分只需给出 $\int_{|\lambda|>1}|\hat{F}(\lambda)|\mathrm{d}\lambda$ 的界. 应用柯西-施瓦茨不等式得到

$$\int_{|\lambda|>1}|\hat{F}(\lambda)|\mathrm{d}\lambda \leqslant \Big(\int_{|\lambda|>1}|\hat{F}(\lambda)|^2|\lambda|^{d-1}\mathrm{d}\lambda\Big)^{1/2}\Big(\int_{|\lambda|>1}|\lambda|^{-d+1}\mathrm{d}\lambda\Big)^{1/2}.$$

当 $-d+1 < -1$ 时，这等价于我们假设的 $d > 2$，也就是 $d \geqslant 3$，最后一个积分恰好收敛. 因此 $|F(t)| \leqslant c(A+B)$.

要建立利普希茨连续性，我们首先注意到

$$F(t_1) - F(t_2) = \int_{-\infty}^{+\infty} \hat{F}(\lambda) \big[e^{2\pi i \lambda t_1} - e^{2\pi i \lambda t_2} \big] d\lambda.$$

由于有不等式[⊖] $|e^{ix} - 1| \leqslant |x|$ ，可立即得

若 $0 \leqslant \alpha < 1$ ，则 $|e^{2\pi i \lambda t_1} - e^{2\pi i \lambda t_2}| \leqslant c |t_1 - t_2|^\alpha \lambda^\alpha.$

我们将差 $F(t_1) - F(t_2)$ 写成两个积分的和. 沿 $|\lambda| \leqslant 1$ 的积分显然以 $cA |t_1 - t_2|^\alpha$ 为界. 第二个积分，即沿 $|\lambda| > 1$ 的积分，可以从上面得到估计

$$|t_1 - t_2|^\alpha \int_{|\lambda| > 1} |\hat{F}(\lambda)| |\lambda|^\alpha d\lambda.$$

柯西-施瓦茨不等式的应用表明这最后一个积分可以由

$$\left(\int_{|\lambda| > 1} |\hat{F}(\lambda)|^2 |\lambda|^{d-1} d\lambda \right)^{1/2} \left(\int_{|\lambda| > 1} |\lambda|^{-d+1+2\alpha} d\lambda \right)^{1/2} \leqslant c_\alpha B$$

极大化. 由于若 $-d + 1 + 2\alpha < -1$ ，则第二个积分是有限的，而特别地这对 $d \geqslant 3$ 且 $\alpha < 1/2$ 成立. 这完成了引理的证明.

我们现在整合这些结果以证明定理. 对每个 $\gamma \in S^{d-1}$ 令

$$F(t) = \mathcal{R}(f)(t, \gamma).$$

注意到有了这个定义，则有

$$\sup_{t \in \mathbf{R}} |F(t)| = \mathcal{R}^*(f)(\gamma).$$

令

$$A(\gamma) = \sup_{\lambda \in \mathbf{R}} |\hat{F}(\lambda)| \quad \text{以及} \quad B^2(\gamma) = \int_{-\infty}^{+\infty} |\hat{F}(\lambda)|^2 |\lambda|^{d-1} d\lambda,$$

则由式（4）得

$$\sup_{t \in \mathbf{R}} |F(t)| \leqslant c(A(\gamma) + B(\gamma)).$$

然而，我们观察到 $\hat{F}(\lambda) = \hat{f}(\lambda \gamma)$ ，因此

$$A(\gamma) \leqslant \|f\|_{L^1(\mathbf{R}^d)}.$$

因此，

$$|\mathcal{R}^*(f)(\gamma)|^2 \leqslant c(A(\gamma)^2 + B(\gamma)^2).$$

且由于引理 4.8 得 $\int B^2(\gamma) d\sigma(r) = 2\|f\|_{L^2}^2$ ，于是

$$\int_{S^{d-1}} |\mathcal{R}^*(f)(\gamma)|^2 d\sigma(\gamma) \leqslant c(\|f\|_{L^1(\mathbf{R}^d)}^2 + \|f\|_{L^2(\mathbf{R}^d)}^2),$$

因此

$$\int_{S^{d-1}} \mathcal{R}^*(f)(\gamma) d\sigma(\gamma) \leqslant c(\|f\|_{L^1(\mathbf{R}^d)} + \|f\|_{L^2(\mathbf{R}^d)}).$$

注意到我们用过的等式，

⊖　平面内点 e^{ix} 到点 1 的距离小于单位圆上连接这两点的弧长.

$$\mathcal{R}(f)(t,\gamma) = \int_{-\infty}^{+\infty} \hat{F}(\lambda) e^{2\pi i \lambda t} d\lambda,$$

其中 $F(t) = \mathcal{R}(f)(t,\gamma)$，由第 2 章的定理 4.2 中的傅里叶反演结果知对几乎每个 $\gamma \in S^{d-1}$，上式是合理的。事实上，我们看到 $A(\gamma)$ 与 $B(\gamma)$ 对几乎每个 γ 是有限的。从而 $\hat{F}$ 对这些 γ 是可积的。这完成了定理的证明。如果用式（5）取代式（4），用同样的方法就能得到推论。

我们现在转向平面的情形，看看可由上面的分析推断出什么信息。不等式（2）在 $d = 2$ 时不成立。然而，它的一个修正成立，这将在定理 4.4 的证明中用到。

若 $f \in L^1(\mathbf{R}^d)$，则定义

$$\mathcal{R}_\delta(f)(t,\gamma) = \frac{1}{2\delta} \int_{t-\delta}^{t+\delta} \mathcal{R}(f)(s,\gamma) ds$$

$$= \frac{1}{2\delta} \int_{t-\delta \leqslant x \cdot \gamma \leqslant t+\delta} f(x) dx.$$

在 $\mathcal{R}_\delta(f)(t,\gamma)$ 的这个定义中我们在平面 $\mathcal{P}_{t,\gamma}$ 上的宽度为 2δ 的一个小的"条形"上对 f 积分。因此 $\mathcal{R}_\delta$ 是拉东变换的平均。令

$$\mathcal{R}_\delta^*(f)(\gamma) = \sup_{t \in \mathbf{R}} |\mathcal{R}_\delta(f)(t,\gamma)|.$$

定理 4.10 若 f 连续且有紧支集，则当 $0 < \delta \leqslant 1/2$ 时，有

$$\int_{S^1} \mathcal{R}_\delta^*(f)(\gamma) d\sigma(\gamma) \leqslant c(\log 1/\delta)^{1/2} (\|f\|_{L^1(\mathbf{R}^2)} + \|f\|_{L^2(\mathbf{R}^2)}).$$

这里应用与定理 4.5 的证明同样的论证，只是我们需要引理 4.9 的一个修正版本外。更确切地，设

$$F_\delta(t) = \int_{-\infty}^{+\infty} \hat{F}(\lambda) \left(\frac{e^{2\pi i(t+\delta)\lambda} - e^{2\pi i(t-\delta)\lambda}}{2\pi i \lambda(2\delta)} \right) d\lambda,$$

并假设

$$\sup_\lambda |\hat{F}(\lambda)| \leqslant A, \quad \int_{-\infty}^{+\infty} |\hat{F}(\lambda)|^2 |\lambda| d\lambda \leqslant B,$$

则我们断言

$$\sup_t |F_\delta(t)| \leqslant c(\log 1/\delta)^{1/2}(A + B). \tag{6}$$

事实上，我们用 $|(\sin x)/x| \leqslant 1$ 的事实看到，在 $F_\delta(t)$ 的定义中，被积函数沿 $|\lambda| \leqslant 1$ 积分的上界是 cA。并且，沿 $|\lambda| > 1$ 的积分可以分解且以和

$$\int_{1 < |\lambda| \leqslant 1/\delta} |\hat{F}(\lambda)| d\lambda + \frac{c}{\delta} \int_{1/\delta \leqslant |\lambda|} |\hat{F}(\lambda)| |\lambda|^{-1} d\lambda$$

为界。上面的第一个积分可由柯西-施瓦茨不等式估计如下：

$$\int_{1 < |\lambda| \leqslant 1/\delta} |\hat{F}(\lambda)| d\lambda \leqslant c \left(\int_{1 < |\lambda| \leqslant 1/\delta} |\hat{F}(\lambda)|^2 |\lambda| d\lambda \right)^{1/2} \left(\int_{1 < |\lambda| \leqslant 1/\delta} |\lambda|^{-1} d\lambda \right)^{1/2}$$

$$\leqslant cB(\log 1/\delta)^{1/2}.$$

最后，我们也注意到

$$\frac{c}{\delta}\int_{1/\delta\leqslant|\lambda|}|\hat{F}(\lambda)||\lambda|^{-1}\mathrm{d}\lambda\leqslant c\Big(\int_{1/\delta\leqslant|\lambda|}|\hat{F}(\lambda)|^2|\lambda|\,\mathrm{d}\lambda\Big)^{1/2}\frac{1}{\delta}\Big(\int_{1/\delta\leqslant|\lambda|}|\lambda|^{-3}\mathrm{d}\lambda\Big)^{1/2}.$$
$$\leqslant cB$$

这建立了式（6），因此完成了对定理的证明.

4.2   当 $d\geqslant3$ 时集合的正则性

我们将把对拉东变换的基本估计推广到一般的情形中，对具有紧支集的连续函数给出证明. 这将得到定理 4.1 中阐述的正则性结果.

命题 4.11   假设 $d\geqslant3$，且令 f 属于 $L^1(\mathbf{R}^d)\bigcap L^2(\mathbf{R}^d)$，则对 a. e. $\gamma\in S^{d-1}$ 我们能够断言如下：

（a）对每个 $t\in\mathbf{R}$，f 在平面 $\mathcal{P}_{t,\gamma}$ 上可测且可积.

（b）函数 $\mathcal{R}(f)(t,\gamma)$ 关于 t 连续，且对每个 $\alpha<1/2$ 满足 α 阶利普希茨条件. 此外，定理 4.5 中的不等式（2）以及它的变形式（3）对 f 成立.

我们通过一系列步骤来证明该命题.

第 1 步，我们考虑一个有界开集 $\mathcal{O}$ 的特征函数 $f=\chi_{\mathcal{O}}$. 这里断言（a）是显然的，因为 $\mathcal{O}\bigcap\mathcal{P}_{t,\gamma}$ 是 $\mathcal{P}_{t,\gamma}$ 中的有界开集. 从而 $\mathcal{R}(f)(t,\gamma)$ 对所有的 (t,γ) 有定义.

接下来我们可以找到一个非负连续且有紧支集的函数列 $\{f_n\}$ 使得对每个 x，当 $n\to\infty$ 时 $f_n(x)$ 递增地趋于 f. 从而由单调收敛定理对所有 (t,γ) 有 $\mathcal{R}(f_n)(t,\gamma)\to\mathcal{R}(f)(t,\gamma)$，且对所有 $\gamma\in S^{d-1}$，$\mathcal{R}^*(f_n)(t,\gamma)\to\mathcal{R}^*(f)(t,\gamma)$. 所以我们看到不等式（2）对 $f=\chi_{\mathcal{O}}$ 成立，其中 $\mathcal{O}$ 是一个有界开集.

第 2 步，我们考虑 $f=\chi_E$，其中 E 是一个零测度集，并首先考虑 E 是有界的情况. 则我们可以找到一个递增的有界开集列 $\{\mathcal{O}_n\}$，使得 $E\subset\mathcal{O}_n$，同时当 $n\to\infty$ 时有 $m(\mathcal{O}_n)\to0$.

令 $\widetilde{E}=\bigcap\mathcal{O}_n$. 由于对所有 (t,γ)，$\widetilde{E}\bigcap\mathcal{P}_{t,\gamma}$ 是可测的，函数 $\mathcal{R}(\chi_{\widetilde{E}})(t,\gamma)$ 与 $\mathcal{R}^*(\chi_{\widetilde{E}})(\gamma)$ 是合理定义的. 然而，$\mathcal{R}^*(\chi_{\widetilde{E}})(\gamma)\leqslant\mathcal{R}^*(\chi_{\mathcal{O}_n})(\gamma)$，而 $\mathcal{R}^*(\chi_{\mathcal{O}_n})(\gamma)$ 是递减的. 因此我们刚才证明过的对 $f=\chi_{\mathcal{O}}$ 的不等式（2）表明对 a. e. γ 有 $\mathcal{R}^*(\chi_E)(\gamma)=0$. $E\subset\widetilde{E}$ 蕴含着对 a. e. γ，对所有的 $t\in\mathbf{R}$ 集合 $E\bigcap\mathcal{P}_{t,\gamma}$ $(d-1)$ 维测度为零. 通过将 E 写成可数个有界零测度集的并这个结论立即推广到 E 不一定是有界的情况. 因而推论 4.2 获证.

第 3 步，这里假设 f 是一个支撑在有界集上的有界可测函数. 则由熟悉的论证我们能够找到一致有界的连续函数列 $\{f_n\}$，它支撑在一个固定的紧集上，且使得 $f_n(x)\to f(x)$ a. e.. 由有界收敛定理，当 $n\to\infty$ 时，$\|f_n-f\|_{L^1}$ 与 $\|f_n-f\|_{L^2}$ 都趋于零，且在必要时选择一个子列，我们可以假设 $\|f_n-f\|_{L^1}+\|f_n-f\|_{L^2}\leqslant2^{-n}$. 由我们第 2 步中证明的，对 a. e. $\gamma\in S^{d-1}$ 且每个 $t\in\mathbf{R}$，在平面 $\mathcal{P}_{t,\gamma}$ 上关于测度

m_{d-1} 有 $f_n(x) \to f(x)$ a. e.. 因此对这些 (t, γ) 再次运用有界收敛定理, 我们看到 $\mathcal{R}(f_n)(t, \gamma) \to \mathcal{R}(f)(t, \gamma)$, 而这个极限定义了 $\mathcal{R}(f)$. 现在对 $f_n - f_{n-1}$ 应用定理 4.5 给出

$$\sum_{n=1}^{\infty} \int_{S^{d-1}} \mathcal{R}^*(f_n - f_{n-1})(\gamma) \, d\sigma(\gamma) \leqslant c \sum_{n=1}^{\infty} 2^{-n} < \infty .$$

这意味着对 a. e. $\gamma \in S^{d-1}$,

$$\sum_n \sup_t |\mathcal{R}(f_n)(t, \gamma) - \mathcal{R}(f_{n-1})(t, \gamma)| < \infty ,$$

因此对这些 γ 函数列 $\mathcal{R}(f_n)(t, \gamma)$ 一致收敛. 从而, 对这些 γ 函数 $\mathcal{R}(f)(t, \gamma)$ 关于 t 连续, 不等式 (2) 对这个 f 成立. 用同样的方法不等式 (3) 可导出.

最后, 我们处理 $L^1 \cap L^2$ 中的一般的 f, 通过一个具有有界支撑的有界函数列逼近它. 论证的细节类似于上面的情况, 因而留给读者.

观察到命题中的特殊情况 $f = \chi_E$ 给出定理 4.1.

4.3 Besicovitch 集有维数 2

这里我们证明定理 4.4, 即任何 Besicovitch 集必定有豪斯多夫维数 2. 我们利用定理 4.10, 也就是说, 不等式

$$\int_{S^1} \mathcal{R}_\delta^*(f)(\gamma) \, d\sigma(\gamma) \leqslant c(\log 1/\delta)^{1/2} (\|f\|_{L^1(\mathbf{R}^2)} + \|f\|_{L^2(\mathbf{R}^2)}) .$$

这个不等式在 f 连续且有紧支集的假设下已经证明. 目前情况下, 通过一个简单的极限论证, 我们毫不费力地将它推广到一般的情形 $f \in L^1 \cap L^2$, 因为若在 L^1 范数下 $f_n \to f$, 则显然对所有的 γ, $\mathcal{R}_\delta^*(f_n)(\gamma)$ 收敛于 $\mathcal{R}_\delta^*(f)(\gamma)$.

现在假设 F 是一个 Besicovitch 集, 且 α 是固定的, 其中 $0 < \alpha < 2$. 假设 $F \subset \bigcup_{i=1}^{\infty} B_i$ 是一个覆盖, 其中 B_i 是直径小于一个给定数的球. 我们必须证明

$$\sum_i (\operatorname{diam} B_i)^\alpha \geqslant c_\alpha > 0 .$$

我们分两步进行, 首先考虑一个使得证明思路清晰的简单情形.

情形 1 我们首先假设所有的球 B_i 有相同的直径 δ (其中 $\delta \leqslant 1/2$), 因而仅有有限个, 比如说 N 个球在覆盖中. 我们必须证明 $N\delta^\alpha \geqslant c_\alpha$.

令 B_i^* 表示 B_i 的两倍且 $F^* = \bigcup_i B_i^*$, 则显然有

$$m(F^*) \leqslant cN\delta^2 .$$

277

由于 F 是一个 Besicovitch 集, 对每个 $\gamma \in S^1$ 存在垂直于 γ, 且包含于 F 的单位长度的线段 s_γ. 还有, 由构造可知, s_γ 上的点的任何小于 δ 的平移必定属于 F^*. 因此

对每个 γ, $\mathcal{R}_\delta^*(\chi_{F^*})(\gamma) \geqslant 1$.

若在不等式 (6) 中取 $f = \chi_{F^*}$, 并注意到柯西-施瓦茨不等式蕴含

$$\|\chi_{F^*}\|_{L^1(\mathbf{R}^2)} \leqslant c \|\chi_{F^*}\|_{L^2(\mathbf{R}^2)} \leqslant c(m(F^*))^{1/2},$$

则得到

$$c \leqslant N^{1/2}\delta(\log 1/\delta)^{1/2}.$$

这蕴含着对 $\alpha < 2$ 有 $N\delta^{\alpha} \geqslant c$.

情形 2　我们现在处理一般的情形. 假设 $F \subset \bigcup\limits_{i=1}^{\infty} B_i$, 其中每个球 B_i 的直径小于 1. 对每个整数 k, 令 N_k 表示集簇 $\{B_i\}$ 中使得

$$2^{-k-1} \leqslant \operatorname{diam} B_i \leqslant 2^{-k}$$

的球的个数. 我们需要证明 $\sum\limits_{k=0}^{\infty} N_k 2^{-k\alpha} \geqslant c_{\alpha}$. 事实上, 我们将证明一个更强的结果, 即存在一个正整数 k' 使得 $N_{k'} 2^{-k'\alpha} \geqslant c_{\alpha}$.

令

$$F_k = F \bigcap \Big(\bigcup_{2^{-k-1} \leqslant \operatorname{diam} B_i \leqslant 2^{-k}} B_i \Big),$$

且令

$$F_k^* = \bigcup_{2^{-k-1} \leqslant \operatorname{diam} B_i \leqslant 2^{-k}} B_i^*,$$

其中 B_i^* 表示 B_i 的两倍. 则我们注意到

对所有的 k, $m_1(F_k^*) \leqslant cN_k 2^{-2k}$.

由于 F 是一个 Besicovitch 集, 对每个 $\gamma \in S^1$ 存在完全包含在 F 中的单位长度的线段 s_{γ}. 我们现在使得下面事实精确: 对某个 k, s_{γ} 的一个较大的部分属于 F_k.

我们取一个实数列 $\{a_k\}_{k=0}^{\infty}$ 使得 $0 \leqslant a_k \leqslant 1$, $\sum a_k = 1$, 但 a_k 不太快地趋于零. 例如, 我们可以选取 $a_k = c_{\varepsilon} 2^{-\varepsilon k}$, 其中 $c_{\varepsilon} = 1 - 2^{-\varepsilon}$, $\varepsilon > 0$ 但 ε 充分小.

于是, 对某个 k 有

$$m_1(s_{\gamma} \bigcap F_k) \geqslant a_k.$$

否则, 由于 $F = \bigcap F_k$, 将有

$$m_1(s_{\gamma} \bigcap F) < \sum a_k = 1,$$

这与事实 $m_1(s_{\gamma} \bigcap F) = 1$ 矛盾, 因为 s_{γ} 完全包含在 F 中.

从而, 有了这个 k, 必有

$$\mathcal{R}_{2^{-k}}^*(\chi_{F^*})(\gamma) \geqslant a_k,$$

因为任何与 F_k 距离小于 2^{-k} 的点一定属于 F_k^*. 由于 k 的选择可能依赖于 γ, 令

$$E_k = \{\gamma : \mathcal{R}_{2^{-k}}^*(\chi_{F_k^*})(\gamma) \geqslant a_k\},$$

由我们先前的观察, 则有

$$S^1 = \bigcup_{k=1}^{\infty} E_k,$$

因此对至少一个 k, 我们用 k' 表示, 有

$$m(E_{k'}) \geqslant 2\pi a_{k'},$$

否则 $m(S^1) \leqslant 2\pi \sum a_k = 2\pi$. 因此

$$2\pi a_{k'}^2 = 2\pi a_{k'} a_{k'}$$
$$\leqslant \int_{E_{k'}} a_{k'} \mathrm{d}\sigma(\gamma)$$
$$\leqslant \int_{S_1} \mathcal{R}_{2^{-k'}}^*(\chi_{F_{k'}^*})(\gamma)\mathrm{d}\sigma(\gamma).$$

由基本不等式（6）可得

$$a_{k'}^2 \leqslant c(\log 2^k)^{1/2}\|\chi_{F_{k'}^*}\|_{L^2(\mathbf{R}^2)}.$$

根据 $a_k \approx 2^{-\varepsilon k}$, 且注意到 $\|\chi_{F_{k'}^*}\|_{L^2} \leqslant c N_{k'}^{1/2} 2^{-k'}$, 可得

$$2^{(1-2\varepsilon)k'} \leqslant c(\log 2^{k'})^{1/2} N_{k'}^{1/2}.$$

这最后一个不等式保证了只要 $4\varepsilon < 2 - \alpha$ 就有 $N_k 2^{-\alpha k'} \geqslant c_\alpha$.

这完成了对定理的证明.

4.4 Besicovitch 集的构造

Besicovitch 集有几种不同的构造方法. 我们在这里描述的方法涉及自我复制集合的概念, 自我复制的思想渗透在本章许多讨论中.

我们考虑常数剖分的康托尔集 $\mathcal{C}_{1/2}$, 为简单起见记为 $\mathcal{C}$, 它在第 1 章习题 3 中定义. 注意到 $\mathcal{C} = \bigcap_{k=0}^\infty \mathcal{C}_k$, 其中 $\mathcal{C}_0 = [0,1]$, 且 $\mathcal{C}_k$ 是 2^k 个长度为 4^{-k} 的闭区间的并集. 这些闭区间通过从 $\mathcal{C}_{k-1}$ 去掉 2^{k-1} 个中心处的长度为 $\frac{1}{2} \cdot 4^{-k+1}$ 的开区间后得到. 则集合 $\mathcal{C}$ 也可以表示为形如 $x = \sum_{k=1}^\infty \varepsilon_k/4^k$ （其中 ε_k 为 0 或 3）的点 $x \in [0,1]$ 的集合.

我们现在将 $\mathcal{C}$ 的一个副本放在平面 $\mathbf{R}^2 = \{(x,y)\}$ 的 x 轴上, 且把 $\frac{1}{2}\mathcal{C}$ 的副本放在直线 $y = 1$ 上. 即, 令 $E_0 = \{(x,y): x \in \mathcal{C}, y = 0\}$ 以及 $E_1 = \{(x,y): 2x \in \mathcal{C},$

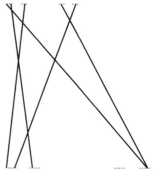

图 13　连接 E_0 与 E_1 的几条线段

$y = 1\}$. 将会起核心作用的集合 F 定义为所有连接 E_0 的一个点与 E_1 的一个点的线段的并集 （见图 13）.

定理 4.12　集合 F 是一个紧集且 2 维测度为零. 它包含任何斜率为 s 的单位线段的平移, 其中 s 是落在区间 $(-1, 2)$ 之外的数.

一旦证明了定理, 我们的工作就完成了. 事实上, 有限个集合 F 的旋转的并集包含任何斜率的单位线段, 而那个集合因此是 Besicovitch 集.

证明集合 F 需要的性质相当于证明关于集合 $\mathcal{C} + \lambda\mathcal{C}$ 的下列悖论性的事实, 其

中 $\lambda > 0$. 这里 $\mathcal{C} + \lambda \mathcal{C} = \{x_1 + \lambda x_2 : x_1 \in \mathcal{C}, x_2 \in \mathcal{C}\}$:

- 对 a. e. λ, $\mathcal{C} + \lambda \mathcal{C}$ 的一维测度为零.

- $\mathcal{C} + \dfrac{1}{2} \mathcal{C}$ 是区间 $[0, 3/2]$.

让我们看一下如何由这两个断言推出定理的. 首先, 我们注意到集合 F 是闭集 (因此是紧集), 因为 E_0 与 E_1 都是闭集. 其次, 观察到当 $0 < y < 1$ 时, 集合 F 的截面 F^y 恰好是 $(1-y)\mathcal{C} + \dfrac{y}{2}\mathcal{C}$. 这个集合通过将集合 $\mathcal{C} + \lambda \mathcal{C}$ 以 $1-y$ 因子标度得到, 其中 $\lambda = y/(2(1-y))$. 因此当 $\mathcal{C} + \lambda \mathcal{C}$ 测度为零时 F^y 的测度也为零. 此外, 在映射 $y \mapsto \lambda$ 下, $(0, \infty)$ 中的零测度集对应于 $(0, 1)$ 中的零测度集. (例如, 参见第 1 章习题 8, 或第 6 章问题 1.) 因此, 运用第一个断言与 Fubini 定理证明了 F 的 (2 维) 测度是零.

最后, 连接点 $(x_0, 0)$ 与点 $(x_1, 1)$ 的线段的斜率 s 是 $s = 1/(x_1 - x_0)$. 因而若 $x_1 \in \mathcal{C}/2$ 且 $x_0 \in \mathcal{C}$, 即若 $1/s \in \mathcal{C}/2 - \mathcal{C}$, 量 s 可以实现. 然而, 由一个明显的对称 $\mathcal{C} = 1 - \mathcal{C}$, 因此条件变为 $1/s \in \mathcal{C}/2 + \mathcal{C} - 1$, 由第二个断言 $1/s \in [-1, 1/2]$. 这最后一个等价于 $s \notin (-1, 2)$.

因此我们的任务只剩下证明上面的两个断言. 第二个断言的证明是近乎平凡的. 事实上,

$$\frac{2}{3}\left(\mathcal{C} + \frac{1}{2}\mathcal{C}\right) = \frac{2}{3}\mathcal{C} + \frac{1}{3}\mathcal{C},$$

这个集合包含所有形如 $x = \sum_{k=1}^{\infty} \left(\dfrac{2\varepsilon_k}{3} + \dfrac{\varepsilon_k'}{3}\right) 4^{-k}$ 的 x, 其中 ε_k 与 ε_k' 独立地取 0 或 3. 由于 $\dfrac{2\varepsilon_k}{3} + \dfrac{\varepsilon_k'}{3}$ 可以取 0, 1, 2 或 3 中的任何值, 故有 $\dfrac{2}{3}\left(\mathcal{C} + \dfrac{1}{2}\mathcal{C}\right) = [0, 1]$, 因此 $\mathcal{C} + \dfrac{1}{2}\mathcal{C} = [0, 3/2]$.

对 a. e. λ 证明 $m(\mathcal{C} + \lambda \mathcal{C}) = 0$

我们进入要点: 对几乎所有的 λ, $\mathcal{C} + \lambda \mathcal{C}$ 的测度为零. 我们通过检查集合 $\mathcal{C}$ 与 $\mathcal{C} + \lambda \mathcal{C}$ 的自我复制性质来证明这个事实.

已知 $\mathcal{C} = \mathcal{C}_1 \bigcup \mathcal{C}_2$, 其中 $\mathcal{C}_1$ 与 $\mathcal{C}_2$ 是 $\mathcal{C}$ 的两个相似副本, 相似比率为 $1/4$, 由 $\mathcal{C}_1 = \dfrac{1}{4}\mathcal{C}$ 与 $\mathcal{C}_2 = \dfrac{1}{4}\mathcal{C} + \dfrac{3}{4}$ 给出. 从而 $\mathcal{C}_1 \subset [0, 1/4]$ 且 $\mathcal{C}_2 \subset [3/4, 1]$. 对 $\mathcal{C}$ 迭代地进行 l 次这样的分解, 即到达第 l "代", 可以记

$$\mathcal{C} = \bigcup_{1 \leqslant j \leqslant 2^l} \mathcal{C}_j^l, \tag{7}$$

其中 $\mathcal{C}_1^l = (1/4)^l \mathcal{C}$ 且每个 $\mathcal{C}_j^l$ 是 $\mathcal{C}_1^l$ 的一个平移.

我们用同样的方式考虑集合

$$\mathcal{K}(\lambda) = \mathcal{C} + \lambda \mathcal{C},$$

且在不引起混淆的情况下，有时省略 λ 而写成 $\mathcal{K}(\lambda) = \mathcal{K}$. 由定义有

$$\mathcal{K} = \mathcal{K}_1 \bigcup \mathcal{K}_2 \bigcup \mathcal{K}_3 \bigcup \mathcal{K}_4$$

其中 $\mathcal{K}_1 = \mathcal{C}_1 + \lambda \mathcal{C}_1$，$\mathcal{K}_2 = \mathcal{C}_1 + \lambda \mathcal{C}_2$，$\mathcal{K}_3 = \mathcal{C}_2 + \lambda \mathcal{C}_1$ 且 $\mathcal{K}_4 = \mathcal{C}_2 + \lambda \mathcal{C}_2$. 利用式（7）对这个分解做一次迭代给出

$$\mathcal{K} = \bigcup_{1 \leqslant i \leqslant 4^l} \mathcal{K}_i^l, \tag{8}$$

其中对于一对指标 j_1，j_2，每个 $\mathcal{K}_i^l$ 等于 $\mathcal{C}_{j_1}^l + \lambda \mathcal{C}_{j_2}^l$. 事实上，指标集之间的这个关系在满足 $1 \leqslant i \leqslant 4^l$ 的 i 与满足 $1 \leqslant j_1 \leqslant 2^l$ 且 $1 \leqslant j_2 \leqslant 2^l$ 的对 j_1，j_2 之间建立了一个双射. 注意到每个 $\mathcal{K}_i^l$ 是 $\mathcal{K}_1^l$ 的一个平移，且每个 $\mathcal{K}_i^l$ 也从 $\mathcal{K}$ 的比率为 4^{-l} 的相似得到. 现在注意到 $\mathcal{C} = \mathcal{C}/4 \bigcup (\mathcal{C}/4 + 3/4)$ 蕴含着

$$\mathcal{K}(\lambda) = \mathcal{C} + \lambda \mathcal{C} = \left(\mathcal{C} + \frac{\lambda}{4}\mathcal{C}\right) \bigcup \left(\mathcal{C} + \frac{\lambda}{4}\mathcal{C} + \frac{3\lambda}{4}\right)$$

$$= \mathcal{K}(\lambda/4) \bigcup \left(\mathcal{K}(\lambda/4) + \frac{3\lambda}{4}\right).$$

从而 $\mathcal{K}(\lambda)$ 测度为零当且仅当 $\mathcal{K}(\lambda/4)$ 测度为零. 因此仅需证明对 a. e. $\lambda \in [1, 4]$，$\mathcal{K}(\lambda)$ 有测度零.

在这些准备之后，我们观察到对某些特殊的 λ 立即可得 $m(\mathcal{K}(\lambda)) = 0$，对这些 λ 下列的巧合发生：对某个 l 及一对 i 与 i'，其中 $i \neq i'$，

$$\mathcal{K}_i^l(\lambda) = \mathcal{K}_{i'}^l(\lambda).$$

事实上，若我们有这个巧合，则式（8）给出

$$m(\mathcal{K}(\lambda)) \leqslant \sum_{i=1, i \neq i'}^{4^l} m(\mathcal{K}_i^l(\lambda)) = (4^l - 1)4^{-l} m(\mathcal{K}(\lambda)),$$

而这蕴含着 $m(\mathcal{K}(\lambda)) = 0$.

下面的核心洞察是，在定量的意义上，使得这一巧合发生的 λ 相对于 l 的大小来说是"稠密"的. 更确切地，我们有：

命题 4.13 假设 λ_0 与 l 给定，其中 $1 \leqslant \lambda_0 \leqslant 4$ 而 l 是一个正整数，则存在一个 $\bar{\lambda}$ 及一对 i，i'，其中 $i \neq i'$ 使得

$$\mathcal{K}_i^l(\bar{\lambda}) = \mathcal{K}_{i'}^l(\bar{\lambda}), \quad |\bar{\lambda} - \lambda_0| \leqslant c 4^{-l}. \tag{9}$$

这里 c 是一个与 λ_0 和 l 无关的常数.

它的证明基于下面的观察.

引理 4.14 对每个 λ_0，存在一对 $1 \leqslant i_1$，$i_2 \leqslant 4$，其中 $i_1 \neq i_2$，使得 $\mathcal{K}_{i_1}(\lambda_0)$ 与 $\mathcal{K}_{i_2}(\lambda_0)$ 相交.

证 事实上，若对于 $1 \leqslant i \leqslant 4$，$\mathcal{K}_i$ 不相交，则对于充分小的 δ 有 $\mathcal{K}_i^\delta$ 也是不相交的. 这里我们用符号 F^δ 表示到 F 的距离小于 δ 的点组成的集合.（见第 1 章引

281

理 3.1.）然而 $\mathcal{K}^{\delta} = \bigcup_{i=1}^{4} \mathcal{K}_i^{\delta}$，且根据相似 $m(\mathcal{K}^{4\delta}) = 4m(\mathcal{K}_i^{\delta})$．从而由 $\mathcal{K}_i^{\delta}$ 的不相交性有 $m(\mathcal{K}^{\delta}) = m(\mathcal{K}^{4\delta})$，这是一个矛盾，因为 $\mathcal{K}^{4\delta} - \mathcal{K}^{\delta}$ 包含一个开球（半径为 $3\delta/2$）．因此引理获证．

现在对给定的 λ_0 应用引理，记 $\mathcal{K}_{i_1} = \mathcal{C}_{\mu_1} + \lambda_0 \mathcal{C}_{\nu_1}$，$\mathcal{K}_{i_2} = \mathcal{C}_{\mu_2} + \lambda_0 \mathcal{C}_{\nu_2}$，其中这些 μ 与 ν 是 1 或 2．然而，由于 $i_1 \neq i_2$ 故有 $\mu_1 \neq \mu_2$ 或 $\nu_1 \neq \nu_2$（或两个不等式都成立）．目前假设 $\nu_1 \neq \nu_2$．

$\mathcal{K}_{i_1}(\lambda_0)$ 与 $\mathcal{K}_{i_2}(\lambda_0)$ 相交意味着存在两个数对 (a,b) 与 (a',b')，其中 $a \in \mathcal{C}_{\mu_1}$，$b \in \mathcal{C}_{\nu_1}$，$a' \in \mathcal{C}_{\mu_2}$ 且 $b' \in \mathcal{C}_{\nu_2}$ 使得

$$a + \lambda_0 b = a' + \lambda_0 b'. \tag{10}$$

注意到 $\nu_1 \neq \nu_2$ 的事实蕴含着 $|b - b'| \geqslant 1/2$．接下来，观察第 l 代通过式（7）我们发现存在指标 $1 \leqslant j_1, j_2, j_1', j_2' \leqslant 2^l$ 使得 $a \in \mathcal{C}_{j_1}^l \subset \mathcal{C}_{\mu_1}$，$b \in \mathcal{C}_{j_2}^l \subset \mathcal{C}_{\nu_1}$，$a' \in \mathcal{C}_{j_1'}^l \subset \mathcal{C}_{\mu_2}$，$b' \in \mathcal{C}_{j_2'}^l \subset \mathcal{C}_{\nu_2}$．我们又观察到上面的集合是彼此的一个平移，即 $\mathcal{C}_{j_1}^l = \mathcal{C}_{j_1'}^l + \tau_1$ 且 $\mathcal{C}_{j_2}^l = \mathcal{C}_{j_2'}^l + \tau_2$，其中 $|\tau_k| \leqslant 1$．因此若 i 与 i' 分别对应 (j_1, j_2) 与 (j_1', j_2')，则有

$$\mathcal{K}_i^l(\lambda) = \mathcal{K}_{i'}^l(\lambda) + \tau(\lambda), \text{其中} \ \tau(\lambda) = \tau_1 + \lambda\tau_2. \tag{11}$$

现在令 (A,B) 为在上述平移变换中对应于 (a',b') 的数对，也就是

$$A = a' + \tau_1, B = b' + \tau_2. \tag{12}$$

我们断言存在一个 $\bar{\lambda}$ 使得

$$A + \bar{\lambda} B = a' + \bar{\lambda} b'. \tag{13}$$

事实上，由式（12）我们已经把 B 放入 $\mathcal{C}_{j_2}^l \subset \mathcal{C}_{\nu_1}$，而 b' 在 $\mathcal{C}_{j_2'}^l \subset \mathcal{C}_{\nu_2}$ 中．由于 $\nu_1 \neq \nu_2$，从而 $|B - b'| \geqslant 1/2$．因此我们通过取 $\bar{\lambda} = (A - a')/(b' - B)$ 解决了式（13）．现在我们将这个与式（10）比较，得到 $\lambda_0 = (a - a')/(b' - b)$．此外，$|A - a| \leqslant 4^{-l}$ 且 $|B - b| \leqslant 4^{-l}$，因为 A 与 a 都位于 $\mathcal{C}_{j_1}^l$，B 与 b 都位于 $\mathcal{C}_{j_2}^l$，这得到了不等式

$$|\bar{\lambda} - \lambda_0| \leqslant c4^{-l}. \tag{14}$$

同样，式（12）与式（13）显然蕴含着 $\tau(\bar{\lambda}) = \tau_1 + \bar{\lambda}\tau_2 = 0$，这结合式（11）证明了巧合．

因而在先前我们做的限制 $\nu_1 \neq \nu_2$ 的条件下证明了我们的命题．当 $\mu_1 \neq \mu_2$ 替换 $\nu_1 \neq \nu_2$ 的情形时，我们可以通过将 $\nu_1 \neq \nu_2$ 情况里的 λ_0 换成 λ_0^{-1} 来得到．注意到 $\mathcal{K}_i^l(\lambda_0) = \mathcal{K}_{i'}^l(\lambda_0)$ 当且仅当 $\mathcal{C}_{j_1}^l + \lambda_0 \mathcal{C}_{j_2}^l = \mathcal{C}_{j_1'}^l + \lambda_0 \mathcal{C}_{j_2'}^l$，这等价于 $\mathcal{C}_{j_2}^l + \lambda_0^{-1} \mathcal{C}_{j_1}^l = \mathcal{C}_{j_2'}^l + \lambda_0^{-1} \mathcal{C}_{j_1'}^l$．由于 $\mathcal{C}_{j_1}^l \subset \mathcal{C}_{\mu_1}$ 且 $\mathcal{C}_{j_1}^l \subset \mathcal{C}_{\mu_2}$，这使得我们可以简化 $\mu_1 \neq \mu_2$ 的情况．这里 $1 \leqslant \lambda_0 \leqslant 4$ 的事实给出 $\lambda_0^{-1} \leqslant 1$ 且保证了式（9）中的常数 c 的选取不依赖于 λ_0．因而命题成立．

注意到在重合式（9）发生的点 $\bar{\lambda}$ 附近有如下成立：若 $|\lambda - \bar{\lambda}| \leqslant \varepsilon 4^{-l}$，则

$$\mathcal{K}_i^l(\lambda)=\mathcal{K}_{i'}^l(\lambda)+\tau(\lambda),\text{其中}\,|\tau(\lambda)|\leqslant\varepsilon 4^{-l}. \tag{15}$$

事实上，这是由式（11）结合观察

$$|\tau(\lambda)|=|\tau(\lambda)-\tau(\bar{\lambda})|\leqslant|\lambda-\bar{\lambda}|$$

得到的. 之所以有该观察是由于 $|\tau(\lambda)|=\tau_1+\lambda\tau_2$ 且 $|\tau_2|\leqslant 1$.

由断言式（15）能得到它自身更精细的一个版本：

存在一个全测度的集合 Λ 使得当给定 $\lambda\in\Lambda$ 和 $\varepsilon>0$，存在 l 及一对 i,i' 使得式（15）成立$^{\ominus}$.

事实上，对固定的 $\varepsilon>0$，令 Λ_ε 表示对某些 l 与 i,i' 满足式（15）的 λ 组成的集合. 对任何长度不超过 1 的区间 I，由于式（9）和式（15），有

$$m(\Lambda_\varepsilon\bigcap I)\geqslant\varepsilon 4^{-l}\geqslant c^{-1}\varepsilon m(I),$$

从而 Λ_ε^c 没有勒贝格密度点，因此 Λ_ε^c 测度为零，从而 Λ_ε 是一个全测度集.（参见第 3 章推论 1.5.）由于 $\Lambda=\bigcap_\varepsilon\Lambda_\varepsilon$，$\Lambda_\varepsilon$ 随着 ε 递减，我们看到 Λ 也有全测度，因而我们的断言获证.

最后，一旦我们证明了当 $\lambda\in\Lambda$ 时有 $m(\mathcal{K}(\lambda))=0$，则定理建立. 为证此，我们假设相反的结论 $m(\mathcal{K}(\lambda))>0$. 再次用密度点的方法，对任何 $0<\delta<1$，存在一个非空开区间 I 使得 $m(\mathcal{K}(\lambda)\bigcap I)\geqslant\delta m(I)$. 然后固定 δ，$1/2<\delta<1$ 并继续. 有了这个固定的 δ，我们选择下面要用的 ε 为 $\varepsilon=m(I)(1-\delta)$. 接下来，找到使式（15）成立的 l,i 与 i'. 这些指标的存在由假设 $\lambda\in\Lambda$ 保证.

然后我们考虑将 $\mathcal{K}(\lambda)$ 分别映射到 $\mathcal{K}_i^l(\lambda)$ 和 $\mathcal{K}_{i'}^l(\lambda)$ 的两个相似（比率为 4^{-l}）. 这些将区间 I 分别对应区间 I_i 与 $I_{i'}$，其中 $m(I_i)=m(I_{i'})=4^{-l}m(I)$. 此外，

$$m(\mathcal{K}_i^l\bigcap I_i)\geqslant\delta m(I_i),m(\mathcal{K}_{i'}^l\bigcap I_{i'})\geqslant\delta m(I_{i'}).$$

而且，如式（15）中一样，$I_{i'}=I_i+\tau(\lambda)$，其中 $|\tau(\lambda)|\leqslant\varepsilon 4^{-l}$. 由于 $\varepsilon 4^{-l}=(1-\delta)m(I_i)$，这表明

$$m(I_i\bigcap I_{i'})\geqslant m(I_i)-\tau(\lambda)\geqslant 4^{-l}m(I)-\varepsilon 4^{-l}\geqslant\delta m(I_i),$$

从而 $m(I_i-I_i\bigcap I_{i'})\leqslant(1-\delta)m(I_i)$，且

$$
\begin{aligned}
m(\mathcal{K}_i^l\bigcap I_i\bigcap I_{i'})&\geqslant m(\mathcal{K}_i^l\bigcap I_i)-m(I_i-I_i\bigcap I_{i'})\\
&\geqslant(2\delta-1)m(I_i)\\
&>\frac{1}{2}m(I_i)\geqslant\frac{1}{2}m(I_i\bigcap I_{i'}).
\end{aligned}
$$

所以 $m(\mathcal{K}_i^l\bigcap I_i\bigcap I_{i'})>\dfrac{1}{2}m(I_i\bigcap I_{i'})$ 且用 i' 取代 i 时也成立. 因此 $m(\mathcal{K}_i^l\bigcap\mathcal{K}_{i'}^l)>0$，这与分解式（8）以及对每个 i 有 $m(\mathcal{K}_i^l)=4^{-l}m(\mathcal{K})$ 的事实矛盾. 从而我们得到了对每个 $\lambda\in\Lambda$ 有 $m(\mathcal{K}(\lambda))=0$，而定理 4.12 的证明现在完成了.

$\ominus$　术语 Λ 有"全测度"的意思是它的补集的测度为零.

5　习题

1. 证明若 $a < d$，则测度 m_α 在 $\mathbf{R}^d$ 上不是 σ 有限的.

2. 设 E_1 与 E_2 是 $\mathbf{R}^d$ 的两个紧子集使得 $E_1 \bigcap E_2$ 至多包含一个点. 从外测度的定义直接证明若 $0 < a \leqslant d$，且 $E = E_1 \bigcup E_2$，则

$$m_\alpha^*(E) = m_\alpha^*(E_1) + m_\alpha^*(E_2).$$

【提示：假设 $E_1 \bigcap E_2 = \{x\}$，令 B_ε 表示以 x 为中心 ε 为直径的开球，且令 $E^\varepsilon = E \bigcap B_\varepsilon^c$. 证明

$$m_\alpha^*(E^\varepsilon) \geqslant \mathcal{H}_\alpha^\varepsilon(E) \geqslant m_\alpha^*(E) - \mu(\varepsilon) - \varepsilon^\alpha,$$

其中 $\mu(\varepsilon) \to 0$. 因此 $m_\alpha^*(E^\varepsilon) \to m_\alpha^*(E)$. 】

3. 证明若 $f: [0,1] \to \mathbf{R}$ 满足 $\gamma > 1$ 阶利普希茨条件，则 f 是一个常数.

4. 设 $f: [0,1] \to [0,1] \times [0,1]$ 是一个满射且满足利普希茨条件

$$|f(x) - f(y)| \leqslant \mathcal{C} |x - y|^\gamma.$$

不用定理 2.2，直接证明 $\gamma \leqslant 1/2$.

【提示：将 $[0,1]$ 分成 N 个等长的区间. 每个子区间的像包含在一个体积为 $O(N^{-2\gamma})$ 的球内，且这些球的并集必须覆盖正方形. 】

5. 令 $f(x) = x^k$ 定义在 $\mathbf{R}$ 上，其中 k 是一个正整数且令 E 为 $\mathbf{R}$ 的一个博雷尔子集.

（a）证明若对某个 α 有 $m_\alpha(E) = 0$，则 $m_\alpha(f(E)) = 0$.

（b）证明 $\dim(E) = \dim f(E)$.

6. 令 $\{E_k\}$ 为 $\mathbf{R}^d$ 中的一个博雷尔集列. 证明若对某个 α 和所有 k 有 $\dim E_k \leqslant \alpha$，则

$$\dim \bigcup_k E_k \leqslant \alpha.$$

7. 证明康托尔集的 $\log 2 / \log 3$ 豪斯多夫测度恰好等于 1.

【提示：假设我们有 $\mathcal{C}$ 的一个由有限多个闭区间 $\{I_j\}$ 组成的覆盖，则对某个 k 存在 $\mathcal{C}$ 的另一个由每个长度为 3^{-k} 的区间 $\{I_l'\}$ 组成的覆盖，使得 $\sum_j |I_j|^\alpha \geqslant \sum_l |I_l'|^\alpha \geqslant 1$，其中 $\alpha = \log 2 / \log 3$. 】

8. 证明第 1 章习题 3 中的常数剖分的康托尔集 $\mathcal{C}_\xi$，有严格的豪斯多夫维数 $\log 2 / \log(2/(1-\xi))$.

9. 考虑 $\mathbf{R}^2$ 中的集合 $\mathcal{C}_{\xi_1} \times \mathcal{C}_{\xi_2}$，其中 $\mathcal{C}_\xi$ 如前一个习题. 证明 $\mathcal{C}_{\xi_1} \times \mathcal{C}_{\xi_2}$ 有严格的豪斯多夫维数 $\dim(\mathcal{C}_{\xi_1}) + \dim(\mathcal{C}_{\xi_2})$.

10. 构造一个类康托尔集（如第 1 章习题 4），它的勒贝格测度为零，但豪斯多夫维数为 1.

【提示：选择 $l_1, l_2, \cdots, l_k, \cdots$ 使得当 $k \to \infty$ 时，$1 - \sum_{j=1}^{k} 2^{j-1} l_j$ 以充分小的速度趋

于 0.】

11. 令 $\mathcal{D} = \mathcal{D}_\mu$ 为 $\mathbf{R}^2$ 中的作为乘积 $\mathcal{C}_\xi \times \mathcal{C}_\xi$ 给出的康托尔尘，其中 $\mu = (1 - \xi)/2$.

（a）证明对任何实数 λ，集合 $\mathcal{C}_\xi + \lambda \mathcal{C}_\xi$ 相似于 $\mathcal{D}$ 在 $\mathbf{R}^2$ 中斜率为 $\lambda = \tan\theta$ 的直线上的投影.

（b）注意到在康托尔集 $\mathcal{C}_\xi$ 中，$\xi = 1/2$ 的值对 4.4 节的 Besicovitch 集的构造很重要. 事实上，证明若 $\xi > 1/2$，则对每个 λ，$\mathcal{C}_\xi + \lambda \mathcal{C}_\xi$ 的勒贝格测度为零. 见下面的问题 10.

【提示：对 $\alpha = \dim \mathcal{D}_\mu$ 有 $m_\alpha(\mathcal{C}_\xi + \lambda \mathcal{C}_\xi) < \infty$.】

12. 定义一个原始的一维"测度" $\widetilde{m}_1$ 为

$$\widetilde{m}_1 = \inf \sum_{k=1}^{\infty} \operatorname{diam} F_k, \quad E \subset \bigcup_{k=1}^{\infty} F_k.$$

这类似于一维外测度 m_α^*，$\alpha = 1$，除了对 F_k 的直径大小没有限制外.

假设 I_1 与 I_2 是 $\mathbf{R}^d$ 中的两个不相交的单位线段，$d \geqslant 2$，其中 $I_1 = I_2 + h$，且 $|h| < \varepsilon$. 然后观察到 $\widetilde{m}_1(I_1) = \widetilde{m}_1(I_2) = 1$，同时 $\widetilde{m}_1(I_1 \bigcup I_2) \leqslant 1 + \varepsilon$. 从而

当 $\varepsilon < 1$ 时，$\widetilde{m}_1(I_1 \bigcup I_2) < \widetilde{m}_1(I_1) + \widetilde{m}_1(I_2)$；

因此 $\widetilde{m}_1$ 不满足可加性.

13. 考虑 2.1 节定义的 von Koch 曲线 $\mathcal{K}^l$，$1/4 < l \leqslant 1/2$. 对它证明类似于定理 2.7 的结论：函数 $t \mapsto \mathcal{K}^l(t)$ 满足 $\gamma = \log(1/l)/\log 4$ 阶利普希茨条件. 此外，证明集合 $\mathcal{K}^l$ 有严格的豪斯多夫维数 $\alpha = 1/\gamma$.

【提示：证明若 $\mathcal{O}$ 是如图 14 中所示的阴影部分的开三角形，则 $\mathcal{O} \supset S_0(\mathcal{O}) \bigcup S_1(\mathcal{O}) \bigcup S_2(\mathcal{O}) \bigcup S_3(\mathcal{O})$，其中 $S_0(x) = lx$，$S_1(x) = \rho_\theta(lx) + a$，$S_2(x) = \rho_\theta^{-1}(lx) + c$，而 $S_3(x) = lx + b$，这里 ρ_θ 是转角为 θ 的旋转. 注意到集合 $S_j(\mathcal{O})$ 是不相交的.】

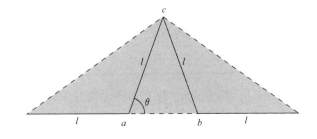

图 14 习题 13 中的开集 $\mathcal{O}$

14. 证明若 $l < 1/2$，习题 13 中的 von Koch 曲线 $t \mapsto \mathcal{K}^l(t)$ 是一条简单曲线.

【提示：观察到若 $t = \sum\limits_{j=1}^{\infty} a_j / 4^j$，其中 $a_j = 0, 1, 2$ 或 3，则

$$\{\mathcal{K}(t)\} = \bigcap_{j=1}^{\infty} S_{a_j}(\cdots S_{a_2}(S_{a_1}(\overline{\mathcal{O}}))).\,]$$

15. 注意到若我们在习题 13 中的 von Koch 曲线的定义中取 $l = 1/2$，则得到一条"空间填充"曲线，它填满右边的顶点为 $(0,0)$，$(1,0)$ 与 $(1/2, 1/2)$ 的三角形. 构造该曲线的前三个步骤见图 15，区间按标明.

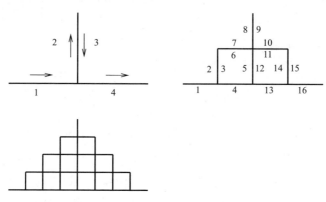

图 15　当 $l = 1/2$ 时的 von Koch 曲线的前三个步骤

16. 证明 von Koch 曲线 $t \mapsto \mathcal{K}^l(t)$，$1/4 < l \leqslant 1/2$ 连续但无处可微.

【提示：若对某个 t 有 $\mathcal{K}'(t)$ 存在，则

$$\lim_{n \to \infty} \frac{\mathcal{K}(u_n) - \mathcal{K}(v_n)}{u_n - v_n}$$

必须存在，其中 $u_n \leqslant t \leqslant v_n$，且 $u_n - v_n \to 0$. 选取 $u_n = k/4^n$ 与 $v_n = (k+1)/4^n$.】

17. 对 $\mathbf{R}^d$ 中的紧集 E，定义 $\#(\varepsilon)$ 为覆盖 E 的半径为 ε 的球族中的球的最少个数. 注意到当 $\varepsilon \to 0$ 时，总是有 $\#(\varepsilon) = O(\varepsilon^{-d})$，且若 E 的元素的个数是有限的，则 $\#(\varepsilon) = O(1)$.

人们定义 E 的**覆盖维数**，记为 $\dim_C(E)$，为当 $\varepsilon \to 0$ 时使得 $\#(\varepsilon) = O(\varepsilon^{-\beta})$ 的 $\inf \beta$. 通过对所有 $\delta > 0$，证明下列不等式：

（ⅰ）$m(E^{\delta}) \leqslant c\#(\delta)\delta^d$.

（ⅱ）$\#(\delta) \leqslant c' m(E^{\delta})\delta^{-d}$.

来证明 $\dim_C(E) = \dim_M(E)$，其中 $\dim_M$ 是 2.1 节讨论过的闵可夫斯基维数.

【提示：为了证明（ⅱ），利用第 3 章引理 1.2 找到一个由半径为 $\delta/3$ 的不相交的球 $B_1, B_2, \cdots, B_N$ 组成的簇，该簇的每个球中心在 E，使得它们的"三倍" $\widetilde{B}_1$, $\widetilde{B}_2, \cdots, \widetilde{B}_N$（半径为 δ）覆盖 E，则 $\#(\delta) \leqslant N$，同时由于 B_j 是不相交的且包含在 E^{δ} 中 $Nm(B_j) = cN\delta^d \leqslant m(E^{\delta})$.】

18. 令 E 为 $\mathbf{R}^d$ 中的紧集.

（a）证明 $\dim(E)\leqslant\dim_M(E)$，其中 $\dim$ 与 $\dim_M$ 分别表示豪斯多夫维数与闵可夫斯基维数.

（b）证明若 $E=\{0,1/\log2,1/\log3,\cdots,1/\log n,\cdots\}$，则 $\dim_M(E)=1$，而 $\dim(E)=0$.

19. 证明存在一个仅依赖于维数 d 的常数 c_d，使得只要 E 是一个紧集，就有
$$m(E^{2\delta})\leqslant c_d m(E^{\delta}).$$
【提示：考虑极大函数 f^*，其中 $f=\chi_{E^\delta}$，并取 $c_d=6^d$.】

20. 证明若 F 是定理 2.12 中考虑的自相似集，则它有相同的闵可夫斯基维数和豪斯多夫维数.

【提示：每个 F_k 是 m^k 个半径为 cr^k 的球的并集. 相反的方向人们可由引理 2.13 看到，若 $\varepsilon=r^k$，则每个半径为 ε 的球至多包含第 k 代的 c' 个顶点. 因此至少取 m^k/c' 个这样的球去覆盖 F.】

21. 从单位区间中去掉第二个以及第四个四等分区间（开区间）. 在剩下的两个闭区间重复上面的过程，以此类推. 令 F 为极限集，因此
$$F=\Big\{x:x=\sum_{k=1}^{\infty}a_k/4^k,a_k=0\ \text{或}\ 2\Big\}.$$
证明 $0<m_{1/2}(F)<\infty$.

22. 假设 F 是定理 2.9 中出现的自相似集.

（a）证明：若 $m\leqslant 1/r^d$，则当 $i\neq j$ 时，$m_d(F_i\bigcap F_j)=0$.

（b）然而，若 $m\geqslant 1/r^d$，证明对某个 $i\neq j$，$F_i\bigcap F_j$ 不是空集.

（c）证明在定理 2.12 的假设下，

只要 $i\neq j$，就有 $m_\alpha(F_i\bigcap F_j)=0$，其中 $\alpha=\log m/\log(1/r)$.

23. 假设 $S_1,\cdots,S_m$ 是比率为 r 的相似，$0<r<1$. 对每个集合 E，令
$$\widetilde{S}(E)=S_1(E)\bigcup\cdots\bigcup S_m(E),$$
且假设 F 表示唯一的使得 $\widetilde{S}(F)=F$ 的非空紧集.

（a）若 $\bar{x}\in F$，证明点集 $\{\widetilde{S}^n(\bar{x})\}_{n=1}^{\infty}$ 在 F 中稠密.

（b）证明 F 在以下意义下是齐次的：若 $x_0\in F$ 且 B 是任何一个中心在 x_0 的开球，则 $F\bigcap B$ 包含一个与 F 相似的集合.

24. 假设 E 是 $\mathbf{R}^d$ 中的一个博雷尔集，其中 $\dim E<1$. 证明 E 是全不连通的，即 E 中的任何两个不同的点属于不同的连通分支.

287

【提示：固定 $x,y\in E$，且证明 $f(t)=|t-x|$ 是 1 阶利普希茨的，且因此 $\dim f(E)<1$. 推断出 $f(E)$ 在 $\mathbf{R}$ 中有稠密的补集. 取 $f(E)$ 的补集中的一点 r 使得 $0<r<f(y)$，并利用事实 $E=\{t\in E:|t-x|<r\}\bigcup\{t\in E:|t-x|>r\}$.】

25. 令 $F(t)$ 为 $\mathbf{R}$ 上的任意非负可测函数，而 $\gamma\in S^{d-1}$，则存在 $\mathbf{R}^d$ 中的可测集 E，使得 $F(t)=m_{d-1}(E\bigcap\mathcal{P}_{t,\gamma})$.

26. 对 $d \geqslant 4$ 的情况定理 4.1 可以改进如下：

定义 $\mathcal{C}^{k,\alpha}$ 为 $\mathbf{R}$ 上的如下函数 $F(t)$ 组成的类：$F(t)$ 属于 $\mathcal{C}^k$ 且 $F^{(k)}(t)$ 满足 α 阶利普希茨条件.

若 E 的测度有限，当 d 是奇数时，$d \geqslant 3$，则对 a. e. $\gamma \in S^{d-1}$，函数 $m(E \cap \mathcal{P}_{t,\gamma})$ 属于 $\mathcal{C}^{k,\alpha}$，其中 $k = (d-3)/2$，$\alpha < 1/2$；而当 d 是偶数时，$d \geqslant 4$，$m(E \cap \mathcal{P}_{t,\gamma})$ 属于 $\mathcal{C}^{k,\alpha}$，其中 $k = (d-4)/2$，$\alpha < 1$.

27. 若我们去掉定理 4.5 中不等式（2）右端的 $\|f\|_{L^2(\mathbf{R}^d)}$，则不等式不再成立.

【提示：考虑 $\mathcal{R}^*(f_\varepsilon)$，其中 f_ε 定义为 $f_\varepsilon(x) = (|x| + \varepsilon)^{-d+\delta}$，$|x| \leqslant 1$，其中 δ 固定，$0 < \delta < 1$，且令 $\varepsilon \to 0$.】

28. 构造一个紧集 $E \subset \mathbf{R}^d$，$d \geqslant 3$，使得 $m_d(E) = 0$，而 E 包含 $\mathbf{R}^d$ 中的任何单位长度的线段的平移.（这样的集合的一个特殊例子在 $d = 2$ 的情况很容易得到，这些集合的最小豪斯多夫维数的确定是一个开放性问题.）

6　问题

1. 完成下面两个集合 U 与 V 的构造使得
$$\dim U = \dim V = 0 \text{ 但 } \dim(U \times V) \geqslant 1.$$
令 $I_1, \cdots, I_n \cdots$ 给出如下：

· 每个 I_j 是一个有限个相连的正整数的序列；即对所有 j，
$$\text{对某个给定的 } A_j \text{ 与 } B_j, I_j = \{n \in \mathbf{N}: A_j \leqslant n \leqslant B_j\}.$$
· 对每个 j，I_{j+1} 在 I_j 的右边；即 $A_{j+1} > B_j$.

令 $U \subset [0,1]$ 为由所有当用二进制写出 $x = a_1, a_2, \cdots, a_n, \cdots$ 时具有性质：只要 $n \in \bigcup_j I_j$ 就有 $a_n = 0$ 的 x 组成的集合. 假设 A_j 与 B_j（当 $j \to \infty$）以足够快的速度趋于无穷，即 $B_j/A_j \to \infty$ 且 $A_{j+1}/B_j \to \infty$.

同样的，令 J_j 为这些整数块的补块，即
$$J_j = \{n \in \mathbf{N}: B_j < n < A_{j+1}\}.$$
令 $V \subset [0,1]$ 由那些 $x = a_1 a_2 \cdots a_n \cdots$ 组成，其中若 $n \in \bigcup_j J_j$，$a_n = 0$.

证明 U 与 V 满足想要的性质.

2. *等径不等式叙述如下：若 E 是 $\mathbf{R}^d$ 中的一个有界子集，而 $\mathrm{diam} E = \sup\{|x - y| : x, y \in E\}$，则
$$m(E) \leqslant v_d \left(\frac{\mathrm{diam}\ E}{2}\right)^d,$$
其中 v_d 表示 $\mathbf{R}^d$ 中的单位球的体积. 换言之，在给定直径的集合中，球的体积最大. 显然，只需对 $\overline{E}$ 代替 E 证明不等式，所以我们可以假设 E 是一个紧集.

（a）在 E 是对称的特殊情况下，即当 $x \in E$ 时有 $-x \in E$，证明不等式.

一般地，我们可以用施泰纳（Steiner）对称化技巧简化成对称的情况。若 e 是 $\mathbf{R}^d$ 中的一个单位向量，且 $\mathcal{P}$ 是垂直于 e 的平面，E 的施泰纳对称化定义为

$$S(E,e) = \left\{ x + te : x \in \mathcal{P}, \ |t| \leqslant \frac{1}{2} L(E;e;x) \right\},$$

其中 $L(E;e;x) = m(\{t \in \mathbf{R} : x + t \cdot e \in E\})$，$m$ 表示勒贝格测度。注意到 $x + te \in S(E,e)$ 当且仅当 $x - te \in S(E,e)$。

（b）证明 $S(E,e)$ 是 $\mathbf{R}^d$ 中的有界可测子集，且满足 $m(S(E,e)) = m(E)$。

【提示：利用 Fubini 定理。】

（c）证明 $\mathrm{diam} S(E,e) \leqslant \mathrm{diam} E$。

（d）若 ρ 是使得 E 与 $\mathcal{P}$ 保持不变的旋转，证明 $\rho S(E,e) = S(E,e)$。

（e）最后，考虑 $\mathbf{R}^d$ 的标准基 $\{e_1, \cdots, e_d\}$。令 $E_0 = E$，$E_1 = S(E_0, e_1)$，$E_2 = S(E_1 e_2)$，以此类推。用 E_d 是对称的事实证明等径不等式。

（f）利用等径不等式证明对 $\mathbf{R}^d$ 中的任何博雷尔集 E，有 $m(E) = \frac{v_d}{2^d} m_d(E)$。

3. 假设 S 是一个相似。

（a）证明 S 将一条线段映到一条线段。

（b）证明若 L_1 与 L_2 是张角为 α 的两条线段，则 $S(L_1)$ 与 $S(L_2)$ 的张角为 α 或 $-\alpha$。

（c）证明每个相似是平移、旋转（可能不适当），以及扩张的复合。

4.* 下面给出康托尔-勒贝格函数的构造的一个推广。

令 F 为定理 2.9 中通过 m 个比率为 $0 < r < 1$ 的相似 $S_1, S_2, \cdots, S_m$ 定义的一个紧集。存在唯一的支撑在 F 上的博雷尔测度 μ，使得 $\mu(F) = 1$ 且

$$\text{对任何博雷尔集 } E, \mu(E) = \frac{1}{m} \sum_{j=1}^{m} \mu(S_j^{-1}(E)).$$

当 F 是康托尔集的情形时，康托尔-勒贝格函数是 $\mu([0,x])$。

5. 证明豪斯多夫的一个定理：$\mathbf{R}^d$ 的任何紧子集 K 是康托尔集 $\mathcal{C}$ 的一个连续像。

【提示：用 2^{n_1}（某个 n_1）个半径为 1 的开球覆盖 K，比如说 $B_1, B_2, \cdots, B_l$（可能有重复）。令 $K_{j_1} = K \cap \overline{B_{j_1}}$ 并用 2^{n_2} 个半径为 1/2 的球覆盖每个 K_{j_1} 得到紧集 K_{j_1, j_2}，以此类推。将 $t \in \mathcal{C}$ 表示成一个三进制展开，且分配给 t 以 K 中的唯一的点，该点通过对适当的 $j_1, j_2, \cdots$ 取 $K_{j_1} \cap K_{j_1, j_2} \cap \cdots$ 的交集定义。为了证明连续性，观察到若康托尔集中的两个点是接近的，则它们的三进制展开在高阶的时候是一致的。】

6. $\mathbf{R}^d$ 的一个紧子集 K 是一致局部连通的，若给定 $\varepsilon > 0$，存在 $\delta > 0$ 使得当 x，$y \in K$ 且 $|x - y| < \delta$ 时，存在 K 中的一条连接 x 与 y 的连续曲线 γ，使得 $\gamma \subset B_\varepsilon(x)$ 且 $\gamma \subset B_\varepsilon(y)$。

利用前一个问题，人们可以证明 $\mathbf{R}^d$ 中的紧集 K 是单位区间 $[0,1]$ 的连续像当

且仅当 K 是一致局部连通的.

7. 提出并证明定理 3.5 的一个推广, 一旦去掉一些适当的零测度集, 则 $\mathbf{R}$ 中的单位区间与 $\mathbf{R}^d$ 中的单位立方体之间存在保持测度的同构.

8. * 平面内存在一条有正的 2 维测度的简单连续曲线.

9. 设 E 为 $\mathbf{R}^{d-1}$ 中的一个紧集. 证明: $\dim(E \times I) = \dim(E) + 1$, 其中, I 是 $\mathbf{R}$ 中的单位区间.

10. * 令 C_ξ 为习题 8 与习题 11 中的康托尔集. 若 $\xi < 1/2$, 则对几乎每个 λ, $C_\xi + \lambda C_\xi$ 有正的勒贝格测度.

注记和参考

这里有几本涵盖了我们这里处理的许多主题的极好的书. 其中有 Riesz 和 Nagy 的 [27], Wheeden 和 Zygmund 的 [33], Folland 的 [13] 和 Bruckner 以及其他人的 [4].

引言

引文是从埃尔米特写给斯蒂尔切斯的一封信 [18] 中的一段翻译过来的.

第 1 章

引文是从 [3] 中的一段法语翻译过来的.

关于选择公理、豪斯多夫极大原理和良序原理的更多细节可以参考 Devlin 的书 [7].

关于 Brunn-Minkowski 不等式的结果的综述可以看 Gardner 的记叙性文章 [14].

第 2 章

引文是勒贝格的关于积分的书 [20] 的第一版序言中的一段.

Devlin [7] 包含连续统假设的讨论.

第 3 章

引文来自哈代和李特尔伍德的文章 [15].

哈代和李特尔伍德利用重排的思想证明了定理 1.1 在一维的情形. 目前的形式归功于 Wiener.

我们对于等周不等式的处理基于 Federer [11]. 这个作品也包含了重要的推广和关于几何测度论的很多附加资料.

问题 3* 中的引理的 Besicovitch 覆盖的证明在 Mattila 的书中 [22].

$\mathbf{R}^d$ 上的有界变差函数的论述, 见 Evans 和 Gariepy 的书 [8].

问题 7 (b)* 的证明概要可以在书 I 的第 5 章的末尾找到.

问题 8* 的 (b) 部分是 S. Saks 的一个定理, 它作为 (a) 的推论的证明在 Stein 的著作中 [31] 可以找到.

第 4 章

引文是从普朗谢雷尔的文章 [25] 的引言翻译过来的.

问题 2* 中接触到的概周期函数的理论的记述可以在 Bohr 的著作中 [2] 找到.

问题 4* 和 5* 的结果分别出现在 Zygmund 的书 [35] 第 V 章和第 VII 章中.

施图姆-刘维尔系统、勒让德多项式和埃尔米特函数的更多内容请查阅 Birkhoff 和 Rota 的著作 [1].

第 5 章

狄利克雷原理和它的应用的记述见 Courant 的著作［6］. Ransford 的书［26］处理了 $\mathbf{R}^2$ 中的一般区域的狄利克雷问题的解和集合的对数容量的相关概念. Folland 的书［12］包含了狄利克雷问题的另一个不用狄利克雷原理的方法得到的解（在 $\mathbf{R}^d$，$d \geqslant 2$ 时有效）.

关于问题 3* 中描述的保角映射的存在性在 Zygmund 的著作［35］的第Ⅶ章中.

第 6 章

引文是从卡拉泰奥多里的文章［5］的一段德文翻译过来的.

Petersen［24］给出了遍历理论的一个系统的描述，包括问题 7* 中定理的证明.

问题 4* 中需要的关于球面调和函数的事实可以在 Stein 和 Weiss 的著作［32］的第 4 章找到.

连分数的介绍参考 Hardy 和 Wright 的书［16］. Ryll-Nardzewski 的书［28］讨论了它们与遍历定理的联系.

第 7 章

引文是从豪斯多夫的文章［17］中的一段德文翻译过来的，同时 Mandelbrot 的引言出自他的书［21］.

Mandelbrot 的书也包含很多出现在不同背景下的分形的有趣例子，包括 Richardson 的关于海岸线长度的讨论.（见第 5 章）

Falconer 的著作［10］给出了分形与豪斯多夫维数的系统化处理.

更多关于空间填充曲线的细节，包括出现在问题 8* 中的曲线的构造，我们可以参考 Sagan 的书［29］.

Falconer 的专著［10］也包含 Besicovitch 集的不同构造，还有这些集合维数一定为二的事实. 正文中描述过的特殊 Besicovitch 集出现在 Kahane 的书中［19］，但是它的测度为零需要更进一步的思想，例如，包含在 Peres 等人的书中［30］.

$\mathbf{R}^d$，$d \geqslant 3$，中的集合的正则性，以及关于拉东变换的极大函数的估计出现在 Falconer 的书［9］以及 Oberlin 和 Stein 的书［23］中.

高维的 Besicovitch 集的理论和很多有趣的相关课题可以在 Wolff 的一篇综述［34］中找到.

符 号 索 引

像平常一样，**Z**，**Q**，**R** 和 **C** 分别表示整数集、有理数集、实数集和复数集.

$\lvert x \rvert$	x 的(欧几里得)范数
$E^c, E - F$	集合的补集和相对补集
$d(E, F)$	两个集合间的距离
$B_r(x), \overline{B_r(x)}$	开球和闭球
$\overline{E}, \partial E$	分别为 E 的闭包和边界
$\lvert R \rvert$	矩形 R 的体积
$O(\cdots)$	记号 O
$\mathcal{C}, \mathcal{C}_\xi, \widehat{\mathcal{C}}$	康托尔集
$m_*(E)$	集合 E 的(勒贝格)外测度
$E_k \uparrow E, E_k \downarrow E$	集合的递增和递减序列
$E \Delta F$	E 和 F 的对称差
$E_h = E + h$	集合 E 平移 h
$\mathcal{B}_{\mathbf{R}^d}$	$\mathbf{R}^d$ 上的博雷尔 σ 代数
G_δ, F_σ	G_δ 或 F_σ 型集合
$\mathcal{N}$	不可测集
a. e.	几乎处处
$f^+(x), f^-(x)$	函数 f 的正部和负部
$A + B$	两个集合的和
v_d	$\mathbf{R}^d$ 上的单位球的体积
$\operatorname{supp}(f)$	函数 f 的支撑
$f_k \uparrow f, f_k \downarrow f$	递增和递减的函数序列
f_h	函数 f 平移 h
$L^1(\mathbf{R}^d), L^1_{\mathrm{loc}}(\mathbf{R}^d)$	可积和局部可积函数
$f * g$	f 和 g 的卷积
f^y, f_x, E^y, E_x	函数 f 和集合 E 的截面
$\widehat{f}, \mathcal{F}(f)$	f 的傅里叶变换
f^*	f 的极大函数
$L(\gamma)$	(可求长)曲线 γ 的长度
T_F, P_F, N_F	F 的全变差、正变差、负变差

$L(A,B)$	$t=A$ 和 $t=B$ 之间的曲线的长度
$D^+(F),\cdots,D_-(F)$	F 的迪尼数
$\mathcal{M}(K)$	K 的闵可夫斯基容量
$\Omega_+(\delta),\Omega_-(\delta)$	Ω 的外集和内集
$L^2(\mathbf{R}^d)$	平方可积函数
$l^2(\mathbf{Z}),l^2(\mathbf{N})$	平方可和序列
$\mathcal{H}$	希尔伯特空间
$f\perp g$	正交元素
$\boldsymbol{D}$	单位圆盘
$H^2(\boldsymbol{D}),H^2(\mathbf{R}^2_+)$	哈代空间
$\mathcal{S}^\perp$	$\mathcal{S}$ 的正交补
$A\oplus B$	A 和 B 的直和
$P_{\mathcal{S}}$	$\mathcal{S}$ 上的正交投影
T^*,L^*	伴随算子
$S(\mathbf{R}^d)$	施瓦茨空间
$C_0^\infty(\Omega)$	在 Ω 内有紧支撑的光滑函数
$C^n(\Omega),C^n(\overline{\Omega})$	Ω 和 $\overline{\Omega}$ 上的有 n 阶连续导数的函数
Δu	u 的拉普拉斯算子
$(X,\mathcal{M},\mu),(X,\mu)$	测度空间
μ,μ_*,μ_0	测度,外测度,预测度
$\mu_1\times\mu_2$	乘积测度
S^{d-1}	$\mathbf{R}^d$ 上的单位球面
$\sigma,\mathrm{d}\sigma(\gamma)$	球面上的表面测度
$\mathrm{d}F$	勒贝格-斯蒂尔切斯测度
$|\nu|,\nu^+,\nu^-$	ν 的全变差,正变差和负变差
$\nu\perp\mu$	相互奇异测度
$\nu<<\mu$	绝对连续测度
$\sigma(S)$	S 的谱
$m_\alpha^*(E)$	α 维豪斯多夫外测度
$\mathrm{diam}\ S$	S 的直径
$\dim\ E$	E 的豪斯多夫维数
$\mathcal{S}$	谢尔宾斯基三角形
$A\approx B$	A 和 B 相当
$\mathcal{K},\mathcal{K}^l$	von Koch 曲线
$\mathrm{dist}(A,B)$	豪斯多夫距离

$\mathcal{P}(t)$	佩亚诺映射
$\mathcal{P}_{t,\gamma}$	超平面
$\mathcal{R}(f),\mathcal{R}_{\delta}(f)$	拉东变换
$\mathcal{R}^{*}(f),\mathcal{R}_{\delta}^{*}(f)$	极大拉东变换

参 考 文 献

[1]　G. Birkhoff and G. C. Rota. *Ordinary differential equations*. Wiley, New York, 1989.

[2]　H. A. Bohr. *Almost periodic functions*. Chelsea Publishing Company, New York, 1947.

[3]　E. Borel. *Leçons sur la théorie des fonctions*. Gauthiers-Villars, Paris, 1989.

[4]　J. B. Bruckner, A. M. Bruckner, and B. S. Thomson. *Real Analysis*. Prentice Hall, Upper Saddle River, NJ, 1997.

[5]　C. Carathéodory. *Vorlesungen über reelle Funktionen*. Leipzig, Berlin, B. G. Teubner, Leipzig and Berlin, 1918.

[6]　R. Courant. *Dirichlet's principle, conformal mappings, and minimal surfaces*. Interscience Publishers, New York, 1950.

[7]　K. J. Devlin. *The joy of sets: fundamentals of contemporary set theory*. Springer-Verlag, New York, 1997.

[8]　L. C. Evans and R. F. Gariepy. *Measure theory and fine properties of functions*. CRC Press, Boca Raton, 1992.

[9]　K. J. Falconer. Continuity properties of k-plane integrals and Besicovitch stes. *Math. Proc. Cambridge Philos. Soc*, 87: 221-226, 1980.

[10]　K. J. Falconer. *The geometry of fractal sets*. Cambridge University Press, 1985.

[11]　H. Federer. *Geometric measure theory*. Springer, Berlin and New York, 1996.

[12]　G. B. Folland. *Introduction to partial differential equations*. Princeton University Press, Princeton, NJ, second edition, 1995.

[13]　G. B. Folland. *Real Analysis: modern techniques and their applications*. Wiley, New York, second edition, 1999.

[14]　R. J. Gardner. The Brunn-Minkowski inequality. *Bull. Amer. Math. Soc*, 39: 355-405, 2002.

[15]　G. H. Hardy and J. E. Littlewood. A maximal theorem with function theoretic applications. *Acta. Math*, 54: 81-116, 1930.

[16]　G. H. Hardy and E. M. Wright. *An introduction to the Theory of Numbers*. Oxford University Press, London, fifth edition, 1979.

[17]　F. Hausdorff. Dimension und äusseres Mass. *Math. Annalen*, 79: 157-179, 1919.

[18]　C. Hermite. *Correspondance d'Hermite et de Stieltjes*. Gauthier-Villars, Paris, 1905. Edited by B. Baillaud and H. Bourget.

[19]　J. P. Kahane. Trois notes sur les ensembles parfaits linéaires. *Enseignement Math.*, 15: 185-192, 1969.

[20]　H. Lebesgue. *Leçons sur l'integration et la recherche des fonctions primitives*. Gauthier-Villars, Paris, 1904, Preface to the first edition.

[21]　B. B. Mandelbrot, *The fractal geometry of nature*. W. H. Freeman, San Francisco, 1982.

[22] P. Mattila. *Geometry of sets and measures in Euclidean spaces*. Cambridge University Press, Cambridge, 1995.

[23] D. M. Oberlin and E. M. Stein. Mapping properties of the Radon transform. *Indiana Univ. Math. J*, 31:641-650, 1982.

[24] K. E. Petersen. *Ergodic theory*. Cambridge University Press, Cambridge, 1983.

[25] M. Plancherel. La théorie des équations intégrales. *L' Enseignement math.* , 14e Année: 89-107, 1912.

[26] T. J. Ransford. *Potential theory in the complex plane*. London Mathematical Society student texts, 28. Cambridge, New York: Press Syndicate of the University of Cambridge, 1995.

[27] F. Riesz and B. Sz. -Nagy. *Functional Analysis*. New York, Ungar, 1955.

[28] C. Ryll-Nardzewski. On the ergodic theorem. ii. Ergodic theory of continued fractions. *Studia Math.* , 12:74-79, 1951.

[29] H. Sagan. *Space-filling curves*. Universitext. Springer-Verlag, New York, 1994.

[30] Y. Peres, K. Simon, and B. Solomyak. Fractals with positve length and zero Buffon needle probability. *Amer. Math. Monthly*, 110:314-325, 2003.

[31] E. M. Stein. *Harmonic analysis: real-variable methods, orthogonality, and oscillatory integrals*. Princeton University Press, Princeton, NJ, 1993.

[32] E. M. Stein and G. Weiss. *Introduction to Fourier Analysis on Euchidean Spaces*. Princeton University Press, Princeton, NJ, 1971.

[33] R. L. Wheedn and A. Zygmund. *Measure and integral: an introduction to real analysis*. Marcel Dekker, New York, 1977.

[34] T. Wolff. Recent work connected with the Kakeya problem. *Prospects in Mathematics*, *Princeton*, *NJ*, 31:129-162, 1996. Amer. Math. Soc. , Providence, RI, 1999.

[35] A. Zygmund. *Trigonometric Series*, volume Ⅰ and Ⅱ. Cambridge University Press, Cambridge, second edition, 1959. Reprinted 1993.